计算机科学与技术丛书

数据资产管理

体系、方法与实践

金震◎主编

王兆君　曹朝辉　李明　穆宇浩◎副主编

清華大学出版社

北京

内 容 简 介

本书是一本全面关注数据资产管理体系、方法与实践的工具书,主要内容分为数据资产管理概述、数据资产管理体系、数据资产管理技术、数据资产管理实践、数据资产管理未来共 5 章。第 1 章概要介绍数据资产管理的定义与内涵、数据资产管理关注的焦点、数据资产化的战略意义等;第 2 章介绍数据资产管理体系,涵盖数据治理框架、数据战略、保障机制、数据资源化、数据资产化、数据资产运营等内容,涉及数据资产盘点、数据资产开发、数据质量、数据安全、数据服务、数据价值等工作;第 3 章介绍数据资产的数据采集、存储、建模、处理等技术,阐述数据资产管理平台工具能力,涉及元数据、数据标准、数据安全、数据质量、主数据、数据建模、数据集成、数据开发、数据标签、数据科学、数据要素流通等内容,并分析了数据底座和数据治理两种场景的技术路线;第 4 章主要介绍具体实施方法及路径选择,包括顶层架构规划与设计、数据资产运营实施等,引入制造业、金融业、零售业、地产业、科教文化等领域数据资产管理的案例,同时涉及智慧城市的数据治理,为读者提供专业、丰富、可信的实施范例;第 5 章介绍国家数据战略引领数字经济发展格局,从管理对象、管理理念、技术架构、运营模式等方面探讨数据资产管理发展趋势。

本书编者对在近十年的数据资产管理咨询中积累的经验和知识进行总结,是编写团队多年潜心探索和研究的重要成果的凝聚。本书可为从事数据资产咨询从业者、数字化转型企业、信息化建设管理者、IT工程技术人员、相关专业在校师生提供数据资产化过程的具体方案和工具手册,也可以为数据资产化从业者提供方法论方面的参考。

图书在版编目(CIP)数据

数据资产管理:体系、方法与实践/金震主编. —北京:清华大学出版社,2024.3(2024.12重印)
(计算机科学与技术丛书)
ISBN 978-7-302-65913-6

Ⅰ. ①数… Ⅱ. ①金… Ⅲ. ①数据管理 Ⅳ. ①TP274

中国国家版本馆 CIP 数据核字(2024)第 064043 号

责任编辑:盛东亮　钟志芳
封面设计:李召霞
责任校对:申晓焕
责任印制:宋　林

出版发行:清华大学出版社
　　　　网　　　址:https://www.tup.com.cn,https://www.wqxuetang.com
　　　　地　　　址:北京清华大学学研大厦 A 座　　　邮　　编:100084
　　　　社 总 机:010-83470000　　　　　　　　　邮　　购:010-62786544
　　　　投稿与读者服务:010-62776969,c-service@tup.tsinghua.edu.cn
　　　　质量反馈:010-62772015,zhiliang@tup.tsinghua.edu.cn
　　　　课件下载:https://www.tup.com.cn,010-83470236
印 装 者:三河市龙大印装有限公司
经　　销:全国新华书店
开　　本:186mm×240mm　　　印　　张:19.75　　　字　　数:444 千字
版　　次:2024 年 5 月第 1 版　　　　　　　　印　　次:2024 年 12 月第 4 次印刷
印　　数:4801~5600
定　　价:79.00 元

产品编号:101596-01

编 委 会

序 一

PREFACE A

数据是数字经济时代的象征。数据作为生产要素大家庭中的"新面孔",已成为数字经济时代推动社会进步最活跃、最革命、最显著的要素。

党的十八大以来,以习近平同志为核心的党中央高度重视发挥数据要素作用。习近平总书记指出,"数据是新的生产要素,是基础性资源和战略性资源,也是重要生产力。"党的十九届四中全会提出,健全劳动、资本、土地、知识、技术、管理、数据等生产要素由市场评价贡献、按贡献决定报酬的机制,首次将"数据"明确作为生产要素。党的二十大报告进一步提出要"加快建设现代化经济体系,着力提高全要素生产率""加快发展数字经济,促进数字经济和实体经济深度融合"。字里行间,数据要素所引发的生产要素变革,正重塑着我们的生产、生活和工作,改变着经济社会的组织运行方式。

数字经济正如雨后春笋般蓬勃兴起,截至 2022 年年底,我国数字经济规模已达 50.2 万亿元,占 GDP 比重已高达 45.1%,俨然成为中国经济的"半壁江山"。与此同时,社会各界对数据的重视提到了前所未有的高度,"数据即资产"的理念已被广泛认可。事实上,数据就像经济社会的根基,是取之不尽、用之不竭的财富,有待进一步挖掘。而这正是数据要素的魅力所在。

由此,一个横亘时代的命题呼之欲出:如何夯实数据要素的根基?如何实现从数据资源到数据资产的伟大跨越?如何彻底激荡数据要素的活水源泉?不容回避的一个问题是,要从整体上深入研究数据资产管理,就必须对当下中国正在进行的数字化改革这一伟大举措做出深入思考。今天,面对数字文明时代这一新的发展形态的出现,学术界和实践界有着不能回避的学术使命。从这个意义上讲,《数据资产管理——体系、方法与实践》这本书可谓是应时之需,应势之举,让读者和参与人员能够充分体会到数据、技术和经济社会发展的融合不会止步,改革创新一直在路上。

当然,要把数据资产管理从体系、方法和实践三重维度写清楚并非易事。欣喜的是,编者以数据资产赋能业务发展作为核心逻辑,阐述数据资产管理的概念内涵、理论体系,结合企业数据资产管理典型方法、工具和实践案例,讨论数据资产管理的活动职能、保障措施、实践步骤,整本书理论和实践相结合,讲解逻辑清晰,生动有趣,引人入胜,仿佛是在零距离和读者对话,希望为读者提供一个可即插即用的实战素材。

　　向编者表示祝贺！向所有参与本书编写的专家学者表示最衷心的感谢！致敬所有致力于数据资产管理改革事业的开拓者、参与者和奉献者！新书即将付梓之际,编者请我作序,我欣然应允,乐而为之,也借此衷心希望有更多的数据资产管理理论和实务工作者做一些开创性、深入性研究,为我国数字中国建设伟业添薪助力。

翟　云

中央党校（国家行政学院）公共管理教研部研究员、博士生导师

2024 年 3 月于北京

序二
PREFACE B

随着大数据时代数据交换、共享和数据服务技术与应用的发展,数据作为资源,日益发挥它的价值;数据也是资产,"盘活"数据可以充分释放其附加价值。数据资产管理是现阶段推动大数据与实体经济深度融合、新旧动能转换、经济转向高质量发展阶段的重要工作内容,在数据经济领域具有重要地位,主要表现在以下四方面。

① 数据资产管理可形成组织共通的数据语言。数据在企业内部充分应用最大的障碍是存在语言壁垒。数据资产化意味着在组织内部形成共同的"数据语言",各部门为了统一的分析目的,形成各自对应的统计标准,在运营过程中实时对数据进行收集汇总分析。

② 完善的数据资产管理可加速数据交易进程。目前在缺乏交易规则和定价标准的情况下,数据交易双方承担了较高的交易成本,制约了数据资产的流动,但随着数据资产管理的完善,必然能加速数据资产交易的进程。

③ 数据资产化后可形成组织级战略资产。数据资产化之后,数据资产会渐渐成为组织级战略资产,组织将进一步拥有和强化数据资源的存量和价值,以及对其分析、挖掘的能力,进而会极大地提升组织的核心竞争力。

④ 数据资产的所有权问题,在未来也会越来越明确,法律制度会随着基础管理能力的提高而完善,以数据资产为核心的商业模式,也将会在资本市场中越来越受到青睐。

本书以理论体系为基础,借鉴优秀的数据资产管理工具,融合数据资产管理体系、框架、工具和方法,探索数据资产管理与运营等,结合制造企业、金融机构、集团总部、政府部门等多个行业的实践,为各行业和科研工作者提供值得参考的最佳实践,有助于挖掘数字化转型过程中的核心价值。

汪东升

清华大学计算机系长聘教授

2024 年 3 月于北京

前 言
FOREWORD

　　数据到底有什么价值？有人说用数据可以更准确地描述、记录事物和现象，帮助人们准确识别事物对象，全面了解事物的真实面目。又有人说数据的作用在于能让人们发现问题，分析现象之间的关系，并形成正确的判断与决策，指导应该做什么、怎么做。还有人说可通过统计与分析数据，预测即将发生什么，发生的概率是多大，告诉人们能做什么，不能做什么。

　　数据的价值创造并非仅限于此，在本书中，会一一进行全面解读。

　　本书是一本全面关注数据资产管理体系、方法与实践的工具书，编者对在近十年的数据资产管理咨询中积累的经验和知识进行总结，是编写团队多年潜心探索和研究的重要成果的凝聚。全书将内容归纳成数据资产管理概述、数据资产管理体系、数据资产管理技术、数据资产管理实践、数据资产管理未来 5 章。

　　第 1 章概要性介绍数据资产管理的定义与内涵、数据资产管理关注的焦点、数据资产化的战略意义等。本章以数据、数据资源、数据资产、数据要素的概念为切入点，分析几个概念产生的背景及内涵，探讨数据要素市场化需要解决的法律类、制度类、市场类和技术类等问题。进入数字经济时代，数据对全要素生产率的提升作用是空前的，数据将成为价值无限的新型生产要素。数据资产化是发挥数据要素价值、培育数据市场的必经之路。

　　第 2 章介绍数据资产管理体系，涵盖数据管理组织、数据战略、保障机制、数据资源化、数据资产化、数据资产运营等基本过程，涉及数据盘点、数据开发、数据质量、数据安全、数据服务、数据价值等工作。本章从构建有效的数据治理组织的需求出发，首先围绕数据治理的组织建立、制度建设、数据战略等方面阐述对应体系构建的过程及相关的管理要求，之后探讨在实现数据资产管理过程中所经历的必经之路，即数据资源化、数据资产化所对应的职能，为组织构建符合自身特点的数据资产体系提供参考，帮助其有序高效地构建数据资产，诠释数据战略驱动是根本、数据治理组织是基础、数据资产化是驱动、数据价值化是目标的体系方法。

　　第 3 章介绍数据资产的数据采集、数据存储、数据建模、数据处理、数据服务、数据挖掘等技术，阐述数据资产管理平台工具能力，涉及元数据、数据标准、数据安全、数据质量、主数据、数据建模、数据集成、数据开发、数据标签、数据科学、开放与共享等内容，并分析了以数据底座和数据治理两种路径为应用场景的技术路线。本章也尝试探讨技术和产品工具的关系，阐述技术是产品工具的依托主体，产品工具的核心目的是为了更好地释放数据价值。在促进数据经济发展与数字化转型进程中,唯工具论不可取,技术和产品工具的结合需要契合组织战略发展,并适当挖掘出组织的数据价值。

第4章主要介绍数据资产管理的实施路径和典型案例。由于数据资产管理难点较多,而数据治理的实施亦有多种驱动方式,因此方法的选择是成功的关键,需根据组织特点选择合适的实施方法、明确的实践步骤。本章描绘了实施过程的8种方法,包括顶层设计法、技术推动法、应用牵引法、标准先行法、监管驱动法、质量管控法、利益驱动法和场景驱动法。探讨了实施过程的4个步骤,包括统筹规划、管理实施、稽核检查和资产运营。分析了相关的行业案例,涵盖制造业、金融业、零售业、地产业、科教文化等领域,以期助力企业系统化开展数据资产管理工作,提升数据资产化效率。

第5章从数据资产管理技术和实践角度,介绍数据资产的发展趋势。随着数据管理对象越发复杂,数据处理技术越发成熟,数据应用范围越发广泛,数据资产管理在数据处理架构、组织职能、管理手段等方面逐渐呈现了一些新的特点,成为了各类组织持续发展的核心引擎。未来,数据资产管理将朝着统一化、专业化、敏捷化的方向发展,提高数据资产管理效率,主动赋能业务,推动数据资产安全有序流通,持续运营数据资产,充分发挥数据资产的经济价值和社会价值。

本书完成于2024年3月,书中引用的参考文献、论文、标准和网络资料等也在此时间之前,请读者在后期阅读中留意相关文献的日期,注意查阅对照最新的文献资料。科技的发展日新月异,当前行之有效的方法也可能在未来被新技术、新方法、新理念所取代,虽能“按图索骥”,但请勿“刻舟求剑”。本书部分资料借鉴了互联网上可公开查阅的匿名作者的资料,渠道来源不一,在此一并致谢,恕不再特别注明出处。

本书由北京三维天地科技股份有限公司的多名专家联合编著,主编为金震,副主编为王兆君、曹朝辉、李明、穆宇浩,冯筱刚对全文进行了认真的校对。本书在编写过程中得到了各领域多位专家的鼎力相助和热心支持,他们为本书提出了诸多宝贵的意见和建议,在此一并表示感谢!

本书可为数据资产咨询从业者、数字化转型企业、信息化建设管理者、IT工程技术人员、相关专业在校师生提供数据资产化过程具体方案和工具手册,也可以为数据资产化从业者提供方法论方面的参考。

由于编者水平有限,书中难免存在不妥和疏漏之处,恳请广大读者批评指正、不吝赐教。也欢迎对本书内容感兴趣的读者与我们作进一步的沟通与交流。

编　者

2024年3月

目 录
CONTENTS

第 1 章

数据资产管理概述
——背景与概念

数据已被视作与土地、劳动力、资本、技术并列的第 5 种生产要素。在数字经济与技术发展的驱动下,技术升级迭代将进一步加深社会对于数据价值的认知。数据资产是当前企业数字化转型的重要驱动力,由数据驱动的数据资产管理是企业实现成功转型的关键保障。数据资产管理覆盖数据的盘点、评估、治理、应用等环节,通过数据资产管理推动数据标准化、资源化和资产化,实现面向企业全业务开放赋能。

本章将以数据、数据资源、数据资产、数据要素的概念为切入点,分析数据资源、数据资产、数据要素产生的背景及内涵,探讨数据要素市场化需要解决的相关问题。

1.1 概述

数据资产管理能够帮助组织完成数据多层次溯源,全面盘活数据资产内涵价值,为组织业务经营决策提供支持,有效推动数字化转型过程,最终达到以价值为导向的组织级运营能力持续提升的目标。

1.1.1 什么是数据

在人类社会发展的历史长河中,先后经历了农业革命、工业革命和信息革命。这 3 次革命都是真正意义上的革命,不以人的意志力为转移的、势不可当的革命。每一次产业技术革命都给人类社会带来巨大而深刻的影响,极大提高了人类探索世界、认识世界、改造世界的能力。随着信息技术和人类生产生活交汇融合,"数据"逐渐成为重要的专有名词,其概念也随着经济、技术、社会条件的变迁而不断演变。

随着信息技术的不断普及,尤其是互联网、云计算、人工智能等应用的快速兴起,全球数据呈现爆发式增长,数据在经济发展、社会治理、国家管理、生产生活中发挥着日益重要的作用。无论是政府、企业还是社会公众,越来越认识到数据的价值,人类也正在昂首迈向"数字时代"。当前,数字技术日新月异,应用潜能全面迸发,数字经济高速增长、快速创新,正在广泛渗透到其他经济领域,深刻改变着世界经济的发展动力和发展方式,并重塑社会治理格局。如何善用数据已经成为国家发展、行业转型和企业竞争的关键所在。

在政策层面,我国从中央到地方的数据政策体系已经基本完善,目前已经进入落地实施阶段。自 2014 年"大数据"这个词写入政府工作报告以来,我国数据发展的政策环境掀开了全新的篇章。2015 年国务院印发《促进大数据发展行动纲要》,在顶层设计上对政务数据共享开放、产业发展和安全三方面做了总体部署。《政务信息资源共享管理暂行办法》和《大数据产业发展规划(2016—2020 年)》等文件随之出台。党的十九大报告明确提出"推动大数据和实体经济深度融合"。国家《"十三五"规划纲要》提出"实施国家大数据战略",卫生健康、农业、环保、检察、税务等主管部门陆续出台各领域大数据发展的具体政策。2020 年3 月,中共中央、国务院发布《关于构建更加完善的要素市场化配置体制机制的意见》,将数据作为与土地、劳动力、资本、技术并列的生产要素,要求"加快培育数据要素市场"。党的二十大报告指出,高质量发展是全面建设社会主义现代化国家的首要任务,明确提出"加快建设网络强国、数字中国"。2022 年 12 月,中共中央、国务院发布《关于构建数据基础制度更好发挥数据要素作用的意见》(又称"数据二十条"),提出要促进数据高效流通使用、赋能实体经济,统筹推进数据产权、流通交易、收益分配、安全治理,加快构建数据基础制度体系。

国家《"十四五"规划纲要》进一步提出了数字经济发展的指导思想,强调以数据为关键要素,以数字技术与实体经济深度融合为主线,加强数字基础设施建设,完善数字经济治理体系,协同推进数字产业化和产业数字化,赋能传统产业转型升级,催生新业态新模式,不断做强做优做大我国数字经济。

1. 数据的概念

国际标准化组织(International Organization for Standardization,ISO)把数据定义为"以适合于通信、解释或处理的正规方式来表示的可以重新解释的信息"(ISO/IEC 11179-1：2015)。

数据本质上是一种表示方法,是人为创造的符号形态,是对它所代表的对象的解释,同时又需要被解释。数据对事物的表示方式和解释方式必须是权威、标准、通用的,只有这样,才可以达到通信(传输、共享)、解释和处理的目的。

《新牛津美语词典》(NOAD)把数据定义为"收集在一起的用于参考和分析的事实"。17 世纪的哲学家用数据表示"作为推理和计算基础的已知或假定为事实的实物"。以上两种定义意味着数据可支持分析、推理、计算和决策。不过,如果要确保数据能够支持分析、推理、计算和决策,就必须保证数据的真实、准确,这是最基本的要求。

在 1946 年的维基百科中,Data 一词首次用于明确表示"可传输和可存储的计算机信息"。根据维基百科的解释,数据的含义已不再局限于计算机领域,而是泛指所有定性或者定量的描述。

国际数据管理协会(Data Management Association International,DAMA International)认为数据是"以文本、数字、图形、图像、声音和视频等格式对事实进行表现"。这意味着数据可以表现事实,但需要注意的是,数据≠事实,只有在特定的需求下,符合准确性、完整性、及时性等一系列特定要求的数据,才可以表现特定事实。

美国质量协会(American Society of Quality,ASQ)将数据定义为"收集的一组事实"。

美国资深数据质量架构师劳拉·塞巴斯蒂安认为"数据是对真实世界的对象、事件和概念等被选择的属性的抽象表示,通过可明确定义的约定,对其含义、采集和存储进行表达和理解"。在《中华人民共和国数据安全法》的定义中,数据是指"任何以电子或其他方式对信息的记录"。

通过上述不同组织对数据的定义,可以理解为数据代表着对一件事物的描述。传统意义上的数据是指数值,例如温度为36.5℃、长度为100cm等,但IT领域将数据概念扩大了,数据包括"Data Asset""数据资产""2023/01/31"等字符或日期形式的数据;还包括文本、声音、图形、图像和视频等类型的数据;以及政府文件、出行记录、住宿记录、软件聊天记录、网上购物记录、银行消费记录等数据。

2. 数据的分类

从定义上来说,数据就是对事物的描述和记录,根据数据的特性,可以对数据进行以下分类:

1）定类数据（如：颜色、性别）

① 按照类别属性进行分类,各类别之间是平等并列的。

② 数据不带有数量信息,并且不能在各类别间进行排序。

③ 主要用作数值运算:可计算每一类别中的项目频数和频率。

2）定序数据（如：受教育程度）

① 数据之间可以进行排序,比较优劣。

② 通过将编码进行排序,可以表示数据之间的高低差异。

3）定距数据（如：年龄、温度）

① 具有一定单位的实际测量值。

② 精确性比定类数据和定序数据更高。

③ 可以计算出各个变量之间的实际差距（加减）。

4）定比数据

① 可以比较大小,进行加减乘除。

② 定距数据中,0表示数值;定比数据中,0代表"没有"。

③ 定比数据中存在绝对零点;而定距数据不存在。

上述所有数据可以统称为定性或者定量数据。

① 定性数据（定类、定序）:是一组表示事物性质、规定事物类别的文字表示型数据。

② 定量数据（定距、定比）:指以数量形式存在着的属性,并据此可以对其进行测量。

1.1.2　数据成为资源和资产

随着新一代信息技术的快速发展,大数据时代悄然降临。现今,各行各业都在不停地使用数据并产生新的数据,社会的运转越来越依赖于数据,人类的行为以数据的形式不断地被记录。如政务活动产生了政府数据资源;科学研究过程产生了科学数据资源;经济社会运行过程产生了农业、工业、金融、交通等数据资源;人们的日常生活产生了个人数据资源等。

数据成为一种全新的资源,其重要程度越来越凸显,在21世纪将超过石油、煤炭、矿产等天然资源,成为最重要的人类资源之一。社会各界对数据的重视程度到了前所未有的高度。《世界经济论坛报告》曾宣称,"大数据成为新财富,价值堪比石油"。大数据之父维克托则认为,"数据迟早会作为资产被纳入企业的资产负债表"。

从传统意义上讲,人是资源,因为劳动力可以制造生产资料,带来生产资料的增值溢价,使企业获得利润,而优秀的人力能够产生更多的附加价值。

科学技术是第一生产力,有了技术,产品就有了竞争力,从而能够获得溢价和产生利润,所以技术也是重要的生产资源。

而数据就是通过观察、记录、实验和计算得出的结果。基本可以定义为信息的载体,表现为数据库、文档、图片、视频等各种形式,并作为信息系统的输入和输出而存在。数据的价值不好评估,大多数企业还仅仅停留在将数据作为了解事物发生和发展的工具性信息,甚至有的企业"因为业务太繁忙",还没来得及记录、收集和整理内部的数据。

很多人不理解,数据为什么会成为资源,而且会成为像石油一样有价值的宝贵资源?

因为数据与人和技术一样,具有类似的特征,是一种特殊的资源。

狭义的数据资源是指数据本身,即政府、企业运行中和个人活动中积累下来的各种各样的数据记录,如政府文件、客户记录、销售记录、人事记录、采购记录、财务数据、库存数据、出行记录、消费记录等。广义的数据资源涉及数据的产生、处理、传播、交换的整个过程。数据通过被深度挖掘和分析,能够为企业经营和管理活动带来可见的经济价值增值,更加有效地发挥其他资源的创造力,提高其他资源的产出效率。而且数据还可以与土地、资金、人力、技术等资源进行充分融合,实现倍增效益。所以,数据资源的内涵是指加工后具有经济价值的数据。

对数据资源进行开发利用,挖掘其价值,甚至将其转化成数据资产,这逐渐成为社会的新需求。从早期的数据仓库和数据挖掘技术的提出,到如今决策支持系统和商业智能的应用,都是在进行数据资源的开发利用工作。直到大数据技术的出现,数据资源的开发利用终于从量变发展到质变:数据开发成为一个新的领域或行业,数据管理和数据治理的热潮随之掀起。

但是,目前数据资源的开发利用普遍滞后于网络基础设施和应用系统的建设,人们对数据资源保护不力、开发不足、利用不够,对数据资源的特性和用途不甚了解,缺乏合适的技术对数据资源进行有效的开发利用。

为了提高数据资源的开发利用水平,首先要建设可开发的数据资源和数据储备,并对其做好保护。反倾销诉讼、铁矿石谈判、汇率问题、节能减排、碳关税谈判等重大国际政治、经济事务,无一不依靠数据说话,要将网络空间中的数据开发出来,为国家政治、经济服务。其次要掌握好数据科学技术。数据产业是战略型新兴产业,数据资源开发利用是未来产业的制高点,发展数据产业可以产生巨大的经济效益和社会效益,掌握数据科学技术就是掌握未来经济,可以助力产业转型升级和社会治理创新,助力我国经济从高速增长转向高质量发展,使我国从"数据大国"成为"数据强国"。

1. 资产、数据资产、数据资产化的概念

国家标准 GB/T 40685—2021《信息技术服务 数据资产 管理要求》中定义数据资产是"合法拥有或控制的,能进行计量的,为组织带来经济和社会价值的数据资源"。中国信息通信研究院将数据资产(Data Asset)定义为"由组织(政府机构、企事业单位等)合法拥有或控制的数据资源,以电子或其他方式记录,例如文本、图像、语音、视频、网页、数据库、传感信号等结构化或非结构化数据,可进行计量或交易,能直接或间接带来经济效益和社会效益"。可见,数据资产是生产、交易等过程中必须记录的数据信息。与传统的实物资产一样,数据资产也具有价值,但其具有非竞争性、不可替代性等独特属性。在物理上,数据资产是一种以比特(Bit)为基本单位,以 0 和 1 的数字形式为载体,依赖于计算机硬件设备、计算机软件技术和通信技术具有独创性的数字化记录。数据资产定义有广义和狭义之分。广义的数据资产泛指一切以数字表示的有交换价值和使用价值的数字符号,包括信息系统产生的数据,以电子形式存在的、同资产交易相关的直接数据和行业数据;狭义的数据资产仅指有价值的数据信息及数字金融产品,包括数字货币等。总之,数据资产是指具有价值的、能够带来经济效益的数字化资产。综合多方观点,本书归纳总结后的概念如下。

资产:由企业过去的交易或事项形成的,由企业拥有或者控制的,预期会给企业带来经济利益的资源。

数据资产:由个人或企业拥有或者控制的,能够为企业带来直接或间接经济利益的,以物理或电子的方式记录的数据资源。数据资产是拥有数据权属、有价值、可计量、可读取的网络空间中的数据集。有了数据,就能够更好地了解客户的需求,生产客户所需要的产品,从而让产品有更高的溢价能力,有了更高的溢价也就有了更高的利润空间;有了数据,就能够更加清楚地了解公司内部的经营活动,从而更好地优化内部的资源配置,提高内部的运营和管理效率;有了数据,就能够更加清楚地认知外部环境,做出更好的管理决策,降低决策风险,减少决策失误,让公司健康、持续的发展;有了数据,就能够掌握竞争对手的经营活动和行为模式,提出更优的竞争策略,减少竞争损耗,提高商战胜算率,从而让公司更具竞争力。当然,数据作为任何企业经营活动的"晴雨表",还可以利用其不断总结出市场规律,指导企业实践。所以,数据资产是企业竞争的重要资源,并将逐步成为一种战略资源。

数据资产化:使具有使用价值的数据成为一种资产,在市场上进行流通交易,给拥有者或使用者带来经济利益的活动。这一活动是构建数据要素市场的关键与核心,包括数据权属的确定、数据资产的定价、数据的交易流通等。其首要阶段包括数据采集、数据整理、数据聚合和数据分析等。其中,数据采集是根据需要收集数据的过程;数据整理包括数据标注、清洗、脱敏、脱密、标准化和质量监控等;数据聚合包括数据传输、数据存储和数据集成汇聚等;数据分析是为了给各种决策提供支撑而对数据加以详细研究和概括总结的过程。

2. 数据资产的属性分析

会计上对资产定义为,由企业过去的交易或事项形成的、由企业拥有或者控制的、预期会给企业带来经济利益的资源。这里特别强调资产必须具有潜在价值,即不能带来预期经济利益的资源不能作为资产。数据属于资产范畴已经成为社会共识,明确数据的资产属性是数据资产计量、价值评估及涉税管理的基础条件。目前,对数据资产属性的认知主要有两种观点:一种认为数据资产具有无形资产的特征,考虑将数据资产并入无形资产中;另一种认为数据资产与传统意义上的资产完全不同,是一种新型的资产。

但不可否认的是,数据资产具有资产的基本特征,是数字经济背景下以数据形态存在的资产,是以计算机技术为基础产生的,既与传统资产相联系又具有其独特特征,并以数字化形式存在的资产。从产品属性角度分析,数据渗透到产品的设计、生产、采购、销售、服务等整个生命周期,贯穿于企业生产管理的各个环节。数据要素与劳动、资本、土地、技术等传统生产要素融合为一体,参与人类社会经济活动的价值创造与收入分配。

3. 数据资产的价值维度与价值计量

数据资产的价值主要取决于数据资产的应用场景,对数据资产的价值计量主要从以下4个层次展开,即价值维度层、应用场景层、模型方法层和财税管理层。其中,价值维度分为质量维度、效用维度和生态维度3个方面,每一种价值维度下都有具体的指标评分方法。质量维度包含了数据资产的完整性、真实性、一致性和安全性;效用维度包含了数据资产的稀缺性、时效性、多维性和场景经济性;生态维度包含了法律限制、道德限制、社会效益和隐私保护。根据数据资产价值计量的目标不同,应用场景分为4大类,即内部成本核算场景、战略决策场景、数据交易场景和公共数据场景。数据资产的价值评估计量模型应基于应用场景,需具体分析数据资产的价值计量对应的价值维度,不同的应用场景对应不同的价值维度,一个应用场景可以对应多个价值维度。根据数据资产应用场景和价值维度的对应关系选择不同组合的评估计量模型方法,以反映具体应用场景下数据资产的价值。当然,数字化企业必须有数据资产价值计量所依赖的基础条件和相应制度,即从数据的基础设施到数据平台的搭建,再到相应制度的完善,最终应用在数据资产的财税管理层,其主要涉及数据资产的产权确权、清查盘点、账务处理和纳税申报等。

4. 数据资源及数据资产的区别

知道数据在某个地方,但不知道具体在哪里,那这个数据不能叫数据资源;当知道数据在哪里,但加工了也毫无用处,那也不叫数据资源;若知道某个数据有潜在价值但还没去加工,那最多也就是数据资源。数据有没有资产属性并不是由其本身决定,而是由市场决定,只有经过加工后产生经济利益的数据资源才叫数据资产。

例如,客户关系管理(Customer Relationship Management,CRM)系统建设完成后会有很多数据,这些数据就是原始数据,业务人员对这些原始数据进行价值判断,发现一些配置数据没有有效用途,一些行为日志可以用来完善客户画像,那么这些行为日志就成了数据资源,如采集进数据仓库,加工后可以为营销服务,加工后的数据就可以被认定为数据资产。

1.1.3 数据成为生产要素

在经济学上,生产要素一般指生产性投入,即生产商品和服务所需要的资源。随着人类社会的发展和进步,人类开发利用资源的能力在不断提升,生产要素的范畴也在不断扩展。

在农业经济时代,土地和劳动力是主要的生产要素;在工业经济时代,生产力得到极大发展,机器、厂房、原材料和制成品被投入生产,资本成了重要的生产要素,随着工业的发展,技术也成了生产要素;进入数字经济时代,数据对全要素生产率的提升作用是空前的,数据也因此成为价值无限的新型生产要素。

1. 数据成为生产要素的 3 个阶段

数据的使用和价值体现经历了 3 个阶段。

(1) 手工阶段。非计算机处理的数据不在本书讨论的范畴。在计算机出现之前,人们进行决策依靠的是手工收集和分析数据、决策者的经验和直觉,即手工方式的决策。例如,早期的军事情报部门就是通过手工获取情报、分析情报。谍报人员通过自身接触到的地方人员或机构窃取军事情报,然后通过交通站将情报传递给情报部门进行情报分析;情报部门再将分析结果提交给参谋部,供其制订作战计划,或直接提交给指挥官进行战场决策。战争时期,情报经常通过地下市场进行交换流通。

(2) 自积累阶段。随着信息化进程的推进,大量数据被生产出来,人们开发了计算机决策支持系统,这时数据拥有者就可以利用自身信息化积累的数据进行决策。然而,数据积累是一个漫长、成本高昂而又困难的工作,只有少数大型企业能够做到,不仅如此,积累的数据也仅仅局限在企业自身产生的数据范围内。在这个阶段,数据主要被数据拥有者使用,还没有作为生产资料投入商业生产中,因此还不是生产要素。但是数据已经是一种资源,企业也认识到了数据的价值,逐步考虑将数据作为资产处置。

(3) 大数据阶段。随着技术进步和互联网应用的普及,不论是政府、组织、企业,还是个人,都越来越有能力获得决策需要的各种数据。这些数据来源多样、类型多样,甚至超过了早期大型企业自身的积累,并且数据分析技术也取得了长足的进步,人们可以通过分析这些数据得到决策依据。这样,一种新型的决策方式就产生了,这就是大数据决策。

数据资源权属清晰之后即为数据资产,数据资产实际参与社会生产经营活动之后即为数据(生产)要素。

2. 数据要素资本化的主要形式

(1) 数据证券化:依托数据资产,通过首次公开募股(Initial Public Offering,IPO)、并购重组等手段获得融资。

(2) 数据质押融资:数据权利人将其合法拥有的数据出质,从银行等金融机构获取资金的一种融资方式。

(3) 数据银行:通过吸纳"数据存款",把分散在个人和集体中的数据资源集中起来,使其易被发现、访问,并具备互操作能力。

(4) 数据信托:首先,数据出让方将自己所持有的某一个数据资产包即数据资产作为信托财产设立信托;其次,信托受益权转让,委托方通过信托受益权转让获得现金收入;再次,受托人继续委托数据服务商对特定数据资产进行运用和增值,产生收益;最后,向社会投资者进行信托利益分配。

3. 数据要素参与分配的基本规则

1）数据要素参与分配的理论依据

生产要素参与分配是我国国民收入分配方式的重要组成部分,是按劳分配的必要补充和完善。按生产要素分配是指在市场经济条件下,生产要素的使用者根据各种生产要素在生产经营过程中发挥作用的大小,按照一定比例,对生产要素所有者支付相应报酬的一种分配方式。在市场经济环境下,多种所有制形式并存更加突出生产要素在社会资源配置中的地位,按生产要素参与分配与经济运行之间相互作用,有助于促进优化资源配置,推动生产力进步,促进社会经济健康持续发展。当数据成为一种商品,作为生产要素由市场合理配置、参与收入分配时属于初次分配,即由市场评价贡献、按贡献决定报酬,通过市场机制完成分配。数据要素参与分配,有助于推动社会经济结构转型和制度创新,发挥互联网、大数据、数字经济等在经济社会高质量发展中的引擎作用。

2）数据要素的二元产权结构

数字经济的特征决定了数据资产的产权可以属于多方主体。数据确权具有狭义和广义之分,狭义确权是指数据的初始确权;广义确权既包括初始确权,也涉及数据处理、流通等再生产过程中的确权。用户参与生成的数据是数据要素产生的源头,数据生产者即为原始数据资产权的初始拥有者。同时,单个用户的数据经过机构的搜集、加工等途径,赋予数据更多的使用价值和经济价值,基于洛克的劳动赋权理论,数据处理者应当获得增值数据的产权。因此,数据生产者具有原始数据资产的产权,数据处理者具有增值数据资产的产权,形成二元产权结构。二者都可以在要素市场将数据的使用权让渡给数据需求方,以实现自身的收益权。数据生产者是数据处理者增值数据价值的源头,数据处理者的数据增值范围受限于数据生产者产生的原始数据。数据处理者在搜集数据生产者的数据时,应给予数据生产者合理的利益补偿,并保护其数据隐私。但在目前的商业实践中,广泛存在重视数据处理者的产权界定,轻视数据生产者的产权界定,数据处理者严重侵害数据生产者的数据权益的情形。

3）税收在数据要素分配中的作用

在市场经济中,企业的目标是利润最大化;政府的目标是社会福利最大化;个人的目标是效用最大化,当这三个主体的目标兼容达到激励相容的结果才是最佳状态。但目前仍然缺乏数据要素评估的市场标准、价值贡献确定的具体规则,因此,亟须完善数据要素分配规则,以达到增进三方福利的效果。分配数据要素的变化必然带来分配关系的变化。我国把数据明确作为分配要素后,亟须制定数据要素分配规则,形成公平、合理的数据要素分配制度。数据要素分配应以价值贡献为标准,以市场评估值作为确定价值贡献的基本方式。由于市场机制本身存在缺陷,数据要素又具有类公共产品的性质,不可避免地存在市场失灵现象,因此不能将数据资产完全任由市场调节,需要政府监管的介入干预。

当然,数据作为一种全新的生产要素参与社会分配,其禀赋差异性导致收入分配的差距必然扩大。同时,数据要素的使用权和所有权分离,以及数据产权界定不明晰,也将导致收入分配失衡,进而造成税收征纳关系模糊,数据要素参与分配的税收调节力弱化。此外,数据的量级庞大以及超强流动性会增加交易的透明度,在动态平衡中促进各参与主体的协同发展,形成数据的确权与税收治理的耦合协同效应,推动收入分配的调节和产权明晰化。税收作为国家参与社会产品分配的主要形式,必须针对数据要素分配进行调节,即调节不同利益主体的收入分配差异。在数据要素分配调节中,确权与税收治理相互促进,呈旋进式耦合,形成一种作用力,共同推进数据要素参与分配的治理过程。政府应该重视税收对收入分配的调节作用,扩大直接税比重,缩小由数据要素参与分配造成的收入分配不均,并依靠税收制度和产权制度的耦合明晰产权、调节收入,联合发挥产权制度的确权功能与税收制度的收入再分配调节功能。

4. 数据资源、数据资产、数据要素的区别

数据资源:把数据看成资源这一概念提出得最早。类比石油、土地、资本等资源的特点和管理特性,数据资源也有采集、传输、加工、应用、处理、回收等生命周期过程。数据资源的观点最深刻的是把数据从应用中独立出来,数据本身具有独立的生命周期。这种视角可以说是技术视角。延伸出信息资源规划(Information Resource Planning,IRP)方法,作为通用方法应用到不同领域进行信息化设计,万变不离其宗。

数据资产:数据资产是在管理上把数据看成资产。资产是财务上的概念,把财务因素引入,更多的是强调数据的财务价值或者业务价值。与数据资源相比,数据资产更关注数据与业务的结合,重视数据的业务价值。从管理上要注意,一是需要把技术视角的数据转化成业务上能够理解的数据;二是数据评价标准不仅仅是完整性、规范性等技术指标,还要有体现数据业务价值的指标。这种视角可以说是业务视角。从数据资产看数据,各个领域因为业务不同,管理方法会有所区别,需要就事论事。

数据要素:把数据看成生产要素。要素要放到社会、市场这类宏观概念上去看,数据要素重视数据在调节生产关系、创新生产力方面的作用,强调数据促进数字经济发展。因此与数据要素相关的概念是数据确权、数据开放、数据交易。这种视角可以说是战略视角。从数据要素看数据,更关注数据与其他要素结合后发挥战略性、全局性价值,相关管理应用模式需要试错创新。

区别与联系:总体来说,数据资源、数据资产、数据要素有其产生的特定背景。3个概念对数据的认知是有区别的,简单说是从技术、业务、战略3个方面对数据的不同理解。需要注意的是,3个方面不是递进关系,也不是层次关系。一方面这3个概念具有统一性,比如,再怎么谈数据要素交易,到技术层面还是数据的采集、传输、应用;另一方面,也要注意不同领域的应用差异,如果简单认为数据就是"理、采、存、管、用",在应用落地时就会力不从心。

1.2   数据资产管理的定义与内涵

1.2.1   数据资产管理的概念

数据管理的概念从20世纪80年代提出,已经接近40年,数据治理的提法也有近20年,"数据资产"这一名词在1974年就已出现,但此后数据资产基本就停留在概念上,而数据资

产管理的提出是最近 5 年的事情,中国数据资产管理峰会对数据资产管理做出如下定义:

数据资产管理(Data Asset Management,DAM)是指对数据资产进行规划、控制和提供的一组活动职能,包括开发、执行和监督有关数据的计划、政策、方案、项目、流程、方法和程序,从而控制、保护、交付和提高数据资产的价值。数据资产管理须充分融合政策、管理、业务、技术和服务,确保数据资产保值增值。

1.2.2　数据资产管理的内涵

数据资产管理包含数据资源化、数据资产化两个环节,将原始数据转变为数据资源、数据资产,逐步提高数据的价值密度,为数据要素化奠定基础。

数据资源化:通过将原始数据转变为数据资源,使数据具备一定的潜在价值,是数据资源化的必要前提。数据资源化以数据治理为工作重点,以提升数据质量、保障数据安全为目标,确保数据的准确性、一致性、时效性和完整性,推动数据内外部流通。数据资源化包括数据模型管理、数据标准管理、数据质量管理、主数据管理、数据安全管理、元数据管理和数据开发管理等活动职能。

数据资产化:通过将数据资源转变为数据资产,使数据资源的潜在价值得以充分释放。数据资产化以扩大数据资产的应用范围、显性化数据资产的成本与效益为工作重点,并使数据供给端与数据消费端之间形成良性反馈闭环。数据资产化主要包括数据资产流通、数据资产运营、数据价值评估等活动职能。需要说明的是,围绕“资产”管控开展资产认定、权益分配、价值评估等活动受组织外部影响因素较多(包括数据要素市场相关交易模式、市场机制、法律法规或政策等),此处所定义的数据资产化强调其对于推动组织数据资产管理的作用。

1.2.3　数据资产管理的演变

1. 数据资产管理发展历程

数据资产管理伴随着数据理念与技术的发展而不断演变。数据管理概念诞生于 20 世纪 80 年代,为方便存储和访问计算机系统中的数据,优化数据随机存储技术和数据库技术的使用,数据管理多从技术视角出发。信息化时代,数据被视为业务记录的主要载体,数据管理与业务系统、管理系统的建设和维护相结合,从而具备一定的业务含义。大数据时代,随着数据规模持续增加以及技术成本投入下降,越来越多的组织搭建大数据平台,组建数据管理团队,实现数据资源的集中存储和管理,数据管理的重要性和必要性日益凸显,数据管理推动组织业务发展的作用逐步显现。数据要素化时代,数据作为资产的理念成为共识,数据管理演变为对数据资产的管理,以提升数据质量和保障数据安全为基础要求,围绕数据全生命周期,统筹开展数据资产管理,以释放数据资产价值为核心目标,制定数据赋能业务发展战略,持续运营数据资产。

数据资产管理的理论框架逐步成熟。国际上,麻省理工学院两位教授于 1988 年启动全面数据质量管理(TDQM)计划,提出了聚焦于质量管理的数据资产管理框架。国际数据治理研究所(Data Governance Institute,DGI)于2004年提出了数据治理框架,DAMA于2009年发布了数据管理知识体系,并于2017年对数据管理模型进行了更新。此外,Gartner、IBM等企业纷纷提出了数据管理能力评价模型。我国于2018年发布《数据管理能力成熟度评估模型》(Data management Capability Maturity assessment Model,DCMM)(GB/T 36073—2018)国家标准,成为国内数据管理领域的第一个国家标准,相对全面地定义了数据管理活动框架,包含8个能力域和28个能力项。整体来看,目前主要的数据管理理论框架之间有很强的相似性,主要从数据管理的技术侧或管理侧出发,明确数据管理的活动职能和管理手段,并按照一定标准对组织的数据能力进行等级评定。但是多数框架未强调数据资产价值性,忽略了数据资产价值的实现路径。

2. **数据资产管理发展现状**

根据DCMM的评估与调研结果,现阶段数据资产管理在能力分布、实践模式等方面呈现以下特点。

(1) **行业间数据资产管理能力差异分布显著**。工业和制造业、能源行业、医疗行业、教育行业等传统行业仍处于初级阶段,数据资产管理的意识和动力不足,数据资产管理的资源投入仍集中于大数据平台建设,尚未组建相对专业化的数据资产管理团队去尝试对核心业务开展数据标准化工作。DCMM评估结果显示,以上行业评估结果集中于第2级。金融行业、互联网行业、通信行业、零售行业等较早享受到了"数据红利",持续推进业务线上化,数据资产管理重要性随之提升,逐步发展数据资产管理部门,加大技术创新与应用,开展数据分析和数据服务。DCMM评估结果显示,以上行业评估结果集中于第3级或以上。

(2) **企业间数据资产管理实践模式有所不同**。对于数据资产管理能力相对薄弱的企业,多以主数据管理作为数据资产管理的切入点,以数据标准化作为试点期间主要目标(表现为DCMM评估数据标准管理能力域得分显著高于其他能力域);对于数据资产管理能力基础较好的企业,制定数据战略与实施路线,确保数据资产管理与业务发展、IT发展的一致性,以提高管理效率、提升数据价值为主要目标(表现为DCMM评估数据战略、数据架构和数据应用能力域得分显著高于平均水平)。

(3) **评估数据资产价值成为企业关注焦点,部分企业已开展探索性实践**。数据资产价值评估是量化数据资产价值的有效方式,推动企业持续投入资源开展数据资产管理,为企业参与数据资产流通奠定基础。2021年1月,光大银行发布《商业银行数据资产估值白皮书》,系统研究了商业银行的数据资产估值体系建设,提出了成本法、收益法、市场法等货币化估值方法。2021年3月,南方电网发布《中国南方电网有限责任公司数据资产定价方法(试行)》,提出了公司数据资产的基本特征、产品类型、成本构成和定价方法,并给出相关费用标准,为后续数据资产的高效流通做好准备。2021年10月,浦发银行发布《商业银行数据资产管理体系建设实践报告》,根据数据资产能否直接产生价值,将数据资产分类为基础型数据资产和服务型数据资产,并将数据资产写入资产负债表、现金流量表和利润表之外的第4张表——"数据资产经营报表"。

1.2.4　数据资产管理的难点

当前,数据资产管理仍然面临一系列的问题和挑战,涉及数据资产管理的理念、效率、技术、安全等方面,阻碍了各类组织数据资产管理能力的持续提升。

(1) 数据资产管理内驱动力不足。组织管理数据资产的动力主要来自外在动力和内在动力两个方面。随着鼓励组织开展数字化转型的国家和行业政策陆续发布,以及数据分析和应用对于同业竞争的优势日趋显著,各类组织开展数据资产管理的外部动力逐渐增强。但是对于多数组织而言,仍面临数据资产管理价值不明显、数据资产管理路径不清晰等问题,比如管理层尚未达成数据资产管理战略共识,短时期内数据资产管理投入产出较低,导致组织开展数据资产管理内驱动力不足。

(2) 数据资产管理与业务发展存在割裂。现阶段组织开展数据资产管理主要是为经营管理和业务决策提供数据支持,因此数据资产管理应与业务发展紧密耦合,数据资产也需要借助业务活动实现价值释放。然而,很多组织的数据资产管理工作与实际业务存在"脱节"情况。有的是因为战略层面不一致,组织尽管具备一定的数据资产管理意识,但是并未在组织发展规划中明确数据资产管理如何与业务结合;有的是组织层面不统一,数据资产管理团队与业务团队缺乏有效的协同机制,使数据资产管理团队不清楚业务的数据需求,业务团队不知道如何参与数据资产管理工作。

(3) 数据孤岛阻碍数据内部共享。打通组织内数据流通壁垒,是推进数据资产在组织内高效流转的关键环节。但是由于信息化系统分散建设,数据能力分散培养,缺乏体系化管理数据资产的意识,缺少统一的数据资产管理平台与团队,数据孤岛发展为普遍问题,并进一步成为组织全面开启数字化转型、构建业务技术协同机制的"绊脚石"。

(4) 数据质量难以及时满足业务预期。数据资产管理的核心目标之一是提升数据质量,以提高数据决策的准确性。但是目前多数组织面临数据质量不达预期、质量提升缓慢的问题。究其原因,一是因为未进行源头数据质量治理,"垃圾"数据流入数据中心;二是因为数据资产管理人员未与数据使用者之间形成协同,数据质量规则并未得到数据生产者或数据使用者的确认;三是因为数据质量管理的技术支持不足,手工操作在数据质量管理中占比较高,导致数据质量问题发现与整改不及时。

(5) 数据开发效率和敏捷程度较低。数据开发的效率及效果需要有配套的技术能力及设施保障,数据开发的效率影响了数据资产的形成效率;数据开发的效果影响了数据资产对业务的指导效果。大多数组织因为无体系化的数据开发及数据资产沉淀机制,无法及时有效地形成数据资产并沉淀下来。

(6) 数据资产无法持续运营。数据资产运营是推动数据资产管理长期、持续开展的关键。但是,由于多数组织仍处于数据资产管理的初级阶段,尚未建立数据资产运营的理念与方法,难以充分调动数据资产使用方参与数据资产管理的积极性,数据资产管理方与数据资产使用方之间缺少良性沟通和反馈机制,降低了数据产品的应用效果。

(7) 难以兼顾数据流通和数据安全的平衡。近几年,涉及个人信息泄露的数据安全事件频发。2019 年 2 月,安全研究人员发现一个不受保护的服务器公开了美国电子邮件公司 Verifications.io 4 个在线 MongoDB 数据库,其中包含 150GB 的详细营销数据和 8 亿多个不同的电子邮箱地址。2020 年,我国超 5 亿微博用户数据在暗网出售,公众个人信息安全遭受巨大危险,如此种种数据安全事件造成的损失不可估量。

一个数据集要被作为数据资产,首先要持有一定的数据权属(可以是所有权、使用权、勘探权等),只有拥有了数据资源的数据权属,才有可能让数据成为数据资产。

数据权属主要指数据的所有权、使用权、个人数据权(肖像权)等。数据所有权源于数据的财产属性。然而,数据所有权的确定十分困难。目前,国内外都还没有专门针对数据所有权确权的法律、制度和方法。相对而言,当前只有国家所有的数据权属比较明确,而非国有企业或机构所有、个人所有的数据所有权则缺少法律依据。数据使用权指的是使用指定数据的权利。在所有权确定的情况下,数据所有人可以将数据的使用权授予数据使用人。数据可以被低成本复制无限多份,数据的使用不会造成数据的损耗和数据质量下降,因此数据所有人向数据使用人授予数据的使用权是一种十分经济的做法。但也正是数据的这些特点使得数据使用权通常不允许二次转授,即使用人 A 获得数据的使用授权后,不能再将该数据的使用权授权给使用人 B。个人数据权获得了学术界比较多的关注,包括肖像数据、直接识别数据和间接识别数据。于 2018 年 5 月 25 日生效的欧盟的《通用数据保护条例》(General Data Protection Regulation,GDPR)对个人数据权进行了详细的描述。在 GDPR 的第 3 章中规定了数据主体拥有的多项权利,包括数据主体的知情权、访问权、纠正权、被遗忘权(删除权)、限制处理权、反对权、拒绝权、自主决定权、数据携带权等。其中,被遗忘权受到较多关注。被遗忘权,即数据主体有权要求数据控制者永久删除有关数据主体的个人数据,有权被互联网遗忘。

《数据安全法》《个人信息保护法》的颁布和实施为规范数据处理活动、保障数据安全和保护个人、组织的合法权益奠定了法律基础,同时也对组织的数据安全治理能力与个人信息保护能力提出了更高的要求。但是,由于目前多数组织的数据安全能力处于较为初步的阶段,对于数据资产流通的需求却在逐步攀升,随着数据规模的持续增加,多数组织现阶段面临难以平衡数据资产流通和数据安全合规的问题。

数据资源作为数据资产,其成本或价值需要能够被可靠地计量。数据的特殊性使得对数据进行统一计量非常困难,特别是对由多种数据组成的大数据集进行可靠计量更具挑战性。

随着时间的推移和技术的进步,网络空间中积累的数据的类别和形式越来越多样,复杂度也越来越高,这些数据包括不同语言的数据、不同行业的数据(如空间数据、海洋数据等),还包括在互联网中/不在互联网中的数据、公开/非公开的数据、企业/政府的数据等。这些数据通过键盘、录音笔、摄影机、手机、天文望远镜、对地观测卫星、电子对撞机、DNA 测序仪等各类电子仪器设备不停地生产和积累。这些数据格式多样,有专用格式也有通用格式,而数据之间也存在各种关联,复杂度高。特别是大数据集通常会涉及多个类型的数据,有多种数据格式,规模比较庞大(一个大数据集通常在 TB~PB 级的规模)。因此,数据资产的形态难以确定,其规模大小由具体的数据组合类型和采用的格式而定,难以有统一的规模,数据资产的计量困难。

作为数据资产,数据资源必然要有价值,没有价值的数据集不应该被作为资产来对待。对于一个经济主体而言,一个数据集是否对其有价值相对容易判断,然而对这个数据集的价值大小进行判定就存在一定难度,数据集的价值大小往往与数据质量高低有关。

从技术角度来看,"垃圾"数据集(比如由一堆"乱码"组成的数据集)是没有价值的。而一个有价值的数据集也存在价值密度高低的问题,有些数据集中的大部分数据是有价值的,即这些数据集的价值密度高;有些数据集虽然有价值,但其价值密度很低,要依靠很高的技术手段进行数据集的价值挖掘,需要考虑投入产出比。从使用角度看,数据集的价值因使用目的不同、使用对象不同和使用场景不同而有差异,经济主体需要从自身业务需求出发对数据集进行是否有价值的判定。

数据价值需要运用技术手段并在具体的应用场景中方可体现。如同石油之于汽车,石油的一个重要价值就是能从中提炼出汽油,使得使用汽油发动机的汽车得以运行,从而抵达人们的目的地。数据集的价值也需要通过技术进行挖掘获得,从而满足某种应用的需求。

1.3 数据资产管理关注的焦点

1.3.1 数据价值难以有效发挥的原因

当前企业在数据管理中面临诸多问题,这些问题阻碍了数据的互联互通和高效利用,成为了数据价值难以有效释放的瓶颈。

(1)缺乏统一数据视图。企业的数据资源散落在多个业务系统中,企业主和业务人员无法及时感知到数据的分布与更新情况,无法快速找到符合自己需求的数据,也无法发现和识别有价值的数据并纳入数据资产。

(2)数据孤岛普遍存在。据统计,98%的企业都存在数据孤岛问题。而造成数据孤岛的原因既包括技术上的,也包括标准和管理制度上的,这阻碍了业务系统之间顺畅的数据共享,降低了资源利用率和数据的可得性。

(3)数据质量低下。糟糕的数据质量常常意味着糟糕的业务决策,将直接导致数据统计分析不准确、监管业务难、高层领导难以决策等问题。根据数据质量专家 Larry English 的统计,不良的数据质量使企业额外花费 15%~25% 的成本。而数据能够被当作资产,并发挥越来越大的价值,其前提是数据质量的不断提升。

(4)缺乏安全的数据环境。数据安全造成的风险主要包括数据泄露与数据滥用等。根据数据泄露水平指数(Breach Level Index)监测,自 2013 年以来全球数据泄露高达 130 亿条,其中很多都是由于管理制度不完善造成的。随着各个机构数据的快速累积,一旦发生数据安全事件,其对企业经营和用户利益的危害性将越来越大,会束缚数据价值的释放。

(5)缺乏数据价值管理体系。大部分企业还没有建立起一个有效管理数据和应用数据的模式,包括数据价值评估、数据成本管理等,对数据服务和数据应用也缺乏合规性的指导,没有找到一条释放数据价值的"最优路径"。

1.3.2 数据资产管理面临的主要挑战

1. 问题定义不明确的挑战

糟糕的问题定义是分析团队面临的重大挑战。通常将一个组织面临的广泛挑战分解为可解决的部分非常困难,而评估哪些部分在解决后将产生最大的影响则更加困难。

那么,当项目分析专注于错误的问题,或者至少是正确问题的错误方面时,它们的后果是什么? 当这个问题出现时,项目最终会:

(1) 没有解决明确的业务需求。

(2) 与整体业务战略不一致。

(3) 缺乏实现投资回报的明确途径。

(4) 与企业成功的真正驱动力脱节。

(5) 专注于有趣的事情,而不是产生最大影响的事情。

2. 数据质量低、不一致或缺失的挑战

任何模型的强大程度都取决于它所依赖的数据。然而,获取正确而且足够多的数据可能会很困难,有时以下情况可能会发生:

(1) 所需数据不存在。

(2) 数据质量不足以继续进行项目。

(3) 项目团队无权访问必要的数据。

(4) 数据访问成本太高。

(5) 数据工程太昂贵或太耗时而无法使数据可用。

3. 执行中技术方法与问题不一致的挑战

不幸的是,确定正确的业务问题供分析解决并拥有解决问题所需的数据不足以构建交付业务成果的模型。即使前两个步骤正确,团队也可能由于以下原因无法完成工作模型:

(1) 在整个过程中缺乏适当的技术人才或领域专家。

(2) 过度规划项目并试图一次实现太多目标。

(3) 在开发解决方案时使用了错误的技术、算法或方法。

(4) 没有建立足够准确的模型进行预测。

(5) 可用资源不足,无法达到产生影响所需的质量或范围。

(6) 项目的交付时间比预期的要长,并且没有足够的预算完成模型。

4. 未能考虑到人为因素的挑战

即使交付了一个工作模型,如果目标用户不采用它,或者没有集成到现有的技术或业务流程中,仍然可能会失败。虽然技术集成会带来问题,但用户采用的程度及效果是分析项目失败的主要原因。最好的数据科学和结构以及最完善的模型如果不容易使用和部署以增强人类决策,那么它们将产生很小的影响。在以下情况下会出现采用和可用性失败:

(1) 目标用户没有积极参与或拒绝采取干预措施。

（2）操作程序和激励措施不鼓励用户将模型纳入他们的持续行为中。

（3）模型的交互或界面太难使用。

（4）解决方案不容易集成到现有技术堆栈，当前基础架构或组织缺乏必要的数据仓库、云处理和存储等能力。

5. "一次性"陷阱的挑战

虽然一种模式在最初被采用时可能会蓬勃发展，但如果长期被抛弃，可能是由于缺乏内部支持，或者是由于在建立它的组织发生重大变化后没有适应。可能存在：

（1）未能调整模型以适应组织需求、业务战略或目标的变化。

（2）由于环境、模式或行为的变化，模型性能随时间恶化。

（3）没有足够的技术支持调整数据管道中的问题、源系统或应用程序接口（Application Programming Interface，API）的更改等。

（4）缺乏长期采用，最终导致用户回归到旧的工作方式、创建新的解决方法或使用次优系统。

虽然不同的组织处于数据分析过程的不同阶段，但整个数据分析行业的整体成熟度在不断提高。技术人才、适当数据的可访问性和模型概念背后的思想通常最初是合理的，因此导致问题、数据和执行失败模式的因素通常比之前更普遍。

1.3.3　数据资产管理发挥价值的路径

数据是资产的概念已经成为行业共识，从了解数据资产管理的概念，到变革中的数据资产管理呈现出来的特征趋势，以及实践中数据资产管理的主要内容与经验等可知，数据资产管理正在被越来越多的企业重视。

伴随着大数据时代支撑数据交换共享和数据服务应用的技术发展，不断积淀的数据开始逐渐发挥它的价值，因此，将数据作为一项资产，"盘活"数据将充分释放其价值。但事实上，由于各种原因导致数据资产管理仍面临诸多挑战。首先，大部分企业和政府部门的数据基础还很薄弱，存在数据标准混乱、数据质量参差不齐、各条块之间数据孤岛化严重等现象，妨碍了数据的共享应用；其次，受限于数据规模和数据源种类的丰富程度，多数企业的数据应用刚刚起步，主要集中在精准营销，舆情动态感知和风险控制等有限场景，应用深度不够，应用空间亟待开拓；再次，由于数据的价值很难评估，企业难以对数据的成本以及其对业务的贡献进行评估，从而难以像运营有形资产一样管理数据资产。

而数据资产管理是充分发挥数据价值的必经之路。通过解决释放数据价值过程中面临的诸多问题，以体系化的方式实现数据的可得、可用、好用，用较小的数据成本获得较大的数据收益，具体体现在以下 6 个方面：

（1）全面掌握数据资产现状。数据资产管理的切入点是对数据家底进行全面盘点，形成数据地图，为业务应用和数据积累夯实基础。数据地图作为数据资产盘点的输出物之一，可以帮助业务人员快速精确查找想要的数据，帮助数据开发者和数据使用者了解数据，并成为对数据资产管理进行有效监控的手段。

（2）提升数据质量。数据资产管理强调高质量的数据在发挥数据价值中的重要性。通过建立一套切实可行的数据质量监控体系，设计数据质量稽核规则，加强从数据源头控制数据质量，形成覆盖数据全生命周期的数据质量管理，实现数据资源向优质资产的转变。

（3）实现数据互联互通。数据资产管理通过制定企业内部统一的数据标准，建立数据共享制度，完善数据登记、数据申请、数据审批、数据传输、数据使用等数据共享相关的流程规范，打破数据孤岛，实现企业内数据高效共享。同时搭建数据流通开放平台，增强数据的可得性，促进数据的交换流通，提升数据的服务应用能力。

（4）提高数据获取效率。数据资产管理通过搭建数据管理平台，采取机器学习等相关自动化技术，将前期大量的数据准备时间和项目交付的时间缩短，提升数据的获取和服务效率，让数据随时快速有效就绪，缩短数据分析人员和数据科学家的数据准备时间，加快数据价值的释放过程。

（5）保障数据安全合规。保障安全是数据资产管理的底线，数据资产管理通过制定完善的数据安全策略、建立体系化的数据安全措施、执行数据安全审计，全方位进行安全管控，确保数据的获取和使用合法合规，为数据价值的充分挖掘提供安全可靠的环境。

（6）数据价值持续释放。存储和管理数据的最终目的是实现数据的价值，数据资产管理将数据作为一项资产，并通过持续、动态的全生命周期管理过程，使数据资产能够为企业数字化转型提供源源不断的动力。管理方面主要建立一套符合数据驱动的组织管理制度流程和价值评估体系；技术方面通过建设现代化数据平台、引入智能化技术，确保数据资产管理系统平台持续、健康地为数据资产管理体系服务。

1.3.4 相关要素成为多方关注的议题

近年来，各级政府越来越重视数据资产管理工作，在新一轮的政府机构改革中，设置专门的数据管理机构成为热点，贵州、山东、重庆、福建、广东、浙江、吉林、广西等省、自治区、直辖市已设置了厅局级的大数据管理局，统筹推动地方"数字政府"建设，促进政务信息资源共享协同应用。早在 2017 年 7 月，贵州省大数据发展领导小组办公室就印发实施了《贵州省政府数据资产管理登记暂行办法》，成为全国首个出台政府数据资产管理登记办法的省份。

在国家层面，数据合规性与数据跨境流动成为各国关注重点。于 2017 年 6 月 1 日正式生效的《中华人民共和国网络安全法》中第三十七条规定："关键信息基础设施的运营者在中华人民共和国境内运营中收集和产生的个人信息和重要数据应当在境内存储。因业务需要，确需向境外提供的，应当按照国家网信部门会同国务院有关部门制定的办法进行安全评估"。2018 年 5 月 25 日，通用数据保护条例（GDPR）正式在欧盟实施。各国对于数据跨境流动的关注包含了数据主权、隐私保护、法律适用与管辖，乃至国际贸易规则等内容。在国家政策制度层面，2020 年 4 月，中共中央、国务院发布《关于构建更加完善的要素市场化配置体制机制的意见》，在世界上首次将数据视为新的生产要素，国家《"十四五"数字经济发展规划》明确提出要加快数据要素的市场化流通，创新数据要素开发利用机制。可见数据要素高效规范的流通是促进数字经济发展最为基础关键的工作之一。2021 年 12 月,国务院办公厅《关于印发要素市场化配置综合改革试点总体方案的通知》(国办发〔2021〕51 号),提出探索建立数据要素流通规则。2022 年 12 月,中共中央、国务院发布了《关于构建数据基础制度更好发挥数据要素作用的意见》(数据二十条),明确提出促进数据高效流通使用、赋能实体经济,统筹推进数据产权、流通交易、收益分配、安全治理,加快构建数据基础制度体系的要求。数据要素流通已成为数字经济时代重要研究内容,数据要素流通标准化工作更是建立统一开放、竞争有序的数据要素市场的内在要求。

2023 年 10 月 25 日,国家数据局正式挂牌成立。国家数据局局长刘烈宏在 2023 年 11 月 25 日,首次明确"数据要素×"行动。通过在各行业、各领域加快数据的开发利用,提高各类要素协同效率,找到资源配置"最优解",突破产出边界,创造新产业新业态,实现推动经济发展的乘数效应。未来,"数据要素×"行动将从供需两端发力,在智能制造、商贸流通、交通物流、金融服务、医疗健康等若干重点领域,加强场景需求牵引,打通流通障碍、提升供给质量,推动数据要素与其他要素结合,催生新产业、新业态、新模式、新应用、新治理。

1.4　数据资产化的战略意义

数据资产化的战略意义建立在紧跟数字经济发展趋势上,发展数字经济是打通国际国内双循环新发展格局的有效途径;根植于发挥数据要素引领作用,数据要素带来的价值增值成为推动产业创新和转型的引擎;体现在构建数据价值释放体系中,数据资产化有利于推进数字化转型,共塑数据价值释放新图景。

1.4.1　紧跟数字经济发展趋势

1. 抢抓数字经济发展机遇是各国共同探索的方向

2022 年 7 月 29 日,中国信息通信研究院发布的《全球数字经济白皮书(2022 年)》中的数据显示,2021 年全球 47 个主要国家的数字经济规模达到 38.1 万亿美元。其中,中国数字经济规模达到 7.1 万亿美元,占 47 个国家总量的 18.5%,仅次于美国,位居世界第二。

数字经济发展速度之快、辐射范围之广、影响程度之深前所未有,正推动生产方式、生活方式和治理方式深刻变革,成为重组全球要素资源、重塑全球经济结构、改变全球竞争格局的关键力量。

2. 在实现双循环新发展格局的过程中,数字经济是重要的支撑力量

党的二十大报告指出,加快发展数字经济,促进数字经济和实体经济深度融合,打造具有国际竞争力的数字产业集群。这一系列内容明确了中国未来经济发展的重点和实现路径。

加快数字经济的发展可以有效地打通生产、消费、分配与流通环节,并通过产业的数字化升级,实现效率变革、动力变革与质量变革,助力双循环新发展格局的形成与发展。

3. 数字经济成为驱动我国经济发展的关键力量

《全球数字经济白皮书（2022 年）》中的数据显示，从增速上看，2012—2021 年，我国数字经济平均增速为 15.9%；从占比上看，2012—2021 年，数字经济占 GDP 比重由 20.9% 提升至 39.8%，占比年均提升约 2.1 个百分点。数字经济整体投入产出效率由 2002 年的 0.9% 提升至 2020 年的 2.8%。

在数字经济这一新兴赛道上，中国第一次与发达国家站在同一起跑线上。大力发展数字经济，是抢占全球经济发展制高地的重要机会，是时代赋予中华民族伟大复兴的重要机遇。

1.4.2　发挥数据要素引领作用

1. 在数字经济时代，数据成为新的关键生产要素

随着数字经济的发展带来的数据爆发增长、海量集聚蕴藏了巨大的价值，为智能化发展带来了新的机遇。数据对提高生产效率的乘数作用不断凸显，成为最具时代特征的生产要素。根据国家工信部安全发展研究中心测算，当前我国数据要素市场规模约为 500 亿元，"十四五"期间有望突破 1700 亿元，进入高速发展阶段。数字经济时代，数据要素不仅是催生和推动数字经济新产业、新业态、新模式发展的基础，也是推动产业创新和改造升级的强劲臂力。

2. 数据要素是数字经济深化发展的核心引擎

随着数字经济的发展，数据正在成为企业经营决策的新驱动、商品服务贸易的新内容、社会全面治理的新手段，带来了新的价值增值。因此，切实用好数据要素，协同推进技术、模式业态和制度创新将为数字经济的深化发展带来强劲动力。

3. 发挥数据要素的引领作用已成为我国施政的重要着力点

2022 年 3 月，中共中央、国务院发布了《关于加快建设全国统一大市场的意见》，提出"加快培育数据要素市场，建立健全数据安全、权利保护、跨境传输管理、交易流通、开放共享、安全认证等基础制度和标准规范，深入开展数据资源调查，推动数据资源开发利用"。2022 年 6 月，中央深改委审议通过了《关于构建数据基础制度更好发挥数据要素作用的意见》，提出构建数据基础制度，让数据要素的获取、加工、流通、利用以及收益分配等行为有法可依、有规可循。这些具有深远影响的顶层设计充分说明了国家层面对数据要素的积极重视。

1.4.3　构建数据价值释放体系

1. 数据资产化是数字化转型的重要驱动力

数字化转型是指将一个组织的运行方式转型为以数据和网络为核心的运行方式。数字化转型需要将现有数据进行资产化，并不断积累数据资产，将数据资产作为数字化转型的驱动力。

各行各业的数字化转型催生了巨大的数据需求，形成了数据大市场，数据正从自产自用、自产自销向专业数据产品生产的方向发展。数据资产化是数据进入市场流通的前提,是各类数据要素市场建设的前提。

一方面,数据资产化既是实现企业数字化转型的先决条件,也是进一步发挥企业竞争优势、提升企业发展质量的重要途径;另一方面,数据资产化推动公共数据赋能数字经济、数字政府、数字社会建设,带动企业数据、社会数据等其他数据资源的整合共享与开发应用,是充分释放公共数据价值的必由之路。在 2021 全球数商大会期间,普华永道中国区域经济及金融业主管合伙人张立钧在《数据资产化研究现状与展望》主旨演讲中表示:"全球数字经济进入蓬勃发展时期,数据已成为全新的资产。而数据资产化产生的新交易生态、新价值体系、新商品形态,将是未来实现普惠和促进数字经济发展的新动力。"

2. 国家层面主要从支持数据资产评估着手探索数据价值释放

近年来,从中央到地方,数据资产化相关的一系列政策举措的出台,产生了既有顶层设计又有具体措施的政策支持体系,形成了推动数据资产化的强大合力。

在 2020 年 9 月国务院国资委发布的《关于加快推进国有企业数字化转型工作的通知》中,首次在国家部委层面提出了"数据资产"一词,主要强调国企数据资产的运营。

2021 年 11 月 30 日,工业和信息化部发布的《"十四五"大数据产业发展规划》则强调行业数据资产化,并提出要发展数据资产评估、登记结算、交易撮合、争议仲裁等市场运营体系。在 2022 年国务院办公厅和国务院发布的两个政策中,再次强调要发展数据资产评估,并提出要形成数据资产目录。

特别地,2022 年 10 月 27 日,财政部发布《关于支持深圳探索创新财政政策体系与管理体制的实施意见》,指导深圳研究数据资源相关会计问题。积极推进数据资产管理研究,明确支持深圳研究数据资源相关会计问题。

积极推进数据资产管理研究,探索试点公共数据资产确权估值、管理及市场化利用。

3. 地方层面围绕数据资产化路径已有多元化探索

相比国家层面的政策,地方层面与数据资产化相关的政策更为多元,表述也更加具体。北京、深圳从政策层面已经开始鼓励数据资产相关金融创新,如数据资产质押融资、担保、保险以及数据资产证券化等。

上海、贵阳的相关政策仍以鼓励数据资产评估、定价等理论研究和实践试点探索为主。数据资产确权登记地方政策中比较关注的核心问题。此外,数据资产登记、评估等方面的试点工作也是地方施政的重要方式。

1.5　小结

本章介绍了数据、数据资源和数据资产、数据要素的含义,分析了数据资源、数据资产、数据要素管理的核心和内涵。数据代表着对一件事物的描述,它具有物理属性、存在属性、信息属性和时间属性,数据管理的核心内涵就是对数据的深刻认识和本质利用,数据可以与土地、资金、人力、技术资源进行充分融合,实现倍增效益。数据资源的内涵是指加工后具有经济价值的数据,数据资产则是指由个人或企业拥有或者控制的,能够为企业带来未来经济利益的,以物理或电子的方式记录的数据资源,是拥有数据权属、有价值、可计量、可读取的网络空间中的数据集。进入数字经济时代,数据对全要素生产率的提升作用是空前的,数据成为价值无限的新型生产要素。数据资产化是发挥数据要素价值、培育数据市场的必经之路。随着数据量的增长,人类的能力不断提高。数据资源、数据要素、数据产业等概念和实践的持续发展充分体现了数据的战略意义和价值。

第 2 章 数据资产管理体系
——内容与方法

本章从构建有效的数据治理组织的需求出发,以保障组织级数据治理各项活动有序开展为目标,介绍相关内容、活动、过程和方法。首先围绕数据治理组织建立、制度建设、数据战略等方面具体阐述对应体系构建的过程及相关的管理要求;之后探讨在实现数据资产管理过程中所经历的必经之路,即数据资源化、数据资产化所对应的职能,为组织构建符合自身特点的数据资产体系提供更好的参考,帮助其有序高效地构建数据资产,充分地展示出数据战略驱动是根本、数据治理组织是基础、数据资产化是驱动、数据价值化是目标的数据资产管理理念。

2.1 数据治理框架

数据治理是围绕数据资产展开的系列工作,以服务组织各层工作为目标,是数据管理的技术、过程、标准和政策的集合。数据治理是一个复杂的系统工程,需要决策层、管理层、业务层等多方专业人员、技术人员通力协作才能进行,因此构建科学的数据治理框架是开展数据资产工作的首要任务。

数据治理框架是指为了实现数据资产管理的总体战略目标,将该领域所蕴含的基本概念(如治理原则、组织架构、执行过程和规则等)及其关系组织起来的一种逻辑结构,用于描述数据治理基本组件及组件间的逻辑关系。引入数据治理框架的目的是为数据治理具体实践提供理论指导,确保数据治理付出的努力可获得应有的价值回报。

为了指导组织有效地开展数据治理工作,国内外研究机构在各自研究成果和实践经验的基础上,提出了各具特色的数据治理框架,为数据资产管理工作提供了不同的价值视角和关注维度,下面对其中几种具有影响力的数据治理框架进行介绍。

2.1.1 国际标准化组织(ISO)

国际标准化组织于 2008 年推出第一个 IT 治理的国际标准 ISO 38500。随后在 2015 年巴西会议上形成决议,将数据治理国际标准分为两个部分:ISO/IEC 38505-1《基于 ISO/IEC 38500 的数据治理》和 ISO/IEC TR 38505-2《数据治理对数据管理的影响》。ISO/IEC 38505-1 框架是对 ISO 38500 IT 治理方法论的进一步扩展,提出通过评估现在和将来的数据,指导数据治理的准备及实施,监督数据治理的符合性等,框架如图 2-1 所示。

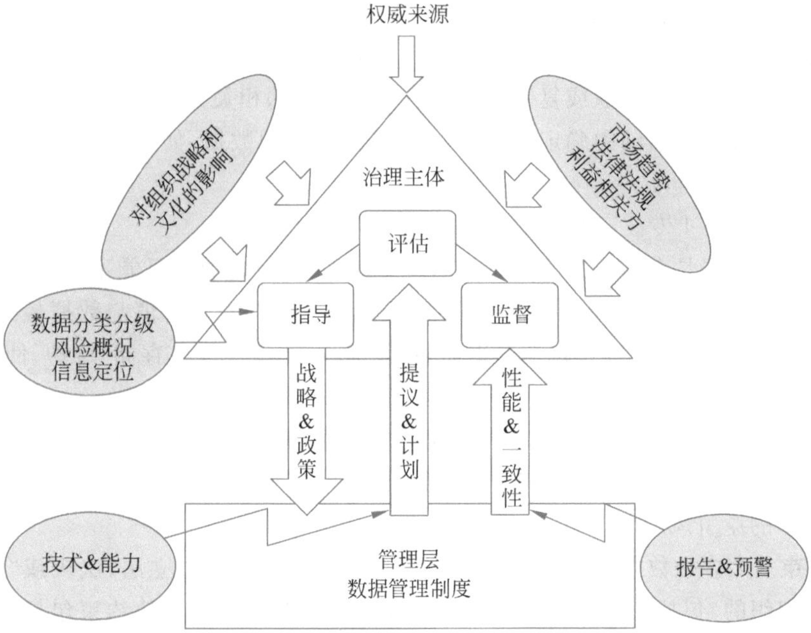

图 2-1 ISO/IEC 38505-1 数据治理框架

ISO/IEC 38505-1 框架中定义数据治理的责任在治理主体,治理主体在开展数据治理的过程中主要通过制定数据战略指导数据管理活动;而管理层需要通过管理活动实现战略目标。同时,治理主体需要通过建立数据政策来保障数据管理活动符合数据战略的需要,满足企业的战略目标。图 2-1 中所示的指导、监督和评估的具体含义是:

(1)指导。编制及实施战略和政策,确保数据使用符合业务目标。围绕评估情况制定数据战略及相应的治理体系政策。

(2)监督。监督政策及战略的落地执行情况。建立相应的监督机制以确保在组织内部推行相关措施,例如将相关治理指标纳入 KPI 考核体系等。

(3)评估。评估当前及未来的数据使用情况。例如评估数据方面的组织战略与商业模式、技术工具的应用情况等。

ISO/IEC 38505-1 标准从收集、存储、报告、决策、分发和处置 6 个方面阐述了数据治理的责任,如图 2-2 所示。

(1)收集。包括数据采集、收集和创建过程。从以往的决策中学习以及从其他数据集(内部或外部)中提取的上下文。

(2)存储。查找可以物理或逻辑检索的数据,包括存储在组织内部运营设备上的数据、组织外部设备以及虚拟存储的数据(如数据源),其中数据仅在需要时进行整理。在每种情况下,存储的数据都可保留在报告

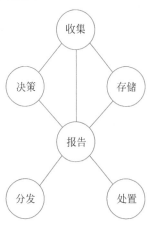

图 2-2 ISO/IEC 38505-1
数据治理责任图

中,等待处理决定。

(3)报告。手动或自动提取和分析数据,支持决策、分配或处置等。

(4)决策。通过报告由组织内人员或使用自动化方式对业务活动处理的建议。

(5)分发。通过报告提取或复制数据后分发给内外部相关方。

(6)处置。按决策活动中确定的方式处理需要治理的数据,如从数据存储中永久删除重复数据等。

ISO/IEC 38505-1专注于数据治理的以下3个方面:

(1)价值。数据是有用知识的原材料。对组织而言,有些数据可能不太有用,而另外一些数据却非常有价值。但这种价值在组织使用前都是未知的,其价值与数据最终的使用组织有关。在该标准中,"价值"还包括数据质量、及时性、上下文及其存储、维护、使用、处置等使用所需要的成本。

(2)风险。不同类别的数据带来不同程度的风险,管理机构应了解数据的风险以及如何指导管理者管理这些风险。风险不仅表现在数据泄露上,还表现在数据滥用以及数据利用不当所带来的竞争风险上。

(3)约束。大多数数据的使用都受到约束。其中一些是通过立法、法规或合同义务从外部强加给组织的,包括隐私、版权、商业利益等问题。对数据的其他约束包括限制数据使用的道德、社会义务或组织政策。在组织使用数据时,需要制定策略和政策来考虑这些约束。

同时ISO/IEC 38505-1标准针对特定类别的数据提供了评估、监测和指导组织活动的指南,以全面治理数据。对于每一项数据问责活动,应检查数据的具体方面,以表明需要采取的行动。对于具有更大价值或敏感性的数据收集,需要更高级别的控制和更严格的政策,具体内容如表2-1所示。

表 2-1 治理的数据领域和数据的特定方面

活动	价 值	风 险	约 束
收集	管理机构应决定组织利用数据或将数据货币化,以实现其战略目标的程度	管理机构应认识到与数据收集和使用相关的风险,并在组织的总体风险偏好范围内同意其数据风险的可接受水平。应包括检查、收集和使用数据的风险	管理机构应考虑质量、安全隐私、同意要求和使用透明度等限制因素,批准数据收集政策
存储	管理机构应批准为数据存储和数据订阅分配适当资源的政策,以便提取数据的潜在价值	管理机构应指导管理人员确保信息安全管理体系(Information Security Management Systems,ISMS)到位,并将其扩展到数据和技术供应商,具有充足的资源、控制和信任,以确保不会超过风险偏好水平	管理机构应指导管理人员确保数据存储实践(包括第三方数据订阅)支持数据收集约束
报告	管理机构应指导管理人员使用必要的工具和技术,以确保能够提取数据的全部价值	管理机构应确定数据背景的重要性,包括文化规范及其潜在误解	管理机构应确定数据与其约束之间关系的重要性,尤其是数据来自不同的数据集

续表

活动	价　值	风　险	约　束
决策	管理机构应确保组织的数据文化与其数据战略保持一致,包括数据访问实践、数据支持决策和组织从决策过程中学习等行为	应在报告中提供适当的数据和格式,以便进行自动化或人工决策。在对这些决策负责的同时,管理机构应适当地将决策责任下放给组织,并决策可接受的数据风险水平	决策过程的输出作为新数据,将有其自身的价值、风险和约束,管理机构应为决策过程和相关责任设定期望值
分发	管理机构应制定数据分发政策,使组织能够满足其战略计划	管理机构应确保管理人员实施了适当的控制措施,以防止分发不当	管理机构应确保适当的分配权得到落实,并得到第三方的尊重
处置	管理机构应允许在数据不再有价值或无法保存时处置数据	管理机构应指导管理人员实施适当的数据处理流程,包括数据的安全和永久销毁等控制	管理机构应监测数据保留和处置义务,并确保实施了适当的程序

该标准实际上是对 IT 治理方法论的进一步扩展,并未对数据治理的实施和落地提供有效的手段。在实践中,数据治理虽根植于 IT 治理,但两者之间又有明显的区别:IT 治理的对象是 IT 系统、设备和相关基础设施;而数据治理的对象是可记录的数据。因此 IT 治理过程中过于强调 IT 投资和系统实施,忽视了商业价值增长中的数据创建、处理、消耗和交换方式。

2.1.2　国际数据管理协会(DAMA)

国际数据管理协会,简称 DAMA 国际,于 1988 年成立,是一个致力于推广信息和数据管理概念和实践的非营利性组织。其先后出版了《DAMA 数据管理字典》和《DAMA 数据管理知识体系指南》(简称 DAMA-DMBOK),该指南集业界数百位专家的经验于一体,是数据管理业界最佳实践的结晶,是从事数据管理工作的经典参考与指南。

DAMA-DMBOK 数据管理框架包括 DAMA 车轮图、环境因素六边形和知识领域语境关系图。

DAMA-DMBOK 车轮图如图 2-3 所示。数据治理位于数据管理活动的中心,是实现功能内部一致性和功能平衡所必需的。其他知识领域围绕车轮(数据治理)平衡,都是数据管理功能的必要组成部分,根据组织的需求,可在不同时间实现。

DAMA-DMBOK 车轮图数据管理框架是围绕着 11 个知识领域构建的:

图 2-3　DAMA-DMBOK 车轮图

（1）数据治理（Data Governance）。通过建立一个能够满足企业需求的数据决策体系，为数据管理提供指导和监管。包括数据管理组织、角色、流程以及数据管理制度。

（2）数据架构（Data Architecture）。描绘企业数据管理的总体蓝图，满足企业现在或未来的数据战略需求，比如数据分类。

（3）数据建模和设计（Data Modeling and Design）。支持企业业务活动中的数据建模过程，对业务活动进行发现、分析、沟通，通过数据模型的形式展示数据需求。

（4）数据存储和操作（Data Storage and Operations）。以数据价值最大化为目标，包括存储数据的设计、实现和支持活动，以及在整个数据生命周期中从计划到销毁的各种操作活动。

（5）数据安全（Data Security）。满足国家、企业的数据安全要求，确保数据隐私和机密性得到维护，减少数据泄露及数据被破坏。

（6）数据集成和互操作（Data Integration and Interoperability）。包括与数据存储、应用程序和组织之间的数据移动和整合相关过程。

（7）文件和内容管理（Document and Content Management）。用于管理非结构化数据和信息的生命周期过程，包括计划、实施和控制活动，尤其是指支持法律法规遵从性要求所需的文档。

（8）参考数据和主数据（Reference and Master Data）。包括核心共享数据的持续协调和维护，使关键业务实体的真实信息以准确、及时和相关联的方式在各系统间得到一致使用。

（9）数据仓库和商务智能（Data Warehousing and Business Intelligence）。包括计划、实施和控制流程来管理决策的支持数据，并使知识工作者通过分析报告从数据中获得价值。

（10）元数据（Metadata）。包含规划、实施和控制活动，以便能够访问高质量的集成元数据，包括定义、模型、数据流和其他至关重要的信息。

（11）数据质量（Data Quality）。包括规划和实施质量管理技术，以测量、评估和提高数据在组织内的适用性。

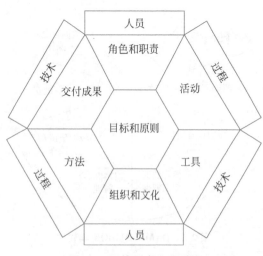

图 2-4 环境因素六边形图

图 2-4 是环境因素六边形图，显示了人员、过程和技术之间的关系，是理解 DAMA-DMBOK 语境关系图的关键。通过目标和原则的制定，指导数据管理活动有效执行。通过环境因素六边形可得出数据管理活动，即为实现既定的数据管理目标，数据管理人员按数据管理原则通过技术工具完成数据治理的过程。

图 2-5 为知识领域语境关系，描述了知识领域的细节，包括与人员、流程和技术相关的细节。知识领域语境关系图也称 SIPOC 语境关系图，其中 S 表示 Supplier（供给者），I 表示 Input（输入），P 表示 Process（活动），

O 表示 Output(交付成果)，C 表示 Customer(消费者)。知识领域语境关系图将活动放在中心，这些活动生产了满足利益相关方需求的可交付成果。

通用语境关系图

```
┌─────────────────────────────────────────────────────────────┐
│  定义：知识领域综述                                            │
└─────────────────────────────────────────────────────────────┘

┌─────────────────────────────────────────────────────────────┐
│  目标：知识领域的目标                                          │
│   • 目标1                                                     │
│   • 目标2                                                     │
└─────────────────────────────────────────────────────────────┘
                        业务驱动因素

┌──────────────────┐  ┌──────────────────┐  ┌──────────────────┐
│ 输入：           │  │ 活动：           │  │ 交付成果：       │
│  • 输入1         │  │ 1.计划活动/活动组 (P)│ • 交付成果1      │
│  • 输入2         │  │   (1) 子活动      │  │ • 交付成果2      │
│  • 输入3         │  │   (2) 子活动      │  │ • 交付成果3      │
│                  │  │ 2.控制活动/活动组 (C)│                 │
│ 输入通常是其他知识│  │ 3.开发活动/活动组 (D)│ 交付成果通常是其他│
│ 领域的输出        │  │ 4.运营活动/活动组 (O)│ 知识领域的输入   │
└──────────────────┘  └──────────────────┘  └──────────────────┘
 供给者：             参与者：               消费者：
  • 供给者1            • 角色1                • 角色1
  • 供给者2            • 角色2                • 角色2

                        技术驱动因素

┌──────────────────┐  ┌──────────────────┐  ┌──────────────────┐
│ 方法：           │  │ 工具：           │  │ 度量指标：       │
│  • 执行活动的方法 │  │  • 支持活动的各类 │  │  • 流程的测量结果 │
│    和程序         │  │    软件包         │  │                  │
└──────────────────┘  └──────────────────┘  └──────────────────┘
```

注：P表示"计划"；C表示"控制"；D表示"开发"；O表示"运营"

图 2-5　知识领域语境关系图

DAMA 车轮图呈现的是一组知识领域的概要，环境因素六边形展示了知识领域结构的组成部分，知识领域语境关系图显示了每个知识领域串的细节。

DAMA-DMBOK 提供了另外一个视角的车轮图说明数据管理活动，如图 2-6 所示。数据治理范围内的应用活动围绕着数据管理生命周期内的各项核心活动进行。

基础活动位于框架底部，包括元数据管理、数据质量管理、数据保护等。生命周期管理活动可以从多个方面定义，如：规划和设计角度(架构设计与建模设计)；实现和维护角度

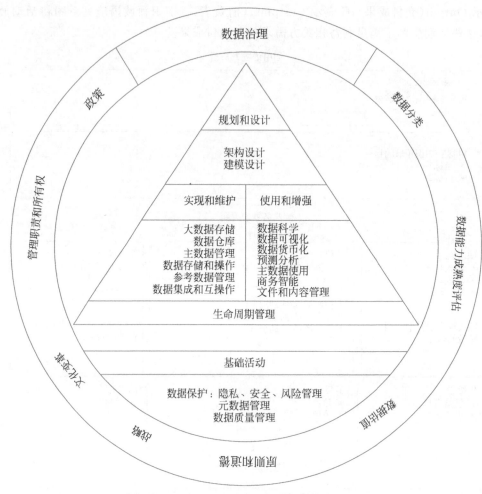

图 2-6　车轮图演变图

（大数据存储、数据仓库、主数据管理、数据存储和操作、参考数据管理、数据集成和互操作等）；使用和增强角度（数据科学、数据可视化、数据货币化、预测分析、主数据使用、商务智能、文件和内容管理）。许多情况下都会基于现有数据进行增强性的开发，获取更多洞察，产生更多的数据和信息。数据货币化的机会可以确定源于数据的使用。数据治理活动通过战略、原则、制度和管理提供监督和遏制；通过数据分类和数据估值实现一致性。

　　DAMA-DMBOK 框架对数据治理和数据管理的界定扩大了数据管理的范畴。一般情况下更倾向于认为数据治理是为了确保有效管理而做的决策，强调决策制定的责任路径；而数据管理仅仅涉及决策的执行。同时，DAMA-DMBOK 框架更强调数据管理的各项职能及关键活动，而对于实施数据治理的过程、评估的准则等并未明确地给予清晰而系统的指导。

2.1.3 国际数据治理研究所(DGI)

数据治理研究所(Data Governance Institute,DGI)是业内最早,世界上最知名的数据治理专业研究机构。其早在 2004 年就推出了 DGI 数据治理框架,为企业数据管理的战略决策和采取的行动提供最佳实践指南。

DGI 从组织、规则、过程 3 个层面,提炼出数据治理的 10 个基本组件,并在此基础上提出了 DGI 数据治理框架(图 2-7)。该框架既包含从管理角度提出的促成因素,如目标、数据利益相关者等,也包含过程管理的相关内容,如数据治理生命周期。

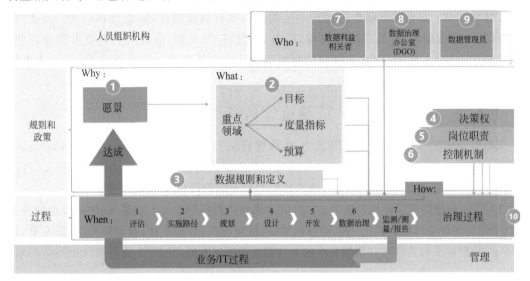

图 2-7 DGI 数据治理框架

DGI 数据治理框架将十几个基本组件按职能划分为 3 组,非常直观地展示了这些基本组件之间的逻辑关系,形成了一个从方法到实施自成一体的完整系统:

(1)规则和政策。包括愿景、目标、度量指标、预算、数据规则和定义、决策权、岗位职责和控制机制。

(2)人员组织结构。包括数据利益相关者、数据治理办公室和数据管理员。

(3)过程。包括评估、实施路径、规划、设计、开发、数据治理和监测/测量/报告等阶段。

DGI 对数据治理的定义是:数据治理是一个通过一系列信息相关的过程来实现决策权和职责分工的系统,这些过程按照达成共识的模型来执行,该模型描述了谁(Who),为什么(Why),在什么时间(When),用什么方法(How),实现了什么成果(What)。

(1)Who,谁参与数据治理? DGI 数据治理框架中的 7~9 组件,定义数据治理的利益干系人,主要包括数据利益相关者、数据治理办公室和数据管理员。DGI 数据治理框架为数据治理的主导、参与人的职责分工定义给出了相关参考。

(2)Why,为什么需要数据治理? DGI 数据治理框架中的第 1 组件,通过数据治理愿景使命定义企业为什么需要数据治理,为企业数据治理指明了方向,是其他数据治理活动的总体策略。

（3）**When**，什么时候开展数据治理？DGI 数据治理框架中的第 10 组件，框架中指出数据在全生命周期都需要纳入数据管理的范围。

（4）**How**，如何开展数据治理？结合 DGI 数据治理框架中的第 3～6 组件，将数据职责、岗位职责、控制机制、数据规范落地到整个数据治理过程中。

（5）**What**，数据治理达到什么目标？DGI 数据治理框架中的第 2 组件，企业通过数据治理需要达成什么目标，定义数据治理项目的度量指标，确定数据治理的预算等。

DGI 与 DAMA 不同，它认为治理和管理是完全不同的活动，治理是有关管理活动的指导、监督和评估；而管理则是根据治理制定的决策执行具体的计划、建设和运营。因此，数据治理独立于数据管理，前者负责决策，后者负责执行和反馈，前者对后者负有领导职能。因此，相比 DAMA 框架，DGI 数据治理框架的设计完全从数据治理角度出发，是一个更加独立、完整和系统的数据治理框架。

2.1.4　数据管理能力成熟度评估模型（DCMM）

GB/T36073—2018《数据管理能力成熟度评估模型》（Data management Capability Maturity assessment Model，DCMM）是针对一个组织数据管理、应用能力的评估框架，通过该模型，组织可以清楚地知晓当前所处的数据管理发展阶段以及未来的发展方向。

DCMM 充分借鉴国际理论框架、方法，并考虑国内数据治理的发展情况，围绕模型的开发建立了配套的评估体系。提出了包括数据战略、数据治理、数据架构、数据应用、数据安全、数据质量、数据标准和数据生存周期在内的 8 个数据管理能力域，共 28 个能力项，如图 2-8 所示。

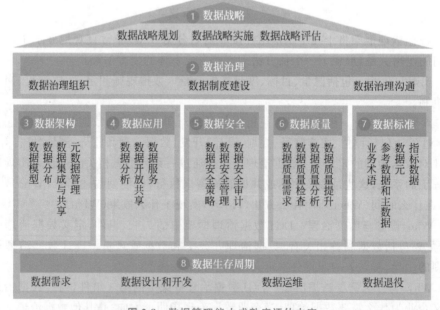

图 2-8　数据管理能力成熟度评估内容

（1）数据战略是顶层规划，是数据管理的目标。

（2）数据治理是组织保障，是基本支撑要素。

（3）数据架构、数据应用、数据安全、数据质量和数据标准是具体内容。

（4）数据生存周期是基本过程，是数据管理能力的基础。

DCMM 将成熟度划分为 5 个等级，分别为初始级、受管理级、稳健级、量化管理级和优化级，如图 2-9 所示。

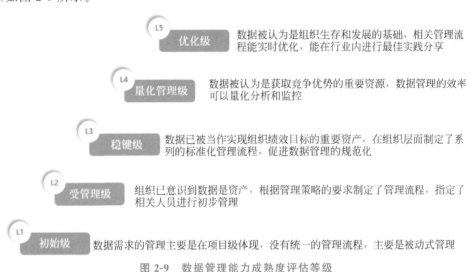

图 2-9　数据管理能力成熟度评估等级

1）初始级

数据需求的管理主要是在项目级体现，没有统一的管理流程，主要是被动式管理，具体特征如下：

（1）组织在制定战略决策时，未获得充分的数据支持。

（2）没有正式的数据规划、数据架构设计、数据管理组织和流程等。

（3）业务系统各自管理自己的数据，各业务系统之间的数据存在不一致现象，组织未意识到数据管理或数据质量的重要性。

（4）数据管理仅根据项目实施周期进行，无法核算数据维护、管理的成本。

2）受管理级

组织已意识到数据是资产，根据管理策略的要求制定了管理流程，指定了相关人员进行初步管理，具体特征如下：

（1）意识到数据的重要性，并制定数据管理规范，设置了相关岗位。

（2）意识到数据质量和数据孤岛是一个重要的管理问题，但目前没有解决问题的办法。

（3）组织进行了初步的数据集成工作，尝试整合各业务系统的数据，设计了相关数据模型和管理岗位。

（4）开始进行一些重要数据的文档工作，对重要数据的安全、风险等方面设计了相关管理措施。

3）稳健级

数据已被当作实现组织绩效目标的重要资产,在组织层面制定了系列的标准化管理流程,促进数据管理的规范化,具体特征如下:

(1) 意识到数据的价值,在组织内部建立了数据管理的规章和制度。

(2) 数据的管理及应用能结合组织的业务战略、经营管理需求及外部监管需求。

(3) 建立了相关数据管理组织、管理流程,能推动组织内各部门按流程开展工作。

(4) 组织在日常的决策、业务开展过程中能获取数据支持,明显提升工作效率。

(5) 参与行业数据管理相关培训,具备数据管理人员。

4）量化管理级

数据被认为是获取竞争优势的重要资源,数据管理的效率可以量化分析和监控,具体特征如下:

(1) 组织层面认识到数据是组织的战略资产,了解数据在流程优化、绩效提升等方面的重要作用,在制定组织业务战略的时候可获得相关数据的支持。

(2) 在组织层面建立了可量化的评估指标体系,可准确测量数据管理流程的效率并及时优化。

(3) 参与国家、行业等相关标准的制定工作。

(4) 组织内部定期开展数据管理和应用相关的培训工作。

(5) 在数据管理、应用的过程中充分借鉴了行业最佳案例,借鉴了国家标准、行业标准等外部资源,促进组织本身的数据管理、应用的提升。

5）优化级

数据被认为是组织生存和发展的基础,相关管理流程能实时优化,能在行业内进行最佳实践分享,具体特征如下:

(1) 组织将数据作为核心竞争力,利用数据创造更多的价值和提升改善组织的效率。

(2) 能主导国家、行业等相关标准的制定工作。

(3) 能将组织自身数据管理能力建设的经验作为行业最佳案例进行推广。

2.1.5 对相关概念与体系架构的讨论

数据治理综合性强,既涉及企业战略、管理制度,又与技术紧密相关。成功的数据治理,需要完善的体系、合理的过程,以及优良的平台工具支持。上述治理框架已形成各自完备的体系,并不断完善其相关内涵。但尽管如此,业内对数据管理、数据治理、数据资产管理讨论已由来已久,亦出现了许多不同的观点。

1. 数据治理与数据管理的讨论

1）观点一:数据管理包含数据治理

业内主流观点认为数据管理包含数据治理。以 DAMA 为代表,在 DAMA-DMBOK2 的数据管理框架(车轮图)中,数据治理只是数据管理 11 个知识领域中的其中之一,依据其关于数据管理和数据治理的定义:

（1）数据管理是为了交付、控制、保护并提升数据和信息资产的价值，在其整个生命周期中制订计划、制度、规程和实践活动，并执行和监督的过程。

（2）数据治理是指对数据资产管理行使权力和控制的活动集合（规划、监督和执行）。

（3）DAMA 认为数据管理是管理从数据的获取到数据的消除整个生命周期过程，而数据治理是为了确保组织对数据作出合理、一致的决策，也就是说数据治理是为了更好的管理数据，是数据管理的策略、规程或标准。

2）观点二：数据治理包含数据管理

另一种观点则认为数据治理包含数据管理。数据治理是为了实现数据资产价值最大化所开展的一系列持续工作过程，而数据管理是为了实现这一目标而开展的具体技术和业务活动。数据治理为数据管理指明方向，指导、评估和监督数据管理的有效性；数据管理则通过计划、建设、运营、监督来反馈管理的成效和问题。

3）本书观点：数据治理与数据管理互为指导与反馈关系

如果用简单的包含和被包含关系理解数据治理和数据管理，确实会有一些争议。本书设计了"金字塔"结构进行阐述，如图 2-10 所示。

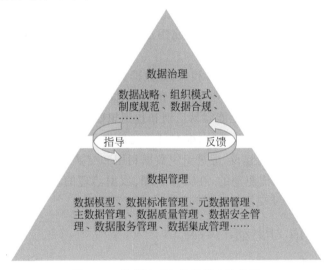

图 2-10　数据治理与数据管理的关系

数据治理：金字塔的最顶层是数据治理，从某种意义上讲，治理是一种自顶向下的策略或活动。因此，数据治理应该是组织级的顶层设计、战略规划方面的内容，是数据管理活动的总纲和指导，它指明数据管理过程中有哪些决策要制定、由谁负责，更强调组织模式、职责分工和标准规范。

数据管理：数据管理是为实现数据和信息资产价值的获取、控制、保护、交付及提升，对政策、实践和项目所做的计划、执行和监督。本书认为，数据管理是执行和落实数据治理策略并在过程中给予反馈，强调管理流程和制度，涵盖不同的管理领域，比如数据模型、数据标准管理、元数据管理、主数据管理、数据质量管理、数据安全管理、数据服务管理、数据集成等。

2. 数据资源与数据资产的关系

数据资源：本书认为"数据资源"就是指数据本身，只不过这个数据是按照一定的目标，经过了一定的规划设计，对数据进行采集、汇聚、存储或处理后，形成了能够被再次利用的数据。例如：企业过去的几十年的所有"信息化"工作，都只是在做一件事情——实现数据"资源化"。成为数据资源的前提是数据必须在一定程度上有"量大"的内涵。

数据资产：数据资产是由企业合法拥有或控制并且能够给企业带来经济效益和社会效益的数据资源。数据资产管理促进了数据的交易和流通，当数据交易和流通所需要的市场环境、技术环境、法律环境都相应成熟的时候，数据资产就会转化为企业的资本，即数据资本。

3. 数据管理、数据治理、数据资产管理的区别

业内的相关数据管理体系中，无论是数据管理，还是数据治理，抑或是数据资源管理、数据资产管理，基本都包含了元数据管理、数据标准管理、数据质量管理、数据安全管理等内容。从技术的角度，这几个概念之间差别不大，主要的区别在于它们管理数据的目的和驱动力上。

（1）数据管理是日常的数据管理相关操作和行为，目的就是把数据管起来，让组织知道有哪些数据并确保数据不丢失，至于如何使用这些数据，目的和需求方面似乎不是特别强烈。

（2）数据资源管理与数据管理比较相似，但数据资源管理的目的性很强，它是应用驱动的，更加贴近业务。数据资源管理以业务的视角，对不同结构、不同类型、不同来源的数据进行归纳、整合和管理，让业务人员也能容易识别和找到想要数据。

（3）数据治理更多的是问题驱动的，根本目的就是为了提升数据质量和控制数据安全，侧重于标准规范和保障体系的建设，促进组织数据利用和交换共享。

（4）数据资产管理是价值驱动的，在数据管理、数据治理的基础之上，更多的关注数据的确权问题、估值问题，以及交易和流通问题。

2.1.6 以价值为驱动的数据资产框架

在当下数字经济大背景下，如何通过先进的技术方法深入挖掘数据资产的价值，将复杂的数据资产任务分解成为可操作的阶段性目标，是当下各级组织特别关注的核心问题。

经过分析，我国企业在数据资产体制层面、管理对象层面和技术平台层面都存在显著的特色。首先，数据战略是驱动。数字化本质是战略规划和战术选择，成功的数字化转型都是由战略驱动，而非技术驱动。其次，数据治理是基础。只有通过对数据的科学治理，才能使数字产品变得清洁、透明、聚合。再次，数据资产化是方向。数据正在成为生产力，资产化过程使得数据随需、易懂、有用与可交易。最后，数据价值化是目标。通过布局数据资产战略，构建数据资产管理体系，落实数据资产运营管理，实现数据资产化目标，挖掘数据资产真正的价值。

综合以上因素，考虑到我国数字化转型的现状，结合数据资产的特点，以建立数据资产保障机制和运营体系为前提,构建"数据资源化""数据资产化""数据资本化"3个层次,形成以"价值"为驱动的数据资产体系框架。本章将以"数据资源化""数据资产化"为重点进行阐述,如图2-11所示。

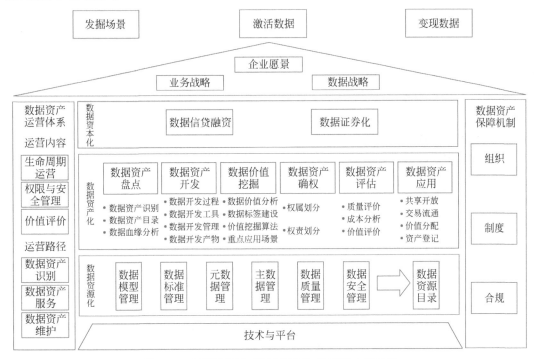

图 2-11　数据资源化-数据资产化-数据资本化过程

1. 数据资产保障机制

数据资产保障机制包含组织、制度、合规,具体如下:

(1)组织。为开展数据治理而设置的管理组织,通常由数据治理委员会、数据治理办公室、数据治理工作小组和各业务部门构成。建立全方位、跨部门、跨层级的数据治理组织,是实施统一化、专业化数据治理的基础,是数据资产管理责任落实的保障,同时数据治理组织可由决策层、管理层、工作执行层3个层级构成。

(2)制度。制度是一套覆盖数据采集处理、共享流通等全过程的数据管理规范,保证数据资产管理工作有据、可行、可控。数据资产管理制度通常包括数据管理职能相关规范(如管理办法和实施细则)、数据资产管理技术规范(如数据字典规范、数据模型设计规范、数据接口规范等)。数据资产管理制度体系通常分层次设计,依据管理的颗粒度,数据资产管理制度体系可由总体规定、管理办法、实施细则和操作规范4个层次构成。

(3)合规。对数据资产的全生命周期管理起到基础性支持与基本保障作用,其目的是为数据要素顺畅流通提供底线规范。数据合规管理工作中的关键活动包括梳理识别合规风险、制定合规风险的防范策略、编制数据合规标准规范、建立数据合规内控和审计机制。

2. 数据资产运营体系

数据资产运营支持实现不断优化,提升效率,最大化价值。数据资产运营体系包含运营内容与运营路径两方面,其中运营内容包括数据资产生命周期运营、数据资产权限与安全管理、数据资产价值评价;而运营路径包括数据资产识别、数据资产服务、数据资产维护等过程。

(1)数据资产生命周期运营。对数据资产进行持续和规范化的识别、维护、监测和评价,意在打造"保质、保鲜"的数据供给能力。其中,数据资产识别是对数据资产在新增与变更上线前进行的识别和信息收集工作;数据资产维护是对资产进行登记、变更,以及对资产分类和属性信息的维护;数据资产监测是通过设计和收集多项数据资产指标,帮助分析数据资产质量问题;数据资产评价是对数据资产价值进行的量化评估的过程。

(2)数据资产权限与安全管理。权限与安全管理体系贯穿数据资产从上线到下线的全过程,包括识别、登记和服务等环节,涵盖数据资产确权、分级分类、使用权限与安全管理 4 部分。建立安全合规的数据资产权限管理基线,可促进数据资产良性的生态共享,可彻底打破传统机制下的"数据孤岛"的壁垒。

(3)数据资产价值评价。对数据资产的价值进行量化评价,是实现价值驱动的数据资产运营的核心内容。数据资产评价工作应由决策者、管理者和使用者在内的各级人员共同参与执行,并共享建设成果,以最终达到提升数据资产应用效率,促进数据资产的保质增值,实现数据资产最优配置并发挥最大价值的目标。

(4)数据资产识别。面向全企业数据的资产化登记,通过厘清数据资产范围,规范属性,对存量数据资产集中盘点,对增量数据资产自动化注册,实现数据资产的准确、有效地识别。

(5)数据资产服务。针对数据资产检索,数据资产分析,数据资产大屏展示等应用场景,构建智能化、可视化、个性化的数据资产服务体系,提升数据资产使用效率。

(6)数据资产维护。建立对数据资产属性框架、数据资产目录、数据资产内容及数据资产访问权限的规范化维护流程,实现数据资产的动态更新。

3. 数据资源化:以数据治理体系底层构建为基础

通过数据管理对组织各个数据源进行采集、汇聚和处理,形成组织级统一数据资源库。管理数据资源的目的在于数据应用,但在使用数据资源的时候,经常会发现有的数据业务无法识别,有的数据存在大量的质量问题,导致业务无法有效使用。此时,需要对数据进行治理。因此,数据治理是为解决数据的质量问题而生的。

数据资源化需要在数据战略的指导下,构建其数据能力体系,建立组织级数据治理体系,在组织内部形成与数据驱动型业务模式相适配的人才、技术、组织和系统等。数据资源化作为数据资产化和数据资本化的前置式底层结构,是数据资产化的地基。而数据资源化底层部件和整体结构的构建,应当围绕数据标准管理、数据模型管理、元数据管理、主数据管理、数据质量管理、数据安全管理等多维度的管理和治理体系展开,以形成数据资源目录为目标导向,稳扎稳打、步步夯实。只有当底层资源化部件完备,数据治理体系才能成熟稳固,为后续数据资源化向数据资产化转换提供坚实有效的基础。

4. 数据资产化：以数据价值进一步发展和提升为目标

有些机构，在数据资源化和数据资产化之间，增加一个数据产品化的层级，也有些机构把数据产品化整合到数据资产化的层次中。在完成数据产品化的基础上，通过布局数据资产化战略，构建数据资产管理体系，落实数据资产经营战略并加强数据资产的经营管理来实现数据资产化阶段的目标。数据资产化阶段是在原有数据治理的基础上，以数据价值为导向的进一步发展和提升。此阶段组织管理目标由单一的内部应用发展为内外部应用并举，组织在对数据资产的管理中不只考虑数据质量、安全和有效利用，更关注数据经济效益、应用价值，以及促进业务发展的能力。此阶段可以通过数据中台、数据资产管理体系的建设，实现从数据资源开发治理，到数据资产的沉淀流通，利用数据中台的能力，高效地支持各个业务条线与技术条线全面开展不同层次的数据分析，形成数据资产价值不断从低到高的提炼过程。价值提炼的结果通过有效量化与评价，在组织内全面形成数据价值体系与文化，探索数据资产确权、评估、共享开放、交易流通、价值分配及资产进入"第四张表"等工作。

2.2 数据战略

战略是根据选择和决策的集合绘制出的一个高层次的行动方案，以实现高层次的目标。通常，数据战略是一个数据管理计划的战略，是提高数据质量，保证数据的完整性、安全性和可用性的计划。数据战略已成为组织精细化数据管理不可或缺的基础，只有切实落实好数据战略工作，才能提升数据质量、实现数据价值的升华，为组织数字化转型奠定基础。

数据战略是整个数据治理体系的首要任务，是组织开展数据治理工作首先应该考虑的事情。数据战略应由数据治理组织中的决策层制定，用以指明数据治理的方向，如数据治理的方针、政策等。数据战略还包括利用信息达到竞争优势和支持组织目标的业务计划、组织数据治理的总体目标和发展路线图，以指导组织在各阶段根据路线图中的工作重点开展数据治理和运营工作。

2.2.1 数据战略规划

简单地收集数据，甚至分析数据，并不是数据战略的终极任务。数据战略的核心在于如何从数据中获取有价值的信息。要在组织中培育数据文化，最有效的一种方法就是让关键人员参与制定战略和实施战略。数据战略规划为数据管理工作定义愿景、目标和原则，使所有利益相关者达成共识。数据战略应从宏观及微观两个层面确定开展数据资产管理及应用的动因，综合反映数据提供方和消费方的需求。

1. 愿景和目标

愿景是制定组织战略的起点，愿景的实现是组织的长期战略；而目标是组织短期内要达成的明确任务，目标的实现是组织的短期战略。

组织首先要建立数据战略规划的目标，维护和遵循数据管理战略；其次针对所有业务领域,在整个数据治理过程中维护数据管理战略;然后基于数据的业务价值和数据管理目标,识别利益相关者,分析各项数据管理工作的优先权;最后制订、监控和评估后续计划,用于指导数据管理规划的实施。

组织数据战略目标可分为三个层次:①满足基本的管理决策和业务协同;②进行创新与转型;③定义组织在数字化竞争生态中的角色和地位。这三个层次是数据战略在不同阶段、不同成熟度下的三个具体形态。

1)短期目标

满足基本的管理决策和业务协同。通过解决组织在数据管理中的各类问题,可满足决策分析和业务协同的需要。该层次的战略目标是解决组织最基础与最迫切的需要、最能击中组织痛点的问题。随着多年的信息化建设,组织中建设了多套业务系统,而这些业务系统是由业务部门驱动建设的,如果缺乏信息化的顶层规划,就会造成系统各自为政、各成体系、孤岛林立,系统之间的数据标准不一致,导致应用集成困难、数据分析不准确。高质量的数据资产,是企业数字化转型的基石。

2)中期目标

进行创新与转型。基于数据实现组织管理的升级和业务的创新,通过数据拓展新业务、构建新业态、探索新模式是组织数据战略的第二个层次,也是组织数据战略的中期目标。数据战略不再是组织战略的支撑,而是引导,两者相互作用,"IT即业务"! 以制造业为例,利用数据治理,可以加速管理创新、产品创新、销售模式创新,例如:利用数据治理加强集团管控;基于数据实现供应链协同和优化;基于市场预测实现创新产品设计与快速上市等。对于服务行业,利用大数据探索服务的新模式,可拓宽服务的视野,实现模式领域的横向拓展、服务精度的纵向延伸。未来服务业的竞争将更加白热化,而数据资产的价值将愈发明显。

3)长期目标

定义组织在数字化竞争生态中的角色和地位。科技的变革将改变组织的业务形态和竞争模式,在未来的数字化竞争中,数字化将是不可忽视的核心因素,数据战略的部署和成功实施,将决定组织在未来的竞争和数字化生态中是领导者、挑战者还是被淘汰出局者。"什么样的愿景,决定了什么样的未来",数据战略愿景的规划一定要有未来方向。要将数据战略愿景融入组织行动方针和核心价值观中,勾勒出组织未来的蓝图。

2. 基本原则

数据战略应按照下述基本原则进行规划。

1)数据战略与组织的业务战略保持一致

业务战略影响数据战略的方向和设计,数据战略目标应与业务目标和更高级别的治理目标保持一致,以数字化思维提升组织的价值。数据战略经常通过平台治理去实现,因此角色、共享、信任和控制是平台治理的关键职能。数据治理中的角色指的是一种责任明确的数据认责方式,它允许组织保护数据和数据所有者、使用者的权利;共享要求平台所有者应该考虑对数据贡献者的奖励;信任被认为是成功的先决条件,为了提高信任,数据的高透明度

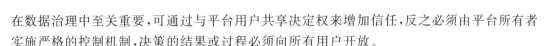
在数据治理中至关重要,可通过与平台用户共享决定权来增加信任,反之必须由平台所有者实施严格的控制机制,决策的结果或过程必须向所有用户开放。

2）各级领导高度重视

明确数据战略规划不仅是组织级的"一把手"工程,更是各级领导的重点工程。各级领导应对数据战略高度重视,确保数据战略能够顺利推行;要定期召开工作会议,及时了解项目进展状况,按实施阶段参与项目审查、评估;同时抽调业务骨干与管理负责人加入数据战略设计项目组。

3）业务部门全面配合

业务部门应积极配合项目实施,不应单纯地认为数据战略规划是由 IT 部门的技术实现的,而应认为它是一次业务管理上的革新。业务部门与 IT 部门共同组成项目组,业务部门人员从未来业务开展与部门运营管理角度提出建议,协助实施团队开展业务需求分析。业务部门要深度参与详细的数据战略流程梳理与优化工作,使优化后的流程满足业务部门的业务执行要求。

4）加强规范管理

对于数据战略规划应做到统一领导、职责清晰、制度规范、流程优化。数据治理工作应严格遵照组织统一制定的数据战略规划开展。在制度建设与流程优化方面,由组织统一制定管理制度与流程规范,下属单位贯彻执行,组织级对数据战略规划执行情况定期进行考核。只有制定科学的数据战略规划,才能指导数据治理工作循序渐进、持续优化,达到"数以致用"的目标。

3. 战略举措选择

对组织来说,数据治理范围和内容该如何选择,是摆在组织面前不得不回答的问题。组织级数据治理定位应充分考虑以下几点因素:数据治理的痛点问题是什么?希望实现的目标是什么?实施数据治理能解决哪些痛点问题?数据治理项目的投资计划是什么?期望的投资回报率是多少?把以上问题都想清楚了,组织级数据战略定位也就清晰了——或选择全域治理;或选择个别亟待治理的主题。

比如企业先进行主数据治理,通过该项目建立财务类、客商类、物料类主数据标准,提升数据质量。通过梳理、建立数据指标,更好地支撑企业数据指标共享与应用,提升数据指标质量,满足企业内部分析和外部监管要求。

2.2.2　数据战略实施

规划数据战略仅仅是第一步,如何在整个组织中落实和合理执行数据战略才是难点。组织高层管理者应带头在组织内培养数据文化,将数据视为组织最关键的资产之一。数据文化的建立必须从顶层驱动,并向下逐级贯穿到组织的每个层次。通过加强业务部门信息化能力培养,开展数据治理系列课程培训,可以培养员工的数据管理能力,选拔数据治理的核心人才;提升全员对数据资产的全面认识,充分借助信息化管理手段引领组织的数字化转型之路。

数据战略的正确执行,需要从组织高层管理者开始。只有在高层管理者的支持下,才能创造出自上而下的连锁反应,让数据是核心资产的意识渗透到组织中的每一个角落。

数据战略实施过程是组织完成数据战略规划并逐渐实现数据职能框架的过程。在数据战略实施过程中要评估数据管理和数据应用的现状,确定现状与愿景、目标之间的差距;依据数据职能框架制定阶段性数据任务目标,并确定实施步骤。

数据治理的实施,应规划项目里程碑,具备可控性,并对阶段性工作做出评估,总结经验,及时调整并做好下一步工作的准备。为确保项目实施的成功,应使用成熟的实施方法论。

1. 实施策略

实施策略解决了怎么做、由谁做、做的条件、成功原因等问题,是数据战略的核心内容。数据治理项目涉及的业务范围广、系统范围大、参与人员多,并且是一个需要不断迭代、持续优化的过程,不能一蹴而就。那么数据治理项目该从何处入手?谁来主导?谁来配合?怎样才能保证项目成功实施并能够取得效果?这些问题不好回答。根据笔者这些年见到、听到或亲身经历的数据项目,其成功或失败很大程度上是由这个"制胜逻辑"决定的。大多数失败的项目都可能会有以下几个特点:目标不明确、范围不清晰、主导人员分量不足、参与人员不够积极、过分迷信技术和工具、过度依赖外部资源等。做正确的事远比正确地做事更加重要,事前想清楚数据战略的制胜逻辑,要比事后总结教训的成本低很多。数据治理项目的成功一定是将以上因素有机整合,忽视任意一个因素都可能会影响数据治理的成效。

2. 实施路径

实施路径是落实数据战略目标或指导方针而采取的具有"协调性"的计划安排。行动计划解决了"谁""在什么时间""做什么事""达成什么目标"的具体问题。行动计划要具备可执行性,能够量化、能够度量,遵循戴明环"计划-执行-检查-处理"(Plan-Do-Check-Act,PDCA)的闭环管理,要定期进行复盘和研讨。项目建设过程需要组织高层管理者的高度重视并给予足够的资源支持,需要有经验丰富的顾问团队,需要技术部门和业务部门的通力协作,只有这样才能提高项目建设的成功率。然而,项目建设阶段的成功并不代表数据治理的成功,建设阶段的成功不是组织数据治理项目的终点,而是组织数据治理项目的起点,数据治理需要的是持续运营。将数据治理形成规则融入组织文化,是数据治理的根本之道。

3. 实施步骤

数据战略实施分为六大步骤。

1)数据战略环境的分析和预测

分析影响组织数据战略的内外部环境。内部环境包括:组织的业务战略、相关政策,业务部门的现状和未来的发展方向;数据治理的成熟度,以及现行的数据治理对业务的支撑程度,要找出差距,明确改进和提升方向。外部环境包括:社会、经济、政治、文化、技术等各个领域现在或将来可能发生的变化情况。数据战略的制定要包括内外部环境的各个相关因素,使得数据战略成为组织战略不可分割的重要组成部分。

2)识别数据战略

根据自身发展业务战略、信息化战略的要求识别本组织的数据战略。数据战略来自业务并服务业务,组织需要结合自身的业务发展要求制定数据战略。例如:一家生产制造企业,其数据战略是紧紧围绕企业的生产开展的,通过数据治理实现"降低成本、提高效率、提升质量"的目标。

数据治理的需求始于数据所承载的业务价值,而非由技术驱动。

3)制定数据战略目标

数据是组织各部门共同拥有的资源和资产,数据资产不能"私有化",应对数据资产进行集中管理,统一治理,按需使用,从而使数据资产的效用最大化。制定数据目标要以业务应用为目标,以数据管理为手段,在实现数据标准化管理的同时提升数据的应用效率,确保数据的合规应用。

现阶段,很多企业的数据治理仍是分散模式,由各部门在自己的业务领域内推进不同的应用场景,缺乏牵头部门对不同应用场景的整合管理。企业需要根据自身的特点,提出"业务数据化""数据业务化"的数据战略的总体目标和阶段目标,并将其拆解为可评估、可衡量、可操作的目标。

4)编制数据战略实施纲要和实施计划

按单位、按部门进行数据战略目标的分解和细化,并制订每个细化目标的实施时点和详细行动计划,确定每个行动计划的起止时间、负责部门/岗位/角色/人员、明确输入/输出成果。行动计划的制订要与组织实际相结合,要可执行、可量化、可评估。

组织要编制实施纲要和实施计划,列明为实现各自子目标应采取的具体行动措施,以及相应的责任。

数据战略实施纲要主要包括:

(1)实施数据战略纲要的现状和基础。

(2)指导思想、基本原则。

(3)总体目标、阶段目标。

(4)主要任务。

(5)配套机制及保障措施。

实施计划主要包括:

(1)按部门进行细化,并按具体时间段制订详尽的行动计划。

(2)对照数据战略目标的实现日期,确定每个行动步骤明确的起始时间。

(3)以各部门职责分工为基础,确定行动步骤的负责人。

(4)明确分阶段的短期目标。

5)落实实施数据战略的措施

实施数据战略的措施是指为实现数据战略而建立的相关保障措施,主要包括数据保障机制和技术工具体系。保障机制包括数据治理组织、数据标准规范体系、数据管理流程和数据管理制度等。

6）回顾和考核

对各相关部门的数据治理进行定性和定量的衡量、打分，并公布考核结果。绩效考核一方面是为了促进数据治理工作的有效开展；另一方面也是为了对数据战略目标进行验证，以发现问题和不足并及时实施改进措施，从而使数据战略目标不断地完善和优化。

下面总结了数据战略实施难点。

（1）业务战略的关联关系不强。

（2）仅仅是"纸面工作"。

（3）目标太高、太大。

（4）缺少配套的资源。

（5）缺少可实施的路线图。

2.2.3　数据战略评估

在数据战略实施过程中，对照规划目标和实施情况，参照 DCMM，可从投入、产出、时间和保障支撑等维度对数据战略落地内容开展战略实施评估。围绕数据战略目标，可以通过关键指标完成数据战略实施评估。

1. 数据战略评估过程

（1）建立任务的效益评估模型，从时间、成本、效益等方面建立数据战略相关任务的效益评估模型。

（2）建立业务案例，建立了基本的用例模型、项目计划、初始风险评估和项目描述，能确定数据管理和数据应用相关任务（项目）的范围、活动、期望的价值，以及合理的成本收益分析。

（3）建立投资模型，作为数据职能项目投资分析的基础性理论，投资模型确保在充分考虑成本和收益的前提下对所需资本合理分配，投资模型要满足不同业务的信息科技需求，以及对应的数据职能内容，同时要广泛沟通以保障对业务或技术的前瞻性支持，并符合相关的监管及合规性要求。

（4）阶段评估，在数据工作开展过程中，定期从业务价值、经济效益等维度对已取得的成果进行效益评估。

2. 数据战略评估特点

（1）系统性。数据战略评估体系是一个系统性的评估体系，它将把组织战略、目标、活动、行为等统筹起来，以实现组织级整体发展目标。

（2）定向性。数据战略评估体系以组织战略发展目标为核心，从而定向评估组织战略实施情况，指出组织发展方向，提出合理的发展建议。

（3）科学性。数据战略评估体系拥有科学的评估方法，以客观的数据为依据，从宏观和微观两个层面，对组织数据战略实施情况进行全面而准确的评估。

（4）可操作性。数据战略评估体系提供了可操作性的评估方案，将结论和建议转化为可操作的行动计划,以实现组织级战略发展目标。

3. 数据战略评估示例

在针对具体数据战略评估时,不同的行业会有不同的评估参数,下面是金融领域的评估内容。

1)数据战略目标评估

(1)数据用户平民化。数据资产化率、高频数据占比、分支行使用数据占比。

(2)应用数智化。数据赋能场景数、AI模型周期和频率、AI建模平均时长。

(3)数据运营敏捷化。敏捷体系设计平均时长、数据中台的数据规模、数据中台的场景数。

(4)数据资源可信化。监管指标确权率、监管报送差错率、指标口径变动监控率、数据字典自动采集率。

(5)数据资产货币化。数据资产价值、数据交易收益。

2)保障体系评估

(1)制度保障。数据制度覆盖占比、数据制度修订频率。

(2)组织分工。数据人员占比、数据相关培训平均人次。

(3)资源配置。数据投入占比、数据人员薪酬时长。

(4)文化共识。数据沟通平均时长、数据融入工作占比。

3)数据能力评估

(1)数据治理。数据治理组织、数据制度建设、数据认责情况、数据考核评价、数据文化。

(2)数据架构。数据模型、数据分布、数据集成与共享、元数据管理、非结构化数据。

(3)数据标准。业务术语、参考数据和主数据、数据元、指标数据。

(4)数据质量。数据质量需求、数据质量检查、数据质量分析、数据质量提升。

(5)数据安全。数据安全策略、数据安全管理、数据安全审计。

(6)数据生存周期。数据需求、数据设计和开发、数据科学作业、数据运维、数据退役。

(7)数据资产运营。数据资产管理、数据资产评价、数据资产定价、数据资产交易。

(8)数据应用。数据分析、数据开放共享、数据服务、对外报送。

(9)技术支撑。数据采集技术、数据处理技术、可视化技术、AI工具、管理工具。

2.3 保障机制

数据治理对任何组织来说都是一项复杂且规模浩大的体系化工程,需要充分调动组织相关的所有资源,只有形成全面、有效的保障机制,才能确保数据治理各项工作在组织内部得以有序推进。

以数据治理相关组织和人员为核心的,建立涵盖数据治理制度、流程、考核等各个方面的执行保障机制,其本质是通过建立高质量的人才队伍和严明的制度体系确保数据战略被正确落实。

数据保障机制是组织开展数据治理的重要基础性保障，为组织实施数据治理各项职能活动提供人才团队、制度规范、文化氛围等基础资源，是数据治理得以开展的重要基石。

一般来说，组织的数据保障机制包括数据治理的组织架构、制度规范、执行流程、培训宣贯、绩效体系、数据合规等。

（1）组织架构。组织从事和涉及数据治理各项职能活动的人员的组织方式。由于数据治理工作的重要性和复杂性，通常应自上而下形成专业化且各司其职的团队，并在组织内部形成顺畅的沟通、协调、合作机制。由于数据治理工作是跨部门、跨专业的，因此这个团队一般会是虚拟的，但其执行力必须统一且高效，才能为数据治理各项工作的落地实施夯实基础。

（2）制度规范。为规范和约束数据治理各项职能活动的相关管理办法、实施细则、指导意见、操作指南等制度性文件。覆盖全面并与实际工作结合良好的制度规范，一方面有利于明确和固化数据治理团队内部的职责分工和协调机制；另一方面有利于理顺组织内部相关部门和岗位之间的工作关系，也为开展数据认责及考评提供依据。

（3）执行流程。为落实制度规范相关管理要求，针对数据治理具体的职能活动场景，结合自身的组织架构制定的一系列规范性和标准化的工作实施和流转过程。有了规范的执行流程，组织内部相关部门和人员就可以按照统一的程序和方法进行数据治理的各项工作，有利于促进相互之间的高效协作，避免出现凭个人经验办事、一人一种做法、工作互不统一的混乱状况。

（4）培训宣传。为培养数据治理相关专业人才，是营造良好数据治理氛围的重要措施。人才是组织实施数据治理的根本，缺乏数据治理专业人才会严重影响数据治理各项工作的顺利推进。组织应为人才的成长搭建良好的平台，并逐步打造"金字塔"结构的人才体系，满足管理、执行、监督等多个岗位角色的工作要求。除专业人才培养外，还应开展广泛的数据文化和知识传播，为数据治理工作的整体协作营造良好的氛围。

（5）绩效体系。组织在既定的数据战略目标下，通过设定特定的衡量和评价指标，对团队和人员已完成的数据治理工作行为及取得的工作业绩进行全面评价，并根据评价结果对团队和人员就未来的工作行为和业绩进行正面引导的过程和方法。绩效体系的建立是数据治理构建完成的重要标志之一，也是数据质量管控体系形成闭环，并可持续性、常态化执行的基础。同时，设计一套科学、合理且让各方信服的绩效体系是数据治理管理者所面临的最大挑战之一。

（6）数据合规。数据安全合规是组织生存发展的基石，组织需要在数据标准、数据分类、数据存储、数据安全、数据文化等方面做到数据合规，其目的是合法合规地引导数据资产实现价值变现。但是，数据也面临着风险和危机，稍有不慎便可能成为引发个人信息保护、市场秩序、社会治理和国家安全等问题的导火索。

需要充分认识到的是，任何组织的数据保障机制的构建都不是一蹴而就的，也不是一成不变的。不同行业、不同组织都有其自身的特点，在充分尊重组织特点的基础上，构建行之有效的数据管控是一项长期性、计划性和连续性的工作,必然也是一个不断持续改进的过程,其目的是最终形成一套与组织运作机制完全匹配的数据管控模式。

由此可见,每个组织的数据保障体系都应该是独一无二的,本节内容只基于数据治理的职能活动要求,提出通用性的体系,如数据治理组织建立、数据制度建设、数据合规体系建设等。在具体落实过程中,需要结合组织的特点进行细化设计,确保数据保障机制与实际结合,使组织数据治理工作落到实处。

2.3.1　数据治理组织

1. 数据管理模式

数据治理组织设计中的一个关键因素是确定组织的管理模式。管理模式是阐明角色、责任和决策过程的框架,描述了人员如何互相协作。可靠的管理模式有助于组织建立问责机制,确保组织内部的正确职能得到体现,促进沟通并提供解决问题的流程。管理模式构成了组织结构的基础,描述组织各组成部分之间的关系。数据管理模式主要有以下 3 种,如图 2-12 所示。

图 2-12　数据管理模式

1）各模式的特点

（1）集中式模式:

设立专门的组织负责组织级数据管理工作,所有数据管理职责都由该组织承担。

（2）联邦式模式:

① 设立专门的组织作为数据管理的日常管理部门;

② 牵头负责数据治理各环节的协调和组织工作。

（3）分散式模式:

① 不设立专门的最高级别组织来行使数据管理职责;

② 各业务单元负责本业务领域的数据管理工作。

2）各模式的优点

（1）集中式模式:

① 设立专门组织作为企业数据资产的管理部门,职责明确,目标清晰;

② 管理力度大,驱动力强。

（2）联邦式模式:

① 在较小的投入下可取得较好的数据管理成效;

② 对现有的组织机构影响较小。

（3）分散式模式：

① 起点较低，容易在单个业务领域实现；

② 资源要求不高。

3）组织结构的挑战

（1）集中式模式：

① 对现有的组织结构影响较大；

② 投入较大，需要较多的人员配置。

（2）联邦式模式：

① 数据日常管理部门对其他部门的影响力有限；

② 对数据日常管理部门的协调能力要求较高。

（3）分散式模式：

① 管控力度最弱；

② 缺乏企业级视角，无法实现企业级的数据管理。

2．数据治理组织体系

有效的数据治理需要跨越企业不同组织和部门，因此，需要建立职能明确的数据治理机构，落实各级部门的职责和可持续的数据治理组织与人员。数据治理组织体系包含三层，如图 2-13 所示。

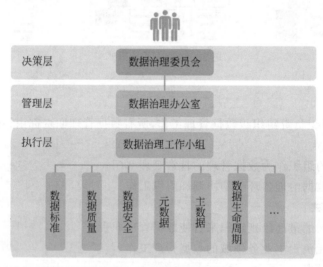

图 2-13　数据治理组织体系

（1）决策层。数据治理委员会由企业高管或首席数据官组成，主要负责确定管理目标，决策数据治理的制度、流程、职责，负责重大问题的处理。

（2）管理层。管理层由数据治理办公室、专项数据治理组和专家团队构成。数据治理办公室、专项数据治理组主要由业务部门主管、信息部门主管组成；专家团队则由各级主管、资深业务人员及外部聘请的专家构成。管理层主要参与制定管理目标、流程、制度、职责,负责协调数据治理的相关资源,负责数据治理制度的确定和发布。

（3）执行层。执行层由具体管理和使用数据的单位和部门构成,包括主管业务部门、业务人员及技术支持人员。

下面对每层的内容做详细讲解。

1）数据治理委员会

数据治理委员会需要主持数据保障组织的工作,推进数据治理在整个组织的落实。其主要职责包括决定数据治理战略,并促进整个组织达成共识;负责数据治理的运行,主持数据治理委员会会议;批准并分配预算和资源,仲裁"未决"的问题和冲突;支持数据治理的宣传和沟通,确保数据治理的成功运行。

在数据治理委员会中,一般设立首席信息官(Chief Data Officer,CDO)职位。在维基百科中,CDO 的定义主要是负责数据处理、分析、挖掘、交易以及在企业内部治理和利用信息资产的高管。在 DAMA-DMBOK2 中,CDO 被认为是帮助弥合技术和业务之间的差距,并在高层建立企业级的数据管理战略。易观智库(2015)认为,CDO 是新型企业高级管理者,通过数据处理、数据分析、数据挖掘、信息交易等方式,负责企业的数据治理与商业洞察。普华永道思略特(2021)将 CDO 定义为在企业最高管理层或仅次于最高管理层的层级中,负责企业数据相关战略工作的管理者。

在政府信息化过程中,有明确的对 CDO 的岗位职责要求。

（1）**数据治理**。建立数据治理的组织架构和专门团队,健全业务驱动数据治理的体制机制,改善数据治理体系架构和管理方法,加强统一数据治理平台建设,攻克多渠道数据来源、统一管控的难关,规范数据处理的流程和标准,推进实施 DCMM 等国家标准、团体标准、企业标准,推动数据治理平台的规划、设计、建设及运营,保障数据资产质量和提升企业数据治理水平,优化企业业务运营模式。

（2）**数据增富**。关注数据资产的战略价值和应用场景,组织制定和实施企业数据战略,获取数据中内涵的价值,建立数据驱动生产经营管理的体制机制,打破数据壁垒,使数据可便捷地跨部门及跨职能流通,推动数据在组织内更好地消费和利用,通过数据分析主动支持业务,优化现有业务,挖掘潜在客户和市场需求,调整产品结构、提升产品和服务质量水平、创新商业模式,为企业创造新的商业利润。

（3）**数字增值**。适应数据市场的需要,按相关法律法规要求,组织推进数据资产的数据清洗、数据变换、数据集成、数据脱敏、数据规约、数据标注等数据处理,推动上下游、跨行业的数据共享开发利用,推动数据资产评估,探索形成数据产品,采用合法交易方式,为市场提供数据服务,实现数据资产的市场价值。

（4）**数据安全**。贯彻执行国家数据等方面的法律、法规和政策,建立数据资产安全保障制度和分类分级安全管理制度,组织制定并实施数据安全防护方案,提升数据全生命周期安全防护能力。定期组织数据安全评估,组织基于供应链的数据安全监测,提高数据风险管控能力,确保企业数据隐私与安全。

（5）数据人才。加强数据治理人才队伍建设，组织开展培训教育，培育CDO后备人才、数字化管理师等人才团队，打造高素质的人才梯队。

2）数据治理办公室

数据治理办公室由专项数据治理组和业务专家团队构成，负责数据相关政策和办法的制定及后续推进和落地；进行数据标准、元数据、数据质量等数据治理领域的具体管理工作；推动企业的数据治理，主要职责包括：

（1）制定、建立数据治理组织、制度、流程、标准、规范等。

（2）收集各方有关数据治理的需求，并解决数据治理的具体问题。

（3）对组织进行统一的日常数据治理。

（4）组织、协调、推动、落实、监督数据治理各个领域的专项工作。

（5）向决策层汇报数据治理相关任务的开展情况。

（6）对执行层进行数据治理相关活动的业务指导和技术支持。

（7）对各个业务部门及相关数据治理人员进行考核。

3）数据治理工作小组

根据数据治理的业务流程，典型的数据治理工作小组应包括如下岗位角色：

（1）数据架构管理岗。进行目标数据架构、数据生命周期管理策略的制定、维护和更新；进行数据架构和数据生命周期相关管理办法的编制、修订、解释、推广落地。

（2）数据标准管理岗。组织数据标准及相关制度的编制、评审、修订、更新、解释、推广、维护等工作。

（3）数据质量管理岗。进行数据质量标准、数据质量检查规则的订立和维护，进行数据质量评估模型制定和维护，进行数据质量相关管理办法的编制、修订、解释、推广等工作，进行专项数据质量整顿改造工作。

（4）元数据管理岗。进行元数据的采集、梳理、存储、维护和更新。进行元数据管理相关管理办法的编制、修订、解释、推广落地。

（5）系统协调岗。进行数据治理工作中涉及的系统建设改造、工具建设改造、平台建设改造等工作，例如进行数据治理平台的建设，协调数据质量整顿工作中对相关业务系统的改造，协调数据标准在新系统建设中的落地等。

（6）数据协调员。代表本部门参与数据治理相关决策，配合、协调、推动数据治理在本部门的执行。数据协调员可来自各数据治理相关部门。

数据治理小组除具备各业务角色以外，还应具备与数据业务本身相关的角色。数据业务角色一般包括数据申请者、数据审批者、数据使用者等，各成员依据流程参与数据标准管理、数据质量管理、数据安全管理等工作，并被赋予明确的职责。

（1）数据申请者。依据数据标准和政策，创建、输入、更新数据，数据申请者包含所有层次的人（从数据录入员到企业高层人员）。其主要职责是：理解并遵守数据标准和政策；理解并遵守数据治理的流程和程序；理解并支持数据治理的业务目标。

（2）数据审批者。管理部门指定数据管理者或主管、专家团队。其主要职责有：评估来自业务用户的请求；检查请求的数据是否在现有的数据资料库中已经存在；对请求做出决定。

（3）数据使用者。数据的内外部使用者，数据使用者提供数据使用的需求。其主要职责有：提供数据和数据治理需求；理解并遵守数据标准和政策；理解并支持数据治理的业务目标。

3．数据治理绩效考核

成功的数据治理体系，必须具备完善的绩效考核体系。针对绩效考核工作，可归纳为制定考核方案、确定考核指标、明确考核标准、开展考核评估共 4 个步骤。

1）制定考核方案

考核方案是考核的纲领性文件，不仅要制定好，还要进行广泛的宣传；不仅要让各级管理者了解，还要让全体基层员工清楚；不仅要让领导同意，还要让绝大多数员工接受。

考核方案主要包括考核的基本原则、考核形式、考核内容、考核分工、考核程序、考核周期、考核数据来源、数据审核部门。还需要明确考核周期和考核指标的调整原则，以及对各级人员的纪律要求。

除此之外，还要向各单位、各部门下达考核表，考核表中包括具体的考核指标、考核标准，还要明确"分级考核"的原则。

2）确定考核指标

以"量化为主、定性为辅"为原则，可量化的指标就需纳入考核方案，不可量化但有明确标示且不被误解的考核指标需定性描述；否则不需纳入考核方案。考核指标主要有控制指标、基本工作任务两项内容。

考核指标的具体设定需基于"适当先进"和"可够得上"的原则，对各部门、各单位及各层次人员要有区分的效果。

各项考核指标由数据治理归口管理部门制定并提交，由数据治理办公室审核，然后上报决策层审定。关于考核指标的准确性问题，由负责审核的职能部门进行判断。

3）明确考核标准

考核指标确定后，可确定考核指标的权重和标准。对于考核项目，采取"只扣不加"的原则，即完成下达的指标和任务是必需的，完不成就要接受处罚。各项规章制度不能只有原则，没有具体的处罚标准。

4）开展考核评估

数据治理的考核评估由数据治理归口管理部门负责，考核委员会成员、考核组的人员参与评估，评估的内容要对各个考核对象提报的考核结果进行审议，并对考核问题进行研究决策。考核评估完成后，需做两件事：一是下发考核通报文件，通报的内容包括绩效考核、行为考核、专业考核的结果，明确改进意见，对下一次的重点事项提出要求；二是下发考核通知单，把具体的奖金数额及惩罚事项，分别发给各个被考核单位。

2.3.2 数据制度建设

为了保障组织架构的正常运转和数据治理各项工作的有序实施,需建立一套涵盖不同管理颗粒度、不同适用对象,覆盖数据治理过程的管理制度体系,从"法理"层面保障数据治理工作有据、可行、可控。

根据数据治理组织架构的层次和授权决策次序,数据治理制度框架分为数据政策、数据治理管理制度、数据治理实施细则、数据治理操作手册 4 个梯次。该框架规定了数据治理的各职能域内的目标、遵循的行动原则、完成的明确任务、实行的工作方式、采取的一般步骤和具体措施。

1. 数据政策

数据政策是数据治理的纲领性文件,是最高层次的数据管理制度,是落实数据治理各项活动必须遵循的最根本原则,描绘了组织实施数据战略的未来蓝图。

数据政策既贯穿了整个组织的业务结构,也贯穿了组织数据创造、获取、整合、安全、质量和使用的全过程,其内容包括数据治理及相关职能的意义、目标、原则、组织、管理范围等,从最根本、最基础的角度规定了数据治理方面的规范和要求。

数据政策应符合组织的数据战略目标,数量不宜太多,内容描述应当言简意赅、直击要点。

数据政策一般由决策层的数据治理委员会发起,组织相关专业人员起草,并在整个组织范围内进行广泛讨论、评审、完善。数据治理委员会负责进行终审,并正式发布执行。数据治理委员会也可授权委托数据治理归口管理部门组织执行以上工作。

2. 数据治理管理制度

数据治理管理制度是基于数据政策的原则性要求,结合组织和业务特点而制定的数据治理职能范围内的总体性管理制度。目的是确保数据治理管理层对准备开展或正在开展的各职能活动进行有效控制,并作为行为的基本准则为后续各角色的职责问责建立依据。

数据治理管理制度清晰地描述了各项活动中所遵循的原则、要求和规范,各级单位在数据治理工作中必须予以遵守。数据治理管理制度从形式上包含章程、规则、管理办法等内容。

数据治理管理制度一般是根据职能域进行划分的,与准备开展的数据治理实际工作相关,如"数据标准管理办法""数据质量管理办法""元数据管理办法""主数据管理办法""数据安全管理办法"等。这些文件为数据治理不同职能域建立了规范性要求,内容一般包括目标、意义、组织职责界面、主要管理要求、监督检查机制等。

数据治理管理制度中的所有规定和要求都必须符合数据政策规定,不应与数据政策所确立的基本原则相违背。

一般情况下,数据治理的相关活动会早于数据治理管理制度的制定。因此,数据治理管理制度更多地需要对已开展的数据治理活动从纷乱无章向统一有序进行引导。数据治理管理制度的建立并不是推翻现有的工作机制,而是在标准化要求下对当前各项数据治理活动的规范化构建和重组。

数据治理管理制度由数据治理归口管理部门负责组织编写。考虑到数据治理职能活动的差异,应当成立一个专门的制度编制小组承担具体的编制工作。鉴于数据治理活动通常早于数据治理管理制度的制定,不少的业务部门的人员也广泛参与其中,所以制度编制小组的成员不应仅来自数据治理归口管理部门或技术部门,而应更多地吸纳其他业务部门人员,允许其代表本机构、本专业的利益对数据治理管理制度提出相应的要求。最终,数据治理管理制度必须从整个组织级高度和角度评判和衡量管理措施的有效性,保证数据质量符合数据需求方的使用要求。

3. 数据治理实施细则

数据治理实施细则是数据治理管理制度的从属性文件,用于补充解释特定活动或任务中描述的具体内容,明确后续步骤中具体方法或技术,或管理制度相关要求与不同业务部门实际情况的结合和细化,以便促进特定领域或范围内具体工作可操作。

数据治理实施细则一般是本地化的。但这并不意味着对于组织结构比较简单的企业实施细则是不必要的。

数据治理实施细则可以分成两类。一类是针对组织级的数据治理管理制度在各业务领域落地的细化要求,需要结合各业务领域的数据现状、组织架构、工作方式等,不同业务领域存在一定的差异,这些细则是在组织级统一要求的基础上由业务部门本地化定制的,是所有单位都应当制定的。另一类是组织级数据治理管理制度在各分支机构的细化要求,同样是按组织统一的管理要求,结合各分支机构的实际情况,形成指导具体落地工作的文件,但这些对于不存在分支机构者是不需要的。

从另外一个角度看,实施细则是管理制度的进一步细化,可依据实际情况而建立,不是所有的制度都必须制定单独的细则。其衡量的标准是现有的规范性文件能否约束和指导实际的执行工作,是否需要通过实施细则进一步补充细节。

数据治理实施细则一般由业务部门或分支机构的数据治理负责人组织编制,参与人为本单位与数据治理相关的专业人员。数据治理实施细则的编制须符合该领域管理制度的规定,各种细化的、本地化的执行要求不应与管理制度确立的组织级要求相违背。

4. 数据治理操作手册

数据治理操作手册是针对数据治理执行活动中的某个具体工作事项制定的,用于指导具体操作的文件,是特定活动的执行中需要遵守的操作技术规范。

数据治理操作手册的内容和形式均不固定,需不同角色遵循同样的标准化要求的场景,或多个制度执行活动中共同调用的相关标准。

数据治理操作手册的内容应符合数据治理管理制度和数据治理实施细则的管理要求,可根据数据治理实际执行过程中的标准化需求而不断新增、删减及持续优化完善,部分数据治理制度文档清单如表2-2所示。

表 2-2　部分数据治理制度文档清单示例

数据标准制度分类	数据标准或者规范名称	编写目的和编制方式参考
数据标准管理总纲	数据治理规定	为规范企业数据治理工作,构建数据治理体系,形成用数据说话、用数据管理、用数据决策、用数据创新的数据运营管理机制,提高数据资产建设、管理、应用与价值创造水平,如企业数据资产组织与职责、数据治理内容方法、监督检查等内容,由总部负责统一编写,是数据治理纲领性文件
	数据标准管理办法	数据标准管理的对象包括元数据标准、主数据标准、数据质量标准、数据模型标准、数据接口标准、数据安全标准等,对数据标准的制定、数据标准管理的内容、数据标准的执行、数据标准管理变更等进行说明,由总部负责统一编写
	数据质量管理办法	针对数据质量管理总体思路,如数据质量管理目的、数据质量管理范围、数据质量管理规则、数据质量问题处理、数据质量考核评估和数据质量管理培训等进行说明,由总部负责统一编写
	数据安全管理办法	针对数据安全管理总体思路,包括数据安全问题、数据安全策略、数据安全执行、数据安全审计、数据安全应急预案和数据安全教育培训等进行说明,由总部负责统一编写,部门和或分支机构按实际工作环境制定实施办法
架构类数据标准	数据目录管理办法	数据资产目录应当满足各部门、各专业人员查询数据、看懂数据、掌握数据的基本需求。包括数据资产目录的编制、数据资产目录的变更、数据资产目录的维护。由数据治理部门和各业务部门共同编制
	数据模型管理办法	数据模型管理相关工作的规范性文档,用于指导相关方进行数据模型的创建、维护和使用,保障数据模型被正确地使用和维护,为管理数据模型提供一套标准的管理方法。可由数据治理部门和各业务部门共同编制
	数据开放管理办法	数据开放涉及数据资产的监管,各级信息部门负责对数据开放过程进行严格控制,避免造成损失。包括数据开放目录的编制、审核发布、维护、开放数据的提供、安全保障和规范制定。可由数据治理部门和各业务部门共同编制
	数据共享管理办法	主要包括数据共享目录的编制、审核发布、维护、共享数据的获取和相关规范制定。可由数据治理部门和各业务部门共同编制
对象类数据标准	主数据管理办法	包括主数据的识别、创建、采集、变更和使用的管理办法。可根据主数据保障机制不同分别由总部或下属单位负责编写
	数据指标管理办法	包括指标数据管理的组织与职责、指标标准管理、指标数据维护和使用等内容。可由数据治理部门和各业务部门共同编制
	元数据管理办法	包括元数据的识别、元数据的创建、元数据的采集、元数据的变更、元数据的维护和元数据的稽核等内容。可由数据治理部门和各专业业务部门共同编制
	数据分类管理办法	包含数据分类的定义、使用范围、职责分工、数据分类原则、分类方法、分类的流程等内容。可由数据治理部门编制

续表

数据标准制度分类	数据标准或者规范名称	编写目的和编制方式参考
基础类数据标准	业务术语管理办法	定义业务管理中的主要业务事项或信息对象,业务概念的规范定义,例如元数据的定义
	业务规则管理办法	描述业务应该如何在内部运行,如何与外部机构保持一致,如数据质量的业务规则、指标加工的业务规则等
	命名规范管理办法	包括系统命名规范、数据模型的命名规范、主数据的命名规范、开发中命名规范等
作业类数据规范	管理规范	如外部数据管理规范、过程数据管理规范、运营管理规范等
	维护细则	如主数据的日常维护规则,组织机构主数据维护细则
	操作手册	如主数据系统、元数据系统、指标管理系统软件操作说明
	技术规范	包含数据采集规范,数据建模规范,元数据管理规范,数据服务规范,数据抽取、转换、加载(Extract Transform Load,ETL)作业规范等

在建立数据制度体系后,需在组织范围内广泛征求意见后发布。定期开展数据制度相关的培训、宣传工作,之后会在日常进行制度的检查、更新、发布、推广,进行不断完善及优化。

2.3.3 数据合规建设

数据合规是组织生存发展的基石,需在数据标准、数据分类、数据存储、数据安全、数据文化等方面做到数据合规,其目的是合法合规地引导数据资产实现价值变现。

1. 企业数据安全合规存在的风险

开展数据安全合规防范的风险,可包括以下6种类型:

(1)侵犯个人信息。主要表现为利用手机应用程序违法收集并关联用户的个人信息账户;网络平台设定强制性的条款,如规定用户若拒绝提供个人信息,则不得使用相应的手机应用程序等;网络经营者违法披露用户数据信息;数据处理者未设置保护措施,加大了数据侵权风险。对此,2021年5月实施的《常见类型移动互联网应用程序必要个人信息范围规定》中,明确了39种常见类型的应用程序必要的个人信息收集范围,并且要求应用程序不得因为用户拒绝提供非必要个人信息而拒绝用户使用其基本服务。刑法层面,非法出售、提供公民个人信息或者在履行职责、提供服务过程中非法收集公民个人信息的,可能构成侵犯公民个人信息罪。

(2)侵犯商业秘密。企业既存在着商业(数据)秘密被他人侵犯的风险,也存在着侵犯他人商业(数据)秘密的风险。我国为应对商业(数据)秘密泄露提供了民事、行政以及刑事层面的多重保护,特别是《刑法修正案(十一)》对侵犯商业秘密罪刑事入罪标准、责任认定标准进行了修改,通过降低侵犯商业秘密罪的入罪标准,加大对侵犯商业秘密行为的打击与震慑。

(3)侵犯消费者权益。比如网络购物中的"大数据杀熟"现象,同一商品老用户会比普通用户看到的价格高;"默认自动消费"的格式条款侵犯了消费者的权益;数据信息的采集者和处理者滥用大数据分析消费者的消费倾向,侵犯了消费者的隐私。对此,除了加强个人信息保护法、网络安全法的执法司法力度,也需关注行政机关的应对机制,比如2021年国务院反垄断委员会发布了《关于平台经济领域的反垄断指南》,对侵犯消费者权益的平台的不公平价格行为进一步加强监管。

（4）构成不正当竞争。主要表现为企业未经许可利用信息技术在互联网上抓取商业数据、掌握消费者偏好,从而提供能够替代其他经营者所提供的产品和服务的行为,受反不正当竞争法的管制。

（5）危害网络安全。主要表现为通过爬虫等技术手段非法获取数据信息,可能构成非法获取计算机信息系统数据罪或者非法侵入计算机信息系统罪;获取数据过程中导致计算机信息系统不能正常运行的,可构成破坏计算机信息系统罪;建立网站、通讯群组非法出售、提供公民个人信息的,构成非法利用信息网络罪;将获取的个人信息出售或提供给他人从事犯罪活动的,可构成帮助信息网络犯罪活动罪或者非法经营、诈骗、传销、侵犯知识产权等相关犯罪的共犯;明知是非法获取计算机信息系统数据犯罪所获取的数据而予以转移、收购、代为销售的,可能构成掩饰、隐瞒犯罪所得罪。

（6）危害国家安全。数据跨境流动除了带来以上风险,还有可能危害国家安全。如网络安全法、数据安全法、个人信息保护法均对数据跨境流动作出限制,评估办法和评估指南也均要求可能影响国家安全、经济发展、公共利益的数据在出境前应先报请行业主管或监管部门组织进行安全评估。企业若未经国家相关部门批准而将数据擅自传输至国外,也可能面临行政处罚或者有构成刑法中的国家安全罪的风险。

2. 企业数据安全合规应对方法

（1）企业应该明确自己所处的行业和管辖区域的相关法规。例如,欧盟实行的《通用数据保护条例》(GDPR)要求企业在处理欧盟公民的个人信息时必须遵守一系列的隐私和数据保护法规。同时,各国家和地区都有自己的数据保护法律和监管机构,企业需要对这些规定进行深入了解并严格遵守。

（2）企业应建立完善的数据管理制度和风险评估机制。数据管理制度应包括数据采集、存储、处理、传输和销毁等方面的规范,以确保数据的完整性、保密性和可用性;风险评估机制则可帮助企业识别潜在的数据安全威胁,并采取相应的预防或应对措施。

（3）企业应加强对员工的培训和监管。员工是企业数据管理的重要环节,需要具备相关的安全意识和技能。企业可通过开展定期的安全培训和演练活动,提高员工对于数据安全和合规的认知及技能水平。企业还应该制定严格的数据使用和操作规程,并对员工进行监管和审计。

（4）企业需采用适当的技术措施保障数据安全。例如,加密技术可以防止数据在传输和存储过程中被篡改或窃取;访问控制技术可以限制非授权人员访问企业的敏感数据;网络安全防护技术可以阻挡外部攻击和恶意软件等。

（5）企业应始终保持警惕,及时更新自己的安全策略和技术措施。数据安全是一个持续不断的过程,随着技术和威胁的不断变化,企业也需及时调整安全策略和技术措施,以应对新的安全挑战。

3. 构建数据安全合规体系需三方面共同进益

数据安全合规规范的蓬勃发展叠加企业合规改革的强劲势头,促使企业在更加准确识别合规风险的同时,也面临着诸多合规困境。立足企业良性运营、个人信息保护、数字经济发展、数字法治转型、国家安全保障的多维价值高地,数据安全合规体系的构建需要以下3个方面的共同进益:

(1)完善数据安全合规技术体系。数据必须依靠技术实现存储、转化与利用,因此打造数据安全合规体系的前提是不断精进相应技术。包括创新对数据进行匿名化或去标识化处理的技术;创新数据分级分类,进行物理或逻辑隔离存储;创新采用身份认证、进程监控、日志分析和安全审计等技术手段,对数据存取情况进行监测记录等。

(2)完善数据安全合规管理体系。包括建立由数据安全合规管理委员会、首席数据安全合规官、数据保护合规部,每个业务单元中的数据保护合规专员等组成的多级合规组织;对企业在产品制造、销售、服务等生产经营全流程、数据生命的全周期进行监控,并对数据信息处理活动进行专项审计和定期审计;对数据处理活动存在的风险点进行定期评估,并保存评估报告和处理情况的记录;针对客户、第三方商业伙伴、被并购方认真开展尽职调查;制定数据安全应急预案及违规事件发生后的补救措施和整改机制;制定数据安全合规手册,加强对员工的数据安全和个人信息保护的培训。与此同时,企业应通过不断优化数据安全合规结构,降低合规成本,以确保合规建设的可持续发展。

(3)完善数据安全合规规范体系。国内法律法规层面,在刑事诉讼法中增加关于企业合规的一般规范,包括激励机制和适用程序,并增加关于刑事诉讼协助义务的规定,明确侦查机关调取数据的紧急和例外情形;在数据信息立法中进一步明确刑事司法活动的优先性及其具体衔接机制。国际法层面,积极探索数据跨境通道,同时积极参与、推进联合国当前正在进行的新网络犯罪公约的起草和谈判工作,尽可能为开展跨境犯罪治理夯实规范基础。

总之,数据合规是保障数据安全的关键一步。企业应该认真遵守相关法律法规和标准,建立完善的数据管理制度和风险评估机制,加强对员工的培训和监管,采用适当的技术措施保障数据安全,并始终保持警惕。只有这样企业才能真正做到数据合规,保障自己和客户的数据安全。

2.4　数据资源化

数据资源化需在数据战略的指导下,构建其数据能力体系和建立数据治理体系,从而在组织内部形成与数据驱动型业务模式相适配的人才、技术、组织安排和系统等。数据资源之所以能成为生产要素,是因为数据资源不仅能被生产数据的组织自己所用,更需要通过流通渠道被外部组织所用,这就需要数据资源未来进一步转化为可流通、可交易的数据产品。

根据来源不同,数据资源可以分为公共数据、企业数据和个人数据。

公共数据的开发,起源于 20 世纪 90 年代,那时我国就开始进行了政务信息系统的开发建设,通过政务信息系统建设、国家"四库"和"金工程"的建设,以及电子政务系统的建设,收集并产生了大量的政务数据。2013 年,大数据概念逐渐被大众接受,国家推动有关政府部门和企事业单位将各种数据汇聚整合并关联分析,打通信息壁垒,构建全国信息资源共享平台,进而开发各类便民应用。2014 年,相关地市出台数据资源目录编制规范,建立了数据开放工作评估考核机制。这意味着在政府层面就公共数据资源的价值已达成广泛的共识,公共数据资源开发利用进入正式探索阶段。

对企业数据来说,企业信息化程度的不一致,导致数据资源化进展差异较大。一些规模较小的企业正处于内部信息共享阶段,仅采用一些最基础的软件工具满足基本信息需求。信息化程度中等的企业可以实现部门间的信息共享,但仅具备信息化意识,很少有管理层真正花心思去经营企业的信息化发展。处于行业领先地位的企业具备较强的信息化技术应用能力,决策人员能够从实际出发,立足于企业的未来发展,制定合理的信息化发展规划;但由于下游企业信息化能力薄弱,这些企业与外部的信息数据交互性依然不高,以至于尚处于未发展成熟的状态。因此,扎实的数据资源化工作是决定数据资产价值的重要前提,推广数据资产的概念对企业认识数据资源化所能带来的收益意义重大。

在数据资源化阶段,企业通过数据治理的建设,不断调整数据战略规划方法,构建数据能力体系,建立数据管理专业化组织,实现整体层面的数据资源整合与标准化,消除数据孤岛,支持各个业务条线及监管报送工作。企业需要持续推进数据资源化,建立健全数据资源管理制度规范,开展数据资源盘点,促进数据跨部门、跨企业的共享化、资源化的利用。

随着数据资源集聚,数据资源化发展进入数据治理阶段,形成了数据采集、计算、加工、分析等配套工具,建立了元数据管理、数据共享、数据安全保护等机制。企业开展管控式数据治理工作,通过数据模型管理、数据标准管理、主数据管理、元数据管理、数据质量管理、数据安全管理等工作,不断强化元数据管理,统一企业信息系统数据字典,打通数据血缘链路;建立数据标准在项目中的常态化落标机制,重点管控数据平台的标准化整合;同时建立主数据管理机制和数据权限管理机制等,持续提升数据质量。

2.4.1 数据模型管理

1. 数据模型

数据模型是数据资产管理的基础,一个完整、可扩展、稳定的数据模型对于数据资产管理的成功起着重要的作用。通过数据模型管理可以清楚地表达组织内部各种业务主体之间的数据相关性,使不同部门的业务人员、应用开发人员和系统管理人员获得企业内部业务数据的统一完整视图。

数据模型是数据特征的抽象,它从抽象层次上描述了数据库系统的静态特征、动态行为和约束条件,为数据库系统的信息表示与操作提供一个抽象的框架。

数据模型所描述的内容包括数据结构、数据操作、数据约束三部分。数据结构是数据模型的基础,数据操作和数据约束都建立在数据结构上,不同的数据结构具有不同的数据操作和数据约束。

数据结构:主要描述数据的类型、内容、性质,以及数据间的联系等。

数据操作:主要描述在相应的数据结构上的操作类型和操作方式。

数据约束:主要描述数据结构内数据间的语法、词义联系、制约和依存关系,以及数据动态变化的规则,以保证数据的正确、有效和相容。

在数据模型管理过程中,通常包括概念数据模型、逻辑数据模型和物理数据模型。

(1)概念数据模型。

概念数据模型是用一系列相关主题域的集合描述概要数据需求。概念数据模型仅包括给定的领域和职能中基础和关键的业务实体,同时给出实体和实体之间关系的描述。

概念数据模型建模步骤包括选择数据模型类型、选择表示方法、完成初始概念数据模型、收集组织中的业务概念、收集与这些概念相关的活动、合并业务术语、获取签署。

(2)逻辑数据模型。

逻辑数据模型是对数据需求的详细描述,通常是从概念数据模型扩展而来的,比如通过添加属性扩展概念数据模型。逻辑数据模型不受任何技术或实施条件的约束。

逻辑数据模型建模步骤包括分析信息需求、分析现有文档、添加关联实体、添加属性、指定域、指定键。

(3)物理数据模型。

物理数据模型描述了一种详细的技术解决方案,通常以逻辑数据模型为基础,与某一类系统硬件、软件和网络工具相匹配。物理数据模型与特定技术有关。

物理数据模型建模步骤包括解决逻辑抽象、添加属性细节、添加参考数据对象、指定代理键、逆规范化、建立索引及分区、创建视图。

2. 数据建模步骤

数据建模首先对组织的数据资产建立分类管理机制,确定数据的权威数据源;梳理数据和业务流程、组织、系统之间的关系;规范数据相关工作的建设。

数据建模一般采取如下过程:

(1)收集和理解组织的数据需求,包括收集和分析组织应用系统的数据需求和实现组织的战略、满足内外部监管、与外部组织互联互通等的数据需求;

(2)制定模型规范,包括数据模型的管理工具、命名规范、常用术语及管理方法等;

(3)开发数据模型,包括开发设计组织级数据模型、系统应用级数据模型;

(4)数据模型应用,根据组织级数据模型的开发,指导和规范系统应用级数据模型的建设;

(5)符合性检查,检查组织级数据模型和系统应用级数据模型的一致性;

(6)模型变更管理,根据需求变化实时地对数据模型进行维护。

本书的数据建模按以下四个步骤来进行,如图 2-14 所示。

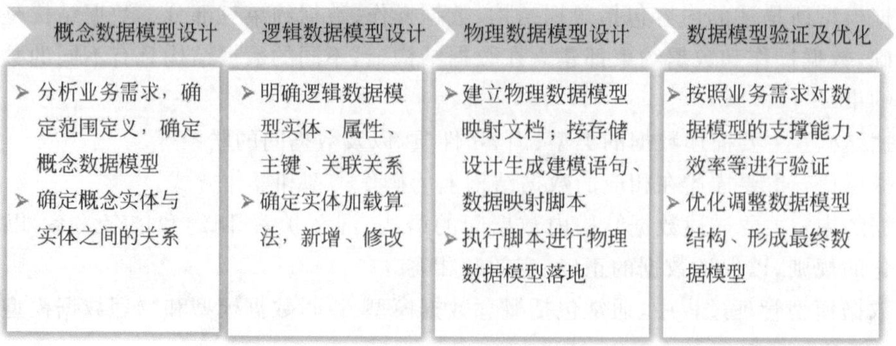

概念数据模型设计	逻辑数据模型设计	物理数据模型设计	数据模型验证及优化
➤ 分析业务需求，确定范围定义，确定概念数据模型 ➤ 确定概念实体与实体之间的关系	➤ 明确逻辑数据模型实体、属性、主键、关联关系 ➤ 确定实体加载算法，新增、修改	➤ 建立物理数据模型映射文档；按存储设计生成建模语句、数据映射脚本 ➤ 执行脚本进行物理数据模型落地	➤ 按照业务需求对数据模型的支撑能力、效率等进行验证 ➤ 优化调整数据模型结构、形成最终数据模型

图 2-14　数据建模步骤

1）概念数据模型设计。

（1）分析业务需求，确定范围定义，确定概念数据模型。

（2）确定概念实体与实体之间的关系。

2）逻辑数据模型设计。

（1）明确逻辑数据模型实体、属性、主键、关联关系。

（2）确定实体加载算法，新增、修改。

3）物理数据模型设计。

（1）建立物理数据模型映射文档；按存储设计生成建模语句、数据映射脚本。

（2）执行脚本进行物理数据模型落地。

4）数据模型验证及优化。

（1）按照业务需求对数据模型的支撑能力、效率等进行验证。

（2）优化调整数据模型结构、形成最终数据模型。

3. 数据建模工具

数据建模过程一般通过图形化数据建模工具实现。模型工具具备设计、审核、实施、验证等功能，亦包括逻辑数据模型设计、物理数据模型设计、物理数据模型实例化等，如图 2-15 所示。

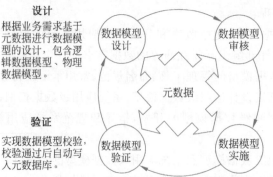

图 2-15　统一的数据建模过程

4. 数据分布分析

业务对象和流程的抽象过程就是数据建模的过程,即数据的对象模型、概念模型、逻辑模型、物理模型。数据建模和业务流程模型构建应该以在线化为目标,将传统的业务流程构建真正在线模型化,把数据模型的概念从 IT 技术人员推广到业务管理人员中。明确数据在系统、组织和流程等方面的分布关系,定义数据类型,明确权威数据源,为数据相关工作提供参考和规范。组织需要对数据资产建立分类管理机制,确定数据的权威数据源;梳理数据和业务流程、组织、系统之间的关系;规范数据相关工作的建设。通过数据分布关系的梳理,定义数据相关工作的优先级,指定数据相关工作的责任人,并进一步优化数据的集成关系。

2.4.2　数据标准管理

数据标准是保障数据的内外部使用和交换的一致性和准确性的规范性约束。数据标准管理是规范数据标准的制定和实施的一系列活动,是数据资产管理核心活动之一,对于组织提升数据质量、厘清数据构成、打通数据孤岛、加快数据流通、释放数据价值有着至关重要的作用。数据标准管理实现数据的完整性、有效性、一致性、规范性、开放性和共享性管理,为数据资产管理活动提供规范依据。

通常来说数据标准分为基础数据标准和指标数据标准,基础数据标准是为了统一组织所有业务活动相关数据的一致性和准确性,进行业务间数据整合,按照数据标准管理过程制定的数据标准,基础数据标准一般包括业务术语、公共代码和编码标准、参考数据和主数据标准、逻辑数据模型标准、物理数据模型标准、元数据标准等。指标数据标准是为了规范指标数据统计口径、业务含义而制定的数据标准。指标数据标准一般分为基础指标标准和计算指标(又称组合指标)标准,基础指标一般不含维度信息,且具有特定业务和经济含义,计算指标通常由两个以上基础指标计算得出。

数据标准一般包含 3 个要素:标准分类、标准信息项(标准内容)及相关公共代码和编码(如国家标准、地方标准、行业标准等)。其中标准分类指按照不同的特点或性质区分数据概念;标准信息项是对标准对象的特点、性质等的描述集合;公共代码和编码指某一标准所涉及对象属性的编码。

数据标准管理主要内容包括标准分类规划、标准制定、标准评审发布、标准落地执行、标准维护 5 个阶段。

1. 标准分类规划

数据标准分类规划主要指组织构建数据标准分类框架,并制定开展数据标准管理的实施路线。

数据标准分类规划主要包括以下 6 个步骤:

(1) **数据标准调研**:数据标准调研工作主要从企业业务运行和管理层面、国家和行业相关数据标准规定层面、信息和业务系统数据现状 3 个方面开展,调研内容包括现有的数据业务含义、数据标准分类、数据元定义、数据项属性规则以及相关国际标准、国家标准、地方标准和行业数据标准等。

（2）业务和数据分析：主要根据数据标准调研结果，依据数据标准体系建设原则，初步研究数据标准整体的分类框架和定义，以及对业务的支撑状况。

（3）研究和参照行业最佳实践：收集和学习数据标准体系建设案例，研究和借鉴同行业单位在本行业数据标准体系规划上的实践经验。

（4）定义数据标准体系框架和分类：根据数据标准调研结果以及行业的最佳实践，在对组织现有业务和数据现状进行分析的基础上，定义组织自身的数据标准体系框架和分类。

（5）制定数据标准实施路线图：根据已定义的数据标准体系框架和分类，结合组织自身在业务系统、信息系统建设的优先级，制定分阶段、分步骤的实施路线图。

（6）批准和发布数据标准框架和规划：由数据标准管理的决策层审核数据标准体系框架和规划实施路线图，并批准和发布。

2．标准制定

在完成标准分类规划的基础上，定义数据标准及相关规则。数据标准的定义主要指数据元及其属性的确定。随着组织业务和标准需求的不断发展延伸，需要科学合理地开展数据标准定义工作，确保数据标准的可持续性发展。

数据标准的定义应遵循共享性、唯一性、稳定性、可扩展性、前瞻性、可行性6大原则：

（1）共享性。数据标准定义的对象是具有共享和交换需求的数据。作为组织共同遵循的准则，数据标准并不为特定部门服务，它所包含的定义内容应具有跨部门的共享特性；

（2）唯一性。数据标准的命名、定义等内容应具有唯一性和排他性，不允许同一层次下数据标准的内容出现二义性；

（3）稳定性。数据标准需要保证其权威性，不应频繁对其进行修订或删除，应在特定的范围和时间区间内尽量保持其稳定性；

（4）可扩展性。数据标准并非一成不变的，业务环境的发展变化可能会触发数据标准定义的需求，因此数据标准应具有可扩展性，可以模板的形式定义初始的数据标准，模板由各模块组成，模板部分模块的变化不会影响其余模块的变化，方便模板的维护更新；

（5）前瞻性。数据标准定义应积极借鉴相关国际标准、国家标准、行业标准和规范，充分参考同业的先进实践经验，使数据标准能够充分体现组织业务的发展方向；

（6）可行性。数据标准应依托于组织现状，充分考虑业务改造风险和技术实施风险，并能够指导组织数据标准在业务、技术、操作、流程、应用等各个层面的落地工作。

数据标准定义主要包括分析数据标准现状、确定数据元及其属性两个关键环节：

（1）分析数据标准现状。依据业务调研和信息系统调研结果，分析、诊断、归纳数据标准现状和问题。其中，业务调研主要采用对业务管理办法、业务流程、业务规划的研究和梳理，以了解数据标准在业务方面的作用和存在的问题。信息系统调研主要采用对各系统数据库字典、数据规范的现状调查，厘清实际生产中数据的定义方式和对业务流程、业务协同的作用及影响。

（2）确定数据元及其属性。依据行业相关规定或借鉴同行业实践，结合自身在数据资产管理方面的规定,在各个数据标准类别下,明确相应的数据元及其属性。

3. 标准评审发布

数据标准的评审发布工作是保证数据标准可用性、易用性的关键环节。

在数据标准定义工作初步完成后,需要征询数据管理部门、数据标准部门以及相关业务部门的意见,在完成意见分析和标准修订后,进行标准发布。

标准评审发布主要流程包括数据标准意见征询、数据标准审议、数据标准发布等 3 个过程:

(1)数据标准意见征询。数据标准意见征询工作是指对拟定的数据标准初稿进行宣贯和培训,广泛收集相关数据管理部门、业务部门、开发部门的意见,减小数据标准不可用、难落地的风险。

(2)数据标准审议。在数据标准意见征询的基础上,对数据标准进行修订和完善,同时提交数据标准管理部门审议的过程,以提升数据标准的专业性和可管理的执行性。

(3)数据标准发布。数据标准管理部门组织各相关业务单位对数据标准进行会签,并报送数据标准决策组织,实现对数据标准进行全组织审批发布的过程。

4. 标准落地执行

标准落地执行是把组织已发布的数据标准应用于信息建设,消除数据不一致的过程。数据标准落地执行过程中应加强对业务人员的数据标准培训、宣贯工作,帮助业务人员更好地理解系统中数据的业务含义,同时也涉及数据信息系统的建设和改造。

数据标准落地执行一般包括评估确定落地范围、制定落地方案、推动方案执行、跟踪评估成效。

(1)评估确定落地范围。选择某一要点作为数据标准落地的目标,如业务的维护流程、客户信息采集规范、某个系统的建设等。

(2)制定落地方案。深入分析数据标准要求与现状的实际差异,以及标准落地的潜在影响和收益,并确定执行方案和计划。

(3)推动方案执行。推动数据标准执行方案的实施和标准管控流程的执行。

(4)跟踪评估成效。综合评价数据标准落地的实施成效,跟踪监督标准落地后的流程执行情况,收集标准修订需求。

数据标准落地路径可以有以下两种方式,分别是按数据主题逐步推进和按业务目标逐步推进。两种方式的优点、缺点和适用场景如表 2-3 所示。

表 2-3 数据标准落地路径方式对比表

方 式	按数据主题逐步推进	按业务目标逐步推进
优点	• 全局性强,真正意义的组织级标准 • 中立、扩展性好	• 目标需求明确,有对口业务部门配合 • 标准落地系统清晰,推动力强,见效快
缺点	• 可能缺乏业务目标,使业务部门难以深入参与 • 定义过程容易与实际业务目标脱节 • 标准落地动力不足	• 缺乏整体观,数据标准的内容易出现交叉或遗漏 • 会随着业务目标的增加需求不断完善

续表

方　式	按数据主题逐步推进	按业务目标逐步推进
适用场景	• 业务需求不具体 • 技术部门主导	• 业务部门参与度高、数据标准管理目标明确 • 配合主题集市及应用系统建设

数据标准落地原则主要包括遵循整体规划、分步实施、价值驱动、确保执行和管控保障。

（1）整体规划。数据标准体系建设工作是规划与计划的制定、执行、维护、监督检查的一个持续深入的动态过程。

（2）分步实施。综合考量战略价值、业务优先级、实施难易度、数据满足度和投资回报比，优先定义和执行战略价值高、优先级高、数据重组、易实施、投资回报比较高的数据标准，并找到合适的数据标准建设的切入点。

（3）价值驱动。业务价值是数据标准工作的原始驱动力，需结合战略目标，与 IT 系统建设相结合，可在数据标准工作初期以项目为载体，逐步推进。

（4）确保执行。保证数据标准在业务领域和技术领域的执行是数据标准工作的宗旨。

（5）管控保障：建立强有力的组织、制度和管理流程，以保证数据标准工作的顺利进行。

5. 标准维护

数据标准并非一成不变，而是会随着业务的发展变化以及数据标准执行效果而不断地更新和完善。

在数据标准维护的初期首先需要完成需求收集、需求评审、变更评审、发布等多项工作，并对所有的修订进行版本管理，以使数据标准"有迹可循"，便于数据标准体系和框架维护的一致性。其次，应制定数据标准运营维护路线图，遵循数据标准管理工作的组织结构与策略流程，各部门共同配合实现数据标准的运营维护。

在数据标准维护的中期，主要完成数据标准日常维护工作与数据标准定期维护工作。日常维护是指根据业务的变化，常态化开展数据标准维护工作，比如当组织拓展新业务时，应及时增加相应的数据标准；当组织业务范围或规则发生变化时应及时变更相应的数据标准；当数据标准无应用对象时应废止相应的数据标准。定期维护是指对已定义发布的数据标准定期进行数据标准审查，以确保数据标准的持续实用性。通常来说，定期维护的周期一般为 1 年或 2 年。

在数据标准维护的后期，应重新制定数据标准在各业务部门、各系统的落地方案，并制订相应的落地计划。在数据标准体系下，由于增加或更改数据标准分类而使数据标准体系发生变化的，或在同一数据标准分类下，因业务拓展而新增加的数据标准，应遵循数据标准编制、审核、发布的相关规定。

2.4.3　元数据管理

元数据管理是数据治理的重要抓手，也是数据治理成果呈现的最佳工具，组织若能做好元数据管理，就可以解决数据查找难、理解难等问题。元数据是数据的说明书，有了完善的元数据,数据使用者才能了解组织都有什么数据,它们分布在哪里,数据的业务含义是什么,数据口径及颗粒度是怎样的,若想使用应该向谁提出和如何获取。要达到这样的目标,需要做好元数据采集、存储、变更控制和版本管理。在此基础上,实现数据血缘分析、关系分析、影响分析等元数据的高级应用,通过可视化的方式展现数据上下游关系图,快速定位问题字段,可帮助组织降低数据问题定位的难度。

1. 元数据与元数据管理

Gartner 认为元数据(Metadata)是描述信息资产各个方面的信息,以提高其整个生命周期的可用性。有些机构将元数据定义为"关于数据的数据"。元数据的信息范围很广,它不仅包括技术和业务流程、数据规则和约束,还包括逻辑数据结构与物理数据结构等。它描述了数据本身(如数据库、数据元素、数据模型)、数据表示的概念(如业务流程、应用系统、软件代码、技术基础设施)、数据与概念之间的联系(关系)。

元数据可帮助组织理解其自身的数据、系统和流程,也可帮助用户评估数据质量。对数据库与其他应用程序的管理来说元数据是不可或缺的。元数据有助于处理、维护、集成、保护、审计和治理其他数据。

元数据不仅可以对数据进行描述,随着数据复杂性的增加,元数据每天还都扮演着新的角色。有时,元数据可能与营销相关的业务方向有关;有时,它可描述数据湖或数据仓库中的源数据到目的数据的映射等。

元数据管理(Meta data Management)是数据资产管理的重要基础,是为获得高质量的、整合的元数据而进行的规划、实施与控制的行为。Gartner 将元数据管理定义为"用于管理有关组织信息资产的元数据的业务规则。"元数据管理是关于如何定义信息资产以及将数据转换为企业资产的管理流程和方法,可根据业务规则以目录或标签等多种方式对数据资产进行标注,而元数据管理内容包括元数据的父节点、子节点、元数据支持了哪些加工、元数据的定义和格式是什么等。元数据管理描述了数据在使用过程中的信息,通过血缘分析可实现关键信息的追踪和记录,影响分析可帮助了解分析对象的下游数据信息,快速掌握元数据变更可能造成的影响,有效评估变化给元数据带来的风险,元数据管理逐渐成为数据资产管理发展的关键驱动力,随着数据量的增长和多样性的增加,元数据管理对于从海量数据中获取业务价值变得更加关键。

2. 元数据分类

元数据按用途不同分为技术元数据、业务元数据和管理元数据。

技术元数据(Technical Metadata):描述数据系统中技术领域相关概念、关系和规则的数据,包括数据仓库内对象和数据结构的定义、源数据到目的数据的映射、数据转换的描述等;

业务元数据(Business Metadata):描述数据系统中业务领域相关概念、关系和规则的数据,包括业务术语、信息分类、指标、统计口径等;

管理元数据(Management Metadata):描述数据系统中管理领域相关概念、关系、规则的数据,主要包括人员角色、岗位职责、管理流程等信息。

元数据可用来帮助数据提供者和数据使用者解决数据转换、沟通和理解的问题。归纳起来,元数据主要有下列几个方面的作用:

(1) 用来组织、管理和维护数据,建立数据文档,并保证即使其主要工作人员退休或调离时,也不会失去对数据情况的了解;

(2) 提供数据存储、数据分类、数据内容、数据质量及数据分发等方面的信息,帮助数据使用者查询检索所需的数据;

(3) 用来建立数据目录,提供通过网络对数据进行检索的方法或途径,以及与数据交换和传输有关的辅助信息;

(4) 通过元数据,数据使用者可以接受并理解数据信息,帮助其了解数据,以便就数据是否能满足其需求作出正确的判断并与自己的数据信息集成在一起,进行不同方面的科学分析和决策。

3. 元数据的核心能力

元数据是使数据充分发挥作用的重要条件之一。它可被用于许多方面,包括文档建立、数据发布、数据浏览、数据转换等。元数据对于促进数据的管理、使用和共享均有重要的作用,其需要具备的能力如图 2-16 所示。

1) 元数据采集

元数据管理通过元数据采集工具将企业各种平台的元数据汇集到数据平台,形成统一的元数据视图。随着多年的信息系统的建设,企业中存在多种类型的数据库,如关系数据库、NoSQL 数据库、列式数据库、内存数据库、大数据平台等。元数据采集需要适配各种数据库。

元数据采集方式划分为两类:

(1) 自动采集。通过 JDBC(Java Database Connectivity)或元数据采集接口将业务系统中的元数据信息采集到数据管理平台。对于数据处理过程中的 SQL(Structured Query Language)脚本,元数据模块可以通过技术手段自动采集、处理元数据。

(2) 手工导入。对于无法通过技术手段进行自动获取的元数据,需要按模板将元数据梳理清楚,再导入数据资产平台。

元数据采集的数据来源分布在数据源系统、数据处理过程、数据仓库、数据设计工具(如 PowerDesign、ERwin)、报表工具(如 Tableau、FineReport 等)及前端页面中。元数据采集应涵盖以下功能:

(1) 数据源管理。对数据源进行集中管理,形成自动采集数据源的全局实力,促进元数据采集的规范化管理。

(2) 适配器管理。元数据采集需要通过元数据采集适配器的方式对接不同的数据源,并方便数据源的扩展。

(3) 调度管理。为元数据的采集提供持续稳定的调度支持,能够按预设的调度策略触发相应的元数据采集过程。能统一配置调度策略,提供包括时间周期触发和事件触发两种调度触发方式。

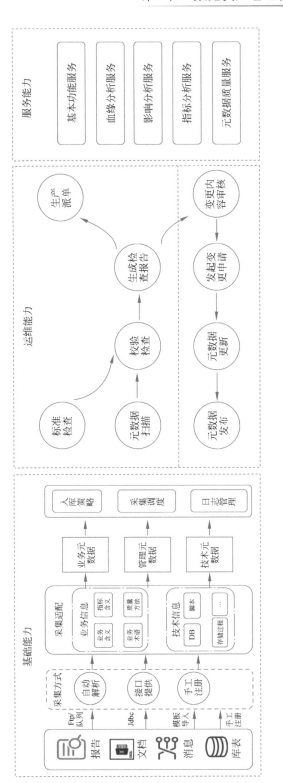

图 2-16　元数据管理能力

（4）入库策略管理。提供元数据命名策略、业务域划分、增量和全量入库策略的配置支持。

（5）采集日志管理。为各种元数据采集提供日志记录，记录各个环节的处理信息和异常信息。提供日志查询和审计功能，并对异常信息提供告警功能。

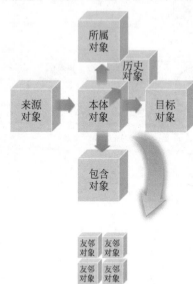

图 2-17　元数据浏览

2）元数据浏览

元数据管理提供各种视角的元数据查询，包括自身的元数据信息，还包括与之相关的各类元数据信息，如图 2-17 所示。

元数据浏览能查询到的内容包括：

（1）看本体。查看对象本身定义，例如表的名称、注释等信息。

（2）向上看。查看对象所属对象的定义，例如表所归属的数据库。

（3）向下看。查看对象包含的对象的定义，例如表所包含的字段、索引等。

（4）向前看。查看对象的上游信息对象，例如该表的数据的来源表。

（5）向后看。查看对象的下游信息对象，例如该表的数据的目标表。

（6）看历史。查看对象的历史变更信息。例如该表在上一个版本中的内容。

（7）看友邻。查看与对象有关系的其他对象，例如涉及该表的脚本等信息。

3）元数据分析

元数据管理还需要与数据开发、数据质量、数据标准等工作相结合，保障数据管理活动有序开展，元数据分析的主要功能包括：

（1）影响分析。影响分析是指从某一实体出发，寻找依赖该实体的处理过程实体或其他实体，可向下分析一个元数据对象对下游对象的影响。如果需要，可以采用递归方式寻找所有的依赖过程实体或其他实体。该功能支持当某些实体发生变化或者需要修改时，评估实体的影响范围。

（2）血缘分析。血缘分析让使用者根据需要了解不同的处理过程，每个处理过程具体做什么，需要什么样的输入，又产生什么样的输出，与影响分析的方向相反，是向上追溯一个对象的数据来源。对于任何指定的实体，首先获得该实体的所有前驱实体，然后对这些前驱实体递归后获得各自的前驱实体，结束条件是所有实体到达数据源接口或者是实体没有相应的前驱实体。血缘分析应能够以图形的方式展现所有实体和处理过程。

（3）全链分析。从某对象出发，对上下游双方向进行分析。

（4）版本比对。选择任意两个时点的版本进行比对。

4）元数据质量

元数据质量检查包含但不限于元数据一致性、元数据关系的健全性、元数据属性（包括元数据属性填充率、元数据名称重复性和元数据关键属性值的唯一性）。

（1）元数据一致性检查。

一致性检查主要是指从源系统中抽取元数据，并与元数据库的对应信息进行比较，及时发现源系统的应用变更，保证元数据的及时更新。对于一致性检查工作，可从以下几个方面进行评估：

- 元数据实体匹配情况：可以按三种情况所占比例进行评估，包括在源系统中和元数据库中同时存在的实体；在源系统中存在，但是元数据库中不存在的实体；在源系统中没有，但是元数据库中存在的实体。
- 元数据属性匹配情况：对于源系统中和元数据库中同时存在的实体，可对其属性进行比较，找出属性值不一致的实体，并统计这些实体所占比例。
- 元数据关系匹配情况：对于某应用系统中和元数据库中同时存在的实体，可对与其相关的关系进行比较，找出关系不一致的实体，并统计这些实体所占比例。

（2）元数据关系健全性检查。

元数据管理模块通过元数据的这些关系描述了系统的数据流向、过程依赖和业务承载等各种内在的规律。元数据关系是否健全直接影响维护人员的问题判断和处理结果，直接影响着开发者对数据流向的分析和判断，因此，元数据管理模块必须在元数据关联关系的健全性方面做好保障检查工作。

- 数据处理关系检查：数据处理关系是指数据实体和数据处理过程之间的关系。数据处理关系检查应从元数据库中找出缺乏应有数据处理关系的数据实体和数据处理过程。例如，找出没有与任何数据处理过程建立数据处理关系的数据实体和找出没有与数据实体建立数据输入/输出关系的数据处理过程。
- 组合关系检查：组合关系是实体之间的整体和部分关系，例如数据库表和字段之间的关系。组合关系检查是在元数据库中找出存在不合理组合关系的元数据，例如找出没有与任何数据库表建立关系的字段。

（3）元数据属性检查。

对元数据库中实体属性详细信息方面的检查，包括元数据属性填充率检查、元数据名称重复性检查和元数据关键属性值的唯一性检查等。

5）元数据服务

元数据管理模块需要采用数据封装的机制对外提供一系列查询和操作的服务接口，将元数据信息和操作封装为标准化元数据服务，供本模块内部和外部系统或模块调用。

元数据管理模块使用 REST 风格的 Web 服务端作为元数据操作的外部交互接口，服务端提供唯一的统一资源标识符（URI）供客户端调用。客户端通过 HTTP 方法实现对资源的唯一操作。

4. 元数据价值

元数据的价值主要体现在以下几方面：

1）梳理信息资产，清除数据质量隐患，掌握数据资产变化

元数据管理可以通过自动化的采集方式，帮助组织完成数据信息、服务信息与业务信息的采集，自动调取组织内部元数据，为组织展现完整信息资产，从而进一步帮助组织集中管理所有信息资产，方便数据的交互和共享。元数据是很多数据管理活动的基础，所以元数据的质量极为重要，元数据管理工具可以进行一致性检核、属性填充率检核和组合关系检核；实现对元数据实时的变更监控，查看明细信息，便捷掌握数据资产变化，支持变更订阅功能，让用户可随时监察，消除问题隐患。

2）元数据可在多场景组合应用，聚焦组织业务问题需求

组织可以利用元数据理解、聚合、分组和排序数据以供实际的业务使用。还可将许多数据质量问题追溯到元数据，比如可根据元数据的业务规则和标签等，判断数据样本从哪里来，如何选择合适的数据字段进行权重标注和测试等；数据抽取时可根据业务需要，通过元数据进行数据的规划比对；数据治理时可根据元数据的业务规则进行判断，清洗数据，提高数据质量。

3）元数据管理推动企业数字化转型，形成有价值的数据资产

当前对元数据管理的需求是由企业数字化转型推动的。它们产生大量数据，也大量消耗这些数据。元数据管理为这两个场景提供了清晰而丰富的上下文，比如关于要生成什么数据以及要使用什么数据，确保数据成为有价值的组织资产。

2.4.4　主数据管理

主数据是满足跨部门业务协同需要、反映核心业务实体状态属性的基础信息，是企业的核心数据资产。管好、用好主数据是实施企业数据治理的重要内容。

1. 主数据与主数据管理

主数据（Master Data，MD）是指具有高业务价值的、可以在组织内跨越各个部门被重复使用的数据，是单一、准确、权威的数据来源。主数据包含元数据、属性、定义、角色、关联关系、分类方法等内容，被不同的应用程序使用，涉及组织级多个业务单元。从业务角度，主数据是相对"固定"的，变化缓慢。主数据是组织级信息系统的神经中枢，是业务运行和决策分析的基础。

主数据具备的特征包括：

（1）唯一性。组织范围内主数据实体要求具有唯一的数据标识。通过主数据标识定位业务流转过程的操作和处理，确定数据分析的维度、范围及方向。

（2）稳定性。主数据本身具有较高的稳定性，与其他类数据如交易类数据相比，主数据变化频率较低，其属性通常不会随业务过程变化而被修改。

（3）基础性。主数据是在组织中不同的应用系统均会使用的基础业务对象，它支持所有主要的业务行为和交易。

（4）共享性。主数据具有高度共享性，是跨部门、跨系统高度共享的数据。

（5）价值性。主数据描述了组织最核心的业务，是所有业务处理都离不开的实体数据，与其他类数据相比价值密度较高。

（6）复杂性。主数据一般涉及多个业务系统，复杂性较高。

主数据管理（Master Data Management，MDM）是通过一系列规则、技术和解决方案，为所有利益相关方（如用户、应用程序、数据仓库、流程及贸易伙伴）创建并维护业务数据的一致性、完整性、相关性和精确性。主数据管理方案通过为跨构架、跨平台、跨应用的系统提供一致的、可识别的主数据来支持整个组织的业务需求。

主数据管理将组织中多个业务系统中核心的、共享的数据进行整合，集中进行数据的清洗和标准化，并以集成服务的方式将统一的、完整的、准确的、权威性的主数据分发给需要使用这些数据的信息系统，包括各业务系统和决策支持系统等。

目前，主数据在集团性企业应用比较多，其主要作用包括：

（1）消除数据冗余。

不同系统、不同部门按照自身规则和需求获取数据，容易造成数据的重复存储，形成数据冗余。主数据打通各业务链条，统一数据语言，统一数据标准，实现数据共享，最大化消除了数据冗余。

（2）提升数据处理效率。

各系统、各部门对于数据定义不一样，不同版本的数据不一致，一个核心主题也有多个版本的信息，需要大量的人力和时间成本去整理和统一。通过主数据管理可实现数据动态整理、复制、分发和共享。

（3）提高组织战略协同力。

主数据作为组织内部经营分析、决策支撑的"通行语言"，多个部门统一后有助于打通部门关系，解决系统壁垒，实现信息集成与共享，提高组织整体的战略协同力。

2．主数据管理框架

主数据管理框架包括主数据规划、主数据管理过程、主数据保障机制3部分。其中主数据管理过程包括分析识别、标准制定、数据采集、数据清洗、集成共享、应用管理和评价改进，如图2-18所示。

主数据保障机制包括组织保障、制度保障、平台保障。关于组织保障及平台保障，本节不再赘述，请参考相关章节内容。

3．主数据规划过程

在充分理解组织发展战略的基础上，依据需求调研分析，结合主数据管理能力评估结果，按照系统的方法进行主数据规划。

1）规划目标

以提升组织核心数据的质量为目标，实现主数据的唯一性、一致性、规范性、完整性和有效性；实现主数据跨组织、跨部门、跨业务的共享，实现各业务系统基础数据的互联互通；实现主数据的全生存周期管理，建立主数据的长效管理机制。

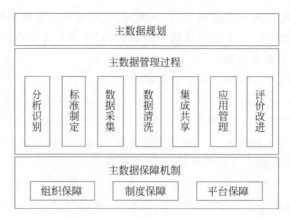

图 2-18 主数据管理框架

2）规划原则

统一数据标准，实现源数据集中管理，业务应用归口管理。

3）规划内容

（1）制定与组织战略规划相一致的主数据发展目标。调查分析组织目标和发展规划，评价现行数据的质量、软件环境和应用状况，分析差距明确需求，确定主数据建设目标。

（2）设计主数据架构体系。

① 数据标准化架构。如数据标准化架构规划、数据质量规划、平台建设规划和数据集成规范等。

② 数据质量体系。如数据质量管理指标和数据质量评价标准等。

③ 主数据治理体系。如主数据管理模式、主数据管理组织、主数据管理制度、主数据管理流程和主数据管理绩效等。

④ 数据安全架构。如安全策略、安全组织、安全技术、安全建设与运行等。

⑤ 实施路径及预算。确定主数据管理系统的实施路径和时间计划，配套做出实现该方案所需要的硬件、软件、人员和预算等。

4. 主数据管理过程

主数据管理过程包括：

（1）分析识别。通过现状调研及需求分析，对主数据管理的现状进行诊断，识别主数据需求与范围。通过业务现状调研，对信息系统数据应用现状进行摸查，分析组织对主数据建设的需求，对比与标杆企业的差距后，在管理体系、数据标准、数据质量、数据安全、数据平台应用等方面提出改进建议。依据业务需求进行主数据分析识别，包括识别不同主数据之间的关系；识别主数据与业务系统之间的关系；识别主数据类型及属性等。

（2）标准制定。主数据标准是打通组织横向产业链和纵向管控的数据基础，是实现跨组织、跨部门、跨流程、跨系统的数据标准。主数据标准应包括主数据分类、描述、编码、参考数据、数据集成、质量标准、数据维护规范等。制定主数据标准应遵循简单性、唯一性、可扩展性的原则。

（3）数据采集。制定的主数据抽取策略和采集方案，实现对主数据的抽取、传输、加载及任务调度设置。实时数据采集应设置采集频率；批量数据采集应设置 ETL 任务执行周期，以满足各业务、各系统对主数据的实效性需求。

（4）数据清洗。按照主数据标准规范将现有数据归入正确的分类，规范其描述、属性值、基本单位等。数据清洗过程包括标准确定和清洗方案制定，对重复、缺失、错误、废弃的原始数据进行清洗，汇总后形成数据对照清单，保证主数据的唯一性、准确性、完整性、一致性和有效性。清洗过程一般通过系统校验、查重、比对、筛查、核实等多种手段对主数据代码的质量进行检查，形成高质量的主数据代码库。

（5）集成共享。此过程一般通过平台工具实现与各个目标信息系统的集成，采用企业服务总线（Enterprise Service Bus，ESB）、应用程序接口（Application Program Interface，API）、数据库等方式实现。通过平台工具实现主数据在多个系统之间的主动推送或分发，建立主数据共享库，将发生变化的主数据以主题视图或其他方式存储于共享数据库中并实时更新，供业务系统共享使用。

（6）应用管理。主数据应用管理应对主数据应用范围、应用规则、管理要求和考核标准做出明确规定，并以此为依据，强化保障服务，对主数据应用进行有效管理，及时转化和切换存量系统中主数据代码等内容。

（7）评价改进。对主数据管理过程和结果进行的评价和分析，如数据质量评价、管理水平评价、标准应用评价和工具运行评价等。在主数据评价的基础上，进行差距分析，提出主数据改进措施，如针对主数据的改进或针对组织的改进等。

5. 主数据管理制度规范

主数据的管理过程应遵循相关的制度、规范及流程，以确保主数据分析识别、标准制定、数据采集、数据清洗、集成共享、评价改进、系统维护等各项活动的有效执行。主数据管理相关的制度规范可包括：

（1）《主数据识别规范》。对主数据识别规则、流程、方法及工具进行明确，规范主数据识别过程。

（2）《主数据标准规范》。对每类主数据的分类规则、编码规则、属性定义、值列表进行明确规定，为主数据清洗、应用、维护提供依据。

（3）《主数据采集管理规范》。对主数据采集的规则、流程、方法及工具进行明确规定，指导并规范主数据采集过程。

（4）《主数据清洗规范》。对主数据清洗的规则、流程、方法及工具进行明确规定，指导主数据清洗过程。

（5）《主数据管理办法》。明确每类主数据的维护职责，细化主数据管理流程，包括主数据识别、创建、变更、停用等过程的总体职责和流程。

（6）《主数据维护规范》。对主数据维护的规则、流程、方法及工具进行明确规定，指导并规范主数据维护过程。

（7）《主数据质量管理规范》。设计主数据质量评价的指标体系，实现主数据质量的量化考核,对主数据的创建、变更和销毁的业务过程实行质量管控。

(8)《主数据安全管理规范》。按照主数据的分级规范和相应的安全保护标准,构建安全管理制度、技术规范、操作流程,设立安全风险评估机制和应急响应机制,实现安全体系的动态维护。

(9)《主数据共享管理规范》。对主数据分发规则、流程、方法及工具进行明确规定,指导并规范主数据共享过程。

(10)《主数据应用管理规范》。对主数据应用的范围、规则、流程、方法及工具进行明确规定,并以此为依据,对主数据应用进行有效管理。

(11)《主数据管理评价办法》。从数据政策、管理标准、数据认责等角度建立定性或定量的评价考核指标,明确组织各部门的职责与分工,评估主数据标准、主数据质量、主数据应用等执行情况。

2.4.5 数据质量管理

错误的数据导致错误的结果,数据质量是数据价值得以发挥的前提条件。数据质量是保证数据应用效果的基础。衡量数据质量的指标包括完整性、规范性、一致性、准确性、唯一性、时效性等。数据质量管理是指运用相关手段确保数据质量的规划、实施与控制等一系列活动。

通过开展数据质量管理可获得干净、结构清晰的数据,是组织开发数据资产产品、提供对外数据服务、发挥数据资产价值的必要前提,也是组织开展数据资产管理的重要目标。没有一个组织拥有完美的业务流程、完美的技术流程或完美的数据实践,数据质量建设不会轻而易举地一蹴而就,需要组织持续不断地改进。

数据质量管理过程包括在整个生命周期中制定质量策略,在数据创建、转换和存储过程中完善质量规则,根据标准度量数据来管理数据、报告数据质量情况、跟踪数据质量问题等。

1. 数据质量管理策略

数据质量管理策略应从建立数据质量评估体系、落实数据质量优化流程、监控数据质量方案部署、建立具有持续改进机制4个方面进行,最终形成一套高度灵活的数据解决方案,可根据组织日益变化的数据条件做出相应的调整,为业务决策提供高质量的数据支持。

数据质量指标是数据的某个可测量的特性,是衡量规则的基础。如表2-4所示是数据质量的一些通用性指标。

表2-4 数据质量通用性指标

质量指标	描 述
准确性	指数据正确表示"真实"实体的程度。除非组织能够复制数据或手动确认记录的准确性,大多数准确性的测量依赖于与已成为准确的数据源的比较,如来自可靠数据源的记录或系统
完备性	指是否存在所有必要的数据。完备性可以在数据集、记录或列级别记录进行测量,如数据集是否包含所有列记录,记录是否正确填写,是否将列属性填充到预期的级别

质量指标	描 述
一致性	确保数据值在数据集内和数据集之间表达的相符程度。可表示系统之间或不同时间的数据集大小和组成的一致程度。一致性可在同一记录中的一级属性值和另一组属性值(记录级一致性)或不同记录内的一级属性值和另一组属性集(跨记录一致性)之间定义,也可以在不同记录中的同一组属性值之间或在同一记录不同时间点(时间一致性)的一级属性值之间定义。一致性也可以用来表示格式的一致性
完整性	指引用完整性(通过两个对象包含的引用键实现数据对象之间的一致性)或数据集内部的一致性,这样就不至于缺失或不完整。没有完整性的数据集被看作已损坏或数据丢失。没有引用完整性的数据集被称为"孤儿","孤儿"记录的级别可以通过原始数据或数据集的百分比衡量
合理性	指数据模式符合预期的程度。合理性的衡量可采取不同的形式。合理性可能基于对基准数据的比较,或是过去相似数据集的实例(如上一季度的销售)。一旦建立了合理的基准度量,就可使用这些度量客观地比较相同数据集的新实例,以便发现变化
及时性	数据的时效性是衡量数据值是否是最新版本信息的指标
唯一性	指数据集内的任何实体不会重复出现。数据集内的实体有唯一性,意味着键值与数据集内特定的唯一实体相关。唯一性可以通过对关键结构进行测试来度量
有效性	指数据值与定义的值域一致。值域可以被定义为参考表中的一组有效值或一个有效的范围,或者能够通过规则确定的值。在定义值域时,必须考虑期望值的数据类型、格式和精度。数据也可能只在特定时间内有效。数据有效性的检验,可通过将其与域约束进行比较来进行

2. 数据质量管理范围

数据质量不是追求 100%,而是从数据使用者的角度定义,满足业务、用户需要的数据即为高质量数据。所以在数据质量管理初期就要圈定数据质量活动的范围,将每次的数据质量活动圈定在可度量、可落地的范围,以最小代价完成数据质量的提升。

并非所有的数据都同等重要。数据质量管理工作首先关注组织中的最重要的数据,如果数据质量更高,将为组织及其客户提供更多的价值。通常,数据质量改进工作从主数据开始,根据定义,主数据是任何组织中最重要的数据之一。

3. 数据质量稽核规则

圈定数据质量活动范围后,通过对业务活动、业务规则的梳理总结出数据质量稽核规则,通过对数据质量稽核规则的管理,帮助组织更有效地监控数据质量状况。

在确定关键数据之后,数据质量分析人员需要识别能描述或暗示有关数据质量特征要求的业务规则。大多数业务规则都与如何收集或创建数据相关,理解创建或收集数据的过程和规则可以有助于制定质量规则。

为了评估数据,不需要一次了解所有规则,发现和完善数据质量稽核规则是一个持续的过程。《华为数据之道》中将数据质量稽核规则划分为 4 类,如图 2-19 所示。

(1)单列数据质量稽核规则:关注数据属性值的有无,以及是否符合自身规范的逻辑判断。

(2)跨列数据质量稽核规则:关注数据属性间关联关系的逻辑判断。

(3)跨行数据质量稽核规则:关注数据记录之间关联关系的逻辑判断。

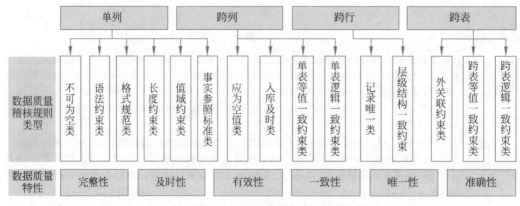

图 2-19　数据质量稽核规则分类

（4）跨表数据质量稽核规则：关注数据集关联关系的逻辑判断。

数据质量稽核规则类型的详细说明，如表 2-5 所示。

表 2-5　数据质量稽核规则分类内容

业务对象	质量特性	规则类型	类型描述
单列	完整性	不可为空类	属性不允许或在满足某种条件下不允许出现空值
	有效性	语法约束类	属性值满足数据语法规范的取值约束
	有效性	格式规范类	属性值必须满足展现格式约束
	有效性	长度约束类	属性值必须满足约定的长度范围
	有效性	值域约束类	属性值必须满足已定义的枚举值列的约束
	准确性	事实参照标准类	存在事实数据或事实参考标准数据，与该事实数据或事实参照标准数据对比一致的约束
跨列	完整性	应为空值类	属性满足某种条件下不能维护的值
	一致性	单表等值一致约束类	某一属性值与本实体其他属性计算值相等的约束
	一致性	单表逻辑一致约束	某一属性值与本实体其他属性满足逻辑关系的约束（大于或小于）
	及时性	入库及时类	数据进入系统的及时性约束，通常要包括数据原材料获取时间和入库时间才能进行规则设计
跨表	一致性	外关联约束类	引用其他业务对象属性时，所维护的属性值必须在其他业务对象中存在的约束
	一致性	跨表等值一致约束类	某一属性值与其他实体的一个或多个属性的函数计算结果相等的约束
	一致性	跨表逻辑一致约束类	某一属性值满足实体的一个或多个属性值的函数关系的约束（大于或小于）
跨行	唯一性	记录唯一类	记录不重复，存在可识别的业务主键进行唯一性判断，是对数据集内是否存在相似或重复记录的线束规则
	一致性	层级结构一致约束类	存在层级结构的属性，同层级属性结构一致

4. 数据质量任务管理

将数据质量稽核规则发布成调度任务,定时定期执行,形成数据质量检测结果和质量问题数据,并根据质量报告模块自动生成数据质量报告,从而实现数据质量任务工作的自动化。

数据质量检查一般是利用数据质量管理工具执行数据质量稽核规则,评估数据质量情况,并根据检查结果归类数据问题、分析引起数据问题的原因。通过数据质量检查,了解组织数据的情况,确定数据与具体业务规则符合程度。

数据质量检查结果包括单个规则的检查结果和所有规则汇总的总体检查结果。通过流程或批处理的方式对数据质量规则进行自动监控,在数据元素、数据实例或记录、数据集三个粒度级别上进行度量。

表 2-6 描述了收集数据质量测量结果的技术。在数据创建、数据处理、数据传输等数据流程中增加数据质量检查任务,同时也可在批处理时加入数据质量检查任务。将检查和监控过程的结果纳入操作程序和报告中,可持续监测数据质量情况,以便对数据生成、收集活动进行提升和改进。

表 2-6　收集数据质量测量结果的技术

粒　度	流程中处理	批　处　理
数据元素	应用中的编辑检查 数据元素校验服务 特殊编程应用	直接查询 数据剖析和分析工具
数据记录	应用中的编辑检查 数据记录校验服务 特殊编程应用	直接查询 数据剖析和分析工具
数据集	处理过程中插入检查	直接查询 数据剖析和分析工具

5. 数据质量报告

数据质量报告面向业务人员和 IT 人员提供协作型环境,对大批量数据进行剖析、诊断,以评估其质量水平,从而输出优化的数据。通过此报告,用户可理解数据内部存在的数据域、格式、模式和关系,包括数据中的整体情况及完整度、准确度、遵从度、合规性、一致性、唯一性的详细情况。在此报告中,对数据内容进行详细分析,输出数据表中的空值、数据值中的空值、数据值与设计不符的内容、存在异常范围的数据、数据格式不正确等内容;对数据关系进行详细分析,输出表内字段关系分析结果、表间字段链接分析结果;对数据遵从度进行详细分析,根据业务规则输出量化指标,并在报告的最后输出总体优化内容。

建立完善的数据质量报告体系,是数据质量全流程管理中的一个重要环节。数据质量报告旨在全面地、客观地、及时地向数据质量管控工作相关的决策层、管理层汇报数据质量的当前状况、变化趋势、关键问题、相关影响及后续措施等信息,以便决策层、管理层、执行层能更加科学地、有指导地履行其职责,共同推进数据质量管控工作。

基于报告的汇报路线层级不同,可分为面向决策层的报告和面向管理层的报告。执行层在整个报告工作中,起着收集素材、整理素材、报告草拟等基础性作用。下面将分别从决策层报告设计、管理层报告设计两个层次进行描述。重点关注报告设计时的指导原则、报告内容、报告结构、报告频度、报告形式和报告路线。

1)面向决策层报告

(1)设计原则:为更好地支持决策层制定数据管控政策,对重大事项或重大问题进行决策等工作,在设计决策层报告时,将遵循的原则包括结论性原则、重要性原则、全面性原则和形象性原则。

(2)报告内容与结构:主要描述决策层报告通常所含的信息,具体的报告布局、行文结构可在具体报告编写时进行明确。

① 概要说明:旨在对本次数据质量评估工作的背景情况进行说明,帮助决策层了解工作的总体思路、总体过程、总体范围等信息,以便于其对后续内容信息进行理解和做出科学、客观的判断。

- 参与评估的数据量情况说明:对参与本次评估的数据范围,涉及的应用系统、数据量、涵盖比例等。
- 参与评估的业务部门:参与评估的部门名称,对本次未纳入评估的部门说明原因。
- 评估规则总体说明:评估规则的总体构成概述,业务部门参与评估规则权重设置的工作过程的说明。

② 报告总结:旨在客观地、数量化地向决策层汇报数据质量管控工作取得的成绩。

- 评估覆盖度:从参与评估的系统逐步增多、评估数据量逐步扩大等角度进行总结,以概要的、关键的统计数据,或以形象的图表体现。
- 质量提升:从质量评估得分逐步提升等角度进行总结,以概要的、关键的统计数据,或以形象的图表体现。
- 工作辐射:从业务部门参与度逐步增强、开发部门参与度逐步增强角度进行总结,以概要的、关键的统计数据,或以形象的图表体现。
- 效果反馈:从业务、开发等部门的反馈意见角度进行总结,以概要的、关键的统计数据,或以形象的图表体现。

③ 问题与差距分析:旨在基于数据质量评估情况,客观地、量化地向决策层阐述当前数据质量管控工作暴露的问题和差距分析。主要包括三方面,一是评估工作本身的问题;二是评估结果所反映的数据质量问题;三是相关方配合的问题。

- 关于评估工作本身的问题:主要关注组织当前整体数据质量的评估能力,如数据质量规则完整性问题,数据覆盖度问题。
- 关于评估结果所反映的数据质量问题:进一步细分原因,如相关应用系统的数据质量问题及变化趋势;相关数据主题的数据质量问题及变化趋势;相关业务领域的数据质量问题及变化趋势。
- 关于相关方配合的问题:对数据质量评估工作的配合问题,如配合权重设置、规则定制等;从是否配合落实数据质量评估工作给出的具体改进建议方面描述。

- 与战略目标和规划蓝图差距分析。
- 与监管要求差距分析。
- 与同业先进实践差距分析。

④ 根因分析：进一步分析数据质量管控工作当前问题的具体原因。

- 针对评估工作本身的问题的根因分析：从评估流程、投入资源、人员能力、执行力和相关方配合力度等角度进行分析，并阐述具体原因。
- 针对评估结果所反映的数据质量问题的根因分析：从应用系统、数据主题、业务主题、数据质量衡量维度等角度剖析出现问题的原因，并阐述具体原因。
- 针对相关方配合问题的根因分析：从工作配合过程中的复杂度、工作量、沟通协调方式等角度进行分析，并阐述具体原因。

⑤ 影响分析：

- 总结分析当前暴露的数据质量问题对监管合规要求的影响。
- 总结分析当期暴露的数据质量问题对业务部门经营管理的影响。
- 总结分析当期暴露的数据质量问题对企业决策的影响。

⑥ 解决方案：

- 措施：基于根因分析提出后续工作的总体思路、具体措施、实施步骤及工作期望。
- 计划：基于具体措施，制订总体工作计划、关键里程碑节点等。
- 资源：为完成上述工作计划所需资源、投入等。

（3）报告频度：最小频度要求为一月。

（4）报告形式：传统的由下而上递交式的报告形式、总结报告形式、专题报告形式、通过信息系统查看主动式的报告形式、DashBoard 的形式、电子报表形式。

（5）报告路线：数据质量管控职能团队中的数据质量负责人向决策层报告。

2）面向管理层报告

（1）设计原则：为更好地支持管理层制订数据质量管控工作计划，组织与开展数据质量管控工作，并组织与协调相关资源，监督与评估数据质量管控工作效果，针对重大事项与问题向管理层上报等工作，在设计管理层报告时，将遵循原则包括：结论性原则、重要性原则、全面性原则、形象性原则、适度细化原则。

（2）报告内容与结构：主要描述管理层报告通常所含的信息，具体的报告布局、行文结构可在具体报告编写时进行明确。

① 概要说明：旨在对本次数据质量评估工作的背景情况进行说明，帮助管理层了解工作的总体思路、总体过程、总体范围等信息，以便于其对后续内容信息进行理解和做出科学、客观判断。

- 参与评估的数据量情况说明：对参与本次评估的数据范围，涉及的应用系统、数据量、涵盖比例等。
- 参与评估的业务部门：参与评估的部门名称，对本次未纳入评估的部门说明原因。
- 评估规则总体说明：评估规则的总体构成概述，业务部门参与评估规则权重设置的工作过程的说明。

- **工作投入总体说明**：在数据质量管理工作方面，管理部门在投入人员、时间等方面的总体情况说明。

② **报告总结**：旨在客观地、数量化地向管理层汇报数据质量管控工作取得的成绩。

- **评估覆盖度**：从参与评估的系统逐步增多、评估数据量逐步扩大等角度进行总结，相比于决策层，该部分需提供更为翔实和细节的数据图表。
- **评估能力**：从评估规则逐步完善、逐步有效等角度进行总结，相比于决策层，增加该部分信息描述。
- **质量提升**：从质量评估得分逐步提升等角度进行总结，相比于决策层，该部分需提供更为翔实和细节的数据图表。
- **团队能力**：从团队的管理能力、专业技能提升等角度进行总结，相比于决策层，增加该部分信息描述。
- **工作辐射**：从业务部门参与度逐步增强、开发部门参与度逐步增强角度进行总结，相比于决策层，该部分需提供更为翔实和细节的数据图表。
- **效果反馈**：从业务部门、开发部门等部门的反馈意见角度进行总结，相比于决策层，该部分需提供更为翔实和细节的数据图表。

③ **问题与差距分析**：旨在基于数据质量评估情况，客观地、量化地向管理层汇报阐述当前数据质量管控工作暴露的问题和差距。主要包括三方面，一是评估工作本身的问题；二是评估结果所反映的数据质量问题；三是相关方配合问题。

- **关于评估工作本身的问题**：主要关注当前整体数据质量的评估能力，包括数据质量规则完整性问题，相比于决策层，该部分需提供更为翔实和细节的数据图表；数据质量规则有效性问题，相比于决策层，增加该部分信息的描述；评估模型有效性问题，相比于决策层，增加该部分信息的描述；数据覆盖度问题，相比于决策层，该部分需提供更为翔实和细节的数据图表；权重评估合理性问题，相比于决策层，增加该部分信息的描述；人员能力问题，相比于决策层，增加该部分信息的描述；评估系统运行问题，相比于决策层，增加该部分信息的描述。
- **关于评估结果所反映的数据质量问题**：进一步细分原因，包括相关应用系统的数据质量问题及变化趋势，相比于决策层，该部分需提供更为翔实和细节的数据图表；相关数据主题的数据质量问题及变化趋势，相比于决策层，该部分需提供更为翔实和细节的数据图表；相关业务领域的数据质量问题及变化趋势，相比于决策层，该部分需提供更为翔实和细节的数据图表；在上述各视角下，相比于决策层，增加按数据质量问题等级展开的进一步阐述。
- **关于相关方配合问题**：包括对数据质量评估工作的配合问题，如配合权重设置、规则定制等，相比于决策层，该部分需提供更为翔实和细节的数据图表；从是否配合落实数据质量评估工作给出的具体改进建议方面来描述，相比于决策层，该部分需提供更为翔实和细节的数据图表。

- 关于翔实程度：与战略目标和规划蓝图差距分析，相比于决策层，该部分需提供更为翔实和细节的数据图表；与监管要求差距分析，相比于决策层，该部分需提供更为翔实和细节的数据图表；与同业先进实践差距分析，相比于决策层，该部分需提供更为翔实和细节的数据图表。

④ 根因分析：进一步分析数据质量管控工作当前问题的具体原因。

- 针对评估工作本身的问题的根因分析：从评估流程、投入资源、人员能力、执行力和相关方配合力度等角度进行分析，相比于决策层，需要更为详细，如评估流程方面，是否存在评估流程是否易于执行、评估流程是否完善、评估流程是否合理等；投入资源方面，投入人力资源是否不足、计划时间是否合理等，可通过投入资源统计表反映；人员能力方面，管理人员是否掌握相关专业知识和技能、是否具有很好的沟通协调能力等；执行力方面，管理人员、对口业务部门、相关系统方等执行能力是否合格，相关方配合力度，如投入的人员、投入的时间是否与数据评估工作要求匹配。并对各种可能的根因进行重要性分析，以便后续制定对应的解决方案，以及优先级考虑。
- 针对评估结果所反映的数据质量问题的根因分析：从应用系统、数据主题、业务主题、数据质量衡量维度等角度剖析出现问题的根因。例如，通过对具体数据质量规则的评分结果分析，定位严重影响应用系统、数据主题、业务主题和数据质量衡量维度的数据质量得分的数据项；通过与业务部门访谈、与系统方访谈等形式，分析此类数据项出现数据质量问题的原因，如系统约束不强、校验不足、录入人员失误、标准缺失、错误转换、更新不一致等因素；对此类数据项按其重要性、影响性进行排名，以便逐步地对该类数据制定质量提升方案，并且持续跟踪其提升效果。
- 针对相关方配合问题的根因分析：从工作配合过程中的复杂度、工作量、沟通协调方式等角度进行分析。

⑤ 影响分析：

- 分析当前暴露的数据质量问题对监管合规要求的影响。相比于决策层，需细化具体的影响，如外部考评中排名次序带来的影响等。
- 总结分析当期暴露的数据质量问题对业务部门经营管理的影响。相比于决策层，需细化具体的影响，如客户标识不一致、产品代码不统一等问题给业务部门带来的影响等。
- 总结分析当期暴露的数据质量问题对企业决策的影响。相比于决策层，需细化具体的影响，如统计指标不一致、不准确给决策层带来的影响等。

⑥ 解决方案：

- 措施：基于根因分析提出后续工作的总体思路、具体措施、实施步骤及期望。可采用的措施，如制定相关数据标准，加强数据规范管理；清理历史数据，加强系统校验与约束；加强业务人员数据录入质量的考核，规范数据处理和转换等操作；提升管理人员自身管理水平，加大沟通协作。
- 计划：基于具体措施，制订总体工作计划、关键里程碑节点等。相比于决策层，描述需更加细化。

- 资源：为完成上述工作计划所需的资源、投入等。相比于决策层,描述需更加细化。

（3）报告频度：最小频度要求为半年。

（4）报告形式：传统的由下而上递交式的报告形式、总结报告形式、专题报告形式、通过信息系统查看主动式的报告形式、DashBoard 的形式、电子报表形式、灵活查询形式。

（5）报告路线：数据质量管控职能团队中的数据质量专员向数据质量管控职能团队中数据质量负责人报告。

6. 数据质量问题管理

无论采用哪种方式监控数据质量,数据质量团队都要对数据质量结果进行及时、有效地分析和评估,保证数据质量问题能及时得到改进。其问题管理的过程如下：

1）诊断问题

审查数据质量检查结果,根据相关数据的血缘关系,确定数据质量问题及其来源,并查询问题的根本原因。可从以下方面入手：

（1）判断是否存在任何可能导致错误的环境变化。

（2）判断是否有其他过程问题导致了数据质量问题。

（3）判断外部数据是否存在影响数据质量的问题。

2）制订补救方案

根据诊断结果,评估解决问题的方案,可能包括以下几种：

（1）纠正非技术性根本原因,如缺乏培训、缺乏领导支持、责任和所有权不明确等。

（2）修改系统以消除技术类的根本原因。

（3）制定控制措施以防止问题发生。

（4）引入额外的检查和监测。

（5）直接修正有缺陷的数据。

（6）如更正后的数据价值少于变更的成本和影响,不采取任何操作。

3）解决问题

确定解决问题的方案后,数据质量团队须与数据的责任部门协商,确定解决问题的最佳方法。解决问题的过程需要记录到问题知识库中,后期可对问题知识库进行分析和洞察。

问题知识库负责收集数据质量问题,包括问题原因、问题发生频率、问题解决方案、解决问题的时间等信息。这些信息可以为后期的数据质量问题的解决提供依据。数据质量问题知识库的记录需要符合以下几点：

（1）标准化数据质量问题。不同业务域的数据问题词汇不一样,为更好地分类问题和报告,问题记录标准化是非常有必要的。标准化可使衡量问题的数据、问题发生的系统、所产生的影响,以及问题之间的相互依赖关系更加容易。

（2）记录数据问题的解决过程。该记录会加快数据质量团队成员后期处理同类问题的速度。

（3）管理问题升级过程。数据质量问题处理需要根据问题的影响、持续时间或紧急程序制定明确的升级机制,明确规定数据质量问题的升级顺序。这有助于加快有效处理和解决数据问题的速度。

2.4.6　数据安全管理

随着各类数据在互联网中不断增加,大型数据泄露事件层出不穷,就数据泄露事件的起因分析结果看,既有黑客的攻击,更有内部工作人员的信息贩卖、离职员工的信息泄露、第三方外包人员的交易行为、数据共享第三方的泄露、开发测试人员的违规操作等。

这些复杂的泄露途径表明,传统的网络安全以抵御攻击为中心、以黑客为防御对象的策略和安全体系的构建,在大数据时代的数据安全保护领域,依然存在较大的安全缺陷,在大数据视角下,以传统网络安全为中心的安全建设,需要向以数据为中心的安全策略转变,而传统的数据治理框架和方法也应与时俱进,在原有基础上增加数据安全治理的相关策略。

1. 数据安全概念

数据安全治理可以简单理解为利用数据治理所拥有的管理制度、框架体系和技术工具,针对数据安全能力提升而做的加强框架。针对数据安全治理,国内外各研究机构的思路不一而足。

1）Gartner 的数据安全治理(Data Security Governance,DSG)理念

在"Gartner 2017 安全与风险管理峰会"上,分析师 Marc-Antoine Meunier 发表的《2017 年数据安全态势》演讲,提及了数据安全治理。Gartner 认为,数据安全治理绝不仅是一套用工具组合而成的产品级解决方案,而是从决策层到技术层,从管理制度到工具支撑,自上而下贯穿整个组织架构的完整链条。组织内的各个层级之间需要对数据安全治理的目标和宗旨取得共识,从而确保采取合理、适当的措施,以最有效的方式保护信息资源,同时,数据安全治理还应具备以下流程。

(1) 确保业务需求与安全(风险/威胁/合规性)之间的平衡。

(2) 划分数据优先级。

(3) 制定策略,降低安全风险。

(4) 使用安全工具。

(5) 同步策略配置。

2）中国网络安全与信息化产业联盟数据安全治理委员会

中国网络安全与信息化产业联盟数据安全治理委员会认为,数据安全治理是以"让数据使用更安全"为目的,通过组织构建、规范制定、技术支撑等要素共同完成的数据安全建设的方法,其核心内容包括如下 4 点。

(1) 满足数据安全保护、合规性、敏感数据管理这 3 个需求目标。

(2) 核心理念包括分级分类、角色授权、场景化安全等。

(3) 数据安全治理的建设步骤包括组织构建、资产梳理、策略制定、过程控制、行为稽核和持续改善等。

(4) 核心实现框架包括数据安全人员组织、数据安全使用的策略和流程、数据安全技术支撑三大部分。

3）国家标准数据安全能力成熟度模型

2019 年 8 月 30 日,《信息安全技术　数据安全能力成熟度模型》(Data Security capability Maturity Model,DSMM)(GB/T 37988—2019)正式成为国家标准对外发布,并已于 2020

年 3 月正式实施。

如图 2-20 所示,DSMM 将数据按照其生命周期分阶段采用不同的能力评估等级,生命周期分为数据采集安全、数据传输安全、数据存储安全、数据处理安全、数据交换安全、数据销毁安全 6 个阶段。DSMM 从组织建设、制度流程、技术工具、人员能力这 4 个安全能力维度的建设进行综合考量,将数据安全能力成熟度划分成 5 个等级,依次为非正式执行级、计划跟踪级、充分定义级、量化控制级和持续优化级,形成一个三维立体模型,全方位地对数据安全进行能力建设。

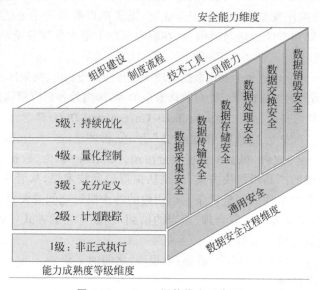

图 2-20　DSMM 评估维度示意图

(1) 能力成熟度等级维度。

在能力成熟度等级维度上,DSMM 共分为 5 个等级,具体说明如下。

① 1 级(非正式执行级)。

- 主要特点:数据安全工作是随机、无序、被动执行的,主要依赖于个人,经验无法复制。
- 组织在数据安全领域未执行相关的有效工作,仅在部分场景或项目的临时需求上执行,未形成成熟的机制保障数据安全相关工作的持续开展。

② 2 级(计划跟踪级)。

- 主要特点:在项目级别上主动实现了安全过程的计划并执行,但没有形成体系。
- 规划执行:对数据安全过程进行规划,提前分配资源和责任。
- 规范化执行:对数据安全过程进行控制,使用数据安全执行计划,执行相关标准和程序,对数据安全过程实施配置管理。
- 验证执行:确认数据安全过程是按照预定的方式执行的。验证执行过程与可应用的计划是一致的,对数据安全过程进行审计。
- 跟踪执行:控制数据安全项目的进展,通过可测量的计划跟踪执行过程,当过程实践与计划产生重大偏差时采取修正行动。

③ **3 级（充分定义级）**。

- 主要特点：在组织级别实现安全过程的规范定义并执行。
- 定义标准过程：组织对标准过程实现制度化，形成标准化过程文档，以满足特定用途对标准过程进行裁剪的需求。
- 执行已定义的过程：充分定义的过程可被重复执行，针对有缺陷的过程结果和安全实践进行核查，并使用相关结果数据。
- 协调安全实践：通过对业务系统和组织进行协调，确定业务系统内各业务系统之间以及组织外部活动的协调机制。

④ **4 级（量化控制级）**。

- 主要特点：建立量化目标，使数据安全过程可量化度量和预测；为组织数据安全建立可测量的目标。
- 客观的管理执行，通过确定过程能力的量化测量管理安全过程，将量化测量作为对行动进行修正的基础。

⑤ **5 级（持续优化级）**。

- 主要特点：根据组织的整体战略和目标，不断改进和优化数据安全过程。
- 改进组织能力，对整个组织范围内的标准过程使用情况进行比较，寻找改进标准过程的机会，分析标准过程中可能存在的变更和修正。
- 提升改进过程的有效性，制定处于连续受控改进状态下的标准过程，提出消除标准过程产生缺陷的原因和持续改进标准过程的措施。

其中第 3 级（充分定义级）是各个企业的基础目标，等级越高，代表被测评的组织机构的数据安全能力越强。

（2）**数据安全能力维度**。

在数据安全能力维度上，DSMM 模型共涉及组织建设、制度流程、技术工具和人员能力 4 个方面的评价标准，具体说明如下：

① **组织建设**：数据安全组织架构对组织业务的适应性；数据安全组织架构所承担工作职责的明确性；数据安全组织架构运作、协调和沟通的有效性。

② **制度流程**：数据全生命周期的关键控制节点授权审批流程的明确性；相关流程、制度的制定、发布、修订的规范性；安全要求及实际执行的一致性和有效性。

③ **技术工具**：评估数据安全技术在数据全生命周期的使用情况，并考察相关技术针对数据安全风险的检测能力。评价技术工具在数据安全工作上自动化和持续支持能力的实现情况，并考察相关工具对数据安全制度流程的固化执行能力。

④ **人员能力**：数据安全人员所具备的数据安全技能是否满足复合型能力要求；数据安全人员的数据安全意识，以及关键数据安全岗位员工的数据安全能力培养。

（3）**数据安全过程维度**。

在数据安全过程维度上，DSMM 模型将数据全生命周期分为数据采集安全、数据传输安全、数据存储安全、数据处理安全、数据交换安全和数据销毁安全这 6 个阶段，30 个过程域（PA），具体如图 2-21 所示。

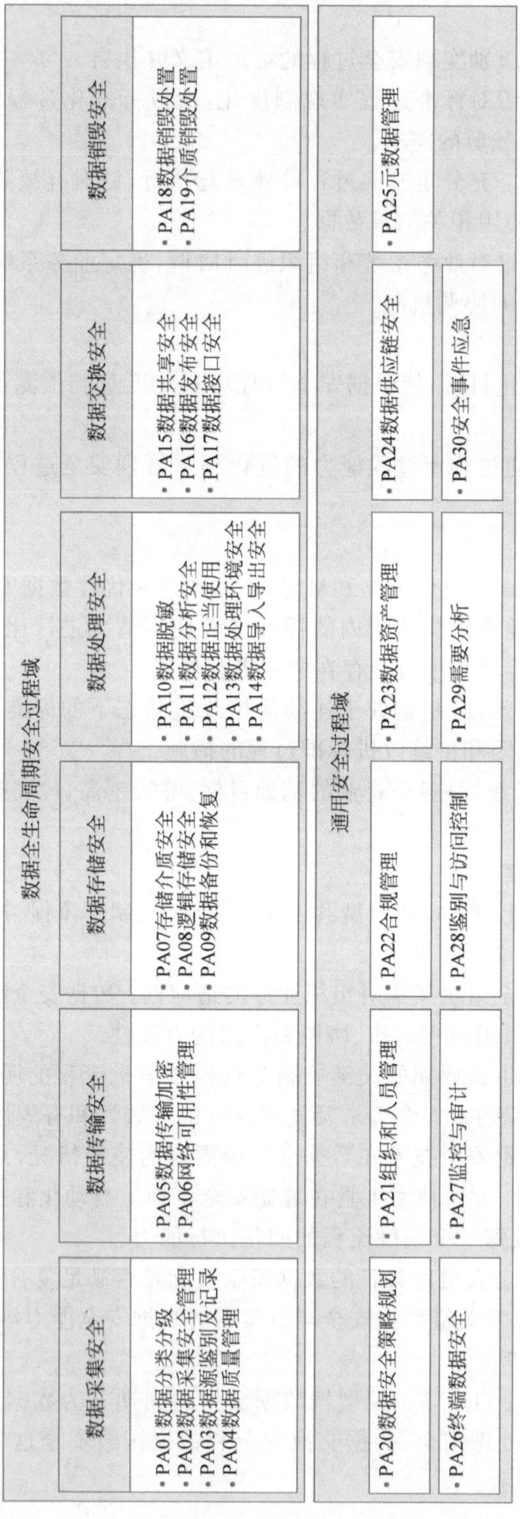

图 2-21 DSMM 过程域划分示意图

数据全生命周期安全过程域

数据采集安全
- PA01 数据分类分级
- PA02 数据采集安全管理
- PA03 数据源鉴别及记录
- PA04 数据质量管理

数据传输安全
- PA05 数据传输加密
- PA06 网络可用性管理

数据存储安全
- PA07 存储介质安全
- PA08 逻辑存储安全
- PA09 数据备份和恢复

数据处理安全
- PA10 数据脱敏
- PA11 数据分析安全
- PA12 数据正当使用
- PA13 数据处理环境安全
- PA14 数据导入导出安全

数据交换安全
- PA15 数据共享安全
- PA16 数据发布安全
- PA17 数据接口安全

数据销毁安全
- PA18 数据销毁处置
- PA19 介质销毁处置

通用安全过程域

数据安全策略规划
- PA20 数据安全策略规划

组织和人员管理
- PA21 组织和人员管理

合规管理
- PA22 合规管理

数据资产管理
- PA23 数据资产管理

数据供应链安全
- PA24 数据供应链管理

元数据管理
- PA25 元数据管理

终端数据安全
- PA26 终端数据安全

监控与审计
- PA27 监控与审计

鉴别与访问控制
- PA28 鉴别与访问控制

需要分析
- PA29 需要分析

安全事件应急
- PA30 安全事件应急

DSMM 标准旨在助力提升全社会、全行业的数据安全水准。同时,DSMM 标准的发布也填补了行业在数据安全能力成熟度评估标准方面的空白,为组织机构评估自身数据安全能力提供了科学依据和参考。

2. 数据资产视角下的数据安全管理

从资产角度看,数据的安全保存产生的价值非常有限,数据的价值体现在使用环节。进一步讲,数据的价值不仅仅在于聚合与分析,更多的在于分享、流动。不同于自然资源,使用就是在消耗。数据的多维度叠加使用是在创造更多的数据资产,本身并没有被消耗掉。基于分享,数据在流动的过程中被不断使用,从而不断产生新的价值。由此看来,要挖掘数据的价值,必须在由数据采集、数据交换与分享、数据清洗与处理、数据使用等环节所构成的全业务链条和生命周期中,确保数据与数据资产所有权、使用权、控制权有清晰地界定、确权和继承,并且得到技术手段和管理体制的有力保障。这已经不是狭义地保障数据本身的安全,而是需要在数据安全治理的范畴和体系下实施数据安全管理。

数据安全治理是以数据的安全使用为目的的综合管理理念,其目标是数据安全使用。这是以数据资产化的视角,以数据价值体现为重要驱动力的数据安全管理体系与方法。数据安全治理主要包括以下几个方面的内容:

1)3 个需求目标

数据安全保护、敏感数据管理、数据合规:这 3 个目标相比过去的防黑客攻击和满足合规性两大安全目标,更为全面和完善。只有合理地处理好数据资产的使用与安全,组织才能在数字经济时代可持续快速的发展。对于数据资产中的敏感数据需要进行重点保护和专项管理,敏感数据的安全管理和使用,是数据安全治理的核心主题。

2)4 大重要环节

(1) 分类。在大数据应用和多元化数据应用中,会经常面临不同类型数据、不同规模数据、不同实效数据的重要程度和安全敏感度各不相同的复杂情况。因此,要实现数据的流动与使用,就必须对数据资产进行分类分级管理,按重要性、敏感度的不同,制定差异化的安全规则,采取有针对性的安全技术措施。简单的封闭和隔离不是解决之道,不仅有违"开放与分享"这一信息社会发展的基本规律,也不符合科学发展要求。数据安全治理的核心内容,首先是来自对数据的有效理解和分析,对数据进行不同类别和密级的划分;根据数据的类别和密级制定不同的管理和使用规则,尽可能对数据做到有差别和针对性的防护,实现在适当安全保护下的数据自由流动。

(2) 梳理。在数据分级分类后,重要的是要描述数据的特征,以及这些数据在系统内的分布,了解这些数据在被谁访问,这些人是如何使用和访问数据的,这就需要完整的数据梳理过程。在数据有效梳理的基础上,需要制定出针对不同数据、不同使用者的管理控制措施。

(3) 管控。数据的管控包含数据的收集、存储、使用、分发和销毁。

(4) 审计。除了数据管控,还需要有效地对数据的访问行为进行日志记录,对收集的日志记录进行定期地合规性分析和风险分析。

3）3大核心实现框架

3大核心实现框架如图2-22所示。

（1）数据安全人员组织。在数据安全治理中，首先要明确数据安全责任体系，落实数据安全管理的责/权/利，确定数据安全管理的关键岗位，条件具备的还应按需成立专门的数据安全治理团队与部门，保证数据安全治理工作能够长期持续地得以执行。同时，数据安全治理要明确数据安全治理相关的工作部门和角色（如需求方、受众、支持者等），使数据安全治理工作能够与组织业务体系有效融合，确保数据安全治理工作有的放矢。

（2）数据安全使用的策略和流程。以规范文件的形式明确组织内部的敏感数据有哪些，在对敏感数据进行分类分级的基础上，针对不同类别和密级的敏感数据采取有针对性的管理控制规则。并且对不同的作业部门和工作角色所具有的权限，以及数据使用的不同环节所要遵循的控制流程进行定义和规范。

（3）数据安全治理的技术支撑。明确在数据安全管理控制过程中，采用什么样的技术手段帮助实现数据的安全管理过程，这些技术手段可以包括数据的梳理、数据的访问控制、数据的保护、数据的脱敏和分发、数据的审计、数据访问的风险分析。

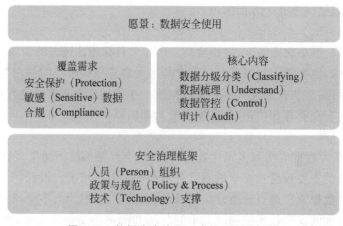

图 2-22 数据安全治理 3 大核心实现框架

4）全生命周期管理

从数据资产管理的视角看数据安全，需要贯穿数据全生命周期，提供有针对性的数据安全管控手段。数据安全治理主要包括4个阶段，如图2-23所示。

（1）治理规划与计划。

数据安全治理成功的关键在于元数据管理，即赋予数据上下文和含义的参考框架。经过有效治理的元数据可提供数据流视图、影响分析的执行能力、通用业务词汇表以及其术语和定义的可问责性，最终提供用于满足合规性的审计跟踪。元数据管理成为一项重要功能，让IT部门得以监视复杂数据集成环境中的变化，同时交付可信、安全的数据。因此，良好的元数据管理工具在全局数据治理中起到了核心作用。

数据安全治理规划首先要构建对安全元数据的统一管理和标准化定义，通过安全元数

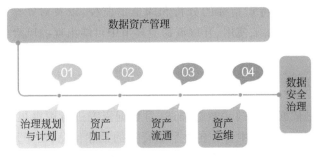

图 2-23　数据安全治理的全生命周期

据制定并管控组织整体的数据安全。通过规划工作制定数据安全管理策略,明确关键岗位、职责范围、操作规范、组织流程制度、权限管理、敏感数据分级分类、安全级别和策略、响应策略等。计划工作主要针对业务发展的需要明确数据安全管理的重点工作内容和具体落实措施,采取和落实相关数据安全标准,实施对数据安全治理体系定期排查,针对数据安全隐患制订具体工作计划并推进落实。

（2）资产加工。

数据资产加工包括数据清洗、重要数据脱敏、元数据构建、权限控制管理、数据整合、数据汇总等工作内容。在此阶段,数据安全治理的工作重点是在各个作业环节切实地落实安全管理规则,采取适当的技术手段进行安全保障。

（3）资产流通。

数据流通也就是数据跨主体流转环节,是安全防护的难点和关键环节,非常重要。

① 安全保障。流通过程中"不泄密、无隐私、不超限、合规约"。

② 可追溯。保证一旦出现数据外泄、隐私泄露等安全问题,必须有必要的数据溯源机制,找到风险点和责任人。

③ 可继承。在数据资产全业务链条和生命周期中都需要确保资产权益的可继承性,这一点在数据资产流通环节尤为重要。在数据资产流通中,确保数据与数据资产所有权、使用权、控制权有清晰的确权和继承,并且得到技术手段和管理体制的有力保障。

（4）资产运维。

① 监督与评估。在监督数据安全治理的实施过程中,评估数据安全治理实施的符合性和质量。通过定期开展对数据存储、传输、使用环节的安全审计,对数据安全治理能力进行监督,并且反馈监督与评估的结果及建议,持续改进数据安全治理的实施过程,提升数据安全治理实施的有效性。

② 运维监控。为平台或系统管理者提供统一的数据安全监控工具,对数据资产进行全流程的整体管理。通过流程监控、日志分析、风险告警等多种手段,全面记录、分析数据使用者的每个操作动作。

③ 流程制度。在数据安全治理规划的指导下,针对不同的数据类型与数据对象、不同的作业角色、不同的数据使用场景,切实地落实规范流程、权限与职责和安全技术保障手段。

④ 风险预警。通过对特定指标的分析和阈值的监控,以及对安全威胁情报的及时获取、分析,提前预判数据在加工使用、开放流通等环节中可能出现的风险,在安全隐患发作之前进行排除和防范。

2.4.7　数据资源目录

数据资源目录是依据规范的元数据描述,对数据资产进行逻辑集中管理的一种方式。通过编目形成的数据资源目录中含有各种数据资源的描述信息,便于用户对数据资源的检索、定位和获取,并提供数据资源显性化的应用入口,真正实现数据的可见、可管、可用。

基于数据资源目录的对外服务,主要是面向数据的使用方进行数据访问、获取等,包括用户对元数据的统一检索、对数据的查询服务等。其数据服务形式包括数据使用者直接登录平台进行数据访问、第三方系统通过接口等方式进行数据获取等。各种访问方式均受平台统一的权限控制,需要进行访问申请。

该阶段的工作成果是后续各项工作的基础。总体来看,数据资源目录编制工作包括以下内容:

(1) 研究数据资源梳理方法。对当前组织现有的数据资源进行分析和梳理,制定共享与开放的数据资源梳理的流程和方法,包括梳理目标、梳理范围、梳理原则、组织形式、流程步骤、工作要求等。

(2) 编制数据资源目录。按照组织制定的相关数据标准,如元数据标准、数据共享与开放管理标准等,开展数据资源的梳理,形成用于共享与开放的数据资源目录。

(3) 分析数据集的元数据。针对每一个数据集,分析相关元数据信息,包括但不限于数据集编号、数据集名称、数据集类型(结构化、非结构化、半结构化)、数据集摘要、数据集关键字、数据领域、主题分类、数据更新频率、数据提供方单位、数据提供方地址、数据提供方联系方式等。

(4) 确定数据集的数据逻辑模型。数据逻辑模型包括数据项英文名称、数据项中文名称、数据项类型、数据项大小、可否为空、是否主键等。

(5) 确定数据集的采集方式。确定每个数据集通过何种方式进行数据采集,例如,从生产系统采集、从数据中心采集、人工采集等。

1. 数据资源目录定义

数据资源目录定义为"在组织范围内,对流程、政策、标准、技术和人员进行职能协调和定义来将数据作为数据资源管理,从而实现对准确、一致、安全且及时的数据的可用性管理和可控增长,以此制定更好的业务决策,降低风险并改善业务流程"。

对数据资源采取目录管理模式,有利于组织全面了解和利用数据资源和数据共享服务。目录主要用来管理两类资源即数据资源和数据服务资源,示例如图 2-24 所示。数据资源是指从各个组织机构(政府、企业)采集的元数据,数据服务资源是指可以重用的能完成数据共享应用的数据,包括用服务生成器生成的服务和组织机构(政府、企业)提供的接口服务。

数据资源目录的内容包括产生该数据资源的部门、业务系统、相关业务(参照权责清

图 2-24　数据资源和数据服务资源示例

单),还有该数据资源的名称(中文说明,英文名称)、包含的各指标项(中文说明,英文名称,数据类型和大小,公开方式等)、分类、编码、更新周期等。

对目录分级管理,分级包括无条件公开、有条件公开、不公开;并对数据内容进行分类管理,分类包括主题分类、行业分类、服务分类、标签维度。

系统管理用户可以管理系统内的数据资源目录和数据服务目录,包括查询、批准并发布、拒绝等操作,指定各部门要求报送的数据资源目录,更新数据资源目录并管理其订阅、发布状态,对数据资源目录的统计分析(发布、订阅、审批、拒绝等情况)。

1) 数据资源目录架构

数据资源目录是指对组织数据资源分类后,按照一定的次序编排而成的数据资源列表,便于数据资源共享的检索、定位与发现。根据对数据资源使用的方向,进一步细分数据资源目录的层次。以下是以政府为例进行的目录分类。

(1) 各部门数据资源目录。指政府部门内部的数据目录,是对业务部门所经办的业务过程中,产生的数据或者收集的数据的目录。其中有些是涉及国家机密或涉及个人隐私的数据,有些是可在内部共享的数据,还有些是可供公众共享的数据。

(2) 交换数据资源目录。指政府内部各部门之间用来做共享交换的目录,通过订阅、审批、服务提供等流程,实现政府内部数据资源之间的共享,使政府内部各部门之间的数据不再成为壁垒。该目录可通过预先定义的数据等级,决定是否对公众提供数据服务。

(3) 开放数据资源目录。指可对公众提供数据服务的数据目录,包括政务信息公开的数据、政府的公开明细数据等。

(4) 共享数据服务目录。指通过订阅、汇聚共享交换平台中的数据目录(数据),对这些数据进行抽象、整理、加工形成的数据模型,例如国家基础数据库的人口基础信息库、法人单位基础信息库、自然资源和空间地理基础信息库、宏观经济信息数据库,以及为专业领域设计的模型库,例如信用库、交通库、环境库等各类主题库的资源目录。数据资产库形成后,它的数据资产目录也可通过共享交换平台对其他部门提供数据服务。

2) 数据服务目录架构

数据服务目录是指可以重用的能完成数据共享的应用数据,包括用服务生成器生成的服务和组织机构提供的接口服务。

数据服务目录在用户端体现为整体统一的数据服务列表,但是根据底层物理的分布类型,分为集中式数据服务目录和分布式数据服务目录,如图 2-25 所示。

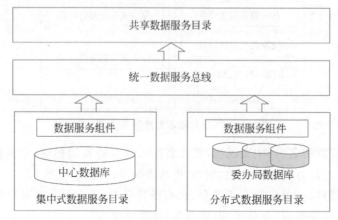

图 2-25　数据服务目录架构示例

(1) 集中式数据服务目录。是数据通过共享交换平台,数据物理存储在本系统的中心数据库中,通过数据服务组件封装而成的数据服务清单。

(2) 分布式数据服务目录。是数据未通过共享交换平台,直接通过部署于各组织机构业务系统中的数据服务组件而产生的数据服务清单。

(3) 共享数据服务目录。是两类数据服务目录的并集,为用户提供统一完整的共享数据服务清单。

2. 数据资源目录编制

在整理数据资源目录的过程中,可能需要被调研方提供技术性的数据字典或数据库环境的访问方式,随后调研组人员与被调研方的数据资源目录维护人员一起对原始数据字典进行比对、整理,形成最终标准的数据资源目录。

数据资源目录整理从以下两个维度进行整理:

(1) 纵向整理是把分散在下级处室的数据资源汇总成总体数据资源目录,这个过程是从下到上、逐级进行的。

(2) 横向整理是从内容上整理,先整理业务,再整理数据。对业务信息进行分类汇总、融合等处理,对数据进行合并同类项、确定责任方等处理。

1) 数据资源目录的形成

按业务和数据资源调查表中业务事项名称和数据资源名称,先对各单位业务和数据资源调查情况进行汇总,再梳理成数据目录列表。

2) 数据资源子目录的形成

按业务和数据资源调查表中业务子项和资源子项,先对各单位业务和数据资源调查情况进行汇总,再梳理成数据资源子目录列表。

3) 元数据目录的形成

按业务和数据资源调查表中中文名称、共享类型、数据类名称、字段名称、定义、值域、备注等调查的资源,先对各单位业务和数据资源调查情况进行汇总,再梳理成元数据目录列表。

4) 数据脱敏规则制定

(1) 敏感数据的发现。

为了有效开展数据脱敏工作,需对组织所拥有的数据进行梳理和分类,将数据分为高度敏感数据、中度敏感数据和非敏感数据;同时,各单位需首先分析建立完整的敏感数据位置和关系库,确保数据脱敏工作能够充分考虑必须的业务范围、脱敏后数据对原数据业务特性的继承(如保持原数据间的依赖关系)。

基于敏感数据分类分级制度,一方面建立有效的数据发现手段,在各单位完整的数据范围内查找并发现敏感数据;另一方面明确敏感数据结构化或非结构化的数据表现形态,如敏感数据固定的字段格式。

在敏感数据发现过程中,可关注以下事项:

① 定义数据脱敏工作执行的范围,在该范围内执行敏感数据的发现工作。

② 通过数据表名称、字段名称、数据记录内容、数据表备注、数据文件内容等直接匹配或正则表达式匹配的方式发现敏感数据。

③ 考虑数据引用的完整性,如保证数据库的引用完整性约束。

④ 数据发现手段应支持主流的数据库系统、数据仓库系统、文件系统,同时应支持云计算环境下的主流新型存储系统。

⑤ 尽量利用自动化工具执行数据发现工作,并降低该过程对生产系统的影响。

⑥ 数据发现工具具有扩展机制,可根据业务需要自定义敏感数据的发现逻辑。

⑦ 固化常用的敏感数据发现规则,例如身份证号、手机号等敏感数据的发现规则,避免重复定义敏感数据发现规则。

(2) 标识敏感数据。

各单位在通过业务梳理发现了敏感数据之后,需要对敏感数据进行标识,包括标识敏感数据的位置、敏感数据的格式等信息,以便后续对敏感数据的访问、传输和处理进行跟踪和监督。

敏感数据的标识方法应该确保敏感数据标识信息能够随敏感数据一起流动,并不易于删除和篡改,从而可以对敏感数据进行有效跟踪,以确保敏感数据的安全合规性。

在标识敏感数据时,可关注以下事项:

① 应该尽早在数据的收集阶段就对敏感数据进行识别和标识,以便于在数据的整个生命周期阶段对敏感数据进行有效管理。

② 敏感数据的标识方法必须考虑便捷性和安全性,使得标识后的敏感数据很容易被识别,同时,要确保敏感数据标识信息不容易被恶意攻击者删除和篡改。

③ 敏感数据的标识方法应支持静态数据的敏感标识以及动态数据的敏感标识。

(3) 脱敏规则的定义。

在对标识后的敏感数据进行脱敏前,应首先确定数据脱敏方案,可选的数据脱敏方案包括静态数据脱敏和动态数据脱敏。不同的数据脱敏方案对数据源的影响不同,数据脱敏的时效性也不一样。数据脱敏方案确定后,就可以选择对应的数据脱敏工具。

针对组织机构内已识别和标识出的敏感数据,需建立敏感数据在相关业务场景下的数据脱敏规则。在敏感数据生命周期识别的基础上,明确存在数据脱敏需求的业务场景,并结合行业法规的要求和业务场景的需求,制定相应业务场景下有效的数据脱敏规则。

在该过程中,可关注以下事项:

① 识别各单位业务开展过程中应遵循的个人隐私保护、数据安全保护等关键领域国内外法规、行业监管规范或标准,以此作为数据脱敏规则必须遵循的原则。

② 对已识别出的敏感数据执行全生命周期(产生、采集、使用、交换、销毁)流程的梳理,明确在生命周期各阶段,用户对数据的访问需求和当前的权限设置情况,分析整理出存在数据脱敏需求的业务场景。例如,在梳理过程中,会发现存在对敏感数据的访问需求和访问权限不匹配的情况(用户仅需获取敏感数据中部分内容即可,但却拥有对敏感数据全部内容的访问权限),因此该业务场景存在敏感数据的脱敏需求。

③ 进一步分析存在数据脱敏需求的业务场景,在"小够用"的原则下明确待数据脱敏的数据内容、符合业务需求的数据脱敏方式,以及该业务的服务水平方面的要求,以便于数据脱敏规则的制定。

④ 数据脱敏工具应提供扩展机制,从而让用户可根据需求自定义数据脱敏的方法。

⑤ 通过数据脱敏工具选择数据脱敏方法时,数据脱敏工具中应对各类方法的使用进行详细的说明,说明应包括但不限于规则的实现原理、数据引用完整性影响、数据语义完整性影响、数据分布频率影响、约束和限制等,以支撑数据脱敏工具的使用者在选择数据脱敏方式时做出正确的选择。

⑥ 固化常用的敏感数据脱敏规则,例如身份证号、手机号等的常用数据脱敏规则,避免数据脱敏项目实施过程中重复定义数据脱敏规则。

5) 对数据进行分级

数据分级应充分考虑数据对国家安全、社会稳定和公民安全的重要程度,以及数据是否涉及国家秘密、用户隐私等敏感信息。应考虑不同敏感级别的数据在遭到破坏后对国家安全、社会秩序、公共利益以及公民、法人和其他组织的合法权益(受侵害客体)的危害程度来确定数据的级别。

数据的分级由数据的敏感程度划分,分为公开数据、内部数据、涉密数据,如表 2-7 所示。

表 2-7 数据的敏感程度分级

项 目	数 据 分 级		
数据敏感程度	非敏感数据	涉及用户隐私的数据	涉及国家秘密的数据
等级划分	公开数据	内部数据	涉密数据

数据的分级结果是数据共享和共享的依据。分级结果将确定该类型数据是否适合共享、共享的依据、共享的范围,以及在对该级别数据进行共享和共享前是否需要脱密和脱敏(包括逻辑数据运算等处理方式)处理等,如表 2-8 所示。

表 2-8 按数据分级结果定义的数据等级管控要求

数据等级	数据等级管控要求
公开数据	政府部门无条件共享;可以完全共享
内部数据	原则上政府部门无条件共享,部分涉及公民、法人和其他组织权益的敏感数据可政府部门有条件共享;按国家法律法规决定是否共享,原则上不违反国家法律法规的条件下,予以共享或脱敏共享
涉密数据	按国家法律法规处理,决定是否共享,可根据要求选择政府部门条件共享或不予共享;原则上不允许共享,对于部分需要共享的数据,需要进行脱密处理,且控制数据分享类型

3. 数据共享目录的编制

在各组织机构梳理完成的数据资源目录结果之上,筛选出分级结果为公开数据和内部数据的数据目录,编制成为数据共享目录。数据共享目录是描述数据资源各种属性和特征数据的基本集合,包括数据资源的内容信息(例如摘要、分类等)、管理信息(例如负责单位等)、获取方式信息(例如在线获取方式、离线获取方式等)。通过数据资源核心元数据的描述,数据资源目录使用者能够准确地了解和掌握信息资源的基本概况,发现和定位所需要的数据资源。

4. 数据共享服务目录的编制

基于数据共享资源目录,汇编共享资源的服务访问地址、访问形式、接口标准等,按照数据资源目录编制的分类方法,形成数据共享服务目录结构,并形成数据共享服务目录。

在查找信息资源的过程中,从不同的角度看,使用者对数据资源的分类方式也会不同。因此,相同的数据资源核心元数据按照不同的分类标准或者分类方式排列,在表现上形成了不同的目录树结构。利用数据资源目录体系相关的工具软件、中间件、应用系统等技术平台,建立面向特定主题领域的信息资源目录,并按照具体数据资源对象的不同以及粒度上的区别,采用不同的应用模式进行建设。

2.5 数据资产化

数据资产化阶段是在数据治理、数据资产开发的基础上,以数据价值为导向的进一步发展和提升。此阶段组织的管理目标由单一的内部应用发展为内外部应用并举,组织在对数据资产的管理中不只考虑数据质量、安全和有效利用,更关注数据经济效益、应用价值,以及促进业务发展的能力。此过程组织需建立数据资源可能的应用价值图谱,进一步分析目标客户的数据需求及应用场景。基于大数据挖掘和指标、标签加工等数据加工方式,加工后的数据产品能为客户提供全生命周期的一站式解决方案,以企业为例,可在客户洞察、精准获客、风险控制与运营分析等环节提供有力的支持。数据资产化是数据产品形成价值和价值兑现的重要参考依据。

首先,在数据资产价值变现的过程中,企业需要建立明确的数据资产化战略。目前有四种主要的数据资产化战略,即内部专用、对外共享、数据交易、对外开放。

(1)内部专用。企业可以利用数据了解企业的经营状况,并依经营状况之客观数据协助改善企业的经营,还可以提取数据的特征值去开发新的业务。

(2)对外共享。企业可能会与供应链上下游的商业伙伴共享数据,从而提升业务关系和整体的市场供给。这种数据共享可以促使数据资产持续释放价值,从构建生态的角度帮助供应链上的每家企业改善产品或过程,并为用户提供集成的无缝的服务体验。

(3)数据交易。数据交易可以在场内或场外开展,场内交易更容易保证数据交易的合规性和公允性;场外交易更容易解决定制化的问题。不同购买者对于数据的使用意图和挖掘能力是迥然不同的,比如现有资产的拥有者、潜在的资产买家、监管机构、投资者,甚至竞争对手,他们可接受的交易价格也各不相同。

(4)对外开放。社交媒体、电商平台等企业往往通过开放数据把更多的卖家和买家联系起来。他们可以通过广告获得收入,也可以为部分客户提供付费服务。

其次,企业需要构建数据资产管理体系。在数据资产化战略的指导下,企业需要以数据生命周期为主线,构建一整套数据资产管理体系,包括数据资产确权、价值评估、资产应用、隐私保护等一系列管理活动。通过打造统一的数据资产管理平台,帮助企业以数据治理为支撑,不断发掘数据能够解决问题的领域,实现数据资产的保值和增值,完成对数据资产价值传递的推进作用。

再次,企业需要谋求数据资产经营战略和组织落实。数据资产经营是实现从数据资产供给端到数据资产消费端的供求关系闭环管理的过程。以用户需求为中心,以市场为导向,通过数据产品销售或服务增值获取收入,进而盘活企业数据资产,实现价值变现。数据资产经营战略的制定需要企业对于数据产品经营所面临的优势、弱势、机会与威胁等展开分析,将数据资产经营提升到战略管理的高度,不断明确数据资产经营的战略目标、方针重点、阶段对策等。此外,建立全方位、跨部门、跨层级的数据资产管理组织架构,是实施组织级统一化、专业化数据资产管理的基础,也是数据资产管理责任落实的保障。

最后,企业需要执行数据资产的经营管理。具体需要考虑数据产品的定价机制和服务模式的选择,明确营销渠道和促销方式,制定数据产品交付技术方案,确定收益分配与激励机制等。

2.5.1　数据资产盘点

数据是企业资源的具体表现形式和重要载体,在万物互联的时代,数据将渗透至企业设计、生产、管理、服务和运营的全流程。所以,数据是企业的核心资产,将写入企业的资产负债表中。与企业的固定资产相同,数据资产也要定期盘点。只有对企业的数据进行全面梳理,摸清家底,才能更好地服务于企业。

1. 数字化转型面临的困境

大部分企业的信息化建设,其信息系统都是由各部门分期、分批、分阶段建设的,后期再根据企业发展的需求进行整合,所以从企业整体层面看,大部分数据是分散到各个业务系统中的,这给企业数字化转型带来三个方面的困境:

1) 数据困境

(1) 不知用。不知道企业有哪些数据,数据分布在哪些系统里,数据来源于哪里。

(2) 不可用。跨部门的数据没有完整的业务解释,数据质量不确定。

(3) 不便用。要跨多个系统、数据库才能找到需要的数据。

2) 需求困境

(1) 跨部门沟通。各业务部门如信息部门与市场部门、生产部门沟通过程中,业务术语不统一,沟通不畅。

(2) 跨业务需求难度大。跨业务域的需求增多,获取数据的难度加大。

3) 系统困境

(1) 数据孤岛。数据量大,数据标准不统一,所实施的局部应用使得各系统之间彼此独立,数据信息不能共享,成为一个个数据信息孤岛。

(2) 系统架构。系统从单一的关系型数据库转变为异构数据库。

通过数据资产盘点可解决以上问题,通过对企业拥有的数据资产进行盘点可帮助企业了解数据的全貌,明确数据定义、数据分类、数据分布、数据权责等问题:

(1) 企业有哪些数据?

(2) 企业有多少数据?

(3) 企业的数据存储在什么地方?

(4) 企业的数据由谁管理?

(5) 识别哪些是重要数据,哪些是敏感数据?

2. 业务部门为数据资产盘点主体

在数据资产盘点过程中,经常会有这样的疑问:企业各部门都有信息系统,数据也都在系统中,那数据资产盘点由信息部门负责就好。但实际上信息部门只是信息系统的运营或维护方,而数据的责任主体还是归属于各业务部门。

从存储的方式看,企业数据包括已经纳入信息系统的数据和员工个人计算机中各种统计表、台账等线下数据。不论是线上还是线下的数据,其数据的归属部门都是其产生部门。信息部门只是负责信息系统的建设和维护,所承载的数据并不归信息部门所有。

如果是信息部门负责了数据仓库或数据中台这类的数据开发平台,再对采集的数据进行加工、汇总、分析而得到的数据,那么其权责部门归为信息部门。

根据数据权责,数据资产盘点就需要按照"谁生产谁负责、谁收集谁负责"的原则梳理。

3. 数据资产盘点的范围

企业的哪些数据需要纳入数据资产盘点的范围呢?从数据分类看,企业的盘点的数据资产包括如表 2-9 所示的内容。

表 2-9　企业数据资产盘点范围

分类维度	数据分类名称	定　义	特　征	举　例
按数据主权所属	外部数据	通过公共领域获取的数据	• 客观存在,其产生、修改不受企业内部影响	国家、币种、汇率
	内部数据	企业内经营产生的数据	• 在企业的业务流程中产生或在业务管理规定中定义,受企业经营影响	合同、项目、组织
按数据存储特性	结构化数据	可以存储在关系数据库中,用二维逻辑表结构表达实现的数据	• 可以用关系数据库存储 • 先有数据结构,再产生数据	国家、币种、组织、产品、客户
	非结构化数据	形成相对不固定,不方便用数据库二维逻辑表结构表达实现的数据	• 形式多样,无法用关系数据库存储 • 数据量通常较大	网页、图片、视频、音频
按数据对象	参考数据	用结构化的语言描述属性,用于分类或目录整编的数据	• 通常有一个有限的允许/可选值范围 • 静态数据,非常稳定,可以用作业务/IT 的开关、职责/权限的划分或统计报告的维度	合同类型、职位、国家、币种
	主数据	具有高业务价值、可以在企业内跨流程、跨系统被重复使用的数据,具有唯一、准确、权威的数据源	• 通常是业务事件的参与方,可以在企业内跨流程、跨系统重复调用 • 取值不受限于预告定义的数据范围 • 在业务事件发生之前就客观存在,比较稳定	实体型组织、客户、人员基础配置
	业务活动数据	用于记录企业经营过程中产生的业务事件,其实质是主数据之间活动产生的数据	• 有较强的时效性 • 业务活动数据无法脱离主数据独立存在	采购订单、销售订单、发票、维修工单
	时序数据	按时间顺序记录的数据	• 通常数据量较大 • 数据是过程性的,主要用作监控分析 • 可由机器自动采集	系统日志、监测数据
	规则数据	结构化描述业务规则变量(一般为决策表、关联关系表、评分卡等形式)的数据,是实现业务规则的核心数据	• 规则数据不可实例化,只以逻辑实体形式存在 • 规则数据的结构在纵向和横向两个维度上比较稳定,变化形式多为内容刷新 • 规则数据的变更对业务活动的影响是大范围的	员工报销遵从的评分规则、出差补助规则
	分析数据	是指对数据进行处理加工后,用作业务决策依据的数据,又称统计数据、报表数据或指标数据	• 通常需要对数据进行加工处理 • 通过需要将不同来源的数据进行清洗、转换、整合,以便更好地进行分析 • 维度、指标值都可归入分析数据	利润率,合格率

续表

分类维度	数据分类名称	定　义	特　征	举　例
按数据描述手段	元数据	定义数据的数据,是关于一个企业所使用的物理数据、技术和业务流程、数据规则和约束以及数据的物理与逻辑结构的信息	• 是描述性标签,描述了数据(如数据库、数据元素、数据模型)的相关概念(如业务流程、应用系统、软件代码、技术架构)以及它们之间的联系(关系)	数据标准、业务术语、指标定义

从数据的产生过程看:

(1)业务活动产生的数据。如业务流程过程中产生的表单数据、用户填报的数据、系统产生的日志记录和历史记录等。

(2)管理活动产生的数据。如制度文件、规范章程、工作计划、绩效考核表等。

(3)外部提供的数据。客户提供的数据,从外部购买或互联网获取的数据等。

数据资产梳理可从核心的、共用的、规整的数据开始,再逐步扩展到全企业的数据。

(1)从核心系统到外围系统。选择相对核心的系统(具有较高的重要程度),核心系统的数据较为全面,元数据较完备,而且一般具备较高的数据质量,可用性较高。

(2)从公共系统到私有系统。选择通用的、开放的、标准化的系统,可访问性较高。

(3)从规范数据到散乱数据。选择材料完整度较高,包含数据字典、需求说明书、接口规范等内容的系统开展前期的工作。

4.如何开展数据资产盘点

数据资产盘点一般可分为 5 个步骤,即制订盘点计划、制定盘点模板、数据资产盘点、盘点成果评审和发布资产目录,如图 2-26 所示。

图 2-26　数据资产盘点步骤

(1)制订盘点计划。数据资产盘点的启动阶段,为数据资产盘点做准备,确定盘点范围、目标、内容、人员和时间安排,见图 2-27。

(2)制定盘点模板。定义企业的数据分类分级,制定数据盘点模板,并对数据资产盘点人员进行模板填写培训和宣贯,见图 2-28。

(3)数据资产盘点。数据资产盘点人员根据模块的要求从业务和技术两个维度梳理企业的数据资产。

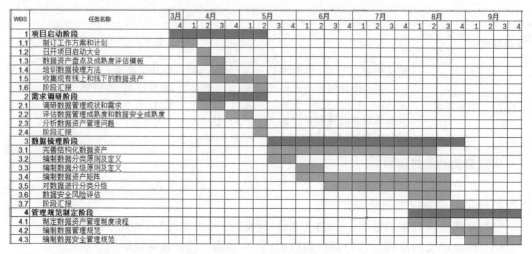

WBS	任务名称	3月		4月				5月				6月				7月				8月				9月			
		4	1	2	3	4	1	2	3	4	1	2	3	4	1	2	3	4	1	2	3	4	1	2	3	4
1	项目启动阶段																									
1.1	制订工作方案和计划																									
1.2	召开项目启动大会																									
1.3	数据资产盘点及成熟度评估模板																									
1.4	培训数据梳理方法																									
1.5	收集现有线上和线下的数据资产																									
1.6	阶段汇报																									
2	需求调研阶段																									
2.1	调研数据管理现状和需求																									
2.2	评估数据管理成熟度和数据安全成熟度																									
2.3	分析数据资产管理问题																									
2.4	阶段汇报																									
3	数据梳理阶段																									
3.1	完善结构化数据资产																									
3.2	编制数据分类原则及定义																									
3.3	编制数据分级原则及定义																									
3.4	编制数据资产矩阵																									
3.5	对数据进行分类分级																									
3.6	数据安全风险评估																									
3.7	阶段汇报																									
4	管理规范制定阶段																									
4.1	制定数据资产管理制度流程																									
4.2	编制数据管理规范																									
4.3	编制数据安全管理规范																									

图 2-27　数据资产盘点计划示例

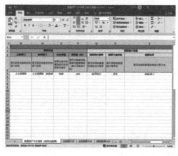

数据资产目录-结构化　　　　数据资产卡片-结构化　　　　数据资产目录-非结构化

梳理对象：主数据、业务数据、指标数据　　　　　　　梳理对象：文本数据、多媒体数据
颗粒度：梳理到各类数据的字段级　　　　　　　　　　颗粒度：梳理到文件
交付物：数据资产卡片、数据资产目录、数据资产矩阵　交付物：数据资产目录

图 2-28　数据资产盘点模板示例

（4）盘点成果评审。组织数据管理人员对梳理出来的数据资产清单等成果进行评审，主要从数据的完整性、一致性、合理性和合规性等方面审查数据资产目录的质量。

（5）发布资产目录。经过评审后的数据资产目录通过正式发文发布，如有数据资产管理平台，也可通过数据资产管理平台统一管理。

2.5.2　数据资产开发

数据资产开发是指将原始数据加工为有价值的数据资产的各类处理过程，主要分为数据采集、数据加工、数据保密、数据装载、数据发布和数据服务等过程。

有些企业依托统一数据开发工具或低代码工具，从技术侧和管理侧提升数据开发效率。

数据开发管理是指通过建立开发管理规范与管理机制,面向数据、程序、任务等处理对象,对开发过程和质量进行监控与管控,使数据资产管理的开发逻辑清晰化、开发过程标准化,增强开发任务的复用性,提升开发效率。

开发的最终产物是数据资产管理平台,其是支撑数据资产管理体系的重要技术工具,无论是数据资产内容盘点、数据资产服务还是数据资产的持续运营,都必须通过线上化的、体验良好的、功能完善的数据资产管理平台实现其真正落地。

1. 数据开发过程

数据开发主要分为数据采集、数据加工、数据保密、数据装载、数据发布和数据服务 6 个过程,数据加工处理还包括清洗、比对、脱敏、分类、打标签等操作。

1)数据采集

数据采集主要解决异构数据源之间的数据传输问题,数据从业务数据库、产品端埋点采集或者与其他第三方的 API 接口、FTP 上的文件互传数据,需提供简单通用的数据集成能力,以便把数据汇聚到中央数据仓库中。

在数据产品功能设计时,不同的源和目标之间所需要的参数配置是差异化的,需逐个对接解决。另外,数据需要每天或者实时地进行同步,应与调度系统结合,提供智能化的资源调度手段,具备自动化的任务运维能力。

在数据汇聚环境,涉及的主要功能包括:

(1)采集范围。

污染后的数据再治理会造成后期数据清洗的资源浪费,为了减少浪费,需事先确立不同数据源、数据类型的采集规范,针对 App、小程序等产品需要建立统一埋点规范和采集方案;其他的智能硬件、传感器设备或者第三方数据源,需定义不同来源的数据传输格式。

(2)埋点管理。

埋点管理是将埋点规范集成到数据平台中,让整个埋点流程线上流转,提升埋点工作的规范化,减少漏埋和错埋等现象。即使像有些用户行为分析系统力推的无埋点或可视化埋点,也都会有埋点数据管理模块提供界面化的指标定义。

(3)数据同步。

数据同步主要作用是提供源到端的数据传输功能,即选择数据来源以希望数据同步到目标地点。针对不同的源,需设置目标参数、任务调度频率和策略。数据"一键入湖"有时也被提及,其目的是通过"一次按键"自动化地实现将非结构化数据(如音频、视频等)、结构化数据导入中央数据湖,以供后期处理消费。

(4)能力需求。

除个别数据因条件限制外,数据采集应实现自动化数据抽取、修正或者补录过程,为数据存储或数据分析提供基础内容。数据采集包括如下能力:

① 支持将日、周、月、不定期、实时数据等加载入库;

② 支持信息安全,如对数据进行加密、脱敏等;

③ 支持结构化数据处理;

④ 支持非结构化数据处理。

2）数据加工

数据加工环节主要是基于业务对数据使用场景进行的数据清洗和逻辑处理，包括离线数据开发和实时数据开发。基于同步而来的数据源进行加工，可形成高可用的数据模型，有时也可将数据模型建设规范融入任务开发的校验流程中。有些产品采用事前校验，并不仅依靠事后治理，典型工具一般具备流程化建模或数据加工。

（1）离线开发。

汇聚入湖的数据需要加工处理才能发挥其价值，尤其对于湖仓一体的架构，会涉及结构化数据的数据仓库模块的开发。按照业务需求逻辑对数据进行 ETL 处理，输出多个数据模型。离线开发平台主要功能包括：

① **存储 & 计算层**。资源的自动化分配（主要是集群资源的调度），数据开发主要关注业务逻辑，而不需要人人都搭一套 Hadoop 系统。

② **任务开发**。集成开发环境（Integrated Development Environment，IDE）除了核心的数据处理逻辑需要代码实现外，其他的参数设置都可以配置化，且平台需支撑 Hive、Shell、Python 等常用数据开发和挖掘任务类型软件。

③ **任务调度**。数据有严格的上下游关系，只有上游数据任务运行成功，数据加工完成后，下游数据才会准确，所以一般任务不会单独存在，需要建立依赖关系。此外，周期性的数据需要时间调度，根据需求设定是按分钟、小时、天还是月度执行等。

④ **任务运维**。修改逻辑、上游出错、集群资源不稳定等经常需要涉及数据回溯、任务重新运行等操作，应提供批量、自动化的操作以节省大量运维时间。

（2）实时开发。

实时数据主要满足实时监控，产品端实时搜索、推荐或实时场景化营销。实时开发和离线开发主要是在技术组件功能模块上大同小异，所有技术组件可整合成批流一体的、一站式的大数据开发平台。

（3）数据仓库建设。

将数据模型开发规范和流程融入系统中，采用低代码思想减少数据仓库建模的开发代码，提升模型的规范化和复用性，典型代表如阿里的 Datapin。此方法的好处在于方便前置化管理建模过程，而不是将系统先污染、后治理。

（4）数据清洗与治理。

对已采集的数据进行清洗、转换、比对和质量检查等加工操作，从而使得加工后的数据使其具备可用性，针对数据清洗与治理的要求如下：

① **数据清洗**。过滤那些不符合要求的数据，如不完整的数据（如身份证字段为空）或是错误的数据（如字段中存在乱码）等。

② **数据转换**。对数据进行字段的枚举值转换、空值转换，或基于规则的计算等。

③ **数据比对**。对数据进行业务逻辑校验，检查关键数据项是否符合业务规则，或按照统一标准对不同数据整合业务含义相同的数据进行一致性检查。

④ 质量检查。提供检查数据质量的手段,如在数据上线时,对数据进行稽核检查,保证数据信息的完整性、合理性。

3)数据保密

由于数据涉及隐私、机密等内容,因此在共享与开放过程中,需要提供安全防护操作,做到有组织、有保障、有分级、有步骤的数据共享与开放。数据安全防护操作通常有以下 3 种手段:

(1)数据权限控制。

数据权限控制指对用户进行数据资源可见性的控制,即符合某个条件的用户只能看到该条件下对应的数据资源。最简单的数据权限控制就是用户只能看到自己的数据。而在实际系统环境中,会有更多复杂的数据权限控制场景,如领导需要看到所有客户的数据,而员工只能看自己客户的数据等。

(2)数据脱敏处理。

数据脱敏处理是为了防止用户非法获取有价值的数据而加设的数据模糊化处理手段,保证用户根据其业务所需和安全等级,适当地访问敏感数据。数据脱敏处理有如下 7 种方式:

① 数据替换:以虚构数据代替真实值;

② 截断、加密、隐藏或使之无效:以"无效"或" *****"代替真实值;

③ 随机化:以随机数据代替真实值;

④ 偏移:通过随机移位改变数据;

⑤ 字符子链屏蔽:为特定数据创建定制屏蔽;

⑥ 限制返回行数:仅提供可用回应的一小部分子集;

⑦ 基于其他参考信息进行屏蔽:根据预定义规则仅改变部分回应内容。

(3)数据加密处理。

数据加密处理是通过技术手段对现有数据进行密码设置,保证数据无法被非授权人员获取、破解。在数据共享与开放的过程中,需要根据数据敏感度等,支持分级的加密方法,如不加密、部分加密、完全加密等不同策略。

常规的数据加密处理方式主要有对称加密和非对称加密。

① 对称加密:加密和解密使用同一个密钥。优点是加密速度较快,缺点是密钥需要在网络过程中传输,可能会被泄露。

② 非对称加密:非对称加密有两个密钥,分别为公钥和私钥,一般用公钥进行加密,用私钥进行解密。非对称加密的速度相比对称加密来说要慢很多。

4)数据装载

数据装载即数据入库,其任务是将经加工处理后满足数据共享与开放的质量及安全要求的数据,存储至指定的数据库或相关存储环境中。

数据加载包括文件加载、流加载、不落地加载等。数据加载功能需具备将采集、处理后的数据源文件保存到不同数据库中的能力,具体的功能描述如表 2-10 所示。

表 2-10　数据加载功能描述

功　　能	功　能　描　述
支持多种加载模式与策略定义	具备全量、实时、双加载；允许灵活定义加载策略；允许对加载事物提交过程进行自定义配置；支持在加载过程中断点续传
支持文件落地和不落地两种加载	落地加载是将数据源保存在 ETL 物理服务器中而实现的加载；不落地加载是指将数据源写入缓冲池中，不在物理服务器中保存而实现的加载
支持自动和手工两种加载方式	支持数据自动加载的设计与执行；当数据加载出错时，应提供操作界面以人工干预的方式重新启动数据的接收和加载
支持多任务并行加载	具备支持数据的并行加载，即支持多个数据库连接同一个加载任务的并发执行
支持加载对象的参数配置	具备加载对象的参数配置功能，将数据加载过程中需要设置的命令、参数、规则进行配置，控件会自动生成相应的可执行代码来完成作业
支持过滤	具备基于数据属性值的过滤加载
支持脚本加载事务处理	在加载实现过程中支持提供 SQL、HQL、Shell 等不同类别的语言定义脚本，数据加载执行组件将根据定义行为脚本类型调用相应的脚本执行来加载数据
支持加载到异构数据库	支持加载多种数据库接口
提供丰富的数据加载作业执行状态监控管理能力	提供丰富的图形化界面设计和监控数据加载过程的执行状态
支持数据加载过程的日志记录	支持在数据加载过程中对数据条数、开始时间、完成时间、错误信息等进行记录和保存

5）数据发布

数据发布是指将进入指定存储环境的数据资源，通过门户或数据共享与开放平台向数据消费者发布。根据不同的服务形式，数据发布的内容可以包括数据集、元数据、数据文件、数据应用链接、数据开放接口等。

6）数据服务

数据共享与开放的实现需要建设数据服务封装能力，通过文件、接口、推送等多种数据服务形式为数据消费者提供灵活、可靠的数据供给能力，提升数据共享与开放的便捷度和流通效率，可避免将原始数据完全暴露在数据消费者面前，实现数据的"可用不可见"，并支持运营管理过程中进行的监测、管控及优化处理。

2. 数据开发工具

数据开发工具可提供一整套工具和方法论，让数据应用的开发和管理更加高效。数据开发工具一般会提供开箱即用的交互式图形开发界面，有丰富的数据开发类型，有灵活的作业编排能力，能实现多用户协同开发管理功能，构建集数据同步、离线加工、实时分析、资源调度、监控运维于一体的数据开发平台，其主要是一种面向流程的自动化方法，由分析和数据团队使用，旨在提高数据分析的质量并缩短数据分析的周期。数据开发工具能大大降低用户进行数据开发的门槛，缩短从原始数据加工到业务应用数据的路径，提升数据开发的工作效率与管理力度。数据开发工具的功能可包括：

（1）**数据同步**。支持多种异构数据源之间的数据同步，主要通过源数据和目标数据库的基本配置，建立数据对象之间映射关系，配置计算资源和同步策略配置，一键执行数据同步任务。提供全量同步、增量同步等方式，满足离线、实时数据同步场景。

（2）**数据开发**。通过提供拖曳式的数据开发工具与开箱即用的转换组件，快速解决各类数据的离线开发。同时提供脚本式的开发工具，实现 SQL 脚本开发。

（3）**支持多人协作开发**。基于项目空间，允许项目下有权限的用户在本模块中进行协同开发管理。

（4）**统一作业调度编排**。完成数据同步、SQL 任务、ETL 任务的统一编排调度管理及任务的运维监控。

3. 数据开发管理

数据开发管理可通过建立开发管理规范与管理机制，面向数据、程序、任务等处理对象，对开发过程和质量进行监控与管控，使数据资产管理的开发逻辑清晰化、开发过程标准化，增强开发任务的复用性，提升开发的效率。

数据开发管理的活动一般包括：

（1）制定数据集成、开发、运维规范。

（2）建设集成数据集成、程序开发、程序测试、任务调度、任务运维等能力的一体化数据开发工具。

（3）根据数据集成规范，进行逻辑或物理的数据集成。

（4）根据数据使用方的需求，进行数据开发。

（5）监控数据处理任务的运行情况，并及时处理各类异常。

（6）定期进行数据集成、开发、运维工作的复盘，以此为基础对相关规范进行持续迭代。

4. 数据开发产物

经过数据开发后，形成数据资产管理平台，为数据服务、数据共享、数据资产目录、数据资产提供应用基座。数据资产管理平台是支撑数据资产管理体系的重要技术工具，无论是数据资产内容盘点、数据资产服务还是数据资产的持续运营，都必须通过线上化的、体验良好的、功能完善的平台实现真正落地。而在数据资源阶段，平台实现的内容的主要目的是数据管控，即侧重于"管好数"，主要面向数据相关管理人员；而在数据资产管理阶段，平台的功能更侧重于"用好数"，主要面向组织内各类不同的数据分析与管理人员。

软件开发团队通过开发后实现数据资产管理的基本功能和扩展功能。其中，基本功能可包括：

（1）**数据质量监控**。数据质量监控围绕一致性、及时性、完整性、准确性维度构建丰富灵活的数据质量规则配置和自动化预警能力。可针对任务执行的结果准确性进行监控，提前发现源端数据库的变更、开发的 Bug 等问题引发的数据不准确等问题。

（2）**数据血缘分析**。主要解决数据的追根溯源的问题。是贯通数据从入湖到业务终端全流程的数据链路关系，一方面可以方便排查数据产生过程的来龙去脉，为查找代码逻辑提供指引；另一方面也可基于血缘分析做到数据异常时及时通知，或当下游应用无人使用时实现数据一键治理，释放存储的计算资源。

（3）数据治理。从任务资源消耗、时间消耗、业务使用（冷热数据分析）、开发规范、模型覆盖度与复用度等不同维度建立数据资产健康度评估指标体系，形成数据治理工作台，为日常工作提供治理工具。

（4）数据安全。数据安全问题事关企业生死存亡，统一权限主要是建立数据资产权限申请、授权、审计对应的流程，从而保证数据既共享又安全。

典型的数据资产管理平台扩展功能可包括：

（1）数据资产全景。可从多个维度展现全组织及各业务线的数据资产总体情况，帮助业务和管理人员快速形成对数据资产的整体印象。数据资产全景对数据资产从规模、质量、热度、价值等维度进行全方位展示，在各维度下再根据实际情况设立细分展示维度，同时允许使用者从全行业、业务条线、部门等不同视角切入查看所关注的数据资产情况，方便使用者全面及时掌握数据资产。

（2）数据地图。通过数据资产目录共享和强大的数据检索能力、丰富的模型元数据信息，提供挖数据、找数据的能力，使数据消费者快速判断是否拥有其所需要数据，引导其如何使用等。通过数据模型实现看得见、找得到、敢使用，以提升复用性。

（3）数据资产搜索。用户通过输入所关注的数据资产相关信息对数据资产进行定位搜索，在搜索过程中可自行定义筛选条件，并可根据热度排序、数据资产所属目录等信息准确获取所需要的数据资产。数据资产搜索功能同时包含智能推荐、排行榜等功能，可帮助使用者快速找到数据资产，解决业务分析用数、提数耗时长、效率低的关键痛点，实现快速准确的自助搜索。

（4）数据资产目录。数据资产目录一般的分类方法有业务视角、技术视角或管理视角，可根据数据资产类型、业务领域模型分类、数据标准分类、技术分层等进行，是业务人员使用数据资产的重要手段。不同的分类方法对于数据资产管理的精细化能力要求不同，其面向业务的易用性也存在区别。搭建数据资产目录层次结构在业务层面上可帮助业务人员更快找到想要的数据资产，在技术层面上可指导数据架构的落地设计。

（5）数据资产服务。针对不同使用者于不同业务场景提供相对应的数据资产服务和产品。业务分析人员可使用数据资产平台快速检索数据资产地图，查询和分析实际数据；数据服务开发人员可使用数据资产平台快速检索数据资产地图，检索需求相关的引用资产；数据挖掘人员可使用数据资产平台快速筛选建模变量，沉淀建模过程。

2.5.3　数据价值挖掘

数据资产最终目标是挖掘数据背后的价值，其途径是基于大数据挖掘，指标、标签加工等数据加工方式，在客户洞察、精准获客、风险控制与运营分析等环节提供有力的支持。

1. 数据价值分析

数据价值分析过程可包括：

1）建立组织级数据集市

以建立组织级数据集市为主要目标,通过数据集市可实现数据汇集和数据资源共享的目标。数据集市一般按业务分析领域进行数据组织,一个数据集市往往包含一个特定业务分析领域的数据,如销售数据集市、财务数据集市等。此路径下也存在一定问题,不同数据集市的结构不统一,一方面集市数据范围狭窄需要不断扩充;另一方面不同集市数据存在着大量的冗余,同一批数据在不同集市之间可能存在不一致,产生新一轮的数据孤岛。

2）数据分析挖掘数据价值

数据价值基于数据挖掘,指标、标签加工等数据加工方式,在客户洞察、精准获客、风险控制与运营分析等环节提供有力的支持。例如,在客户洞察方面,数据产品可围绕客户特征行为,结合庞大的数据服务标签库,提供丰富的客户洞察角度和关键指标,以可视化的产品界面展示分析结果。在精准获客方面,企业基于海量的移动端行为数据、强大的数据清洗及分析能力,以及对精准营销的透彻理解,组建了精准的用户画像标签库,通过用户线上、线下的移动互联网行为进行精准的目标用户需求匹配,再根据对目标用户的大数据研究确定广告投放形式及渠道,并在广告投放全流程通过终端唯一识别技术进行效果跟踪和反流量作弊,在整个投放闭环中充分利用数据提升广告效果。在风险控制方面,大数据能够从身份核验、贷前审核、贷中监控、失联修复等几个层面进行金融客户异常行为侦测和趋势分析,帮助行业预防风险。

3）形成数据产品化多元模式

可通过"数据＋场景/应用""数据＋标签""数据＋科技""数据＋算法"等多种方式,依托数据形成多元数据产品。"数据＋场景/应用",基于不同数据应用场景,实现业务自动化,如估值中心、风控一体化平台等;"数据＋标签",对数据进行标签管理等数据加工方式,将数据进行分级分类,如客户标签、交易标签、资产标签等,实现资源共享;"数据＋科技",通过先进技术如区块链、知识图谱、智能机器人等技术,实现企业效能提升;"数据＋算法"类似于一个计算引擎,它拥有在某个方面的独特算法优势,通过有监督学习模型、无监督学习模型等模型构建,协助更好地进行管理层决策,为企业和投资机构提供运营以及投资的决策依据,帮助数据消费者完成相应的数据分析或预测。

4）人工智能算法

数据资产管理的高级层次是智能化,要想人工智能服务开发更加高效,甚至产品、运营都可以配置一个推荐服务接口,此时机器学习或者叫算法平台就会发挥出重大作用。对于算法开发,主要是提供从资源调度(CPU、GPU等)、离/在线数据获取、特性开发、模型训练、推理服务全流程的算法工作台,从而提升算法中台化输出的能力,甚至可以通过模型节点拖曳实现无代码化的算法服务上线。

2. 数据标签建设

随着互联网的兴起,每天有大量的内容以视频等形式被生产并上传到各大平台,面对海量的内容,如何提升这些内容的智能分发效率是各大平台面临的重要课题。这也是数据价值挖掘的一种重要的方法,而要实现这一目标,第一步就是更好地认识用户。

构建用户画像的过程本质就是对用户信息进行标签化管理的过程。通过标签体系的建设，一方面让数据变得可阅读、易理解，方便业务使用；另一方面通过标签体系将标签按组织排布，以一种适用性更好的组织方式匹配未来变化的业务场景需求。如何合理规划标签体系对产品的运营影响非常大，因此，标签是产品策略中特别关键的一环。

1）标签的定义

一般来说，标签是指"利用原始数据，通过一定的加工逻辑产出，能够为业务所直接使用的可阅读、易理解、有业务价值的数据"。

标签体系有两种组织方式，即结构化标签、半结构化或非结构化标签。

结构化标签是按照某个分类法制定一个层次标签体系，其中上层的标签是下一层的父节点，在人群覆盖上是包含关系。一些面向品牌广告的受众定向往往采用这种结构化较强的标签体系。需要指出这一体系中的标签是根据需求方的逻辑而制定的，某些对媒体方意义很大的分类标签，如军事等，由于没有明确的需求对应，不宜出现在标签体系中。

半结构化或非结构化标签是根据具体需求设置相应的标签，所有的标签不能在同一个分类体系中所描述，也不存在明确的父子关系。这种半结构化或非结构化的标签体系往往包含一些比较精准的标签的集合，因而主要适用于多种目标，特别是效果目标并存的对内容精准投放的诉求。

选择结构化标签体系还是非结构化的标签体系更多的是基于业务场景的决策，当标签仅仅是投放系统需要的中间变量，作为预测或者其他模块的变量输入时，那么结构化的标签体系其实是没有必要的，应该完全按照效果驱动的方式规划或挖掘标签，而各个标签之间也不太需要层次关系的约束。

还有一种特殊的标签形式即关键词。直接按照搜索或浏览内容的关键词划分人群和投放广告，往往可以达到比较精准的效果。关键词这种标签体系是无层级关系、完全非结构化的，它虽然很容易理解，但并不太容易操作。不过由于搜索在互联网中的重要地位，选择和优化投放关键词这样一项专门技术已经发展得相当充分，因此这种标签也是实践中常用的。

2）标签体系构建

放弃顶层的用户抽象视角，针对各业务线或部门的诉求和实际的应用场景，分别将标签聚类起来提供给相应部门。

（1）规则及元信息维护。明确标签的规则是什么、创建者是谁、维护者是谁、标签的更新频率周期等，而不是没有规则。

（2）调度机制及信息同步。标签之间有一些关联，如标签之间的链条断裂，是否有个调度机制或者信息同步机制让大家的工作不被影响。

（3）标签体系构建的原则。标签体系构建的三个原则，本质上是解决了价值、手段、可持续性三方面的问题：以业务场景倒推需求，让业务方用起来作为最终目标，让标签系统价值得以实现；标签生成的自助化，解决的是用什么样的手段去实现价值；有效的标签管理机制，意味着一套标签体系能否可持续性地在一家企业里面运作下去。

（4）标签体系架构层次。标签体系架构可以分为三部分，即数据加工层、数据服务层和数据应用层。

① 数据加工层：收集、汇总、清洗和提取数据。

② 数据业务层：数据加工层为数据业务层提供最基础数据能力，提供数据原材料。数据业务层属于公共资源层，并不归属某个产品或业务线。它主要用来维护整个标签体系，集中在一个地方进行管理。

③ 数据应用层：任务是赋予产品和运营人员标签的工具能力，聚合业务数据，转化为用户的操作手段，提供数据应用服务。

（5）标签体系构建过程。标签体系构建会经过确定对象、设计框架、设计类目、设计标签、打标等过程。下面主要介绍几个关键步骤：

① 确定对象。

进行标签体系构建，首先要清楚对哪类对象构建标签，也就是确定对象。对象是客观世界中研究目标的抽象表述，有实体的对象，也有虚拟的对象。在企业经营过程中可以抽象出非常多的对象，这些对象在不同业务场景下交叉产生联系，是企业的重要资产，需要全面刻画了解。

经过对多个行业、多个标签体系构建经验的总结，可把对象分为"人""物""关系"3 大类。3 种对象是不一样的，"人"往往具有主动性和智慧，能主动参与社会活动，主动发挥推动作用，往往是关系的发出者。"物"往往是被动的，包括原料、设备、建筑物、简单操作的工具或功能集合等，是关系的接收者。当常规意义上的设备具有了充分的人工智能，变成了机器人，那么它就属于"人"这一类对象。"人"和"物"是实体类的对象，即看得到、摸得着的对象，而"关系"属于一种虚拟对象，是对两两实物/实体间的联系的定义。因为"关系"很重要，企业大多数情况下反而是在对"关系"进行定义、反复发生、记录、分析、优化，因此需要"关系"这种对象存在，对关系进行属性描述和研究。关系按照产生的动因不同，又分为事实关系和归属关系：事实关系会产生可量化的事实度量；归属关系只是一种归属属性。

明确了对象的定义和分类，就可根据业务的需要确定要对哪些对象构建标签体系。基于内容的对象非常多，不可能对所有对象都构建独立的标签体系，一般应根据业务流量的需求，稿件数量的多少，类目的相似性，类目间的关系进行排名，确定标签的优先级和必要性。

② 设计框架。

一般来说，互联网产品需要使用的标签类目数量非常庞大，当标签项超过一定数量时，业务人员要使用或查找标签就开始变得麻烦，管理标签也会变得困难。因此一般会借鉴图书管理学中的经典方法：海量图书需要有专门的图书分类体系对书本进行编号并按照编号分柜排放，阅读者在查阅图书时只需要按编号索引即可快速找到所需图书，图书管理员也可以方便、有效地厘清所有图书状况。

构建标签类目体系首先需要确定根目录。根目录就是上文提到的对象，因此有三大类根目录，即人、物、关系。根目录就像树根一样直接确定这是一棵什么树。

如果根目录是人，即这个标签类目体系就是人的标签类目体系，每个根目录都有一个识别列唯一识别具体对象。人这种大类下包括自然人和企业法人两种亚根，同时自然人群体或企业法人群体也可以认为属于人的对象范畴内,也是亚根。自然人实例可以有消费者、员工、加盟商等,因此可以形成消费者的标签类目体系、员工的标签类目体系、加盟商的标签类目体系。同样法人也可以细分为实体公司、营销公司、运输公司等。从最大的"人"根目录,到"自然人、法人、自然人群体、法人群体"亚根,再到实例"用户、员工、加盟商",都属于根目录的范畴。

根据类似的方式,也可以将物细分为"物品""物体""物品集合""物体集合"等亚类,各亚类下也可以细分;关系也可以细分为"关系记录""关系集合"。

标签类目体系是对业务所需标签采用类目体系的方法进行设计、归属、分类。类目体系本身是对某一类目标物进行分类、架构组织,分类通常使用一级类目、二级类目、三级类目等作为分类名。

类目结构可以用树状结构比拟,根上长出的第一级分支,称为一级类目;从第一级分支中长出的第二级分支,称为二级类目;从第二级分支中长出的第三级分支,称为三级类目。一般类目结构设为三级分层结构即可。没有下一级分类的类目叫叶类目,挂在叶类目上的具体叶子就是标签。

需要注意的是,类目体系框架的建设一般是基于业务展开的,因为类目体系存在的核心意义即为帮用户快速查找、管理数据/标签。

以某银行构建的客户标签类目体系为例,其中客户是根目录,会由 custom_id 进行唯一识别,根目录下有"基本特征""资产特征""行为特征""偏好特征""价值特征""风险特征""营销特征"等一级类目。"基本特征"一级类目下又分"ID 信息""人口统计""地址信息""职业信息"等二级类目。"地址信息"二级类目下再细分为"账单地址""家庭地址""工作地址""手机地址"等三级类目。"账单地址"三级类目下挂有"账单详细地址""账单地址邮编""账单地址所在省"等标签。

标签类目设计完成后,整个标签类目体系的框架基本完成,之后要做的是往每个叶类目下填充有业务价值并且可以加工出来的标签,进而完成整个标签体系的设计。

③ 填充内容。

通过标签类目体系设计,已经有了某类对象的标签体系框架,只是还没有具体的标签内容。标签设计就是设计合适的标签并将其挂载到标签类目下。在这一部分,应当尽量脱离技术视角,从产品视角出发,剖析如何"制作标签"。

首先,是拆解内容。对内容的拆解还是分为三个部分,即"用户""内容""关系",作为根目录。接下来,关于"用户"这个部分,可以拆分为人口属性、兴趣属性、行为偏好、发表时间等;同理,"内容"可以拆分成"统计类""质量类""向量类"。接着,对二级类目进行拆分,比如"统计类"中包含"点击率""时长""完播率""转评赞""跳出率"等。

要特别注意的是,以往习惯给别人打标签、贴标签的动作,其实不是在设计标签,而是在设计特征值。例如对某个人的定义"女、20~30 岁、白领、活泼开朗",分别是性别、年龄段、职业、性格标签的具体特征值。

这些特征会进行一定的交叉,赋予这个特征更多的含义。比如使用用户画像和内容画像做交叉,可以得到用户的长/短期的兴趣匹配、兴趣泛化匹配、用户年龄对于某些内容类别的偏好、用户性别对于某些内容类别的偏好等。如果将使用用户特征与请求的上下文进行特征的交叉,则会得到用户常驻地在什么地方、用户的兴趣随时间的变化,比如有的用户会在早上看新闻,而在晚上看一些娱乐类的资讯;还有一些场景的刻画,如用户喜欢在地铁上看视频,而在办公的时候喜欢看图文。通过这些特征值组合,可以尽可能高效地对用户群进行划分,从而实现内容的精准分发。

至此,已经明确了如何构建标签体系以及如何通过标签体系对用户群进行划分,但想要做好标签,不仅要从需要解构技术,还要立足于"好的内容"。在这一部分,应通过运营创作者的视角简单分析如何制作"好的标签"。

3. 价值挖掘算法

数据资产需处理的数据量庞大,有时呈现出来的是无规律的随机状态,通过挖掘技术获取数据的价值时,应该对算法有一定的要求。常用的算法有神经网络算法、灰色关联度分析法、预测模型方法、数据分割方法、关联分析法、偏离分析法等。

1) 神经网络算法

神经网络算法主要是通过神经网络系统对神经元的控制处理形成最终的算法。整个神经网络系统包含大量的神经元,不同神经元之间通过具有调节性的连接权值完成。大规模并行处理、分布式信息存储、良好的自组织自学习能力等是神经网络系统的主要特点。神经网络算法是处理神经元集合的一种计算方式,主要目的在于有效解决生物神经元的大集群问题,这些生物神经元之间通过轴突完成连接。另外,由于神经元之间相互连接,相互影响,因此单一神经元对与之连接的神经元的激活状态会产生不同程度的抑制作用。单一的神经元还有将输入值组合求和的功能。每个神经元本身还具有容纳阈值函数和限制函数的能力,因此信号在不同神经元之间传递时,需要冲破限制。神经网络算法的特征体现在包含具有一些动力系统的认知模型参数中的知识,这对于高级人工智能的发展大有裨益。

2) 灰色关联度分析法

灰色关联度分析也是一种常用的大数据算法的分析方式,数据因素在发展趋势上会呈现一定的相同性和不同性,对这些相同和不同进行归纳分析的过程就是灰色关联度分析的过程。在数据信息上,可以定义两个理想状态,即没有信息的黑色情况和具有完美信息的白色情况。而实际中的状态就是介于两者之间的灰色状态。灰色状态的内容较多,既包含部分已知信息,也包含部分未知信息。而灰色情况的信息质量形成于信息的绝对缺乏到信息完整存在的过渡。灰色情况具有一定的不确定性,因此灰色关联度分析可有效得出关于解决方案的相关内容。在实际应用中,灰色关联度分析主要用于筛选最优方案,改善问题的解决方式。

3) 预测模型方法

所谓预测模型方法,是对数据进行挖掘所使用的一种先进技术,在预测模型方法中,对数据的挖掘方式可分为3种:①神经网络与决策树等相关人工智能算法。这种方法来自对动物神经系统的模仿,通过对神经系统运作模式的模仿,获得一种非线性的处理数据的方式,通过这种方式对数据进行挖掘以及分析,可有效地对大量数据进行处理,特别适用于对分类数据和预测模型的处理,可以挖掘出数据中潜在的价值和信息。②进化算法。该算法模仿的是自然界中的进化机制,通过对进化论的模拟计算,对数据进行筛选,再通过适量的函数调度,最终获得"优胜劣汰"之后的数据,此方式可以用来找到一组数据当中的最优解,在数据挖掘方式中有着相当的优越性。③支持向量机。该方法是为了解决数据样本小、非线性等问题而发展出来的,可对数据在线性可分割、线性不可分割、非线性可分割中进行处理,非常适合小样本情形之下对数据的分析。

4)数据分割方法

使用数据分割方法对数据进行处理,是将数据按照本身的属性进行分类,使某些本来看似无用的数据在群体当中获得它的价值和意义。对数据进行分割的方式有很多,比如基于数据所属的来源,数据在网络中从属的群体等。

5)关联分析法

关联分析法就是利用数据间存在的联系,对数据进行匹配。但是,在大数据的海洋中,要想对数据进行可靠的关联是几乎不可能的,此时在关联分析法中就提出了对数据的"支持度"和"置信度",利用数据的"支持度"可以将无关紧要的数据在关联中删除,而利用"置信度"则可知道关联数据在规则上是否合格。关联分析法的应用可有效地完成对数据的实用性的收集,发挥其价值。

6)偏离分析法

偏离分析法的原理是利用数据之间存在的偏差对数据进行有效的分析,偏差的存在,在不同时候有着不同的意义。在使用偏离分析法时,根据事先设置好的参数对数据进行分析,然后将得到的信息和预先演练的完美信息作对比,得到偏差,就可通过偏差的形式对未发生的情况做出预估,在挖掘数据潜在价值方面有着重要意义。

总之,通过合理的方法挖掘到数据的价值。通过科学地分析、建立数据模型和深度学习等,能够更好地掌握数据的内涵和规律,提出更好的策略。同时,与他人协作也是非常关键的,可以通过开放的平台实现多个团队之间的协作,从而扩大数据应用的范围。在不断学习、创新和实践中,能够探索更大的数据世界,为社会的发展做出贡献,也取得更好的商业成果。

4. 重点应用场景

一般来说,数据价值分析主要涉及预测及描述等方面。在开展数据价值分析的过程中,目标数据的类型是关注的重点,应该从实际出发,选择合适的数据类型,才能充分发挥好数据价值分析的作用,数据挖掘能进一步体现出数据的价值,因而在很多领域得到了广泛应用。

1)数据挖掘在金融业中的应用

考虑到金融业的特点,其必将涉及大量的数据信息,通过应用数据挖掘技术,能够发现其内在的发展规律,进而能结合实际的组织信息、目标客户情况,掌握金融市场的发展动态。在金融业的数据挖掘过程中,主要包括市场预测、分类账号、数据清理、市场分析以及信誉评估等方面。

2）数据挖掘在市场中的应用

在市场的发展过程中，充分利用数据挖掘的优势，能够对市场进行准确定位，进一步掌握消费者群体的需求以及规律性内容，据此制订有利于市场营销的计划。与传统营销模式相比，大数据的数据挖掘能进一步降低企业成本，实现预期的市场目标，获得更高的利润。

3）数据挖掘在医学中的应用

部分疾病是单一基因所致，部分疾病则是多种基因共同影响的结果。在基因研究工作中，为了寻找治疗疾病的方法，特别是当涉及编码序列和非编码序列的区分问题时，必然涉及大量的实验和演算内容，充分发挥数据挖掘的优势解决分类问题。

4）对遥感大数据的数据挖掘应用

对遥感大数据进行相应的数据挖掘处理，具体表现形式如下。首先，获取数据，并提出相应的存储方式，结合实际需求从不同传感器上获得多源、海量的遥感数据，并进行数据的预处理，组成有效的数据集；其次，分析处理相应的数据集，通过数学统计学方法进行分类，寻找数据间以及数据类别等相互关系；再次，对于分类后的数据进行数据挖掘，进一步采用多样化的方法探索数据间的隐含信息以及内在联系，利用深度学习、云模型、决策树、神经网络等方式寻找模式关系；最后，进一步对模式以及知识进行可视化处理，便于用户更好地理解，便于后续的分析和利用。

5）制造业领域数据挖掘的应用

制造业应用数据挖掘的主要目的为检查产品质量，例如通过对产品数据的研究及分析，将其中蕴含的规律找出；通过对整体生产流程的分析，将过程中存在的影响生产效率及质量的因素找出，之后有针对性地解决找出的问题，促进产品制造质量的提升，进而增加企业所能获得的经济效益。除产品质量外，制造业决策中也明显地体现出了数据挖掘的作用，利用相应技术筛选数据后，将具备使用价值的数据信息获取，之后通过决策树算法统计决策，保证做出的决策是客观的、准确的。

6）电信行业领域数据挖掘的应用

近年来，电信行业的发展越来越繁荣，不断地扩大其客户群体规模，此种状况下，电信企业要保证自身提供的技术服务更为优质，以能提升客户的满意程度，从而获得更多的忠诚用户。但由于电信行业的技术服务属于庞大的混合载体，极易影响技术服务质量，应用数据挖掘后，此种局面可得到有效的改善，在数据挖掘作用下，全面深入地分析各种复杂数据，获取知识及规律，利用电信企业有针对性地对技术服务做出优化及改进，更好地满足用户的需求。

7）教育领域数据挖掘的应用

教育管理者可利用数据挖掘对学生的心理特点做出分析，从而以此为依据有效地调整教育管理活动，并帮助教师调整教学活动，有利于提升教育管理及教学效果。另外，还可用学生成绩作为数据，通过数据挖掘技术将学生在学习中存在的薄弱之处找出，之后教师针对性地给予学生指导及帮助，促进学生学习效果的提高。

2.5.4　数据资产确权

数据作为新型生产要素,具有不同于以往任何生产要素的特性,一是数据本身具有多维属性,如权能多样性、价值不确定性、非竞争和非排他性;二是数据的价值在流动中释放,而传统的静态赋权模式难以完全覆盖数据在不同处理环节的权益变动;三是数据蕴含着多元主体的权益,需要综合考量、平衡各方利益。以上因素使得数据要素权益配置体系的构建存在诸多困难。

1. 数据要素"三权分置"

在 2022 年 12 月 2 日发布的《中共中央 国务院关于构建数据基础制度更好发挥数据要素作用的意见》中强调"根据数据来源和数据生成特征,分别界定数据生产、流通、使用过程中各参与方享有的合法权利,建立数据资源持有权、数据加工使用权、数据产品经营权等分置的产权运行机制,推进非公共数据按市场化方式'共同使用、共享收益'的新模式,为激活数据要素价值创造和价值实现提供基础性制度保障。"此文件明确指出探讨并建立健全数据资产确权的运行机制,也指出数据资产"三权分置"的重要性。

三权分置是对数据资源持有权、数据加工使用权、数据产品经营权的分置。三权分置并非简单地将两权分置中的"使用权"拆分为"加工使用权"和"产品经营权",而是反映了对数据要素性质、数据交易市场本质的更加深入的认识。

首先,三权分置中最引人注目的变化便是引入了"数据产品经营权"。数据产品是数据要素流通的主要形态。但是由于数据产品权属不明,企业缺乏动力将数据产品化,导致市场上的数据产品供给不足。数据产品经营权一方面从政策的高度认可了数据以"产品"形态流通的实践,另一方面为数据产品经营者提供了法定的、安全的经营获利权利。数据产品化意味着,数据要素型企业在数据资源上投入实质性加工或智力劳动后,形成数据产品,并在明确的使用场景中流向需求者,从而促进数据要素的流通使用。数据产品经营权鼓励企业把大量高质量数据资源变成数据产品,将给数据市场供给侧带来结构性优化,进而盘活整个数据交易双边市场。

其次,"数据加工使用权"在新技术条件下有了新的意义。一方面,数据在价值链中体现出形态的多变性,数据加工使用权没有增加对"资源"或"产品"的限定,而是体现为开放的数据形态观。数据形态的变化通常与加工过程有关,因此在原来的"使用权"上增加"加工",体现出"加工"和"使用"的不可分离的特性。另一方面,在联邦学习、多方安全计算等交付技术发展起来后,"原始数据不出域,数据可用不可见"成为技术上可行的方案。数据加工使用权可以和原始数据相分离,数据流通不再局限于数据本身的流通,而越来越多地呈现为数据加工使用权的流通。

最后,将"持有权"的权利客体明确为"数据资源",体现了促进数据资源整理和强化分类分级保护的公共利益。一方面,明确数据资源持有权将促使企业登记数据资源,从而给国家统计数据生产要素资源提供了可能的路径;另一方面,明确数据资源持有权将为公共数据、企业数据、个人数据引入不同的确权规范,强化分类分级保护。企业自行采集的数据,不违反法律的禁止性规定的,即获得企业数据的资源持有权。公共数据通过政府授权运营后,相关企业也可以获得公共数据的资源持有权。个人数据通过个人授权和国家监管部门授权后,相关企业可以获得个人数据的资源持有权。

2. 权益配置的机制探索

不同于既往任何生产要素,数据要素权益的配置路径存在诸多难点,需要厘清各主体权利/义务边界,无法完全照搬既往的要素配置机制。为此,各国不断展开有益探索,包括构筑数据相关立法模式、探索数据分级分类方案、完善和促进数据流通、提升技术水平保障各方数据权益。

1) 数据立法成为完善数据权益配置的路径

近年来,我国数据立法不断向前推进。从整体来看,我国数据治理体系理应涵盖数据安全保障、用户权益保护以及数据价值释放三大部分。当前,我国数据立法已基本完成前两个阶段的目标。在数据安全保障体系方面,我国已出台《国家安全法》《网络安全法》《数据安全法》及相关配套规定;在用户权益保护体系方面,我国已出台《民法典》《个人信息保护法》及相关配套规定;但在数据价值释放体系方面,我国立法对此规则涉及不足,缺乏系统的、可复制推广的促进数据要素价值释放的制度。下一步立法重点是促进数据价值释放,聚焦各部门在数据领域价值释放的衍生共性问题,整合传统部门要素,突破部门立法壁垒,形成具有内生性、协同性的数据管理法律制度。

我国目前已开始探索建立数据管理体系。在中央层面,先后发布多项政策性文件。2022年6月22日,中央全面深化改革委员会第二十六次会议审议通过《关于构建数据基础制度更好发挥数据要素作用的意见》,提出要促进数据高效流通使用、赋能实体经济,统筹推进数据产权、流通交易、收益分配、安全治理,加快构建数据基础制度体系。地方层面,贵州、天津、海南、山西、吉林、安徽、山东、上海等地先后出台数据条例,促进数据有序利用。地方立法虽然能够在一定程度上回应释放数据价值的现实需求,但数据需要在更大的范围内进行流通。而且地方立法还存在标准不一、规定冲突等问题,需要从中央层面出台一部统筹性立法,系统规定各项数据管理的法律制度。

2) 数据分类分级成为数据权益配置的基础

数据类型多样、价值各异。对数据进行分类分级,既能合理规定不同类型数据的流通方式和规则,提供开展合规化的数据流通行动依据,最大限度释放数据价值;也能划清在不同场景和安全级别下,不同类型数据所应采取的保护措施,更好地保护数据安全。当前,较为普遍的分级分类标准是根据内容进行分类、根据安全风险进行分级。

(1) 根据内容进行分类规范数据处理活动。

不论是立法要求还是具体实践,数据分类能够更好地指引数据处理活动。由于数据之上承载的信息内容丰富,依据内容分类存在多种方法。

我国也通过出台标准以及指南明确数据分类要求。2020年3月,工业和信息化部印发《工业数据分类分级指南(试行)》,规定"工业企业结合生产制造模式、平台企业结合服务运营模式,分析梳理业务流程和系统设备,考虑行业要求、业务规模、数据复杂程度等实际情况,对工业数据进行分类梳理和标识,形成企业工业数据分类清单"。2021年12月,全国信息安全标准化技术委员会发布《网络安全标准实践指南——网络数据分类分级指引》,从国家、行业、组织等视角给出了多个维度的数据分类参考框架,提出的数据分类维度包括公民个人维度、公共管理维度、信息传播维度、行业领域维度、组织经营维度。此外,贵州省发布的《政府数据数据分类分级指南》以及重庆市发布的《公共数据分类分级指南》等文件也从内容维度对数据进行了分类。

(2)根据安全风险进行分级保障数据处理安全。

在数据分级方面,各国通过出台立法,采取严格的方式保护敏感数据、关键数据等特殊类型数据,降低发生数据泄露以及遭受网络攻击的可能性。近年来,我国也在不断探索数据分级制度。早在《网络安全法》中就首次提出了"重要数据"的概念。《数据安全法》则在《网络安全法》的基础上,明确提出了国家建立数据分类分级保护制度,即根据数据在经济社会发展中的重要程度,以及一旦遭到篡改、破坏、泄露或者非法获取、非法利用,对国家安全、公共利益或者个人、组织合法权益造成的危害程度,对数据实行分类分级保护,要求加强对重要数据的保护,对核心数据实行更加严格的管理制度。全国信息安全标准化技术委员会也在《网络安全标准实践指南——网络数据分类分级指引》中提出数据分级框架,将数据分为一般数据、重要数据、核心数据三个级别。

3)数据流通成为实现各方主体权益的引擎

数据要素权益的配置离不开数据流通。一方面,需要广泛促进数据流通,释放要素价值;另一方面,要把握好数据流通路径,平衡各方权益。从各国立法经验来看,数据流通的制度设计聚焦在政府和企业如何提供和获取数据。

(1)公共数据开放实现数据供给需求。

2019年,欧盟制定了《开放数据指令》,在原先《公共机构信息指令》的基础上进行转型升级,主要内容包括:遵循默认开放和非歧视开放的基本原则,做到"尽可能开放,必要时关闭";对访问者可以采取颁发许可证制度;对受保护数据的访问,公共部门应在保护第三方权利的情况下推动数据开放,对于这类受到保护的数据,公共部门仅可以开放预处理数据;建立高价值数据集,以可机器读取的格式向社会免费提供,包括地理空间、地球观测与环境、气象等数据。

(2)企业数据流动释放数据要素价值。

企业对企业(B2B)提供数据,可分为两种情况:一种是企业之间直接合作提供数据,主要合作模式为签订合同。由于数据提供合同是"不完全合同",明确数据交易流通合同的各项要求成为新的立法倾向和探索方向。例如,欧盟《数据法案》为对抗互联网巨头,扶持中小企业,对企业间数据交易合同条款是否"公平"进行了定义。第二种是通过中介促进数据流通,如数据经纪商、数据交易所、数据共享服务商等。针对数据提供的中介机构的相关制度在不断完善中。

4)技术手段成为保障各方主体权益的工具

数据价值开发在根本上并不取决于传统的产权定性,而是通过多方的市场参与,达成数据共享利用,促进价值生成的市场共识规则。数据要素具有数字化、网络化、智能化等较强的技术性特征,在解决配置数据要素权益问题时,隐私计算、区块链等技术工具以及包含各类技术方案在内的工业数据空间等解决方案也可以发挥积极作用。

(1)以隐私计算及区块链作为推进数据交易流通的主要抓手。

近年来,通过隐私计算及区块链等技术变革传统数据流通方式,在保护数据安全的同时实现多源数据跨域合作,也可在一定程度上规避数据产权争议,受到广泛关注。

一是隐私计算的出现能够很好地平衡数据价值挖掘与隐私保护间的矛盾问题,成为实现数据交易流通的有效技术手段。常见的实现隐私计算的技术路径包括联邦学习、多方安全计算、可信执行环境。隐私计算能够在处理和分析计算数据的过程中保持数据不透明、不泄露、无法被计算方以及其他非授权方获取。在隐私计算框架下,参与方的数据不出本地,在保护数据安全的同时实现多源数据跨域合作,破解数据保护和融合应用的难题。2020年10月,Gartner将其列为2021年企业应用的9项重要科技趋势之一。自2018年开始,隐私计算成熟度迅速提升,在我国加快培育发展数据要素市场、数据安全流通需求快速迸发的推动下,隐私计算的应用场景越来越多。在金融领域,隐私计算以营销、风控端(如反欺诈、反洗钱等)为主要落地场景;在政务领域,隐私计算可以在一定程度上解决政务数据孤岛问题,提高政府治理能力;在医疗领域,隐私计算可以对不同数据源进行横向和纵向的联合建模,保证各方医疗数据的安全。

二是区块链具有去中心化、难以篡改、可溯源等特点,也使得其作为数据交易流通技术手段被逐渐普及。区块链是一种基于密码学原理构建的分布式共享数据库,其本质是通过去中心化和去信任的方式集体维护一个可靠数据库的技术方案。区块链能够拉动数据供需双方交易率、提高流通效率,通过建立数字身份和可信数据凭证体系等,使数据交易流通安全可信。在数据交易溯源方面,将带有唯一标识的数据附于区块链上进行交易,用户可以明确区分数据流通产业链上的拥有方、使用方、中介方各个角色,以实现对数据是否经过查阅、篡改、复制留存等内容进行验证。在数据交易授权方面,通过搭建私有链或联盟链的形式,由数据供方对数据需方授权,并对授权文件进行同步流通与校验,从而实现实时校验授权真实性、交易稽核及管控的目的。

三是隐私计算与区块链相结合的数据交易流通技术方案。隐私计算和区块链各有优劣,隐私计算保密性强、但可信任性差;区块链可信任性强、但保密性弱。隐私计算与区块链相结合能够使原始数据在无须归集与共享的情况下,实现多节点间的协同计算和数据隐私保护。同时,能够解决大数据模式下存在的数据过度收集、数据储存单点泄露等问题。区块链确保计算过程和数据可信,隐私计算实现数据可用而不可见,两者相互结合,相辅相成,实现更广泛的数据协同。

(2)以工业数据空间作为促进数据价值发挥的重点方向。

实践中,为充分释放数据潜在价值、发挥数据流通活力,在相关法规尚不健全的情况下,国内外正在探索通过技术手段消除或减缓数据利用的障碍,目前比较成熟且有效的方式就是"工业数据空间(Industrial Data Space)"。工业数据空间最初由德国提出,并最终成为欧盟共识。

2020 年 2 月,欧盟发布《欧洲数据战略》,针对数据可用性差、市场失灵、数据基础设施及技术不足、网络安全等问题,提出要建设工业(制造业)、金融、能源、交通、农业等九个欧洲公共数据空间,设计了一套包括数据产权、交易、定价等在内的规则体系,结合统一信息模型,提供标准化软件接口和解决方案,从而推动数据的有效应用和流通。其中,"工业数据空间"是为了提升欧盟工业竞争力,将分散的工业数据转换为一个可信的数据网络空间,汇聚整合来自工厂、物流公司、政府部门及其他第三方的数据,实现工业数据可信、可用,即工业数据空间是以标准体系和技术措施为基础、多方认证企业共同参与、旨在促进数据共享流通的空间网络。在工业数据空间中,数据持有者可决定谁有权利、以什么样的价格访问这些数据并将用这些数据去做什么;同时工业数据空间可营造出数据交易流通的安全、透明和可信环境,让企业可以放心在其中进行数据流动,是解决数据要素权益配置的重要前沿探索。

3. 权益配置的方案探讨

数字经济推动着经济结构转型升级,本质是推动生产力和生产关系的和谐发展。当前,数据要素的投入数量和权益配置水平已经成为制约生产力发展的关键问题,为了发展与生产力相适应的生产关系,需要秉持类型化、价值化以及场景化的思考方式进行数据要素权益配置。同时,建议根据数据类型选择差异化的配置路径,分别规定在公共管理、商业应用以及工业制造环境下的数据要素权益配置规则。

1)总体思路

(1)类型化思路。不同类别数据要素的权益配置具有不同的解决思路,推进节奏也不尽相同,无法采用统一化的解决方案,需要因类施策,实现数据要素权益配置规则构建的准确、周延与完整。为此,数据要素权益配置需要以不同种类、不同级别的数据为基础进行讨论,采取差异化权益配置方式,确定区分保护的模式。

(2)价值化思路。实现数据价值释放只有数据充分融合,流动于各主体之间,进行开发利用的方式才能实现。为此,不可过度强调数据权利归属问题而忽略了数据作为生产要素这一关键特性。数据要素权益配置的实现方式必须符合当前经济发展的特征,应沿着数据产业链创造或者数据价值形成的路径展开,鼓励利用数据创造价值的行为,构建开放、发展的数据要素权益配置体系。

(3)场景化思路。数据要素权益配置既要摆脱数据产权理论上的学理争执,又要摆脱数据产权分配"非此即彼"的思维束缚,摒弃"套模具"的方法,另辟蹊径,使用"搭积木"的方案,围绕不同场景下数据处理活动产生的互动关系,不断分布式探索,从特殊性中归纳普遍性,积累权益配置规则,逐步建成涵盖多维度、多层次的规范体系。

2)实现路径

(1)采用分类分级推进权益配置:差异化的配置方案。

数据要素涉及的权益主体广泛,为促进各类数据要素的高效利用,需要着力推动数据分类分级,根据不同数据的属性和特点,制定差异化的权益配置方案。

从理论层面来看,数据分类和数据分级是按照不同的依据进行的。数据分类是把具有共同属性或特征的数据归并在一起,纳入不同的分级保护体系之中;数据分级侧重于划定数据所具有的某种后果性标准,并构建相应的保护措施。也就是说,分级和分类并非简单并列的关系。对数据进行分类有多种维度,不同维度各有价值,选择的维度取决于数据分类的目的;而数据分级是在安全管理视角下,依据重要性和影响程度进行的划分。一般按照数据对国家安全、公共利益或者个人、组织合法权益的影响和重要程度,将数据分为一般数据、重要数据、核心数据。从实践层面来看,数据分类和数据分级往往难以进行清晰划分。尽管二者的定义分开来看是较为清晰的,但一起使用时,便存在对二者之间关系的争议和困惑。数据分类分级并非一直以固定搭配出现在我国法律文件中。《网络安全法》和《个人信息保护法》中使用的表述是"分类";而《数据安全法》中使用的表述是"分类分级"。目前,对于数据分类分级工作,缺乏国家层面的法律明确其顺序关系。本书建议采用先分类再分级的理念,先将数据要素按照持有主体的不同,划分个人信息、企业数据以及公共数据三类,在不同类型范围内,再进行一般、重要、核心三等数据级别的划分。为此,下面将结合个人信息、企业数据以及公共数据三种数据要素类型分别讨论权益配置方案。

　　一是基于社会本位考量推进个人信息权益配置。随着数字经济时代的到来,单纯强调个人信息保护的理念愈发捉襟见肘,需要一种联系的、动态的个人信息权益配置观念。个人信息兼具个人性、社会性和公共性,在其上交织着人格利益、商业利益和政府管理需求等复合式利益,不应只受限于个人的控制和决定。为此,个人信息权益配置方案,应从全局高度对各主体利益进行统筹安排和合理分配,在规则安排上不但要保护个人信息权益,细化个人在个人信息处理活动中享有各项权利的行权方式;同时,也要拓展个人信息处理者利用个人信息的合理空间,明确个人信息处理除同意外其他合法性基础的具体内涵以及实现方式,并回应国家机关为履行法定职责或者法定义务处理个人信息的诉求,从而最大化实现数据价值。

　　二是基于价值生成机制视角推进企业数据权益配置。目前,企业数据内涵与权益体系在理论界尚未达成共识。企业数据从产生到利用是一个动态发展的过程,承载的权益类型也是向前/向后迁移转换的,需要将企业数据在流转过程中相关的主体、行为、形态、场景等有效统摄,识别不同场景中企业数据相关主体的利益需求。鉴于企业数据价值的动态性与阶段性,本书以数据价值生成机制为视角,将企业数据分为原始数据、数据集合与数据产品。根据企业数据在收集阶段与加工阶段的价值形态的不同,赋予差异化财产权益保护规则。

　　在数据集合生成阶段,此时尚未改变数据源的初始形式,只是加入了数据处理者的劳动投入,将符合需求的海量数据进行聚合,可认为数据集合同时承载了个人的人格利益、企业财产利益。可采取"互不干扰"的分层权益配置方式,即个体权利的享有并不影响整体权利的形成,个人仍可以独立行使其基于个人信息处理活动所享有的权利,不妨碍数据处理者基于加工处理所形成的数据集合享有的财产权益。这种财产权益本质上是一种具有支配属性的控制权,但排他性效力弱于所有权。例如,数据集合的利用要以保障个人信息权益为前提条件,一旦与个人的个人信息权益发生冲突时,必须让位于个人的各项权利。在数据产品生成阶段,技术的介入改变了原有数据本身的结构,数据处理者对数据集合进行深度汇总与分析，从杂乱无章的数据集中提炼内在规律，形成具有价值的信息进行归纳性推演，是数据从量变到质变的过程。此阶段，原始数据中的人格属性不再存在，此时其上承载的利益类型仅包含数据处理者的财产利益。因此，应承认数据处理者对其数据产品享有控制、使用、传输、处分等专有权能。

三是基于政府管理理念推进公共数据权益配置。结合理论和实际，将公共数据权益配置给政府是较为合适的制度方案。首先，将公共数据配置给政府符合劳动财产理论的基本价值理念，公共数据由政府收集完成，政府进行支配、处分等是劳动占有的应有之意；其次，能够深化公共数据的利用和开发，推动公共数据的流转和二次利用问题，解决"不愿""不敢""不能"共享的问题；最后，政府已经形成较为成熟的公共数据利用机制，由其控制公共数据分配也有助于防止公共数据利用的市场失灵。公共数据属于公共资源范畴，我国生产资料社会主义公有制的基本定位决定了公共数据权益应当归属于政府。公共资源是指属于国家和社会公有公用的用于生产或生活的有形资源、无形资源以及行政管理和公共服务形成或衍生的其他资源。而公共数据是政府在履行公共管理和公共服务职责时形成或衍生的数据资源，是政府履行职责的"副产品"，其记录和证明着政府行为轨迹，自然属于公共资源。公共资源为全体社会成员所有，任何主体都不得在整体上独占和使用公共资源，这是我国对公共资源归属的基本定位。公共数据权益配置也应遵循同样的进路，公共数据虽归属政府并由政府控制支配，但政府仅是代表国家行使相应的占有、使用、收益、处分及管控等权利，从本质上讲公共数据所有权应当也只能由全体人民享有。换言之，政府仅是代表全体人民对公共数据行使相应权利，全部收益最终归属于全体人民。

（2）公共管理环境下的权益配置：打造公共数据资源池。

当前，公共数据要素配置机制的痛点在于公共数据的开放性不足。应当将公共数据权益配置给政府，这为政府展开公共数据开放利用提供了正当性基础。在公共管理环境下，政府需要利用公权力机关的地位解决数据供给侧问题，通过建设数据资源基础设施，加强资源流通和整合，推动公共数据进入数据要素市场，建设、维护并扩大公共数据资源池。

一是建设数据资源基础设施。打造公共数据资源池的基础条件是完善数据资源基础设施建设，打造互联互通、安全可控的一站式公共数据开放共享平台，打通数据孤岛，推进数据跨部门、跨层级、跨地区汇聚融合和深度利用。一方面，需考虑对公共数据进行标准化分类、质量控制、生命周期管理以及提供稳定而安全的开放平台和接口，具备用户友好的特性，例如，提供简明直接和满足多种需求场景的查询功能、完整的在线数据目录，以及开放便于用户查看和提取的数据格式；另一方面，应当把安全发展贯穿于数据资源基础设施建设全过程，提升数据资源基础设施安全可信水平。同时，应持续合理化数据存储布局和建设，提高数据灾备设施覆盖率，为公共数据发挥价值保驾护航。

二是优化公共数据开放目录。在制度内容上，国家层面制定统一的公共数据共享目录。公共数据共享目录决定了政府环境下公共数据的开放范围和方式，是公共数据价值实现机制的起点。《数据安全法》规定，国家应当制定政务数据开放目录，即采取统一立法进路，在国家层面建立统一的公共数据开放目录具备现实需要。目前各地的实践探索中，目录制度的制定主体缺乏统一性和规范性,目录制度的制定权限配置及其具体实施常"政出多门",由于对公共数据开放制度的认知不一,数据清单的编制思路也各不相同。例如浙江、山东、上海、广东等地,在地方立法中将典型如供水、供电、供气、公共交通等公用企业在履行社会服务职能时产生的数据,也归入公共数据开放范畴中,但也有地方的规范在公共数据开放范围上仍以效仿政府信息公开为主。因此,公共数据开放目录制度应当以国家层面的顶层制度设计来协调统一,避免稀释目录制度的效力。在公共数据开放内容上,注重区分层次和动态开放。公共数据开放目录的编制,应当分类分级、标准明确,遵循需求和目标导向的逻辑,按开放优先层次高低逐步制定数据清单。如果按照共享、开放角度进行分类,划分为无条件共享、有条件共享、不予共享三类,应当明确相关依据和共享条件,以便于企业明确标准,衡量公共数据获取成本。优先开放与民生紧密相关、社会迫切需要、行业增值潜力显著和产业战略意义重大的高价值公共数据。既可以避免过多消耗行政资源,也有利于避免资源投入的低效和供给与需求的错配。此外,还可以考虑实行动态目录制度,以回应动态发展的公共利益需求,增强公共数据可用性。《贵阳市政府数据共享开放条例》对此有所回应,当"法律法规修改或者行政管理职能""经济、政治、文化、社会和生态文明等情况"发生变化,涉及政府数据开放目录调整或变化的,公共数据开放主体应当及时更新目录。地方据此制定地方公共数据共享目录后,还需进行周期性数据资源梳理,以便及时更新目录,确保公共数据共享目录的全面、真实、准确。

三是探索公共数据共享开放模式。公共数据共享开放的首要目的在于促进数据要素权益配置和有效利用,充分发挥数据要素对于提升全要素生产效率的倍增效应。基于数据的非排他性和处理活动的强外部性,对其经济模式的思考不应拘泥于公开式的免费逻辑,或是与之相反的自然资源式排他授权逻辑,而应摒弃非此即彼的思路,探索免费、收费与政企间数据交换并存的复合型公共数据共享开放模式。可以免费开放为原则,收费为例外。公共财政负担全部成本、社会免费利用的公共数据开放模式,曾被认为是制度的应然选择。但收费并不当然损害数据开放,我国部分地方已确立以免费开放为原则,"法律、行政法规另有规定的,从其规定"的制度空间。事实上,许多国家都对基于商业目的获取数据的主体收取费用。英国除了提供公益性、非营利性的数据开放服务,同时还进行营利性的数据开放,收取"合理的投资回报"。由于数字基础设施的造价高、投资周期长,对于一些出于商业利用的目的、大规模或持续的公共数据开放申请,政府可收取适当的查询、复制和审查等费用,这在一定程度上有助于调动公共数据开放的积极性,但需避免出现出售高价信息或信息垄断的情形。探索政企间"数据换数据"的开放模式。除公共数据 G2B(Government and Business)单向流动外,以政企间数据交换为条件的开放模式也值得纳入探讨。以既有实践为参照,"数据换数据"可以在特定场景下,尤其是在 PPP(Public Private Partnership)项目运作模式下落地。在此过程中,企业运营的公共基础设施数据具备高度公共性,企业与政府也已具备基础合作和投入划分条件,完全可以考虑企业向公共数据资源池回传自身运营数据,作为其获取公共数据的对价或"开放条件",而无须另行支付费用。例如一些欧美城市,政府已尝试要求获得授权参与城市交通系统运营的服务商将运营产生的用户数据提供给公共数据平台。相比免费和收费的模式,"数据换数据"模式有助于超越以公共数据开放换取财政收入的短视,规避公共数据的定价复杂性,也有利于简化开放条件。从地方立法提供的框架来看,除了数据安全保障等基本条件,立法往往还要求政府在事前审核乃至设定开放公共数据的具体用途。这种行为控制虽以保证公共数据的开放性为预期,但也可能构成对公共数据开发利用方式的不恰当限制,反而无法充分发挥"数据势能"。而在"数据换数据"的开放模式下,政府可不对数据安全外的利用作过多约束,从而强化了公共数据的流动性。

(3) 商业应用环境下的权益配置:控制格局下的流动规则。

在商业应用环境下,数据已经成为企业的重要资产,对企业数据权益应当进行合理保护。应当承认数据处理者对于企业数据加工之后所形成的财产权益,以维护其对企业数据的控制力。但同时,考虑到企业数据的集中与垄断现象越来越明显,应在保护数据处理者权益的基础上,推动企业数据的共享与重新使用。

一是加强企业数据合规,确保数据有序流动。企业数据价值体现的前提和基础是数据本身的合法合规。如果企业数据来源和数据处理活动不具有合法性,则企业无法基于数据处理活动而形成的数据集合或者数据产品主张财产权益。因此,数据安全与个人信息全生命周期流程合规是企业日常经营不容忽视的重要事项,企业内部需要建立一套完善的数据安全和个人信息保护合规管理制度。企业应秉持合法、正当、诚信、最小必要、公开透明、信息质量、信息安全等原则,根据个人信息的处理目的、处理方式、种类以及对个人权益的影响、可能存在的安全风险等,制定内部管理制度和操作规程,确保个人信息处理活动符合法律、行政法规的规定。此外,定期开展企业合规审计。企业合规审计可帮助企业及时发现存在的问题与疏漏,在动态流程中控制安全风险。通过全面履行企业既有的数据合规义务,才可确保企业数据本身没有合法性的缺陷,从而铺垫好企业数据价值管理体系的牢固基石。

二是完善"数据可携"制度,打破数据封锁。数据可携是一种有助于促进数据流动性的制度,其开创性地将数据流转的主动权交给数据主体,帮助用户建立在数字经济中的信任和授权,增加用户提供更多数据的意愿,并反过来使用户从改善的服务中获益。可以说,数据可携的种种优势使其逐渐成为数据要素权益配置制度发展的必然趋势,综合立法经验,可以从数据可携的权利主体、客体、适用领域、义务性质和接收者条件限制等维度探索建立数据可携制度。①关于权利主体,是否还适用于法人。在各国的隐私和数据保护制度框架中,普遍将个人作为数据可携权的权利主体。至于将数据可携的主体拓展至法人,部分立法也有所尝试。例如欧盟的《非个人信息自由流动条例》即是 B2B 关系中的数据可携,允许专业用户在云服务提供商之间切换,《数据法案》也将企业用户作为数据可携的权利主体之一。②关于权利客体,适用于哪些类型的数据。数据可携制度在适用范围上也有较大的差异。一种观点认为,在制定数据可携制度时,应当作类型区分,以满足不同主体的利益需求。比如分为个人数据、(具有竞争利益的)专有数据和公共数据,尽管三者可能存在交叉。③关于适用领域,是否针对特定部门。数据可携制度从适用领域的角度,可以分为横向(即适用于跨部门和领域的所有数据持有人)、纵向(即仅适用于特定部门或领域内的数据持有人)。纵向层面的数据可携制度倾向于围绕特定类型的数据构建规则。例如,欧盟的《机动车辆条例》规定数据可携适用于访问车辆诊断、维修和维护信息。而横向层面的数据可携制度同时涉及个人数据和非个人数据，如欧盟的《数据法案》采取横向的跨部门立法规制方式，明确建立跨部门的数据访问和使用治理框架，以便为跨部门的数据共享提供便利。不过，也有立法对于跨部门数据可携持反对意见。2021年12月，澳大利亚政府拒绝了有关跨部门数据可携制度的建议。原因在于政府认为横向层面的数据可携制度过于复杂，而且一些利益相关者认为互惠要求过于苛刻。可见，对于数据可携的横向制度构建，应当保持慎重，充分考虑其可能的不利后果。

三是培育数据交易市场，重构交易模式。传统的生产要素交易市场已经较为成熟，数据交易作为一种新兴事物，成长模式相对比较"粗放"，存在交易规模小、交易价格无序、交易频次低、场外交易乱象丛生等问题。为此，可以建立以作为数据要素市场化配置机制的数据交易所为主、场内场外相结合的数据流动制度，引入数据换数据的交易形式避免定价难的困境，同时确保数据交易公平有序、安全可控、全程可追溯。一方面，以"数据可用不可见，用途可控可计量"的原则打造数据交易所，针对数据权属界定不清、信息容易泄露等风险，运用隐私计算技术，将数据所有权与使用权分离，为供需双方提供可信的数据融合环境。在此基础上，充分发挥数据交易所作为独立、中立、可信任的第三方机构的撮合作用。鼓励数据交易所与各类金融机构、中介机构合作，形成涵盖产权界定、价格评估、流转交易、担保、保险等业务的综合服务体系，从而最大化匹配数据供需市场，促进数据交易和流通。例如，《上海市数据条例》第53条规定，数据交易服务机构作为第三方，"为数据交易提供数据资产、数据合规性、数据质量等第三方评估以及交易撮合、交易代理、专业咨询、数据经纪、数据交付等专业服务"，也对上海浦东新区数据改革进行特别规定，鼓励和引导市场主体依法通过数据交易所进行交易，要求数据交易所依法组织和监管数据交易，制定数据交易规则和其他有关业务规则，探索建立分类分层的新型数据综合交易机制，组织对数据交易进行合规性审查、登记清算、信息披露。另一方面，在数据交易所平台的引导下，逐渐规范和调整关于数据交易的相关合同，形成共识性的数据交易规则。在厘清交易主体、数据产品和交易过程合规要求的前提下，场外的合同交易也将具备现实可能。可以在此基础上，鼓励数据主体披露数据资源，通过数据主体间的双边、多边合同的自主交易，形成长效激励机制，推动数据要素权益配置。

四是短期内以生产领域数据为突破，加速形成工业数据空间。生产领域的数据化是数字经济发展的主战场，工业制造领域产生的数据类型较为单一，主要为工业数据，而且涉及主体主要是制造业企业及上下游企业，并不复杂。特别是，工业数据正逐渐从制造过程的副产品转变为企业和供应链环节带来新价值的战略资源，成为提升制造业生产力、竞争力、创新力的关键要素。围绕工业场景重点解决工业数据要素权益配置问题相对容易，也具备一定的实践基础。下一步，可考虑以工业数据连接为基础，积极探索部署中国工业数据空间架构体系，从架构构建、生态形成、标准建立等多层次培育工业数据市场。第一，构建工业数据空间架构体系。充分调研国内外相关技术路径，明确工业数据可控流通、利用、监管的场景和需求，构建符合中国需要的工业数据空间架构体系。自下而上建立数据接入层（工业数据的来源)、传输处理层(对数据传输、处理以及计算)、中间服务层(由中间服务方提供的第三方服务)、数据控制层(数据全生命周期的接入控制与使用控制)以及数据应用层(企业业务运行)。第二,搭建工业数据空间生态系统,参照工业互联网产业联盟的成功模式,积聚数据流通,利用相关各方构建工业数据空间联盟,培育生态系统。可基于各参与方之间的业务关系形成的数据流通模式,形成点对点模式、星状网络模式以及可信工业数据空间融合模式等不同种类的业务模式。第三,建立工业数据空间标准体系,在现有网络安全、等级保护等国家标准基础上,建立"基础类""技术类"以及"应用类"等不同类型的工业数据空间标准体系,指导各行业推进建立工业数据空间应用。并同步推动工业数据空间标准在 IEEE、ISO 等国际标准组织的立项和研制工作。

2.5.5 数据资产评估

数据资产成为核心生产要素的前提就是价值计量与交易流转,由数据交易需求产生价值评估供给是最具有生命力的,数据资产评估已成为推动数据资产交易中不可或缺的重要环节,实现数据资产交易的流动价值。因此,如何建立健全数据资产评估方法成为促进数据要素流通的关键因素。

1. 数据资产评估内容

数据资产评估包括数据资产成本评估、数据资产价值评估,如表 2-11 所示。

表 2-11　数据资产成本和价值评估的维度

评估种类	计量维度	各维度描述
数据资产成本评估	采集、存储和计算成本评估	主要包括人工、IT 设备等直接费用和间接费用等
	运维成本评估	主要包括业务操作费、技术操作费等
数据资产价值评估	活性评估	活性指标主要包括数据连接度、贡献度等,数据的高连接度和贡献度,意味着高活性和高数据价值
	数据质量评估	主要包括数据一致性、准确性、完整性、及时性等,高数据质量意味着高数据价值
	数据稀缺性评估	描述数据的供给数量及供给方数量的多寡,通过与最大供给方数量或数据供给丰富程度相比较,判断数据稀缺性,高稀缺性数据意味着高数据价值
	数据时效性评估	描述数据的时间特性对应用的满足程度,较高的满足程度意味着高的数据时效性,即高数据价值
	数据应用场景经济性评估	描述在具体场景下数据集的经济价值,由于不同行业的规模、数据应用程度等具有差异性,因而不同的场景下的数据集,其价值会相差很大。通过某场景下的经济价值与所有场景中的最大经济价值相比较,判断数据应用场景经济性,高场景经济性意味着高数据价值

数据资产成本评估一般包括采集、存储和计算的费用(人工、IT 设备等直接费用和间接费用等)和运维费用(业务操作费、技术操作费等)。数据成本管理从度量成本的维度出发,通过定义数据成本核算指标、监控数据成本产生等步骤,确定数据成本优化方案,实现数据

成本的有效控制。

数据资产价值评估主要从数据资产的分类、使用频次、使用对象、使用效果和共享流通等方面计量。数据价值(收益)管理从度量价值的维度出发,选择各维度下有效的衡量指标,对针对数据连接度的活性评估、数据质量评估、数据稀缺性和时效性评估、数据应用场景经济性评估,并优化数据服务应用的方式,最大可能性地提高数据的应用价值。比如可以选择数据热度、广度等作为数据价值的参考指标,通过投资回报率(Return On Investment,ROI)评估,高效管控和合理应用数据资产。

当前业界对于数据资产价值评估主要聚焦于三个方面:一是数据资产估值,直接量化体现数据价值;二是数据资产会计核算,作为企业的核心资产进入资产负债表;三是多角色参与数据要素生态,进入数据要素流通的大循环中。

多数企业对于数据资产价值评估的认识和实践都集中于第一个方面。通过对数据资产的规模、价值、运营能力和管理水平进行全面度量,客观评价数据在典型业务场景下的贡献程度,清晰展示数据对于业务质效提升、经营模式变革的推动力,形成数据管理与数据应用的良性循环。

作为数据要素市场管理方的政府机构和行业协会则聚焦于第二和第三方面。

目前数据资产价值评估的思路主要沿用传统资产评估方法(成本法、收益法、市场法),但是也注意到各评估方法的适用对象和可行程度存在差异。对于成本法,考虑到成本难以分摊,其适用对象是企业全部数据资产而非特定数据产品,测算结果是数据资产管理的总体投入成本,包括获取成本、加工成本、运维成本、管理成本、风险成本等方面;对于收益法,其适用对象是特定数据应用场景下的数据产品,测算结果是引入数据资产所带来的业务效益变化;市场法以数据定价和数据交易为主要目的,其适用对象同样是单一数据产品,通过对比公开数据交易市场上相似产品的价格,同时考虑成本和预估收益,对数据产品进行价格调整。

利用成本法对数据资产价值评估时,需基于形成数据资产的历史成本开展。数据资产的成本和价值具有弱对应性,其成本具有不完整性。成本法对有些数据资产价值评估存在一定合理性,比如,以成本分摊为目的的数据资产价值评估。

利用收益法对数据资产价值评估时,需要预计数据资产带来的收益进而估计其价值。这种方法在实际中比较容易操作,在目前数据资产价值评估实践中比较易于落实。这种方法具有一定的局限性,目前实践中使用数据资产直接取得收益比较少见。但是,根据业务计划获得的间接收益,在一定程度上有助于把握部分企业数据资产的收益。

利用市场法对数据资产价值评估时,需根据相同或者相似的数据资产的近期或者往期成交价格,以对比分析结果为基础评估数据资产价值。根据数据资产价值的影响因素,比如数据有效性、稀缺性、场景经济性等因素,对比和分析调整可比较数据资产的价值,进而反映被评估数据资产的价值。

2. 常用评估方法比较

成本法在本质上是对数据成本的归集。主要看数据资产在全生命周期各个阶段的成本，比如建设时期的建设费用（包括人工材料）、运维时期的运维费用（包括数据加工的费用）等，这些费用共同构成数据的全部成本。这种方法适用于没有明显的市场价值或正在产生市场价值的数据。成本法的优点是比较容易把握和操作，易于获取历史数据产生的费用，比如把软件、硬件、人工费用等予以求和计算，便于财务处理，因为财务会计人员对所有成本都从成本角度归集。成本法便于解决数据丢失产生的法律纠纷，对于有些数据丢失后怎么赔偿与赔偿多少的问题，甲方和乙方之间会因争执而协调不定。如果按照成本法评估，提供数据成本等证据有助于解决法律的佐证问题。这种方法评估的数据资产价值往往偏低，因为收益和成本之间有一个弱对应，数据产生成本可能很低，但其价值是多倍增长，所以基于这个方法评估的结果并不十分准确。该方法比较适合第三方的中立机构采用，特别是不以交易为目的的机构。比如在政务数据的共享方面，这类数据不以盈利为目的，但是要明确掌握国有资产的成本和流向。

收益法是通过估算被评估资产的预期收益并折算成现值的方法。适用的条件是被评估资产未来预期收益可以预测并可以用货币计量。收益法可以相对比较真实准确地反映数据资产价值，如果预期收益预估准确，则其对应的数据资产的价值是比较容易预测的。收益法的缺点是收益额和风险预测比较难以预测准确，而且会受到主观判断因素的影响。对于数据的需求方而言比较容易进行预测，比如数据的购买方可以预测数据获取之后能产生多大价值。还有企业自身也比较容易操作评估，因为对于企业自身数据未来可以应用的业务场景及其未来收益是比较容易明确的，所以收益法适合企业自身采用。但是对于交易数据则很难预测对方获取数据后的收益，故不太适用于对外预估。

市场法是根据市场上类似数据交易的价格类比估值的方法，需要活跃的市场交易环境，有大量的交易和数据积累后比较适合采用这种操作。该方法反映目前的市场情况，比较容易为买方和卖方接受。缺点是对市场环境要求比较严格，评估实施时需要依托市场上类似的交易进行类比。目前，采用市场法的条件不是特别充足，与数据类似的无形资产有一定的保密性，评估人员很难收集数据交易的价格，只能获取到交易的是什么数据但是并不能轻易获取数据内容。而且，交易的数据类型比较单一，大多是结构化的数据、数据集和标签数据，非结构化数据等其他数据比较少，交易类型大多限于企业数据、气象数据和交通数据等。另外，数据市场提供的数据质量、用户数量、频次等信息获取难度也很大。

常用的三种数据资产的价值评估常用方法比较分析如表 2-12 所示。

表 2-12　数据资产的价值评估常用方法比较分析

评估方法	优　点	缺　点	实　施　难　点	适　用　场　景
成本法	容易掌握和操作	对数据资产价值的估算往往偏低	很难算准数据的全生命周期成本	不以交易为目的
收益法	能真实反映业务价值	偏主观	预期收益预测难度大	适合于数据消费方
市场法	能反映资产目前市场状况，易被买卖双方接受	对市场环境要求高、评估难度大	前提条件不具备，无法有效采用该方法	适用于活跃的数据市场，以交易为目的

收益法在数据资产价值实际评估中比较容易操作,根据未来预期收益衡量企业数据资产能够更加真实、准确地反映数据资产的资本化价值,是当前值得推荐的评估数据资产价值的方法。收益法要求被评估数据资产具有较好的收益能力,对于技术实力雄厚且有着较多数据资源积累的企业,可以运用尖端的大数据技术对数据资产价值进行挖掘,激活数据资产为企业带来更多收益,运用收益法评估互联网企业数据资产也容易被交易各方接受。

3. 数据资产价值评估体系

综合成本法、收益法和市场法,考虑数据自身特性,构建包含内在价值、成本价值、经济价值、市场价值四个维度的数据价值评估体系。

1）内在价值

内在价值是指数据资产本身所蕴含的潜在价值,通过数据规模、数据质量等指标进行衡量。评估数据资产内在价值是评估数据资产能力的基础,对于数据资产其他维度价值评估具有指导作用。

核心计算公式:内在价值＝(数据质量评分＋服务质量评分＋使用频度评分)/3×数据规模

数据质量评分是从数据的完整性、准确性、规范性等质量维度统计数据资产的通过率情况;服务质量评分是从业务应用角度统计数据资产覆盖度和使用友好性情况;使用频度评分是统计数据资产的使用频度情况;数据规模是统计的企业累计数据资产总量。

2）成本价值

数据资产的成本价值指数据获取、加工、维护和管理所需的财务开销。数据资产的成本价值包括获取成本、加工成本、运维成本、管理成本、风险成本等。评估数据资产成本价值可用于优化数据成本管理方案,有效控制数据成本。

核心计算公式:成本价值＝获取成本＋加工成本＋运维成本＋管理成本＋风险成本

获取成本是指数据采集、传输、购买的投入成本;加工成本是指数据清洗、校验、整合等环节的投入成本;运维成本是指数据存储、备份、迁移、维护与 IT 建设的投入成本;管理成本是指围绕数据管理的投入成本;风险成本是指因数据原因导致数据泄露或外部监管处罚所带来的风险损失。

数据资产的成本价值评估以数据项目为单元进行核算。需要说明的是,数据资产成本价值评估各项指标可能与传统项目成本或 IT 成本有所重叠,因此,可参考数据资产管理的标准化流程,进一步界定成本价值评估各类指标的数据资产贡献比例,提升成本价值评估的准确性。

3）经济价值

数据资产经济价值指对数据资产的运用所产生的直接或间接的经济收益。此方法通过货币化方式计量数据资产为企业做出的贡献。

核心计算公式:经济价值＝业务总效益×数据资产贡献比例

业务总收益是指提升营业收入和降低经营成本。

由于"数据资产贡献比例"的计算存在一定难度,可考虑利用业务流和价值流对业务总效益进行拆解,并对应数据流,进一步界定该业务价值环节的数据资产贡献比例。

4)市场价值

市场价值是指在公开市场上售卖数据产品所产生的经济收益,由市场供给决定数据资产价值。随着数据产品需求的增加以及数据交易市场规则的建立,该方法可行性与准确性逐步提升。

核心计算公式:市场价值=数据产品在对外流通中产生的总收益

2.5.6　数据资产应用

数据资产的大规模、广范围流通将在数字经济中发挥重要作用。本书的数据资产应用包括数据共享开放、数据交易流通、数据价值分配等内容。而在中国信息通信研究院的分类中,以数据与资金在主体间流向的不同,数据要素流通可以分为数据开放、共享、交易三种流通形式,推动数据资产在组织内外部的价值实现。

数据开放是公共数据为主的单向、无偿数据流通,即指向社会公众提供易于获取和理解的数据,对于企业而言,数据开放主要是指披露企业运行情况、推动政企数据融合;对于政府而言,数据开放主要是指公共数据资源开放。国家机关、法律法规授权的公共管理者等将公共服务中收集到的数据开放给社会大众,这些数据归全民所有,可以在除去国家秘密、个人敏感信息、商业秘密后向全社会开放,回馈社会。例如全国已经建成了21个省级公共数据开放平台,地级行政区开放平台比例达到58%。公共数据覆盖公共安全、社会民生、经贸工商、交通出行等多个领域。

数据共享是数据拥有双方以货币不介入的形式完成数据双向流通,实现政府部门间、政企间数据共享,即指打通组织各部间的数据壁垒,建立统一的数据共享机制,加速数据资源在组织内部流动。政府部门间数据的打通有利于利用好存量资源,为更高效的数字政府建设打好基础。截至2021年5月,国家数据交换平台已上线目录超65万条,累计数据查询与核验超37亿次。其中公安部自然人基础信息、教育部高校学位信息、市场监管总局企业基本信息等是重要的共享数据。政企数据共享方面,企业凭借高效的数据管理与应用能力、对接市场的能力,帮助政府管理、使用数据正在形成趋势。例如在杭州的智慧城市建设中,大数据的处理与管理交由阿里云负责,全国多数智慧城市建设也都一定程度采用这种模式。公安部天网工程的建设中需要保管超过数以亿计的联网监控探头数据,并进行视频内容分析。

数据交易则是使用货币支付完成数据单向流通,即指交易双方通过合同约定,在安全合规的前提下,开展以数据或其衍生形态为主要标的的交易行为。在数据要素化浪潮之前,传统的点对点数据交易已然形成规模,如在金融机构的信贷决策中,向外部机构寻求客户数据资源;企业对其他主体金融信息、企业信用、法院判决、报告论文、人工智能标注等数据的供需关系。互联网与移动互联网广泛普及后,用户的大数据交易成为一类快速发展的方向。随着数据交易所的运营,数据交易规则与交易凭证的出现,数据交易正在走向场内标准化,整体规模也在快速扩张。

数据共享、数据开放、数据交易的区别在于交换数据的属性与数据交换的主体范围。对于具备公共属性的数据,在组织体系内部流通属于数据共享,如政府机构之间的数据交换;在组织体系外部流通属于数据开放,如公共数据向社会公众开放。对于具有私有(商品)属性的数据,在组织内部流通属于企业数据共享,如企业部门间数据交换;在组织外部流通属于数据交易。并非所有的数据交易均以货币进行结算,在遵循等价交换的前提下,不论是传统的点对点交易模式,或是数据交易所的中介交易模式,由"以物易物"延伸的"以数易数"或"以数易物"同样可能存在。

公共数据开放是指公共管理和服务机构在公共数据范围内,面向社会提供具备原始性、可机器读取、可供社会化再利用的数据集的公共服务。

1. 数据共享开放

数据共享管理主要是指开展数据共享和交换,实现数据内外部价值的一系列活动。数据共享管理包括数据内部共享(企业内部跨组织、部门的数据交换)、外部流通(企业之间的数据交换)、对外开放。数据内部共享的关键步骤是打通企业内部各部门间的数据共享瓶颈,建立统一规范的数据标准与数据共享制度,数据外部流通和对外开放可以通过数据直接交易与提供数据分析信息的两种方式实现,将数据中符合共享开放层级的信息作为应用商品,以合规、安全的形式完成数据共享交换或开放发布。目前来看,拥有海量数据是企业开展数据资产运营的前提条件,在数据流通环境下,主要参与的角色包括数据拥有者、数据消费者、数据服务者和数据运营者四类角色。

(1)数据拥有者。通常是指数据的合法拥有方,在数据共享中,则特指信息系统的业务部门及单位。其负责在日常业务活动中,组织人员在信息系统中录入数据,或合法获取外部数据并提供使用。

(2)数据消费者。在数据共享中,指发起数据共享需求申请并使用数据用于开展合法、合规业务的内部部门及单位。在数据开放中,则指发起数据开放需求申请并使用数据用于开展合法、合规业务的外部单位,包括政府单位、外部企业或个人。

(3)数据服务者。负责在数据拥有者给出的数据资源基础上,根据数据消费者可能的使用需求提供各类服务,如将原始数据加工为应用产品、提供数据交易过程中的代理服务、针对数据真实性或有效性提供验真服务、对数据开放过程的合法和合规性提供审计服务等。

(4)数据运营者。负责提供一个支持数据共享与开放的环境,如统一的服务平台、标准化的数据产品、数据资源目录查询检索等,以及开展以创造经济价值为导向的运营活动,如客户管理、订单管理、营销宣传等。

2. 数据交易流通

数据要素的交易难点在于数据确权。由于数据要素诸多特殊性质,包括规模依赖性、权属不清晰、价值依赖流动,与其他要素条件天然的安全和隐私风险等,数据要素无法仿照其他要素,在确定所有权、利益享有权、排他占有权后进行交易。

破局关键在权利分离与交易使用权为代表的科斯定义的"产权"。使要素在经济中能够高效发挥作用的是产权而非必须是所有权。著名的科斯定理中的产权定义是制度允许一种权利对另一种权利的妨碍。在此基础上就可以搁置数据所有权的争议,以制度保护数据使用权,即一种科斯式"产权",从而完成高效的数据交易。

数据交易所未来发展关键在数据确权与登记。数据要素市场的初步发展已经颇见成果,预计未来仍将高速增长。未来数据交易的长期增长内生需要更加完善的确权、登记方法。可以借鉴科斯式"产权"保护方法、交易使用权,并由数据交易所严格管理交易数据的来源合规、合法性,降低交易不确定性,促进数据要素交易的高速发展。数据交易所还可能扮演公共基础设施的角色。

数据流通发展利好多个产业。随着数据交易激活数据价值,围绕产业数字化、数字政府、智慧城市、数据交易的数字全产业链将迎来长期需求增长。

1)数据要素交易具有特殊性

如果按照其他要素参与市场的经验,确权、定价是最首要的进入市场的前提条件。传统意义上,只有权属明确后,数据要素才能够在市场机制下高效发挥作用,这也就是经济学中著名的科斯定理。因此必须明确数据要素的以下三点性质,即所有权、利益享有权、排他占有。

数据要素与传统实物要素或无形要素有很大差别。①具有规模依赖性导致的集合性权益;②天然的所有权不清晰,导致与财产权价值规律的背反;③可复制性导致的价值非对立性;④数据价值依赖其不断流动;⑤数据价值对其他要素的依赖性;⑥天然的隐私和安全隐患。一些分析机构为了强调数据要素在未来的重要地位,提出了"数据是数字经济时代的石油"这样的说法,并广为接受。尽管单纯从重要性上看,这一比喻并无不妥,但数据与石油在经济中发挥作用的方式有着非常大的区别。

首先是规模依赖性要求集合性权益。实物要素是可分割的,其价值由数量线性决定,但数据要素的价值具有规模效应,例如只有当数据量足够庞大时,对人工智能(Artificial Intelligence,AI)训练、提取关键信息等用途而言才是有价值的。但随着用途不同,这一价值在越过阈值之后又可能呈现边际递减或者边际递增规律。规模依赖性导致数据要素要求集合性权益。成规模的数据才体现价值,即如果一个互联网平台有一个用户,其单独的行为数据并没有什么价值,或者说在市场中相较于交易成本而言价值增加量可以忽略不计。但如果其拥有一千万用户,将所有用户数据整合为大数据,则拥有了极具价值的信息资源可供挖掘。数据要素的价值就体现在其对个体化、碎片化数据的整合能力。

这导致了数据要素具有天然的所有权不清晰属性。例如从法律角度看,互联网公司拥有的用户数据所有权应当属于公司还是用户处于模糊地带。即便目前的普遍现状是用户授权互联网平台企业获取个体数据,平台公司通过免费或低廉的互联网服务予以交换。这种不清晰的权属导致大数据很难脱离平台进行交易——数据购买方必然会担心法律定义模糊情况下,来源用户对数据涉及争议问题时的法律诉讼、权利索偿带来的成本。

这还导致了数据要素价值与碎片化的要素财产权在价值规律上的背反。传统数据要素交易中强调法律明确保护所有权,以降低交易带来的不确定性风险。但数据要素不同,即如果法律认定所有权应当归属于来源方,即平台用户的话,其数据所有权不在单个主体,而是成千上万的主体。这一性质导致大规模的数据要素几乎无法交易——其所有权过于分散。但如果认定平台收集的用户数据所有权归属于平台，这在法理、常识与公平性方面都存在疑问。

价值非对立性使得数据价值依赖其不断流动。传统的要素所有权是指行为主体对要素如土地、原材料、设备等的排他占有，即一个主体享有其经济利益代表他者的无法享有这一利益。但由于数据要素可以便捷地复制，即便仿照传统交易确权，一份数据可以在交易完成后被双方同时享有，并且还可以出售给多个主体。其无限的复制性也意味着，只有可以自由流转的数据才能最大程度被社会各主体挖掘其价值。从目前法律并未明确界定，但就数据要素的场外交易正在快速增长的现实来看，正是由于其流动越快价值挖掘越多的特点，市场才会自发地在制度建设之前，以各种风险和不确定性为代价形成庞大的供需关系。

数据要素的价值体现还非常依赖其他要素与客观条件。数据要素的价值体现在其所能提供的信息，通过直接或间接的方式改善生产效率和市场配置效率。这种价值体现过程相比于其他实物要素的更加复杂。例如在特定互联网平台的用户数据提取的信息一般只对该平台有商业价值，平移或套用都面临失效问题。

数据要素由于其来源特殊，具有天然的隐私与安全风险，增加流通难度。隐私与安全风险是数据要素流通最大的阻力。考虑到现实情况，数据拥有者以及其经济利益的享有者大都是互联网公司这样的一方，其数据来源则是用户一方。这导致一旦出现隐私问题与用户争议，数据实际拥有方很难界定自己的权利范围。另外大数据还涉及国家安全问题，因此涉及数据跨境流动时，可能面临的限制与风险具有更高的不确定性。

2）数据交易所可能的发展方向

场内数据交易目前发展迅速，未来前景广阔。数据交易所是未来数据要素运用重要渠道，自2015年贵阳大数据交易所开始运行以来，全国各地已经有超过30家数据交易所。根据国家工业信息安全发展研究中心的《中国数据要素市场发展报告》，2021年我国数据要素市场规模达到815亿元，"十四五"期间市场规模复合增速将超过25％。随着未来数字经济将成为我国经济发展主线，数据交易所作为一种关键的基础设施必然会迎来庞大的市场需求和良好的发展机遇。随着大量数据涌入交易所，数据的复杂程度提高，交易的流程步骤增加都是可以预见的。数据交易所为了承接更加庞大、复杂、更加系统化的交易及其他业务，客观上也需要未来更加完整的制度建设。

未来数据交易所建设中，最重要的环节或为交易的确权制度。确权是指提供产权的界定，通过制度设计让产权归属在交易各方间没有争议。如果套用科斯定理的表述，可以称之为权属界定。具体到数据交易上，则是风险与责任的界定。不论是场内还是场外的数据交易，都面临数据特殊性带来的诸多交易难点，其中权属不清和隐私风险最为关键。例如，如果存在数据利益归属争议，或事后证实数据来源非法；或如果数据涉嫌侵犯来源用户的隐私，需要涉及数据的主体承担法律责任，交易双方如何分别承担则难以界定。这些是现今场内交易相比场外交易难有更多优势的关键节点，也是未来的突破点。在未来数据交易所的建设中，强化对数据产权的确认与保护，则可以为交易者提供更多确定性，促进发展场内交易。因此关键可能在于如何绕开数据流通的诸多难点，形成特有的确权方式。

　　促使数据要素高效流通的"产权"明晰的经济学定义不同于"所有权"。通常的认知中会将"产权"与"所有权"的定义画等号，认为这两者是促进数据要素在经济中高效流通的先决条件，即著名的"科斯定理"。但如果追本溯源，回到科斯定理的出发点，科斯强调的产权是行为人之间权利的互相妨碍的优先级界定。科斯在原文中的表述是，在利益冲突中，由于一方权利妨碍了另一方权利，如果法律承认其产权，这种权利对权利的妨碍，或者称为负面影响，则可以获得法律支持。科斯所举的例子是，一个行为方对一块土地的产权占有，应当被理解成法律支持其对这片土地的使用权利，妨碍其他人使用这片土地行走或修筑房屋等等的权利。在科斯的这种定义中，排他占有并非是权利的必要标志，明确地优先保护一方某种权利才是。

　　未来的场内数据交易可以借鉴科斯的观点确权。面对各类可能的交易事后争议，场内交易当前提供的保护形式是，提供一种可以类比"公证"的服务，让交易双方及其他市场参与者看到数据交易有交易所提供的交易凭证，其形式上与土地使用权、股票、碳排放权等传统资产的交易凭证一致。但由于数据确权的天然难点，对产权的保护并没有这些传统资产的凭证那样强有力，主要依靠数据交易所的公信力。在上海市数据交易所发布的《全国统一数据资产登记体系建设白皮书》中就提到，各地已有实践工作"没有体现数据资产登记作为物权登记、促进市场交易、加强监督管理的主要意义"。为了可以更明确地确权，场内交易可以事先明确在各类事后权利争议中各方承担的责任，并通过数据交易所制度固定下来，使得交易双方在交易前就可以明确其可能承担的责任范围。或者更进一步，通过数据交易所制度建设将这类风险责任降低到各方可预期的限定范围内。这样可以通过降低潜在成本与不确定性，降低整个数据交易流程的成本，从而使得场内交易形成相比场外更加显著的交易优势。

　　具体可以通过数据所有权、使用权、经营权分离实现。由于数据的所有权比较模糊，可以避免交易数据所有权，而分离出使用权进行交易。通过保护数据使用权，同样可以保障交易者权益，促进数据要素的高效流转。数据要素存在权属不清晰、价值依赖外部条件、不遵循一般价值规律、隐私与安全性等交易难点。通过绕开数据交易所有权，而交易分离出的使用权与经营权则更加便捷，这些权利也更易于类比为科斯式的"产权"进行保护。《数据二十条》中也对分离权利进行交易提供了政策支持："建立数据资源持有权、数据加工使用权、数据产品经营权等分置的产权运行机制，推进非公共数据按市场化方式'共同使用、共享收益'的新模式。"

　　预计未来会有更多的确权、登记制度落地，助推数据交易高速发展。在上海数据交易所发布的《全国统一数据资产登记体系建设白皮书》中，展示了其对未来的场内数据交易制度的预期，聚焦其中的数据资产登记体系。其中建议制定全国范围的数据资产登记结算管理办法，统筹建立数据资产登记的管理体系。参照不动产等其他产权登记工作，这样的全国统一发展方向对促进数据要素流通具有较高促进作用。符合国务院发布的《要素市场化配置综合改革试点总体方案》中"发展数据资产评估、登记结算、交易撮合、争议仲裁等市场运营体系，稳妥探索开展数据资产化服务"的要求，也是对现在各地各种数据资产登记管理办法的发展。

　　数据交易所在未来可能扮演类似公共基础设施的角色。大力发展数据要素的交易与应用对宏观经济发展具有重要意义,但在对全过程的刻画中,可以发现随着数据交易的增长与制度措施的完善,交易前的数据分类、核验等成本也更高。数据交易所可以一定程度上承担场内数据交易严格监督数据来源、合法性与隐私保护等情况带来的必要成本,即不单纯将交易的不确定性带来的或有成本等价甚至高价转化为交易制度带来的确定成本。另外,由于数据交易与应用的正外部性很强,将场内规范化交易的成本部分由公共部门承担也具有合理性。回顾历史,经济重要部门如供水供电、道路交通等领域由公共部门补贴建设、运行是良好的参考案例,均为社会创造了巨大的正外部效应。

3. 数据资产价值分配

我国数据资产价值实现的探索取得初步成效,但由于数据要素本身的特性,尚未形成通过市场化配置实现收益分配的机制。主要有以下难点:一是数据资产价值创造的过程复杂性和产出多元性,使得直接评估数据资产带来的经济效益具有一定难度;二是数据资产价值实现的过程需要数据这一生产要素与资本、劳动、技术等其他生产要素深度融合与协,同多元要素在价值创造过程中发挥的协同作用较难以分割量化;三是数据要素在使用上的非竞争性、非排他性,复杂外部性、边际成本为零等特性,使得数据资产难以按照规模报酬和边际成本等传统的经济学方法确定收益分配。因此,数据资产价值和收益分配方法仍需要在数据要素市场化机制中持续探索和构建。

1)数据作为生产要素参与社会分配

党的十九届四中全会《决定》明确提出要健全劳动、资本、土地、知识、技术、管理、数据等生产要素由市场评价贡献、按贡献决定报酬的机制。这是我国实行按劳分配为主体、多重分配方式并存的社会主义基本经济制度的又一次新的理论突破和改革实践,对于建立我国高效、公平、有序的数据要素市场具有重大意义。

在传统要素市场中,要素所得份额由该要素贡献的价值决定,本质是由其边际产出能力决定。市场经济下,数据资产最直观的边际产出只有在使用、流转和交易过程中才能实现,并由市场反映和决定。然而,由于我国数据要素流转机制尚未健全,数据产权制度不完善、权利边界不清、标准规范滞后等原因,导致数据开放、共享和交易的数据要素市场体系发育尚不充分,进而市场反映数据要素价值贡献的范围和程度有限。尽管目前业内有成本法、市场法、收益法等数据资产价值评估方法,但现阶段数据交易价格仍以市场主体间通过协议协商定价为主,难以形成科学合理的市场价格模型。无法充分体现真实的市场竞争和供求关系,导致由市场评价贡献、贡献决定报酬的数据要素收益分配机制在现阶段尚未有效形成。

因此,数据交易平台仍需要通过大量培育市场、活跃交易,在实际流通和交易中建立健全数据资产交易机制和定价机制,形成科学合理的数据要素市场价格,才能完善市场评价数据要素贡献、贡献决定数据要素收益的机制。确保数据要素收入初次分配高效合理,处理好公平和效率问题,让企业和个人有更多活力和空间去开发利用数据要素,促进数字经济发展。

2)按数据资产形成价值链的贡献度分配

(1)参与价值分配的主体。

价值分配过程中最重要也最困难的环节是分配主体的确定。由于数据来源和处理的方式不同,数据资产权益的主体相较于传统资产更为复杂。数据的价值来源于数据的流通与利用过程,其中可能形成各种利益交织关系和多元主体间复杂的权益网络。可能涉及的主体包括个人信息主体、企业等信息加工处理者、技术算法的权利人等,甚至在公共数据处理过程中还可能涉及公权力主体。因此,从数据资产的价值生产侧看,参与数据要素价值实现的市场主体在一定程度上应当同参与数据要素价值分配的主体一致,应兼顾多方主体的分配利益。

由于涉及数据要素权利的界定问题尚未形成定论,因此对数据权益主体和价值分配主体,理论界中也有不同观点。但目前国内和国际社会基本形成共识的是,基于数据产生、流转过程的复杂性和特殊性,简单地赋予数据所有权(具备排他性)可能不适于数字经济发展。有观点提出,立法上可以对数据资产赋予民法上的用益物权,权利人可以在流转过程中占有、使用标的物。但是,用益物权也是由所有权派生而来,其权利的基础还是需要回归到数据所有权的确权。2022年12月《关于构建数据基础制度更好发挥数据要素作用的意见》正式发布,其中强调要建立数据资源持有权、数据加工使用权、数据产品经营权等分置的产权运行机制,健全数据要素权益保护制度。这也就意味着数据产权机制似乎放弃了所有权思路,转而采用了一种权利分置的路径。基于此,从价值分配的公平角度来说,包括数据资源持有者、数据加工处理者、数据产品经营者等主体在内的数据资产价值链上的全部权益主体,原则上都应该对数据变现形成的收益享有分配权。

《关于构建数据基础制度更好发挥数据要素作用的意见》中也强调,要健全数据要素由市场评价贡献、按贡献决定报酬机制。按照"谁投入、谁贡献、谁受益"原则,着重保护数据要素各参与方的投入产出收益,依法依规维护数据资源资产权益,探索个人、企业、公共数据分享价值收益的方式。推动数据要素收益向数据价值和使用价值的创造者合理倾斜,确保在开发挖掘数据价值各环节的投入有相应回报,强化基于数据价值创造和数据价值实现的激励导向。

(2) 类知识产权要素的收益分配方式。

虽然数据资产相关的产权制度尚不完善,但在数据资产和交易已成发展趋势的情况下,依然要探索有效的价值和收益分配方式,避免"反公地悲剧(Tragedy of the Anti-commons)"现象,即因为过度竞逐法律规制所赋予的有限权益与利益分割而导致资源分散,权利持有者相互壁垒、难以合作的僵局。

数据资产化和资产化过程本质上是赋予数据有价值、可有限流通等属性,因此数据要素可类比于技术、知识产权等要素参与价值分配的形式。有学者曾提出可以参照知识产权的分配模式确定对数据财产权的分配比例,对数据变现形成的收益,原始数据生产者与二次加工增值者均应享有分配权。例如,美国拜杜法案出台后,形成了将知识产权收益一分为三的基本格局,即一份归投资者,一份归发明者,一份归成果转化形成经济效益的转化机构。因此专家建议,互联网及相关平台应当将使用平台用户数据形成产品进行数据交易收益的20%~30%返还给数据的生产者。

(3) 构建数据资产价值链贡献度评估模型。

厘清数据要素发挥作用的方式及流程,从而理解数据要素在生产活动中的价值链条对于合理分配至关重要。按照数据资产形成的价值链进行收益分配,可结合技术手段对涉及的各主体和各价值产生环节进行贡献评估。例如,中国科学院院士姚期智团队于2021年底发布了数据要素定价算法及要素收益分配平台,值得借鉴。通过经济主体功效函数与决策模型贡献度的耦合,对不同数据要素起到的经济价值做合理公平的定量评估,从而计算得到数据要素在经济活动中产生的经济价值。根据博弈论的合作博弈理论,确立不同的数据对于决策模型的贡献度,从而确定其收益分配。实践证明,可根据数据定价算法在集团不同法人主体、不同部门之间,根据数据的贡献度进行要素价值的分配、部门贡献的独立核算。

（4）个人数据要素参与分配权。

中国人民大学法学院教授王利明认为传统权利分离理论在解释数据权益时明显不足。数据权益应该是多项权益的集合,在强调保护个人信息权益的优先性、重视数据有效利用的基础上,他提出以"权利束"理论视角观察数据权益。在确认数据权益时,不光要考虑对数据的加工利用产生的价值,还应当强调对个人信息的保护,并注重个人信息保护与数据利用之间的有效平衡。平台不能利用强势地位进行大数据杀熟,也不应未经个人同意将个人数据转让给第三方获取额外收益。王利明教授认为即便个人信息主体允许数据处理者分析、加工、处理个人信息,也不等于个人信息主体完全放弃了对个人信息的权益,同样也并不意味着个人信息主体对数据产品里面所包含的各类信息再享有任何权益。

有观点认为,个人数据要素收益权应该体现出个人作为原生数据信息来源的重要价值,应按照其对个人信息的处置权,参与到由其个人信息组成的数据资产增值收益分配中,获得相应的收益。在尚未建立原始数据来源方直接参与收益分配机制的阶段,一方面,可考虑鼓励企业加大数据安全合规成本投入,提升数据流通交易安全保护等级,从而为数据来源方提供更安全的隐私保护作为隐性补偿;另一方面,可以在用户告知—同意环节,承诺与用户以派发现金/优惠券、服务折扣、数据衍生品优先、免费或优惠使用等方式分享收益。

3）数据资产价值在企业内部的绩效分配

对企业数据对外流通交易后产生的收益应在企业内部按价值贡献度进行合理分配。在数据产生、收集、使用、加工等过程中,除了数据本身的固有价值、技术设备软/硬件的投入成本等之外,均凝结了数据从业人员的劳动价值。如果没有企业内数据决策者敏锐的商业布局和技术人员、数据管理人员的加工增值,数据流通和交易便成了无源之水。因此,为了激发企业内部对于数据流通和变现的积极性,可搭建内部的数据价值实现的管理路径,使数据安全、合规、有效地变现产生的收益作为数据业务的绩效管理内容。

企业应注重提升数据要素价值生成链中劳动者的初次分配收益。企业可以对数据采集、储存、清洗、标注、整理、分析、技术等的主要贡献者和劳动者,采取一次性和中长期奖励相结合的激励机制。例如,对数据业务决策者可以采取数据管理要素入股、股票期权制、数据交易项目收益提成等;对拥有高级数据技能的劳动者,可采取数据技术入股、数据技术特殊津贴、一次性项目奖励、员工持股计划等方式,提升数据技术劳动者的初次收入分配水平。其中,数据入股机制可以将数据产品成果市场作价折合成公司股份作为员工奖励报酬,鼓励员工发挥主观能动性创造数据价值并参与长期分配。

4）公共数据授权运营分配机制

（1）公共数据授权运营的法律基础。

公共数据，是指公共管理和服务机构在履行法定职责或者提供公共服务过程中收集、产生的，以电子或者其他方式对具有公共使用价值的信息的记录，包括政务数据和公共服务数据两大类。公共数据是数据要素开放与自由流动的高地，公共部门向社会开放公共信息资源，由社会主体对数据进行创新开发并二次增值，对内可促进政府各部门间打通数据壁垒、提升政务效能；同时对外也推动了公共数据与社会数据的融合利用，提升数据价值实现的空间。

《数据安全法》第 42 条规定，国家制定政务数据开放目录，构建统一规范、互联互通、安全可控的政务数据开放平台，推动政务数据开放利用。由此看出，政府数据开发的主要形式为社会公开开放。

在中央的政策号召推动下，地方政府就公共数据增值性开发利用的可行模式纷纷发起探索。早在 2016 年《福建省政务数据管理办法》率先提出公共数据归国家所有，为公共数据的开发利用确立了相应的权利基础。基于对公共数据利用行为合法性依据的探索，多地政府管理办法中纷纷效仿这一规定。在福建的基础上，《海南省大数据开发应用条例》等地方立法中进一步明确，在依法利用和保障安全的条件下，各省大数据管理机构和政务部门可以通过政府采购、服务外包、合作等方式，开展政务信息资源市场化开发应用。对于公共数据开发利用产生的收入应根据数据开发利用价值贡献度合理分配，其中公共部门取得的收入应作为国有资产经营收益进行管理。

当前，为打消市场主体对从事公共数据增值性利用活动"不愿、不敢、不能"的疑虑，部分地方立法中明确承认市场主体可享有增值性利用产生的产品和收益。2021 年 6 月颁布的《深圳经济特区数据条例》第 58 条规定："市场主体对合法处理数据形成的数据产品和服务，可以依法自主使用，取得收益，进行处分。"2021 年 11 月公布的《上海市数据条例》第 12 条规定："本市依法保护自然人、法人和非法人组织在使用、加工等数据处理活动中形成的法定或者约定的财产权益，以及在数字经济发展中有关数据创新活动取得的合法财产权益。"2022 年 1 月《浙江省公共数据条例》颁布，第 35 条规定："县级以上人民政府可以授权符合规定安全条件的法人或者非法人组织运营公共数据，并与授权运营单位签订授权运营协议。授权运营单位应当依托公共数据平台对授权运营的公共数据进行加工；对加工形成的数据产品和服务，可以向用户提供并获取合理收益。"地方立法规范中虽然均提到建立公共数据授权运营机制，但条文表述规定比较抽象，缺乏授权运营制度落地具体内容，对于授权运营的性质、方式和价值分配模式亟待探究。

2022 年 12 月《中共中央、国务院关于构建数据基础制度更好发挥数据要素作用的意见》中明确鼓励公共数据在保护个人隐私和确保公共安全的前提下，按照"原始数据不出域、数据可用不可见"的要求，以模型、核验等产品和服务等形式向社会提供，对不承载个人信息和不影响公共安全的公共数据，推动按用途加大供给使用范围。推动用于公共治理、公益事业的公共数据有条件无偿使用，探索用于产业发展、行业发展的公共数据有条件有偿使用。

（2）国外公共数据开发利用模式。

当下，国外对于公共数据的利用大多采取类知识产权的"授权许可"模式。在欧盟《开放数据和公共部门信息再利用指令》中，欧盟对公共数据采取使用许可证书的授权方式，即公共部门通过行政许可机制授予企业对于公共数据的使用权。通过公共部门与企业达成的数据开放协议，作为企业取得公共数据使用权的法律依据，以及企业后续开发与使用公共数据的行为规范。在公共数据开发利用的收费问题上，欧盟采用多种方式的收费原则。一是引导公共数据低成本开放并对开放数据免费，但允许收取复制、提供和传播公共数据产生的成本，以及消除个人隐私，为保护商业秘密采取措施而产生的成本；二是对公共事业单位和需要自主创收的公共部门，按照客观、透明、可核查的标准进行数据定价，欧盟成员国在官网上公布此类公共部门名单；三是对高校图书馆、档案馆、博物馆等机构允许合理的投资回报以保障发展。

美国依据《著作权法》对具有版权或相关权利的公共数据库，采取知识共享许可，开放数据库许可等方式，授权用户用以商业或非商业目的开发利用。英国依照《政府许可框架》《自由保护法案》等，对受版权或数据库权利保护的数据采用开放政府许可，允许用于商业或非商业地免费复制、发布、分发、传输及改编数据；针对超过《公共部门信息再利用条例》规定范围的数据再利用设置收费许可。

（3）国内公共数据授权运营机制及价值分配模式。

目前，我国公共数据授权运营机制主要有两种模式：一是由公共管理和服务部门将公共数据授权国有资本运营公司进行运营；二是政府特许经营模式，在政府特许经营模式中，公共数据授权运营在目前法律没有明确规定的前提下，行政机关将其公共服务职能通过行政协议的模式，直接授权社会第三方部分或者全部承担，是一种公共服务特许权的授予，本质上是行政协议关系。

2020年《公共数据资源开发利用试点方案》【国办函（2020）29号】，将上海、江苏、浙江、福建、山东、海南、贵州、广东八个省份作为公共数据资源开发利用试点地区。其中，上海、贵州、山东、广东等地采取了国有资本运营公司模式，海南、浙江等地更多采取了政府特许经营模式，而江苏、福建等地综合采取了以上两种模式。在两种授权运营机制下，授权依据、方式、目的，公共部门参与收益分配方式和期限等有所不同，如表2-13所示。

表2-13 国有资本运营公司模式与特许经营模式对比

项 目	国有资本运营公司模式	特许经营模式
授权依据	公共数据作为国有资本授权运营	设立特许经营协议，规范政府与企业权利义务
授权方式	成立国有资本运营公司	招标、竞争性谈判等方式选择合适的特许经营者
授权运营目的	实现国有资本保值增值	提高公共服务和管理的质量效率
公共部门参与收益分配方式	公司分红、依法上交的国有资本收益和使用管理留存收益	按特许经营协议约定
参与收益分配的期限	法律没有明确的限制，通常按照公司章程规定	根据《基础设施和公用事业特许经营管理办法》第六条，原则上不超过30年

　　参考国外经验并结合国内实践,我国公共数据授权运营价值分配可以采取两种制度路径。第一种路径是设立公共数据授权运营的行政费用制度。持有公共数据的部门向被授权单位收取必要费用,用于弥补该部门数据资源收集、治理、加工、传输等成本。这种费用性质是公共资源使用的服务费,不是公共数据的销售费用,费用标准应当与数据交易的标准不同,以弥补公共管理的必要成本费用为主。第二种路径是建立公共数据"授权许可"制度。基于公共数据属于国有资本的理论基础,参考专利权人许可制度,由公共部门保留公共数据控制权,授予市场主体使用权和收益权,明确授权许可费用的收取方式。例如约定由运营单位以国有资本有偿使用的形式收入,费用纳入地方政府专项收入,使公共数据资源合理开发利用的同时,反哺财政收入提升政府数据治理效能。同时,应进一步以负面清单等形式明确公共数据开放服务和公共数据授权收费的职能边界,防止发生政府职能错位和权力滥用。

　　(4)公共数据运营方与数据加工开发方的收益分配。

　　在目前尚未有国家宏观市场定价标准的情况下,在法律允许的自治范围内,公共数据运营方可以与开发方对收益分配以合同形式自由协商。参考目前司法实践中对于数据收益的裁判思路,公共数据融合开发利用后各方收益的分配比例原则上应按照参与主体的价值贡献比例来确定,如图 2-29 所示。

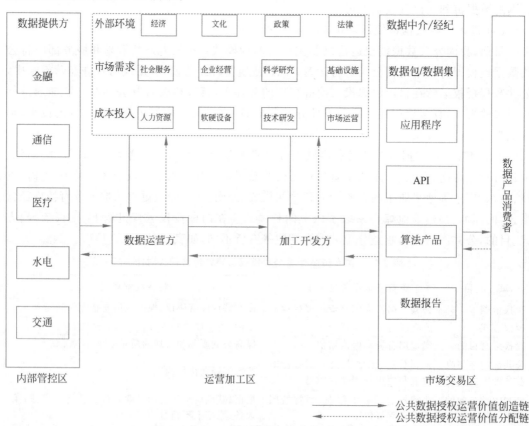

图 2-29　公共数据授权运营价值链

2.6　数据资产运营

数据资产运营可通过对数据服务、数据流通情况进行持续跟踪和分析,以数据价值管理为参考,从数据使用者的视角出发,全面评价数据应用效果,建立科学的正向反馈和闭环管理机制,促进数据资产的迭代和完善,不断适应和满足数据资产的应用和创新需求。数据资产运营的本质是围绕"数据资产内容"进行的"价值驱动、可闭环的"的全生命周期运营体系,是构建数据资产可持续服务能力的基础性保障。

数据资产运营是从运营视角出发,强调优化效率,提升价值,是"努力做到更好"。通过构建数据资产运营体系,提升数据资产服务效率,规范数据资产定义,加强共享与流通;优化数据资产使用体验,监测数据资产使用,便捷数据资产查找;激发数据资产用户积极性,提供多样化的服务场景,引导用户主动参与数据资产运营。

1. 数据资产运营主要内容

通常来讲,数据资产运营管理包括但不限于以下 3 部分主要内容:

数据资产全生命周期运营。即对数据资产进行持续和规范化的识别、维护、监测和评价,意在打造"保质、保鲜"的数据供给能力。其中,数据资产识别是对数据资产在新增与变更上线前进行的识别和信息收集工作;维护是对数据资产进行登记、变更,及对数据资产分类和属性信息等的维护;监测是通过设计和收集多项数据资产监测指标以分析数据质量问题;评价是对数据资产价值进行的量化评估。数据资产梳理并非一次性工作,必须随着业务建设、平台建设、应用建设等持续进行内容的更新,才能有效服务于业务人员与数字化场景。

数据资产权限与安全管理体系。是秉承国家与行业监管对于数据资产安全管理的要求,在企业内部建立一套完善、合规的数据资产流通与共享机制,是数据资产在企业内部得以共享和流通的安全合规保障。通常而言,数据资产权限与安全管理体系贯穿数据资产从上线到下线的包括识别、登记和服务各个环节,涵盖数据资产确权、分级分类、使用权限与安全管理四部分内容。建立安全合规的数据资产权限管理基线,是促进形成数据资产内部良性的共享生态,彻底打破传统机制下的"数据孤岛"壁垒的必经之路。

数据资产价值评价体系。即对数据资产的价值进行量化评价,是实现价值驱动的数据资产运营的核心内容。数据资产的价值密度与大小不同,随着数字化转型、数据应用的持续建设,企业应当建立一套统一的数据资产价值衡量机制,以对企业在数字化转型、数据应用建设领域的投入与回报进行客观衡量在业界已形成共识,但对于如何评估数据资产价值,业界当前仍处在初步探索阶段,尚无公允的估值方法。同时,数据资产评价工作应由包括决策者、管理者和使用者在内的各级人员共同参与执行,并共享建设成果,以最终达到提升数据应用效率,促进数据资产的保质增值与流通,实现数据资产最优配置与发挥最大价值的目标。

通常将数据资产的管理和运营同时体现,即数据资产管理运营＝数据资产盘点＋数据治理＋数据资产价值实现。

管理和运营是一个全流程的事情：首先需要知道有哪些数据（盘点）；其次将数据转换为能够发挥价值的数据资产（治理）；最后实现数据资产应用层面的价值（价值实现），也就是最终要能指导业务产出价值。

2. 数据资产运营路径

数据资产运营体系需要解决实现数据资产价值过程中面临的诸多问题，需要以体系化的方式实现数据的可得、可用、好用，用较小的数据成本获得较大的数据收益，让数据资产价值持续释放。数据资产运营总体上会分为数据资产识别、数据资产维护、数据资产服务，覆盖了数据资产运营的主体工作和持续优化工作。

为了更好地促进数据资产价值的释放，以体系化的方式实现数据的可得、可用、好用，需要构建一套完整的数据资产运营体系。重点通常将企业数据资产运营过程分为3大环节：

数据资产识别。面向全企业数据的资产化登记，通过厘清数据资产范围，规范属性，对存量数据资产集中式盘点，对增量数据资产自动化注册，实现数据资产的准确、有效识别。

数据资产维护。建立对数据资产属性框架、数据资产目录、数据资产内容以及数据资产访问权限的规范化维护流程，实现数据资产的动态更新。

数据资产服务。针对数据资产检索，数据资产分析，数据资产大屏展示等应用场景，构建智能化、可视化、个性化的数据资产服务体系，提升数据资产使用效率。

1）数据资产识别

针对企业海量数据，首先需要厘清数据资产范围。数据资产是企业所拥有或控制的，可为其带来经济收益的，在数据采集、加工、应用和管理过程中产生的一切数据资源。企业通常将基础数据、指标数据、标签数据、挖掘模型等纳入数据资产的范围。

明确数据资产范围之后，需要对数据资产制定属性描述框架。根据数据资产类型的不同，其描述框架的内容也有所差异，但原则上需要明确每项数据资产的业务定义、技术规范和管理对象。

在描述框架中，分别对数据资产项的业务属性、技术属性和管理属性进行了定义，如图2-30所示。通过描述框架，为每项数据资产统一了中英文命名规则，制定了存储字段类型的和格式要求，定义了数据资产业务描述，明确了管理责任部门和使用权限，为后续的有效使用奠定了基础。

存量数据资产盘点。特点是工程量大、技能要求高，因此，一方面，建议采用分阶段集中性的盘点形式，按照"急用先行，先易后难"的原则，对存量数据进行盘点；另一方面，建议借鉴业内成熟的数据资产目录框架，并以此为基线与盘点结果进行挂接，确保盘点内容的完整性和前瞻性。

增量数据资产注册。特点是涉及面广，流程相对固定。因此，需要在数据采集、数据入湖，数据加工等产生数据资产的各个环节设置注册节点，并通过系统接口完成自动注册动作。以某银行为例，在数据入湖流程中部署相应数据资产注册节点，通过在入湖接口的开发部署时自动捕捉元数据信息，完成数据资产的自动注册。

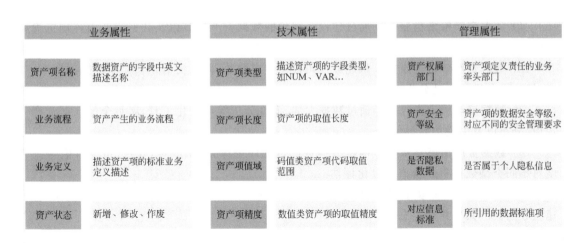

图 2-30　数据资产业务描述属性示例

2）数据资产维护

针对已经形成的数据资产,需要构建一套完整的数据资产维护机制,对数据资产的定义、数据资产的内容以及数据资产权属进行持续更新,以保证数据资产信息的完整可信。

对数据资产及时地更新和自动维护,提升查找及使用数据资产的效率,为开展高效数据资产运营提供基础支撑。根据数据资产属性,主要分为对数据资产内容的维护,对数据资产结构的维护和对数据资产权限的维护。借助数据资产管理平台,实现自动化,实时化的数据资产属性更新。

（1）数据资产内容维护。通过定期同步元数据信息实现数据资产内容技术属性的自动更新,数据资产的业务属性和管理属性信息定期收集,经过业务属主确认后,同步至数据资产管理平台。由数据资产管理人员对已下线的数据资产在平台内进行失效处理。

（2）数据资产目录与属性框架维护。由数据资产管理人员新增和更改目录结构,维护数据资产属性框架和公共标签。

（3）数据资产访问权限维护。由数据资产管理人员和数据属主共同负责进行数据资产底层数据预览权限管理,权限类型包括全公司公开、条线公开、私密。

（4）数据监控。及时、有效地反馈出数据异常的一种手段,通过对数据的监控去观察是否异常,也可理解为数据采集＋数据呈现,利用数据分析工具收集用户的可用数据,以及在业务线中产生的各种各样的数据。收集后,利用工具对数据进行处理,并使用可视化图表的展现形式将数据呈现出来,数据监控主要是通过"数据分析"对数据的变化情况进行监督和控制。

3）数据资产服务

数据资产服务是数据资产价值实现的主要载体,通过梳理常用的数据资产应用场景,完善数据资产服务体系,借助数据分析结果、数据服务调用接口、数据产品或数据服务提供服务,帮助业务提升数据资产生产效率。典型的数据资产服务包括:

（1）数据资产检索类服务。通过建设多视角的数据资产标签以及数据资产内容预览等功能，引导用户全面检索、理解、获取想要的高价值数据。

（2）数据资产分析类服务。从业务视角自动生成取数脚本，灵活筛选提取的数据资产，通过 BI 平台进行联动分析。

（3）数据资产展示类服务。通过数据大屏、血缘分析等可视化工具，展示全量数据资产规模、分布以及关联关系等信息。

（4）数据资产估值类服务。构建数据资产量化评价体系，从成本，收益，市场价值等维度对不同类型数据资产价值的量化评估。

（5）数据资产互动类服务。对数据进行点赞、点踩、评论、星级打分和自定义分组收藏，建立数据资产共享共用生态。

2.7 小结

本章重点阐述了数据资产管理的体系架构。**首先，数据战略是驱动。**数字化本质是战略规划和战术选择，成功的数字化转型都是由战略驱动，而非技术驱动。**其次，数据治理是基础。**只有通过对数据的科学治理，才能使数字产品变得清洁、透明、聚合。**再次，数据资产化是方向。**数据正在成为生产力，数据资产化过程使得数据随需、易懂、有用与可交易。**最后，数据价值化是目标。**通过布局数据资产战略，构建数据资产管理体系，落实数据资产运营管理，实现数据资产化目标，挖掘数据资产真正的价值。

第 3 章

数据资产管理技术
——产品与工具

随着云计算、大数据、人工智能、知识图谱等技术的快速蓬勃发展,数据资产管理领域的方法论的逐步成熟落地,DAMA、DCMM 等数据管理框架的逐步落地与普及,数据资产管理的产品与工具也获得了快速的发展,取得了长足的进步。

"工欲善其事,必先利其器",本章基于数据资产管理相关理论与最佳实践,以信息技术为依托,重点介绍数据资产管理的平台工具、产品技术,其目的是落实数据管理体系,实现数据管理自动化,提高数据管理效率,确保数据质量与安全、实现数据共享与流通、发挥数据资产价值。

3.1 数据资产管理技术

本书作者认为,数据资产管理技术是指在数据资产的建设、管理、维护的活动中,以及在数据资产管理方法论、管理职能领域所需要采取的一些必要的数据技术手段,包括技术框架、技术产品,但不牵扯具体 IT 软件工具或 IT 技术组件。

3.1.1 数据采集技术

数据是新一代的石油,那么,数据的采集就如同石油的勘探、钻取一样重要。从目前数据的来源看,数据的采集(同步、集成),可能需要从数据库、网络、文本、物联网(Internet of Things,IoT)设备中高效、一致地采集数据,涉及多种数据采集的技术,简要介绍如下:

1. 网络爬虫

网络爬虫是一种自动化程序,可以在互联网上自动地收集、解析和存储有价值的数据。主要通过访问网页、提取网页内容和链接、递归地访问其他链接等方式,实现对目标网站的数据采集。网络爬虫主要是借助 Python、Scrapy、BeautifulSoup 等技术框架,模拟人浏览网页行为,发送 HTTP 请求,解析返回数据,提取设定好的信息。网络爬虫可以应用在诸多方面:如在市场竞争分析与研究中,可用来爬取竞争对手的相关产品、价格、销量、评价信息;可监测社交媒体、新闻网站上的舆情信息;可搜集科学文献、可对论文进行信息收集。当然,随着大数据杀熟、数据安全法、个人信息保护法的出台,以及互联网的防爬虫技术的更新迭代,网络爬虫的应用需要在相关法律法规的约束下,合理、合法、合规地应用。

2. 数据库访问

数据库是结构化数据存储的主流模式,作为存储数据的"电子化文件柜",专业的数据库都提供了较为丰富的数据访问技术。通常,从数据库访问数据包括以下几种形式:

(1) **JDBC 接口**:JDBC(Java Database Connectivity,Java 数据库连接)驱动程序,用于 Java 编程语言与各种类型的数据库进行交互的 API。通过该 API,开发者可以使用 Java 语言编写应用程序,结合 SQL 语句,实现数据的访问、查询、统计、提取等。通常来说,在业务系统中,多数通过 JDBC 的方式访问数据。

(2) **ODBC 接口**:ODBC(Open Database Connectivity,开放式数据库互联)驱动程序,是一种用于连接和访问不同数据库的标准化 API,让用户不需要了解特定数据库的底层细节即可直接实现对数据的操作。

此外,借助 ORM(Object-Relational Mapping,对象关系映射)架构,如常见的 Hibernate、MyBatis、Spring Data JPA 等,开发人员可在代码中简化对数据的访问,以对象的形式采集数据。另外,部分数据库,提供了 RESTful Web 服务 API,可以通过 HTTP 请求直接获取被访问的数据。

3. 数据同步与集成

通常来说,在目前数据资产的架构模式下,多数是以数据集中汇聚为主。因此,需要将数据从一个或多个数据源同步到另一个数据源中,以保证两个数据源中数据的一致性。从同步的技术类型上来说分为以下几种:

(1) **基于日志进行同步**:通过对源数据库中的操作日志进行解析,捕获源数据库中的数据变化,并将变化同步到目标数据库中,但这对源数据库的配置要求比较高,比如 Oracle 需要开启归档,在该模式下,可以实现数据的实时同步。

(2) **基于时间戳的同步**:将源数据库中的表加上一个时间戳字段,记录每次更新操作的时间。在同步数据时,通过比较源数据库和目标数据库中的时间戳确定数据是否有变化。这种方式应用比较广泛,比如增量同步等。但可能带来的问题是对于部分场景数据的感知范围不够全面,在源数据库中被删除的内容不太方便地同步更新在目标数据库中。典型的基于时间戳同步的工具有 Sqoop、DataX 等。

(3) **基于触发器的同步**:在源数据库中设置触发器,当源数据库中的数据发生变化时,触发器会自动将变化同步到目标数据库中。这种方法可保证数据的准确性和完整性,但是需要按需开发触发器,同时也会增加系统的负担。在很多业务系统中,触发器模式被大规模使用,用于实现业务系统数据的实时同步、动态汇总。

(4) **基于消息队列的同步**:将源数据库中的数据变化通过消息队列传递到目标数据库中,由目标数据库中的接收程序进行处理。这种方法可实现异步的数据同步,降低系统负担,但是需要对消息队列进行配置和管理,具有一定的数据开发的工作量,如企业数据服务总线(Enterprise Service Bus,ESB),就是借助消息队列的模式实现数据的集成、分发、动态传递的。

4. 半/非结构化数据采集

目前半/非结构化数据的产生量正在不断增长,包括文件、文本、音频、视频、图像等各种格式的数据。根据IDC发布的数据,到2025年,全球可用数据总量将达到175ZB,其中非结构化数据将占到90%以上,而结构化数据只占不到10%。因此,非结构化数据已经成为当今数据主要的形式之一。针对非结构化数据的采集,核心过程为文件获取、文件解析、数据转换、数据存储。

(1)**文件数据采集**:常见的文件类型包括文本文件、XML文件、JSON文件、CSV文件等,需要定义数据结构,解析数据文件,并转换为对应的数据进行存储,过程中可能会存在对部分数据的清洗、处理等工作。

(2)**文本数据采集**:如新闻、微博、评论、文章等文本内容,除了借助爬虫获取文本,还需要借助自然语言处理程序进行文本分词、主旨提取、实体对象识别、情感分析等,将非结构化的文本转换为结构化的数据。常见的如舆情数据、用户评论、日志等。

(3)**图像数据采集**:借助计算机视觉技术对图像进行实体识别、分类分级、特征提取、目标检测、行为识别等,将图像提取为结构化数据并存储,常见的技术如图像处理、光学字符识别(Optical Character Recognition,OCR)、卷积神经网络(Convolutional Neural Networks,CNN)、支持向量机(Support Vector Machine,SVM)、K近邻算法(K-NearestNeighbor,KNN)等。

5. 物联网数据的采集

随着工业互联网的场景落地,IoT数据已成为企业的数据质量高、数据实时性强、数据价值密度高的"新型石油",对于IoT数据(例如温度、湿度、光照等),传感器数据的采集一般通过模数(Analogue to Digitalconversion,AD)转换器将模拟信号转换成数字信号,通过UDP、MQTT、CoAP、HTTP等通信协议,进行数据的传输与代理,可将数据存储在时序数据库或关系型数据库中。

3.1.2 数据存储技术

在数据资产管理中,数据存储是至关重要的环节,是保障数据安全、可用、可靠、可扩展的重要技术手段。目前,数据的存储主要通过文件系统、关系型数据库、NoSQL数据库、时序数据库、数据湖等技术实现。

1. 文件系统存储技术

文件系统存储技术是最基础的数据存储技术之一,将数据以文件的形式存储在本地或网络的存储设备上。文件系统存储技术的优点是简单易用,适合存储小型数据和文档等信息。

文件系统存储技术采用了一种树形结构组织数据,每个节点代表一个目录或文件,根据节点之间的关系建立文件系统的层级结构。文件系统存储技术将数据以文件的形式存储,每个文件都有一个唯一的文件名和文件属性,如文件大小、创建时间、修改时间、所有者等。但文件存储技术受限于系统的I/O效率、磁盘容量,维护成本与难度较大,同时缺少数据的定义文件,数据的可读性较差,对于数据的进一步提取、加工存在较大的局限。在数据资产的技术架构中,文件存储并不是用来管理和支撑数据资产的最佳选择。

2. 关系型数据库技术：OLTP

在线事务处理(Online Transaction Processing,OLTP)的出现,是 20 世纪计算机技术的重大突破,通过采用二维表结构记录数据,通过 SQL 语言实现对数据的查询、分析、操作,是目前绝大多数业务系统、企业信息化数据存储的不二选择。

但随着大数据时代的到来,数据库的容量与计算性能下降,海量数据的计算无法满足,对关系型数据库提出了更大的挑战。因此,在数据资产技术架构中,关系型数据库通常用来存储数据资源,而非数据资产。

3. 分析型数据库技术：OLAP

联机分析处理(Online Analytical Processing,OLAP)是面向决策支持的数据处理系统,主要用于支持大规模数据的分析和查询,相对于 OLTP 系统而言,OLAP 系统通常需要处理更大的数据量和更复杂的数据结构,并且需要支持更灵活的数据分析方式。OLAP 系统通常采用数据立方体(CUBE)模型,以多维度的方式组织数据,提供了一系列分析工具和函数,例如切片、切块、钻取、旋转等,可帮助用户更加深入地分析数据,发现数据中的潜在模式和趋势。OLAP 技术是数据仓库的重要组成部分,或者说是一种重要的应用模式。

但随着时代的发展,常规的 OLAP 技术受到了较大的限制,主要表现在:

(1) 数据规模的限制,大规模的数据量的统计仍然存在较大瓶颈。

(2) 模型复杂、固化,大量的 CUBE 形成后调整、优化、维护的成本比较高。

而数据资产的核心就在于更加柔性、灵活、充分、高效地释放海量数据价值,OLAP 技术需要进一步地升级、更新,才能满足数据资产的发展需要。

随着大数据技术的蓬勃发展,目前已经有一些 OLAP 技术能更加灵活地适应一些大数据场景,如 Apache Kylin、Presto 等多维分析的引擎。

4. 大数据存储与计算平台技术

大数据时代如何高性能、可扩展、低成本、高可靠地存储海量数据,是一个巨大的挑战。近年来,在大数据领域出现了较多的分布式存储与计算的框架、平台与技术。

(1) MPP 数据库：大规模并行处理(Massively Parallel Processing,MPP)技术是一种针对大规模数据处理和分析的数据库技术。MPP 采用分布式架构,在多个节点上并行处理数据,从而提高了查询和处理的速度。MPP 数据库技术最初应用于数据仓库领域,主要用于支持大规模的数据分析和决策。随着大数据时代的到来,MPP 数据库技术以其高性能、高可靠性、高扩展性、易于管理、面向分析等优秀特性,在大数据分析和处理方面得到了广泛应用。如 Apache Doris、Clickhouse 等工具。

(2) 分布式数据库：分布式数据库是一种数据库管理系统,将数据存储和处理分布在多个计算节点上,通过网络连接进行通信和协同工作。每个节点可独立处理一部分数据,从而实现对大规模数据的存储和处理的能力。目前行业内比较常见的是以 Hadoop 主导的大数据生态相关技术。

（3）**数据计算引擎**：数据计算引擎是一种用于处理大规模数据的计算框架或引擎，能够在分布式环境中处理大量的数据并执行复杂的计算任务，可和现有的 Hadoop 生态兼容，典型代表如：Apache Spark、Apache Flink 等。

在当前数据资产的技术架构中，**Hadoop** 生态圈能满足海量数据的存储与计算，具有一定的灵活性，是目前比较常见的架构技术。

5. NoSQL 数据库

NoSQL（Not Only SQL，NoSQL）数据库是一种不依赖传统关系型数据库模型的数据库管理系统，此类技术采取了如键/值（Key-Value）、列族（Column-Family）、文档（Document）、图（Graph）等模式的数据存储结构，在大数据处理、实时数据分析、高速数据写入和读取、分布式数据处理等场景下均具有优势。典型的 NoSQL 数据库简要说明如下：

（1）**MongoDB**：MongoDB 是一款基于文档模型的 NoSQL 数据库，使用 JSON 风格的文档存储数据，支持动态的、灵活的数据模型，可存储复杂的数据结构，适用于存储和处理半结构化的文档数据，例如 JSON 格式的数据。它在 Web 应用、社交网络、内容管理系统等场景中广泛应用。

（2）**Redis**：Redis 是一款基于内存的键/值存储型 NoSQL 数据库，支持多种数据结构，如字符串、哈希、列表、集合、有序集合等，具有高速的读写性能和低延迟的数据访问速度。适用于高速读写、缓存和实时数据处理场景，例如会话缓存、排行榜、实时统计等。

（3）**HBase**：HBase 是 Apache Hadoop 生态的一部分，是一种基于列族的分布式 NoSQL 数据库，适用于大规模数据的分布式存储和高速写入，特别适合在高度可扩展性和高可用性要求的场景中使用，例如物联网、日志数据、大规模分析等。

（4）**Neo4j**：Neo4j 是一款基于图模型的 NoSQL 数据库，专注于图数据的存储和查询。Neo4j 使用节点和关系表示数据，并使用图数据库的优势处理复杂的关联和查询操作，适用于社交网络、推荐系统、知识图谱等场景。

结合不同 NoSQL 数据库的特点与业务需要，可有效补充数据资产技术架构的不足。

6. 时序数据库技术

随着 IoT 技术的蓬勃发展，时序数据库也逐步走向大数据技术的舞台。这是一种专门用于处理时序数据（时间序列数据）的数据库技术。主要用于存储和处理按照时间顺序产生的数据，可用于 IoT 数据的实时传输、写入，存储大规模的日志数据并进行分析，实时分析业务监控数据如网络性能监控等。典型的时序数据库如：InfluxDB、OpenTSDB、IoTDB 等。

时序数据库主要面向工业场景或对实时性要求较高的场景，是数据资产技术架构的有力补充。

7. 数据湖与湖仓一体技术

数据湖（Data Lake，DL）是通过原始数据分类存储到不同的数据池，然后在各个数据池中将数据整合转化为容易分析的统一存储格式进行存储。数据湖通常是企业中全量数据的单一存储。全量数据包括原始系统所产生的原始数据以及为了各类任务而产生的转换数据，各类任务包括报表、可视化、高级分析和机器学习。数据湖中包括来自于关系型数据库中的结构化数据(行和列)、半结构化数据(如 CSV、日志、XML、JSON)、非结构化数据(如 Email、Word、PDF)和二进制数据(如图像、音频、视频)。

狭义的数据湖是一个多种结构的数据汇聚地;广义的数据湖是一整套数据管理的框架解决方案,如图 3-1 所示。

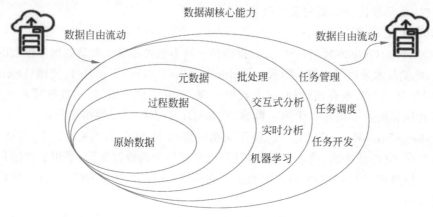

图 3-1　数据湖框架

数据湖虽然灵活,但在一些复杂查询或者对查询效率要求较高的场景下还是存在一定的问题,因此,为了进一步降低复杂性,提高查询性能,湖仓一体架构应运而生。

湖仓一体架构是数据湖架构技术的演进升级,是一种融合了数据湖与数据仓库的架构模式。在湖仓一体架构中,数据湖作为数据的存储和处理平台,负责接收、存储、处理和管理大量多样化的数据,包括结构化、半结构化和非结构化数据;而数据仓库则作为数据的集成、管理和分析平台,负责将数据湖中的数据进行整合、清洗、转换、建模和分析,以支持业务用户的数据分析和决策。

目前比较典型的数据湖的技术组件,如 Icebreg、Hudi、Delta 等。

3.1.3　数据建模技术

1970 年,IBM 的研究员,有"关系型数据库之父"之称的埃德加·弗兰克·科德(Edgar Frank Codd 或 E. F. Codd)博士在刊物"*Communication of the ACM*"上发表了题为"大型共享数据库的关系模型(A Relational Model of Data for Large Shared Data Banks)"的论文,文中首次提出了数据库的关系模型的概念,奠定了关系模型的理论基础,并定义了第一范式(1NF)、第二范式(2NF)和第三范式(3NF)的概念,还与 Raymond F. Boyce 于 1974 年共同定义了第三范式的改进范式——BC 范式。各范式的要求如图 3-2 所示。

本节提到的数据模型,都是以关系模型为基础。如何设计一个贴合业务场景、满足扩展性、能够降低复杂性数据模型,需要依赖科学的数据建模技术与方法。

在业内,面向 OLTP 与 OLAP 的数据建模,比较常用的是实时关系 ER(Entity Relationship)建模和维度建模。

	UNF (1970)	1NF (1971)	2NF (1971)	3NF (1971)	EKNF (1982)	BCNF (1974)	4NF (1977)	ETNF (2012)	5NF (1979)	DKNF (1981)	6NF (2003)
主键（无重复元组）	✓	✓	✓	✓	✓	✓	✓	✓	✓	✓	✓
没有重复组	✓	✓	✓	✓	✓	✓	✓	✓	✓	✓	✓
字段原子性（元组只有一个值）	✗	✓	✓	✓	✓	✓	✓	✓	✓	✓	✓
没有部分函数依赖（值依赖于每个主键这一整体）	✗	✗	✓	✓	✓	✓	✓	✓	✓	✓	✓
没有传递函数依赖（值仅依赖于候选键）	✗	✗	✗	✓	✓	✓	✓	✓	✓	✓	✓
每个非平凡的函数依赖涉及一个超键或者主键的子键	✗	✗	✗	✗	✓	✓	✓	✓	✓	✓	不适用
没有函数依赖造成的冗余	✗	✗	✗	✗	✗	✓	✓	✓	✓	✓	不适用
每个非平凡的多值依赖都有一个超键	✗	✗	✗	✗	✗	✗	✓	✓	✓	✓	不适用
超键是每个显式连接依赖的一部分[1]	✗	✗	✗	✗	✗	✗	✗	✓	✓	✓	不适用
候选键隐含了每个非平凡的连接依赖关系	✗	✗	✗	✗	✗	✗	✗	✗	✓	✓	不适用
每个约束都是域约束和键约束的结果	✗	✗	✗	✗	✗	✗	✗	✗	✗	✓	不适用
每个连接依赖都是平凡的	✗	✗	✗	✗	✗	✗	✗	✗	✗	✗	✓

图 3-2　数据库各范式要求

1. ER 建模

ER 建模是一种满足 3NF 的模型设计技术，是由美籍华裔计算机科学家陈品山（Peter Chen）发明，是概念数据模型的高层描述所使用的数据模型或模式图，为表述这种实体联系模式图形式的数据模型提供了图形符号。

1）实体

实体表示客观世界中的众多概念，比如人、地点、事件等，每个实体本身包含多个实体成员，比如人可能会有张三、李四等。在 ER 图中通常使用矩阵表示实体。

2）属性

每类实体都有属性，是实体具体的业务信息特征，比如人员属性会有性别、学历、住址、婚姻状况等属性。每个实体至少要有一个唯一属性，用于区分不同的实体成员。如每一个人都会有一个唯一的 ID 编码。在 ER 图中通常用椭圆形表达属性。

3）关系

关系用菱形表示，菱形框内写明联系名，并用无向边分别与有关实体连接起来，同时在无向边旁标上联系的类型（1∶1,1∶n 或 m∶n）。比如老师给学生授课存在授课关系，学生选课存在选课关系。一个简单的 ER 模型如图 3-3 所示。

通常来说，实体之间的关系有如下 4 种类型：

（1）强制多个对应，表示一个实体 A 对应多个实体 B。比如 1 个学生必须对应多门课程。

（2）可选多个对应，表示一个实体 A 对应 0 个或多个实体 B。比如 1 个老师对应 0 到多个课程。

（3）强制单个对应，表示一个实体 A 对应一个实体 B。比如 1 个学生有且只能在 1 个班级。

（4）可选单个对应，表示一个实体 A 对应 0 个或 1 个实体 B。比如 1 个学生可以有 1 个或者多个选修课程。

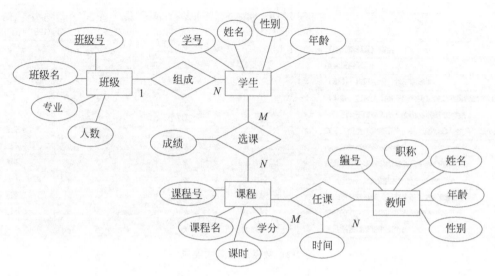

图 3-3　简单的 ER 模型示例

4）弱实体（子实体）

一个实体对于另一个实体（一般为强实体，也可以是依赖于其他强实体的弱实体）具有很强的依赖联系，而且该实体主键的一部分或全部从其强实体（或者对应的弱实体依赖的强实体）中获得，则称该实体为弱实体。比如，酒店实体中的房间实体，它依赖于酒店实体而存在。

5）关联实体

关联实体是用于描述 $M:N$ 联系的一个替代方式，用一个内部有菱形的矩形表示，它没有唯一属性也没有部分唯一属性，且通常来说没有任何属性。关联实体基本都是在多元联系的场景下用到。

ER 建模就是基于对实体、关系的梳理，形成 ER 图。通过这种概念模型的设计，指导逻辑模型和物理模型的生成，支撑信息系统数据架构的建设，一个 ER 模型示例如图 3-4 所示。

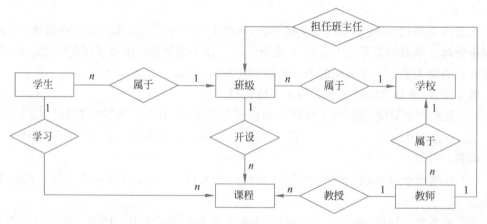

图 3-4　ER 模型示例

2. 维度建模

维度建模是专门用于分析型数据库、数据仓库、数据集市建模的技术，是数据仓库领域大师 Ralph Kimball 所倡导的，从分析决策的需求出发构建模型，构建的数据模型为分析需求服务，所以它重点解决用户如何更快速完成分析需求，同时还有较好的大规模复杂查询的响应性能。

1）维度建模表设计

（1）事实表。用于描述业务活动的、必然存在的数据，如日志文件、订单表，均可作为事实表。事实表是一堆主键的集合，每一个主键对应维度表中的一条记录，是客观存在的。

（2）维度表。维度就是所分析的数据的一个角度，维度表就是以合适的角度建立的表，分析问题的一个角度，即时间、地域、终端、用户等角度。

2）维度建模形式

（1）星形模型。

星形模型中有一张事实表，以及零个或多个维度表，事实表与维度表通过主键外键相关联，维度表之间没有关联，当所有维度表都直接连接到事实表上时，整个图解就像星星一样，故将该模型称为星形模型。星形模型是最简单也是最常用的模型。由于星形模型只有一张大表，因此它相比于其他模型更适合于大数据处理。其他模型可以通过一定的转换变为星形模型，如图 3-5 所示。

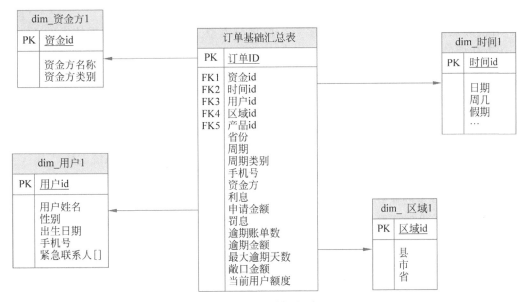

图 3-5　星形模型示例

（2）雪花模型。

当有一个或多个维度表没有直接连接到事实表上，而是通过其他维度表连接到事实表上时，其图解就像多个雪花连接在一起，故称雪花模型。雪花模型是对星形模型的扩展。它对星形模型的维度表进一步层次化,原有的各维度表可能被扩展为小的维度表,形成一些局部的"层次"区域,这些被分解的表都连接到主维度表而不是事实表。例如,将地域维度表又分解为国家、省份、城市等维度表。其优点是可通过最大限度地减少数据存储量以及联合较小的维度表改善查询性能。雪花模型去除了数据冗余。

（3）星座模型。

星座模型也是星形模型的扩展。区别是星座模型中存在多张事实表,不同事实表之间共享维度表信息,常用于数据关系更复杂的场景。其经常被称为星系模型,如图 3-6 所示。

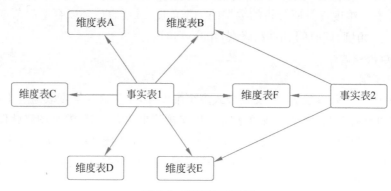

图 3-6　星座模型示例

在实际数据仓库建模的技术中,多数采取星形模型。同时,随着大数据技术的蓬勃发展,维度建模的技术也在逐步更新。

3）维度建模过程

维度建模一般采用具有顺序的 4 个步骤进行设计,即选择业务过程、定义粒度、确定维度和确定事实。

（1）选择业务过程。

业务过程即企业和组织的业务活动,它们一般都有相应的源头业务系统支持。

例如:对于一个超市来说,其最基本的业务活动就是用户收银台付款;对于一个保险公司来说,其最基本的业务活动是理赔和保单等。当然在实际操作中,业务活动有可能并不是那么简单直接,此时听取用户的意见通常是这一环节中最为高效的方式。

但需要注意的是,这里谈到的业务过程并不是指业务部门或者职能。模型设计中,应将注意力集中放在业务过程而不是业务部门,如果建立的维度模型是同部门捆绑在一起的,就无法避免出现数据不一致的情况（如业务编码、含义等）。因此,确保数据一致性的最佳办法是从企业全局角度对某一个业务过程建立单一的、一致的维度模型。

（2）定义粒度。

定义粒度意味着对事实表每行中实际代表的内容和含义给出明确的说明,粒度传递了事实表度量值相联系的细节所达到的程度的信息,其实质就是如何描述事实表的单个行。

典型的定义粒度举例：

① 超市顾客小票的每一个子项；

② 医院收费单的明细子项；

③ 个人银行账户的每一次存款或者取款行为；

④ 个人银行账户每个月的余额快照。

对于维度设计来说，在事实表粒度上达成一致非常重要，如果没有明确的粒度定义，则不能进入后面的环节。

在定义粒度过程中，应该最大限度地选择业务过程中最为原子性的粒度，这样可以带来后续的最大灵活度，也可满足业务用户的任何粒度的需求分析。

（3）确定维度。

定义了粒度之后，相关业务过程的细节也就确定了，对应的维度就很容易确定。

维度是对度量的上下文和环境的描述。通过维度，业务过程度量与事实就会变得丰富和丰满起来。对于订单来说，常见的维度会包含商品、日期、买家、卖家、门店等。

而每一个维度还可包含大量的描述信息，比如商品维度会包含商品名称、标签价、商品品牌、商品类目、商品上线时间等。

（4）确定事实。

确定事实可通过业务过程分析可能要分析什么来确定。定义粒度之后，事实和度量一般也很容易确定，比如超市的订单活动，相关的度量显然是销售数量和销售金额。

在实际维度事实设计中，可能还会碰到度量拆分的问题，比如超市开展单个小票满 100减 10 元的活动，如果小票金额超过 10 元，这 10 元的优惠额如何分配到每一个小票子项中，实际设计中可以和业务方讨论并制定具体的拆分分配算法。

3.1.4　数据处理技术

如果把数据比作金矿，数据处理就是用来炼数成金的重要技术手段，是对大量的数据进行清洗、转换、集成的过程，帮助更好地做数据洞察，支撑业务决策，释放数据价值。

数据处理主要的模式是 ETL，包括：提取（Extract），即从源系统中提取数据；转换（Transform），即对提取的数据进行转换处理；加载（Load），即将经过转换的数据加载到目标系统中。

1. 数据清洗

数据清洗技术是数据治理过程中的一项重要技术，用于检测、修复和处理数据中的错误、不一致和不完整之处，从而提高数据质量和准确性。

（1）数据质量探查：是一种数据探查的技术手段，用于评估、检测、发现当前数据中存在的问题。一般会从数据的完整性、准确性、一致性、有效性、唯一性等方面进行检查。

（2）数据去重：识别和处理数据中的重复记录。例如，通过比较记录的关键字段，如ID、姓名、地址等，识别和删除重复的记录，以保持数据的唯一性。

（3）数据格式化：将数据从不同的格式转换为一致的格式，以便进行统一的处理和分析。例如,将日期格式统一为特定的格式、将数字格式化为相同的单位、将地址标准化为统一的格式等,以保障数据的有效性与规范性。

(4) 数据缺失处理:识别并处理数据中的缺失值。例如,使用插值方法填补缺失值、删除包含缺失值的记录、根据其他相关数据推测缺失值等,以保障数据的完整性。

(5) 数据异常值处理:处理数据中的异常值或离群值,通常是指与数据集中的大多数观测值显著不同的数据点。一般可采用删除、均值替换、插值填充、预测填充等方式对异常值进行处理,以保障数据的完整性。

(6) 数据归一化:对于具有不同量纲或者不同单位的数据,可采用数据归一化方法,如最小/最大归一化、Z-score 归一化等,使得数据在同一量纲或单位下进行比较和分析。

(7) 枚举值处理:枚举值通常是指在某个数据字段中有固定的取值范围,且取值有限的情况。例如,性别字段通常只有"男"和"女"两种取值,有时不同数据源之间的枚举值可能存在不一致的情况,例如不同系统对于性别的编码可能不同,一个系统使用"0"表示男性,另一个系统使用"1"表示男性。在数据清洗中,可以通过映射与转换的方式将不同数据源的枚举值进行统一,以便后续的数据分析和处理。

2. 数据转换

数据转换也是数据处理的重要组成部分,是将数据从一种形式或格式转换为另一种形式或格式的过程,主要包括如下几种:

(1) 格式转换:原始数据从一种格式或结构转换为另一种格式或结构的过程,例如将数据库中的数据导出为 CSV 格式、将文本数据转换为 XML 格式,或者将 JSON 的数据转换为结构化数据。

(2) 表模式转换:数据的表模式转换是将结构化数据从一种数据模式转换为另一种数据模式的技术,比如通过聚合将明细表按某些维度或某些数值的最大值、最小值、平均值、求和等方式转换为统计表;又比如通过数据的行转列、列转行操作,实现结构的变更;再比如通过数据结构扁平化,将数据统一压缩调整结构。

(3) 类型转换:将数据的某个字段类型转换为特定的类型,如日期转字符。

(4) 数值替换:将数据的某个值进行转换,或者将数据的枚举值映射替换为其他值。

3. 数据整合

数据整合是将一个或者多个数据、链接汇总形成一个新的数据集,主要包括:

(1) 数据关联:通过左关联、右关联、内关联等方式,将一个或多个数据集融合以形成新的数据集。

(2) 数据合并:通过 Union 方式将结构相同或者类似的多个数据集纵向合并为一个新的数据集。

(3) ID-Mapping:ID-Mapping 是将来自不同数据源的 ID 映射到同一标准 ID 的过程,是数据整合技术中的一种关键技术,通常用于多个同类、可能重复的数据的融合,比如客户主数据。

数据处理在清洗、转换、整合的过程中,有时候会用到机器学习、自然语言处理相关的技术。机器学习算法可应用在数据清洗、数据转换、数据整合等多个方面。比如,可使用分类算法识别和处理异常数据,使用聚类算法将数据分组,使用回归算法预测数据趋势等。

自然语言处理算法可被应用在文本数据处理中。比如,可使用文本分类算法对文本进行分类;使用实体识别算法识别文本中的实体;使用情感分析算法分析文本情感等。此外,自然语言处理算法还可以帮助提取文本中的关键词、进行文本摘要等任务。

数据处理相关的程序语言或工具包括但不限于:

① 数据处理工具:如 OpenRefine、Trifacta 等,用于数据清洗、转换和整合。

② 编程语言:比如 Python、R、Java 等,其中 Python 是数据处理的常用手段。

③ 自然语言处理工具包:比如 NLTK、SpaCy、Stanford NLP 等,用于文本数据处理和分析。

④ 机器学习库:比如 Scikit-learn、TensorFlow、PyTorch 等,用于机器学习算法的实现和应用。

此外,随着大数据技术的发展,数据处理技术也在不断演进,包括 ELT、流式 ETL、实时 ETL 和增量 ETL 等,以满足不断增长的数据处理需求,此处不再赘述。

3.1.5　数据服务技术

广义的数据服务可理解成为业务提供数据的服务。业界常用的数据服务包括 5 种类型,即 API、事件中心、数据库、文件、终端&App。

最近几年,随着云计算、大数据、人工智能、微服务架构等技术的发展变得越来越流行,越来越多的企业开始采用 Data API 构建数据驱动的应用程序和服务,以实现更高的业务价值。

Data API 是一种提供数据访问和数据交互的应用程序接口,它通过不同的协议和格式进行实现,例如 RESTful API、GraphQL API、SOAP API 等,其中 RESTful API 是最常用的一种,它使用 HTTP 协议进行通信,支持数据的读取、创建、更新和删除操作。

Data API 将数据从应用程序中解耦出来,使数据更加易于访问和重用。此外,Data API 还可以提高数据的安全性和可控性,因为它可以通过授权和认证机制管理数据的访问权限。

Data API 也是目前数据即服务(Data as a Service,DaaS)模式的核心技术,Data API 的注册、管理、授权、监控、熔断、限流等技术,帮助客户屏蔽数据库差异,无须了解数据底层逻辑,能够更加高效、安全地获取数据。

Data API 在技术上的多种形态,如图 3-7 所示。

(1) **KV API**:简单查询,可以支撑百万 QPS(Queries Per Second,每秒钟处理完的请求数量)、毫秒延迟。这类 API 是通过模板自动化创建的,支持单查、批量查询等接口,返回的结果是 Protobuf(PB)结构体,从而将结果自动做了 ORM,对数据调用方更加友好。典型场景包括根据 IP 查询地理位置信息、根据用户 ID 查询用户标签画像信息等。

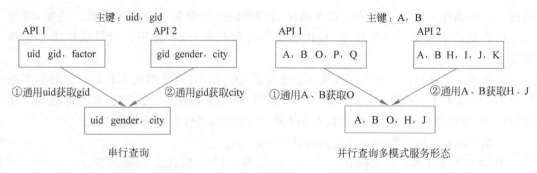

图 3-7　Data API 在技术上的多种形态

（2）**SQL API**：复杂灵活查询，底层基于 OLAP/OLTP 存储引擎。通过 Fluent API 接口，用户可自由组合搭配一种或若干种嵌套查询条件，可查询若干简单字段或者聚合字段，可分页或者全量取回数据。典型场景包括用户圈选（组合若干用户标签筛选出一批用户）。

（3）**Union API**：融合 API，可自由组合多个原子 API，组合方式包括串行和并行方式。调用方不再需要调用多个原子 API，而是调用融合 API，通过服务端代理访问多个子查询，可极大降低访问延迟。

3.1.6　数据挖掘技术

如果数据是金矿，那么如何从数据中挖掘出价值，就离不开数据挖掘技术的应用。数据挖掘是从大规模数据中发掘隐藏的、有价值的信息和知识的过程。数据挖掘技术是一种基于统计学、机器学习、人工智能等多种技术手段的数据分析方法，可用于处理结构化和非结构化数据。例如，在购物网站上购物时，网站会根据历史购买记录、搜索记录等数据推荐相关商品。数据挖掘技术可以应用于各个领域，比如金融、医疗、电子商务、社交媒体等。通过对数据进行挖掘，可了解市场趋势、顾客需求、产品特点等信息，从而帮助企业做出更加明智的决策。

数据挖掘的核心是机器学习相关算法，下面举例说明。

1. 特征工程

特征工程是指对原始数据进行处理和转换，以提取有用的特征，并用于构建数据挖掘模型的过程。在数据挖掘过程中，特征工程通常是非常重要的一步，它可对数据进行预处理和优化，提高模型的准确性和效率。特征工程主要包括：

（1）描述性统计：描述性统计是通过对数据的特征进行概括和分析来了解数据集的性质和分布。常见的描述性统计方法包括中心趋势（如平均数、中位数、众数）、离散程度（如方差、标准差、极差）以及分布形态（如偏度、峰度）等指标。这些指标通常可通过计算数据集的各种特征获得。相关算法如图 3-8 所示。

（2）特征选择：从原始数据中选择最具有代表性的特征，并进行相关性分析和统计检验，以保留最有用的特征。常用的特征选择方法包括过滤法、包装法和嵌入法。

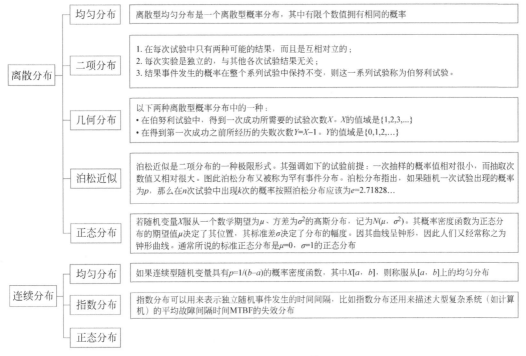

图 3-8　特征工程相关算法

（3）**特征提取**：将原始数据转换为新的特征，以捕获更多的信息和模式。常用的特征提取方法包括主成分分析（PCA）、线性判别分析（LDA）、核主成分分析（KPCA）等。

（4）**特征构造**：通过数据挖掘领域的专业知识和经验，将原始数据转换为更有代表性的特征，以提高模型的准确性和可解释性。常用的特征构造方法包括组合特征、离散化、聚类特征等。

（5）**特征缩放**：对特征进行缩放和归一化，以避免某些特征对模型的影响过大，提高模型的稳定性和精度。常用的特征缩放方法包括最大/最小归一化、标准化等。

（6）**特征重要性评估**：对已经提取或选择的特征进行评估，确定每个特征对模型的贡献程度，以便对模型进行调整和优化。常用的特征重要性评估方法包括随机森林、XGBoost、LASSO 等。

2．**聚类算法**

聚类算法是机器学习中一种常见的无监督学习算法，其目的是将数据集中的数据分成多个不同的组（簇），每个组内的数据在某种意义上都相似。与有监督学习不同，聚类算法不需要预先指定目标变量或训练数据，而是根据数据的内在结构，通过相似度或距离度量确定数据点之间的相似性和差异性，然后将相似的数据点分配到同一个组中。

常见的聚类算法包括 K-Means 聚类算法、层次聚类算法、DBSCAN 聚类算法、高斯混合模型聚类算法。

使用聚类算法的好处，例如在消费者分析时，可以确定消费者的不同偏好、需求和行为模式,形成客群细分,以便更好地定位市场;在医疗领域,可将患者按照疾病类型和症状分组,有助于医生做出更准确的诊断和治疗计划;在金融领域,可将客户的相关特征进行分组,以便更好地管理资产组合。

3. 分类算法

数据分类算法是一类监督性机器学习算法,是按照某种指定的属性特征将数据归类。需要确定类别的概念描述,并找出类别的判别准则。分类的目的是获得一个分类函数或分类模型(也常称作分类器),该模型能把数据集合中的数据项映射到某一个给定类别。

比如,银行可根据客户以往贷款记录情况,将客户分为低风险客户和高风险客户,学习后得到分类器。对一个新来的申请者可根据分类器计算风险,决定接受或拒绝该申请。又比如,分析影响变压器正常运行的因素,预测变压器是否有故障,若有故障,则故障为放电故障、过热故障、短路故障等中的哪种?

分类算法主要包括 KNN 算法、决策树(CART、C4.5 等)、SVM 算法、贝叶斯算法、BP神经网络等。

4. 回归算法

回归算法是一类监督性机器学习算法,常用于预测和建模的机器学习算法,可通过学习样本数据中的输入值和输出值之间的关系,预测新的输入值所对应的输出值。回归算法可用于预测连续型的数值型变量,如房价、股票价格等。常用的回归算法包括线性回归、逻辑回归、岭回归、Lasso 回归等。在实际应用中,回归算法可用于很多领域,如金融、医疗、工业等。比如,在金融领域,回归算法可用于预测股票价格、货币汇率等;在医疗领域,回归算法可用于预测病人的生存时间、药物疗效等。

5. 关联算法

关联算法是一种在大规模数据中集中寻找变量间关联关系的方法,可帮助发现数据中的有趣关系,例如某些商品在购买时经常一起出现的情况,或者是某些病症和患者特征的相关性等。

常用的关联算法有 Apriori 算法和 FP-growth 算法。Apriori 算法是一种基于频繁项集的算法,它通过扫描数据集多次来找出频繁出现的项集,然后利用这些项集生成关联规则。FP-growth 算法则是一种基于树结构的算法,它通过构建一棵 FP 树来高效地发现频繁项集,然后利用这些项集生成关联规则。

关联算法主要用于在大量的交易记录中找出同时被购买的物品之间的关联规则。例如,在一家超市中,如果知道了顾客购买的商品清单,应可以通过关联算法找出那些经常一起购买的商品,然后根据这些规则做一些有针对性的商品推荐。

6. 时序算法

时序算法是一种用于处理时间序列数据的算法,时间序列数据是一组按照时间顺序排列的数据点的集合,例如股票价格、天气预测、交通流量等。

时序算法主要用于分析时间序列数据中的趋势、季节性、周期性等特征,并预测未来的走势。常用的时序算法包括 ARIMA(Autoregressive Integrated Moving Average)模型、指数平滑模型(Exponential smoothing Model)、分解模型(Decomposition Model)等。

(1) ARIMA 模型是一种经典的时序分析模型,它将时间序列数据分解为自回归(AR)、差分(I)和移动平均(MA)三部分,通过这三部分的组合建立模型,并用该模型进行预测。

(2) 指数平滑模型是一种简单有效的时序分析方法,它基于时间序列数据中的加权平均值进行预测,常用的指数平滑模型包括简单指数平滑、双指数平滑和三指数平滑等。

(3) 分解模型是一种基于时间序列数据分解的方法,它将时间序列数据分解为趋势、季节性和随机性三部分,然后对这三部分进行建模和预测。分解模型可更好地揭示时间序列数据的特征,并提高预测的准确性。

7. 模糊评价算法

模糊评价算法是一种用于处理模糊不确定性问题的算法。在现实世界中,有许多情况下无法准确地描述事物或现象,因为它们可能具有模糊性或不确定性。例如,一个人的健康状态可能被描述为"有点儿好,但有时候感觉不太好",这种模糊的表述难以量化。模糊评价算法就是解决这类问题的一种有效方法。

常见的模糊评价算法包括模糊综合评价、层次分析法、TOPSIS(Technique for Order Preference by Similarity to Ideal Solution)、熵权法(Entropy Weight Method)等。

8. 图分析算法

图分析技术是知识图谱的重要组成部分,也是释放数据价值的重要手段。图分析的技术涉及:

(1) 路径搜索。

路径搜索算法是指在图中寻找从一个起始点到一个终点的路径的算法,包括以下几种类型:

① 广度优先搜索(Breadth First Search,BFS):从起点开始,依次遍历所有与之相邻的节点,再依次遍历这些节点的相邻节点,以此类推,直到找到终点为止。

② 深度优先搜索(Depth First Search,DFS):从起点开始,一直向下遍历直到无法继续,然后回溯到上一个节点,继续向下遍历直到找到终点。

③ 迪杰斯特拉(Dijkstra)算法:用于求解图中单源最短路径问题,也就是从一个点出发,到达图中所有其他节点的最短路径。它是基于贪心策略的,每次选取距离最短的点进行遍历。

④ A^*(A-Star)算法:类似于迪杰斯特拉算法,但在每次选择下一个遍历的节点时,除了考虑到距离,还要考虑到距离和终点的距离估计。

路径搜索在物流交通领域,可用于优化运输路线或交通路线,从而提高物流效率。

(2) 网络分析。

网络分析是图分析领域的重要应用之一,它主要通过对节点和边的关系进行分析,揭示

网络结构和行为规律,主要用途可包括:

① 社交网络分析:一种图形分析技术,用于研究社交网络结构和社交关系。社交网络分析通常涉及节点的度数、中心性和群体结构等概念,可用于发现社交网络中的关键人物、子群体和社区等。

② 金融风险控制:通过对金融交易网络进行分析,识别出风险节点和风险传播路径,帮助银行和金融机构进行风险评估和控制,如反欺诈、反洗钱、异常交易识别等场景。

9. 自然语言处理

自然语言处理是计算机科学与人工智能领域的一个重要分支,旨在研究计算机如何理解、生成和处理人类语言的技术,它涵盖多个方面:

自然语言理解(Natural Language Understanding,NLU):让计算机理解自然语言的能力,也称为语义理解。该技术旨在帮助计算机对自然语言文本进行分析,识别其中的语言结构、语法、语义等要素,以便实现语言的自动化处理。

自然语言生成(Natural Language Generation,NLG):让计算机生成自然语言文本的能力。该技术可用于自动化生成文本摘要、新闻报道、邮件、短信等文本内容。

分词技术(Word Segmentation):将连续的自然语言文本切分成离散的词语序列的过程,这是自然语言处理中最基本的步骤之一,也是其他自然语言处理任务的基础。分词技术可用于实现搜索引擎、机器翻译、信息抽取等应用场景。

命名实体识别(Named Entity Recognition,NER):在自然语言文本中识别出具有特定意义的命名实体,例如人名、地名、组织机构等。NER技术可用于从新闻报道、社交媒体评论等文本数据中提取出相关的实体信息,例如公司名称、产品名称、人名等,从而帮助企业进行市场竞争分析、舆情监测等。

文本分类(Text Classification):将文本数据根据其所属的类别或主题进行自动分类的能力。

主题模型(Topic Model):一种用于从文本数据中自动识别主题的技术。主题是指在文本中频繁出现的词语集合,代表了文本所讨论的内容。主题模型可帮助更好地理解文本中的内容,并发现隐藏在大量文本数据中的有用信息。通常基于概率模型,其中最常用的是潜在狄利克雷分配(Latent Dirichlet Allocation,LDA)模型。LDA模型将每个文档看作是一个主题分布的混合;每个主题又看作是一个词语分布的混合;LDA模型的目标是通过极大似然函数,得到每个文档的主题分布和每个主题的词语分布。主题模型可应用于许多领域,例如社交媒体监测、新闻报道分析、市场竞争分析、文本分类、信息检索等。它可帮助更好地理解文本数据中的关键信息和趋势,从而做出更明智的决策。

情感分析(Sentiment Analysis):对自然语言文本进行情感倾向性分析的过程,通常涉及对文本的情感极性(积极、消极或中性)的分类。该技术可用于分析社交媒体评论、产品评论、新闻报道等文本中的情感倾向,从而帮助企业进行品牌监控、客户满意度分析等。

3.1.7　数据可视化技术

数据可视化分析是指将数据转换为易于理解和识别的图形和图表,从而帮助更好地理解和分析数据。通常来说,数据可视化分析展现的几种模式有:

(1) 对比分析:借用可视化手段,用于比较不同组别或实体之间的差异和相似之处,通常会使用柱状图、折线图、散点图等形式表达。对比分析的关键是选择合适的可视化形式和适当的度量方式。通常情况下,需要基于分类进行对比(如比较不同产品的销售量),可以采用柱状图;如果要比较的度量值较多,可以采用分组柱状图;比较的度量超过 3 个或 3 个以上,可以使用雷达图。

(2) 构成分析:借用可视化手段,分析实体之间的数据构成。如果是单一构成的比较,通常可使用饼图;当有 2 个以上维度时,查看相对差异可使用堆积百分比柱状图,查看相对和绝对差异可使用堆积柱状图。

(3) 趋势分析:借用可视化手段,展示数据随时间变化的趋势,以发现变化规律和预测未来趋势的方法。主要通过对时间序列数据进行分析,识别出其中的周期性、趋势性和随机性等特征。通常可以使用线形图、面积图、柱状图等不同的图表类型,选择合适的图表类型可更好地展示数据的趋势变化。

(4) 分布分析:借用可视化手段,用于展现数据的分布情况,包括数据的集中趋势、数据的离散程度、数据的异常值等。常用的分布分析图表包括直方图、箱线图、密度图等。

数据的离散程度则是指数据分布的离散程度,反映了数据的分布情况,常用的数据离散程度指标有方差、标准差、极差、四分位差等,用来反映数据的分散程度。在数据可视化中,离散程度指标可以通过箱线图中箱体的长度、分位数间距等表现。当箱体越短,分位数间距越小,则说明数据越集中;反之,则说明数据分散程度较大。

(5) 相关性分析:用于研究两个或多个变量之间的关系。可帮助了解变量之间的相关性强度和方向,以及预测一个变量对其他变量的影响程度。衡量相关性的指标有:

① Pearson 相关系数:最常用的相关性分析方法之一,用于度量两个变量之间的线性关系。它的取值范围在 $-1 \sim 1$,数值越接近 -1 或 1,两个变量之间的相关性越强(接近 1 正相关,接近 -1 负相关);数值越接近 0,两个变量之间的相关性越弱或无关。

② Spearman 等级相关系数:一种非参数统计方法,用于度量两个变量之间的相关性,但不要求它们之间存在线性关系。它基于等级数据(如排序数据),可以更好地适应非线性数据。

相关性分析应用场景极其广泛,比如针对新型冠状病毒(COVID-19)疫情数据的分析,可以对疫情数据中的确诊人数、死亡人数、康复人数、医院病床数量、人口密度、社交距离措施、口罩使用率等因素进行相关性分析,判断这些指标之间是否存在相互关联,以便更好支撑政府制定决策。

对于不同的分析场景,采取的可视化展示方式可参考图 3-9。

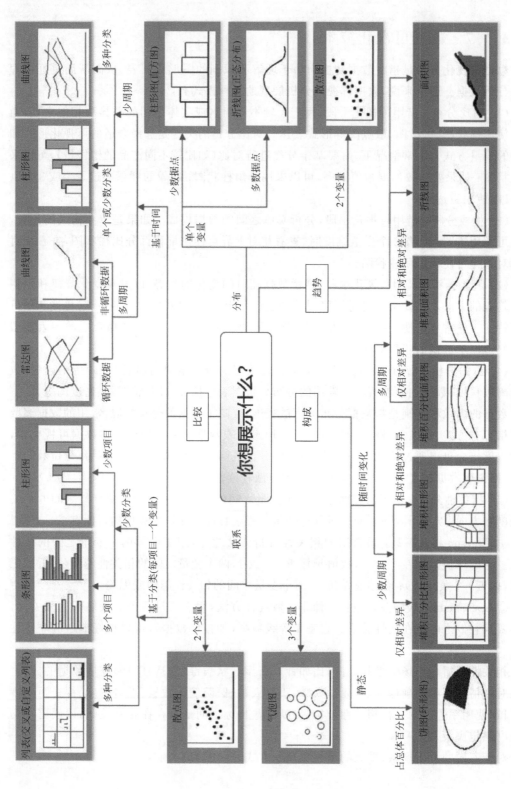

图 3-9 不同的分析场景采取的可视化展示方式示例

3.1.8　数据治理技术

数据治理技术是数据资产的治理过程主要依赖的标准流程、方法,是一整套管理体系和思路,在治理过程中,亦存在一些技术手段可有效支持管理体系的落地。

1. 元数据管理相关技术

(1) **数据目录**:本质是元数据的集合,它存储了所有数据资产的相关信息,包括数据表名、列名、业务含义、数据类型、数据所有者、数据所在位置、数据更新频率、数据质量评估等信息。自动化数据目录是一种利用技术手段实现数据目录自动化管理的技术手段。它通过对元数据信息的自动化采集、解析,最终自动建立一套完整的数据档案与数据地图,以帮助数据管理者实现对分散的数据资产进行自动化管理和快速定位,提高数据的利用价值和管理效率。

(2) **数据字典**:一个容器,用于包含由组织定义和使用的所有数据元素的信息。例如对象名称、数据类型、大小、分类以及与其他数据资产的关系。将其视为一个列表,以及表、字段和列的描述,旨在管理、维护、分析企业中各种数据元素及其相关信息。它提供了一种集中管理和查询组织数据资源的方式,可避免重复定义已有的数据元素,提高数据质量和减少数据错误,同时可基于数据字典相关属性的分析,使得数据资源整体降本增效。数据字典可借助元数据的能力,实现获取各业务系统、大数据平台库表字段等诸多信息,例如表字段级血缘、数据质量监控告警规则、数据安全等级、字段加密、数据表字段与指标和标签及报表关联关系。同时基于数据表计算消耗与存储属性,结合一定规则策略,实现提升性能、优化资源的目的。

(3) **血缘分析**:追踪数据的来源、流向和变化过程,形成数据的血缘关系链,通过这种方式实现数据的可追溯性和透明度。血缘分析可帮助数据管理员掌握数据的来源、使用情况和变更历史等信息,以便更好地管理和维护数据资源。数据血缘由数据节点和流转路径两部分组成。其中,数据节点是数据流转中的一个个实体,用于承载数据功能业务,例如数据表、消息队列主题、机器学习模型等都是数据节点;而流转路径主要包含数据流转的方向、规则及属性。数据流转的方向体现了数据的流向关系;数据流转规则说明了数据在流转过程中进行了什么样的加工和处理;数据流转的属性则记录了对数据具体的操作内容。

2. 数据质量管理相关技术

与数据质量管理相关的技术有许多,本节重点介绍数据对账和数据质量监测。

(1) **数据对账**:对比数据来源系统和目标系统之间的数据,检测数据不一致的问题。对账主要是核对来源与目标数据之间的数据行数、聚合值、制定属性值之间的差异,重点用于保障在数据入湖同步时,确保数据完整、一致地同步在目标数据系统中。

(2) **数据质量监测**:在数据开发的作业调度中,将数据质量监测作为一种路由判断,通过对数据开发的节点输出的数据进行完整性、一致性、准确性、波动性的检查,判断规则的强弱性,以控制任务是否继续执行,是否触发预警,以此实现数据质量的过程监控与预警。

3. 数据安全合规相关技术

数据安全合规技术主要是为保障数据安全而采用的一系列技术手段和方法,包括敏感数据识别、数据分类分级、数据脱敏技术、去标识化、数据匿名化等手段。

(1)敏感数据识别。敏感数据识别包括主动和被动两种数据源发现方法。主动发现通过端口探活,周期性嗅探 IP 地址和端口,被动发现通过劫持网络流量和协议分析建立访问关系清单。针对大规模数据,全量扫描效率低下,合理的数据抽取至关重要。对于结构化和半结构化数据,常用的抽取方法有定时全量、增量或定量抽样。对于非结构化数据,则需要进行预处理清洗和抽样,包括文档清洗、句子分割、分词、词标准化和停用词过滤等。

(2)**数据分类分级**。数据分类是将组织中数据根据属性或特征进行区分和归类,并建立分类体系和排列顺序,以便更好地管理和使用数据。常用的技术手段有人工打标、多模式匹配和机器学习。①人工打标:可通过对结构化数据进行字段标签描述和权限控制,以及通过规则对数据进行分类划分。②多模式匹配:适用于非结构化数据,通过建立标签库和匹配规则,对文件名称、格式、内容等信息进行匹配分类。③机器学习:首先通过人工打标的样本数据训练分类器,然后将训练好的分类器应用于无标注数据集合,进行分类。

(3)**数据脱敏技术**。数据脱敏技术是保护敏感数据安全和隐私的方法,将其转换为不可识别和不可逆转的形式。它适用于数据共享、数据分析和数据挖掘等领域,旨在防止敏感信息泄露,同时确保数据可用性。常见的数据脱敏技术包括替换、脱敏、加密、哈希和脱敏组合。①替换:用随机生成的数据或通用占位符替换原始数据。②脱敏:部分隐藏敏感数据,保留非敏感信息。③加密:使用特定密钥对敏感数据进行加密,只能通过密钥解密。常见加密算法有 AES、DES、RSA、SM1、SM2、SM4 等。④哈希:通过哈希算法将数据转换为固定长度的不可逆字符串。相同输入生成相同输出,不同输入生成不同输出。常见哈希算法有 SHA-256 等。⑤脱敏组合:结合多种脱敏技术以提高安全性和隐私保护效果。

(4)**去标识化**。去标识化是处理个人信息的过程,使其无法在没有额外信息的情况下识别特定个人。常见技术包括假名、加密和哈希函数。①假名:为每个人创建唯一标识符,替代直接或敏感标识符。通过假名化处理,不同数据集中的相关记录仍可关联,而不泄露个人身份。②加密:使用密码技术保护数据隐私,防止未授权的第三方访问或使数据对非授权方不可用。③哈希函数:将任意长度的二进制串映射为固定长度的二进制串。

(5)**数据匿名化**。匿名化是处理个人信息的过程,使其无法识别特定个人且无法还原。匿名化技术用于保护隐私,通过消除或隐藏个人身份信息或将其与数据分离来实现。常见的匿名化形式包括泛化、聚类、分解、置换和随机干扰。①泛化:降低准标识属性值的精度,增加相同值的对象数量,降低通过准标识属性值识别个体身份的概率,例如将年龄转换为年龄段。②聚类:根据数据相似度将记录划分为类别,用类中心值标识类内元组的值,以实现 k-匿名。③分解:满足多样性原则,将数据分组,将敏感属性与其他属性分开发布,降低准标识符与敏感属性的关联度。④置换:将记录划分为组,并打乱敏感属性值的位置,降低准标识符与数值型敏感属性的关联度。⑤随机干扰:通过添加噪声隐藏个人身份信息,例如向数据中添加随机值,使个人特征无法识别。

4. 数据集成相关技术

数据集成是指将组织内多个来源的数据汇集在一起,为 BI、数据分析以及其他应用程序和业务流程提供完整、准确和最新的数据集的过程。它包括数据复制、摄取和转换,将不同类型的数据组合成标准化格式,以存储在目标存储库中,例如数据仓库、数据湖或数据湖库。

(1) ETL:一种传统类型的数据管道,它通过三个步骤将原始数据转换为与目标系统匹配,即提取、转换和加载。数据在加载到目标存储库(通常是数据仓库)之前会在暂存区域中进行转换。这允许在目标系统中进行快速、准确的数据分析,并且最适合需要复杂转换的小型数据集。

(2) ELT:在较现代的 ELT 管道中,数据会立即加载,然后在目标系统(通常是基于云的数据湖、数据仓库或数据湖库)内进行转换。当数据集很大并且及时性很重要时,这种方法更合适,因为加载通常更快。ELT 在微批次或变更数据捕获(Change Data Capture,CDC)时间尺度上运行。微批量或"增量加载"仅加载自上次成功加载以来修改的数据。另外,当数据在源上发生变化时,CDC 会不断加载数据。

(3) 流数据集成:流数据集成不是将数据批量加载到新存储库中,而是实时地将数据从源系统连续移动到目标系统。现代数据集成(Data Integration,DI)平台可以将分析就绪的数据传送到流和云平台、数据仓库和数据湖中。

(4) 应用集成:API 允许单独的应用程序通过在它们之间移动和同步数据来协同工作。最典型的用例是支持运营需求,例如确保人力资源系统具有与财务系统相同的数据。因此,应用程序集成必须提供数据集之间的一致性。此外,这些不同的应用程序通常具有用于提供和获取数据的独特 API,因此软件及服务应用程序自动化工具有助于高效、大规模地创建和维护 API 集成。

(5) 数据虚拟化:数据虚拟化也实时提供数据,但仅在用户或应用程序请求时才提供。尽管如此,仍然可以创建统一的数据视图,并通过虚拟组合来自不同系统的数据按需提供数据。虚拟化和流非常适合为高性能查询而构建的事务系统。

3.1.9 数据要素流通技术

目前在数据要素流通环节,数据安全变成阻碍流通的重要因素。数据资产与普通的资产不同,具有易于复制、难于确权、容易泄露等一系列问题,而隐私计算、区域链等技术可有效地解决这一难题,将数据交易带入一个新阶段。

1. 隐私计算技术

隐私计算(Privacy Compute)是指在保护数据本身不对外泄露的前提下实现数据分析计算的技术集合,达到对数据"可用不可见"的目的,在充分保护数据和隐私安全的前提下,实现数据价值的转化和释放。

从技术角度出发,隐私计算是涵盖众多学科的交叉融合技术,目前主流的隐私计算技术主要分为三大方向:第一类是以安全多方计算为代表的基于密码学的隐私计算技术;第二类是以联邦学习为代表的人工智能与隐私保护技术融合衍生的技术;第三类是以可信执行环境为代表的基于可信硬件的隐私计算技术。不同技术常组合使用,在保证原始数据安全和隐私性的同时,完成对数据的计算和分析任务。

1）安全多方计算

安全多方计算(Secure Multi-party Computation,MPC)是一种密码学领域的隐私保护分布式计算技术。安全多方计算能够使多方在互相不知晓对方内容的情况下,参与协同计算,最终产生有价值的分析内容。

实现原理上,安全多方计算并非依赖单一的安全算法,而是多种密码学基础工具的综合应用,包括同态加密、差分隐私、不经意传输、秘密分享等,通过各种算法的组合,让密文数据实现跨域的流动和安全计算。图 3-10 是安全多方计算的其中一种简单实现方案示意图。

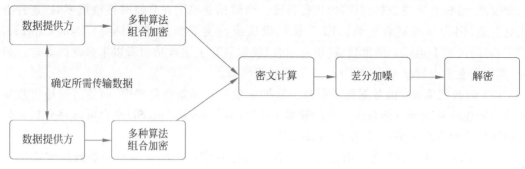

图 3-10　安全多方计算的其中一种简单实现方案示意图

2）联邦学习

联邦学习(Federated Learning,FL)又名联邦机器学习、联合学习。相比于使用中心化方式的传统机器学习,联邦学习实现了在本地原始数据不出库的情况下,通过对中间加密数据的流通和处理,完成多方联合的学习训练。

它一般会利用分布式数据进行本地化的模型训练,并通过一定的安全设计和隐私算法(例如同态加密、差分隐私等),将所得到的模型结果通过安全可信的传输通道,汇总至可信的中心节点,进行二次训练后得到最终的训练模型。

由于密码学算法的保障,中心节点无法看到原始数据,只能得到模型结果,因此有效地保证了过程的隐私。

联邦学习和安全多方计算的区别主要在于应用场景有较大不同。联邦学习的实现主要"面向模型",其核心理念是"数据不动模型动";而安全多方计算则是"面向数据",其核心理念是"数据可用不可见"。

3）隐私计算

隐私计算是指在保证数据提供方不泄露原始数据的前提下,对数据进行分析计算的一系列信息技术,具体是指在处理视频、音频、图像、图形、文字、数值、泛在网络行为性信息流等信息时,对所涉及的隐私信息进行描述、度量、评价和融合等操作,形成一套符号化、公式化且具有量化评价标准的隐私计算理论、算法及应用技术,支持多系统融合的隐私信息保护。隐私计算包括信息所有者、收集者、发布者和用户在私有信息的整个生命周期中,从数据的产生、感知、发布、传播,到数据的存储、处理、使用和销毁的所有计算操作。它支持大量用户的隐私保护,具有高并发性和高效率。在泛在网络中,隐私计算为隐私保护提供了重要的理论基础。

隐私计算的目标是在整个数据全生命周期中,通过各种计算和加密技术,确保用户的隐私信息得到保护,使得数据可以在保护隐私的前提下被安全地使用和分享。隐私计算从"计算"的角度确立隐私信息产生、感知、发布、传播、存储、处理、使用、销毁等全生命周期的隐私计算架构、延伸控制(包括按需脱敏、使用、删除等控制)、形式化描述方法、量化评估标准,以及脱敏算法的数学基础;基于延伸控制思想,抽象全生命周期各个环节对多模态隐私数据的操作,包括隐私智能感知、分量保护要求量化、跨系统保护要求的量化映射、场景适配的隐私动态度量、按需迭代脱敏、多副本完备删除,以及根据保护效果自动迭代修正脱敏等;基于隐私计算语言支撑跨平台隐私保护的一致性;基于延伸控制和自存证实现泛在随遇的侵权判定,实时发现违规行为并取证溯源;基于隐私计算的算法设计准则和通用算法框架,支撑隐私信息保护系统的代码稳定性和算法可扩展性,并支撑高效能和高并发。

4)零知识证明

在一个零知识证明协议中,需要满足证明者向验证者证明一个声明的有效性,而不会泄露除了有效性之外任何信息。使用零知识证明,证明者无须使用任何事件相关数据向验证者证明事件的真实性。考虑数据流通过程中的分布式财务数据共享场景。企业可以利用分布式账本进行准确、透明的财务数据记录。企业的隐私数据上链存储,允许跨组织进行标准财务记录,改进财务报告并降低审计成本。要求使用零知识证明技术提供不泄露隐私的认证服务,使其余方在数据真实信息不可知的前提下验证数据的正确性。

5)可信执行环境

可信任执行环境(Trusted Execution Environment,TEE)指的是一个隔离的安全执行环境,在该环境内的程序和数据能够得到比操作系统(OS)层面更高级别的安全保护。

其实现原理在于通过软硬件方法,在中央处理器中,构建出一个安全区域,计算过程执行代码 TA(Trust Application,可信任程序)仅在安全区域分界中执行,外部攻击者无法通过常规手段获取和影响安全区的执行代码和逻辑。

同时,计算数据通过相关密码学算法加密,保证数据只能在可信区中进行计算,其简单实现方案示意图如图 3-11 所示,相关的隐私计算三种方法对比如表 3-1 所示。

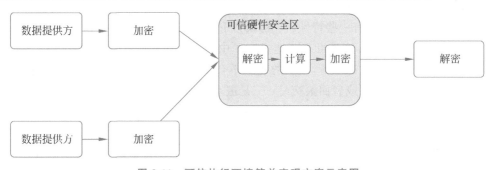

图 3-11 可信执行环境简单实现方案示意图

表 3-1 隐私计算三种方法对比

技术路线（方法）	核 心 思 想	数 据 流 动	密 码 技 术	硬 件 要 求
安全多方计算	数据可用不可见，信任密码学	原始数据加密后交换	同态加密、差分隐私、秘密分享等	通用硬件
联邦学习	数据不动模型动，信任密码学	不交换原始数据	不经意传输、秘密分享、同态加密、差分隐私等	通用硬件
可信执行环境	数据可用不可见，信任硬件	原始数据加密后交换	非对称加密算法	基于可信技术实现的可信硬件

隐私计算技术涉及了密码学算法，主要包括：

（1）同态加密（HE）。

同态加密（Homomorphic Encryption，HE）指的是能够直接使用密文进行特定运算的加密技术，并保证得到的结果与明文计算结果一致。数据进行加减、汇聚时不会发生明文数据的暴露，因此能够大大提高计算方的可靠性。

同态加密的优势在于通信量少，不需要多轮通信轮数，且在结果方密钥不泄露的情况下，计算过程是安全的，因此在安全多方计算、联邦学习等场景中得到了应用。

（2）差分隐私（DP）。

差分隐私（Differential Privacy，DP）是通过添加额外的随机数据"噪声"使真实信息淹没于其中，从而保护隐私的一种技术手段。当恶意用户试图通过差分攻击的手段反推原始数据时，由于噪声的存在，无法确认数据的真假，因此不能顺利还原原始数据。

其优势在于无须加/解密时的巨大算力消耗，技术相对成熟，因此在各种涉及个人隐私的统计类场景中得到广泛应用。

以金融场景为例，隐私计算可用于智能风控、智能营销、供应链金融、反洗钱场景、智能运营、隐私信息检索，数据流通交易平台应用等可结合客户的基本信息、资金流水等自有数据和外部数据进行联合建模，对其信用风险综合评估。此过程涉及多方客户数据的共享和使用，通过隐私计算，银行无须交换明细级原始数据即可联合其他数据源共同建立风控模型。

2. 区块链技术

区块链技术为打造去中心化的数据市场、降低中间机构在交易双方之间的干预作用提供了新的方向。区块链具有一些特性：一是权力下放，在集中式系统中，每个交易需要通过中央可信的机构进行验证，这不可避免地提高了中央服务器的成本和性能瓶颈；二是其透明性与安全性，交易可以快速验证，诚实的矿工不会承认无效的交易，一旦交易被包含在区块链中，就几乎不可能删除或者回溯交易；三是匿名性，每个用户可以使用其地址与区块链交互。由于这些特性，区块链目前具有广泛的应用前景，尤其在数据交易中，区块链系统替代了集中式数据市场的地位，买卖双方会直接就区块链中智能合约的执行进行交易。

通过搭建基于区块链技术的平台，促进数据的交易流通。量子加密等技术的开发应用，解决了数据交易流通中的安全保密问题，确保数据安全；区块链技术在数据交易流通中的应用,确保数据流通可信、透明、可追溯,解决了数据交易流通中数据非授权复制和使用等问题,提高了企业参与数据交易的积极性。区块链技术重点有如下几个方面的应用:

（1）**数据资产确权**。通过为用户和数据生成唯一的数字身份 ID,用赋码机制确保数据资产唯一性。数据提供方将共享数据的元信息登记上链,设置数据目录的访问权限(如公开、指定接收方、授权共享等),授权记录和数据访问记录被永久记录在区块链中。这种方式有利于形成信息闭环,支撑跨机构共享数据的全流程数据要素权属管控,保证连续性和可追溯性。

（2）**数据交易凭证**。主要依托信源链,可为用户提供存在性证明、完整性证明、身份证明、时间戳证明、数据关系证明和凭证登记流转记录等多种服务,确保这些信息具备可验证、可审计、可追溯、不可篡改等特性。

（3）**数据共享交换平台**。规范数据共享的目录和数据交换标准,实现数据交换的管理,用数字信封加密或者可信计算安全沙箱确保数据隐私安全,可信计算安全沙箱能够保障只输出数据分析结果,数据不落地、不外泄。借助密码学、共识算法和分布式存储等技术,组合出一种新的数据共享方式,通过数据的公开透明、不可篡改与集体维护等措施,让整个系统降低了信息不对称,从而促成新的信任机制。

3. 数据空间

数据空间是一种通用的多源异构数据组织和管理模式,实现非可信环境下的多方数据的按需融合,为跨组织场景的数据共享、数据分析以及数据服务提供了新途径。数据空间的本质就是数据产生者、处理者和消费者之间建立信任,基于信任实现保护数据所有者、产生者,保护数据主权,促进数据流通,消除数据孤岛,增加数据价值。数据空间是数据产生者到消费者之间的一个可控可追溯的通道。数据空间的核心职责是保护数据主体的数据主权,其产生的前提是数据的跨主体流通。此处数据主权更倾向于组织或个人对其能管控的数据拥有排他性自决的能力,可实际决定其数据如何流通和使用。数据空间在解决数据跨界流通、保护数据主权方面,与传统的数据共享相比有几个本质内涵:①构建安全可信的共享环境,降低参与主体间的信任沟通成本;②实现流通全流程的可控,有效避免传统基于单域访问控制等所带来的透传或泄露的风险;③实现开放的市场交换模式,实现供需双方的自主匹配,参与主体可自主选择符合需求的数据资源进行利用,极大地提高数据流通的范围和效率。

1）数据使用控制

数据的使用控制技术,是研究将数据提供者和数据消费者之间关于数据如何被使用的条款和条件,在跨系统、应用等开放、复杂、分布式环境中提供机器可执行和管理的手段,保证使用条款和条件可以被计算机实施和评估,并最终达到数据提供者保护数据和消费者合法使用数据的目的。在开放的分布式环境中,使用控制涉及使用策略、安全模式、安全机制和冲突模式等各方面问题。数据使用控制技术包含使用策略的标准认证、管理和应用下发、策略的实施和策略评估。数据使用控制策略采用开放策略描述语言如 ODRL、XrML、MPEG 等。该类权利描述语言通常可以描述数据在采集、传输、使用等整个全生命周期不同阶段的权利,保证准确无歧义地处理语言规则,支撑系统间的互操作。

2)基于动态属性配置服务的身份认证管理

在常规的数字世界中,系统或者软件通常是根据相应对象的数字身份实现授权管理。数据空间的对象身份,包含各类参与者如提供者、消费者等,也包括提供各类服务的软件组件。各类对象的身份构成,以现有通用协议(X.509 认证标准等)的约定,各类数据空间的对象的身份,由一部分非常通用的属性构成,对属性的任何修改都会导致证书的吊销和重新颁发。而基于动态属性配置服务可以结合数据空间各类对象的属性进行动态配置,不会触发证书的失效,且能灵活支撑 CA(Certificate Authority,证书授权)的级联管理。

3)数据存证溯源

数据存证溯源是对数据在流通的全过程中进行日志存证、使用和加工链路计算,构建数据从发布数据资产通知(Offer)、签订数据合约、数据传输、数据接收、数据使用、数据加工、数据使用策略到期、数据删除/归档等全过程的日志,并基于日志记录,提供链路分析等溯源能力。主要包括日志采集技术、标识技术、区块链技术、数据流转记录技术、使用凭证技术以及数据溯源等技术。

4)数据合约数字化技术

传统的数据(交换)合同/合约,大多数是基于法律框架下签署保密协议或客户授权书,以非结构化文本的方式作为数据流通的凭证附件进行管理。数据合约数字化技术,是将传统的纸面化合约在数据空间中由各类软件组件实现在线签署和传输,签署完成后由数据空间各组件根据合约签订条件执行,合约执行被完整记录且可追溯。

5)其他基础的安全技术

数据空间涉及数据从采集、交换、加工、使用、签约等复杂的过程,也离不开通用的数据处理技术,包括但不限于数据加密技术、数据脱敏、隐私计算、传输网络、传输协议、数据集成、数据质量控制、元数据管理等技术。

3.2 数据资产管理工具和产品

3.2.1 元数据管理工具

元数据作为数据治理的根基,是数据的"户口本"、企业数据的"地图",根据元数据,企业可以全方位地了解:

(1)有哪些数据?

(2)数据是什么类型?

(3)存储在什么地方?

(4)代表的业务含义是什么?

(5)由谁/哪个部门负责?

(6)数据的来源、去向是什么?

(7)数据的冷热情况如何?

（8）是否是关键业务核心数据？

（9）数据何时上线？

（10）产生的流程是什么？

这些数据的全生命周期的信息依靠完善的元数据管理平台动态、实时、完整、精确地记录，全面、全视角地指导数据治理的各项活动开展。拥有一个可感知、可观测、可分析的元数据管理平台，是保障数据治理取得成功的关键前提。典型的元数据平台工具图谱如图 3-12 所示。

图 3-12　元数据平台工具图谱

1. 元模型定义工具

1）总体概述

管理元数据，元模型是必不可少的内容。元模型通常定义为"模型的模型"，通过元模型，可以定义不同类型对象的元数据的结构、属性、关系。目前，由 OMG 组织发布的公共仓库元模型（Common Warehouse Metamodel，CWM）是行业内的事实标准。CWM 主要定义了一种跨系统间元数据交换的标准。

元模型中有包、类、属性、继承关系、依赖关系、组合关系等定义。通常情况下,需要元模型工具对企业关键对象的元数据的组织形式进行定义,方便元数据信息的扩展与管理。比如物理表、物理字段、视图、存储过程、函数、ETL、报表、数据挖掘模型、数据服务等对象,可在元模型中定义其业务元数据、管理元数据、技术元数据等相关信息。例如,物理表中有:

(1) 包:JDBC。

(2) 父类:表。

(3) 属性:表名称、表英文名称、表存储大小、存储位置、所属业务域。

(4) 依赖关系:表。

(5) 被依赖关系:表。

(6) 组合关系:列。

(7) 被组合关系:模型。

依赖关系、被依赖关系,可用来定义此类对象的血缘上下游关系;组合关系可用来定义该类对象构成关系。

2)工具能力

元数据定义工具通常需要具备如下功能:

(1) 内置常用的管理对象的元模型,如系统、数据库、模式、物理表、视图。

(2) 支持元模型的自定义扩展,如属性的扩展、管理对象扩展。

(3) 支持元模型的版本管理。

元模型定义工具,让元数据具有较好的可扩展、可定义特征,以满足元数据之间的交换传递。

3)应用场景

目前,多数企业数据资产管理的对象主要为数据库表与模型,随着企业管理精细化程度的不断深入,部分企业数据工具增多,需要管理企业中的报表、AI 模型等,此时涉及的报表工具种类繁杂,AI 建模工具种类各异,因此,需要建立全新的信息结构存储商务智能(Business Intelligence,BI)报表、AI 模型等详情信息,进行 BI 和 AI 与其他表、对象的血缘管理,在数据地图中展现全链的数据资产。在此背景下,基于元模型定义工具可建立 AI 模型、BI 报表的元数据结构,建立其与数据指标、数据表的相关血缘关系,形成全链路的数据资产地图,建立全面的信息台账与监控体系。元模型定义工具的扩展能力可满足和适应企业对数据资产管理对象的个性化扩展需求。

2. 元数据采集与感知

1)总体概述

从技术上来说,元数据的采集与获取通常有两种方式:

(1) 拉:即主动采集,借助不同类型的元数据采集工具,通过定时任务或手工触发,获取相应的技术或业务元数据信息。拉取模式采集稳定性高,采集性能较好,技术难度可控,但时效性取决于采集任务的定时频率。

（2）推：即自动感知，借助元数据的 API 服务，支持第三方工具，遵循元模型定义的标准，实时将变化的元数据进行推送。推送模式通常对数据库日志采集，技术难度较大，具有一定的二次开发成本，但稳定、时效性较高。

从采集的内容上来说，通常会采集如下内容：

（1）管理对象：数据库、表、视图，以及存储过程、作业任务等。

（2）物理存储信息：如表的结构、字段、索引、分区等，以及表的存储情况。

（3）统计信息：数据概要信息、数据分布状况、表的初步质量探查等信息。

（4）操作信息：表的血缘关系、表数据的加工逻辑、访问情况、变更情况、表的数据量的变更情况等。

元数据的采集不局限于物理表，还包括 BI 报表、ETL 任务、企业数据字典文件、建模文件、SQL 脚本等。

2）工具能力

从工具角度讲，元数据采集器的完备程度是衡量数据治理工具成熟度的重要指标。通常工具需要具备如下几个特点：

（1）多对象采集能力：支持多种信息的感知、解析、入库，包括存储过程、SQL 脚本等。而这将会丰富元数据的内涵与关系，有助于帮助企业构建更完整的数据全景视图。

（2）增量采集能力：元数据的采集并非一次性的，在实际运行中，增量采集是经常遇到的场景，也是需要同步考虑的内容。

（3）采集比对能力：如何确保多次采集支持比对、更新的控制策略，也是采集工具必须具备的能力。

（4）解析与统计：能够更进一步解析和采集基础物理信息，还能够对现有信息进行统计、解析，比如解析血缘关系。

3）应用场景

使用元数据的采集和解析能力，在 IT 系统建设时，可用来监控和管理系统模型的变更。通过多次采集，可采集到系统升级前与升级后的表结构、字段属性的变化，从而更好地判断与评估影响。

在数据湖仓建设过程中，可用采集器解析日志或脚本，并结合机器学习算法，实现血缘关系的自动捕获与解析处理，从而可以形成全景、全链路的血缘关系图谱，方便后续的数据运营管理。

3. 元数据管理

1）总体概述

采集后的元数据，遵循元模型的标准定义进行格式化存储，并对元数据进行全方位的管理。完整的元数据管理工具，提供面向数据全生命周期的、基于人工智能与知识图谱技术的、完整的元数据的信息维护、编目、管理的能力。

2）工具能力

通常，元数据管理工具应具备如下能力：

（1）提供数据编目能力，用来定义与管理企业级的数据目录。

（2）提供元数据的注册、审核、发布、下线、归档、销毁的全生命周期流程。

（3）提供数据所有者、业务负责人、技术负责人的责任、权利、义务的识别与设置。

（4）提供元数据与基础数据关联标准，为数据标准化奠定基础。

（5）提供业务元数据的更新与管理，确保数据可理解，提高数据的可用性与可读性。

（6）提供数据的分级与分类、数据域划分，融入企业的数据架构管控。

（7）提供元数据标签，补充完善元数据的扩展信息，方便检索定位。

（8）提供元数据血缘关系管理，建立可溯源、可跟踪的数据链路。

（9）提供元数据版本比对，确保元数据的变化过程可跟进。

（10）提供元数据的质量稽核，持续提高元数据的完整性、一致性、关联性、规范性，如属性填充完整率检查、重复元数据检测、元数据与源库一致性比对监测等。

随着人工智能、知识图谱技术的逐步成熟，增强数据治理与分析，也在元数据管理工具中逐步发挥价值。比如：

（1）自动分类分级：结合知识图谱与人工智能技术，根据元数据分类特征，自动对未分类的数据进行数据类别、数据域的划分。

（2）智能血缘识别与分析：结合知识图谱与人工智能技术，根据数据的行列特征及图谱网络结构，自动推断、分析可能存在的血缘关系。

（3）元数据的标签智能传递：通过图谱技术，根据物理模型、表的元数据标签，以及其上下游血缘关系和分类情况，自动推断标签的传播路径等。

（4）元数据的自动认责与分配：通过图谱技术，根据物理模型、表的元数据标签，以及其上下游血缘关系和分类情况，自动推断相关数据所有者、责任人及责权归属。

（5）元数据与标准的自动映射：结合 NLP 与机器学习技术，自动分析和推断元数据与标准的映射关系，自动推荐元数据与标准的关联。

元数据管理工具是保障元数据可控、可用的核心工具。强大的元数据管理能力，将满足多种治理场景的需要，提高企业数据治理成熟度的不断提升。

3）应用场景

在企业 IT 管理或数据治理场景中，可使用元数据管理工具，对系统中的所有元数据进行集中管理。基于企业级业务架构与信息架构，建立统一的数据架构，形成全局的数据模型与数据资源目录，方便统一维护和管理，减少数据冗余和数据不一致等问题，加速数据集成、数据融合等进程。

4. 元数据分析

1）总体概述

元数据分析对于数据治理具有重要意义。元数据分析工具可助力更好地发挥出元数据的价值。通常借助元数据分析构建全局的数据地图、血缘分析、影响分析等。

2）工具能力

（1）数据地图：以拓扑图或者关系图的形式，从管理、技术、业务等维度，从数据架构等层级,360度全景展示企业级的数据资源状况。数据地图是企业检索,发现数据资产,获取、利用数据资产的重要手段和途径。

（2）基于血缘的溯源分析:基于数据的加工链路形成的血缘关系,当数据应用(如指标、报表)等出现异常后,可全链条地跟踪溯源,快速定位问题源头。

（3）基于血缘的影响分析:基于数据的血缘关系,当企业级数据模型、数据表变更时,可准确评估对下游的表、数据的影响,方便下一步行动。

（4）元数据相似性分析:基于采集的元数据,可寻找相似物理表、相似的逻辑模型等元数据。例如可借助元数据相似性分析功能,快速定位到企业由于测试与生产环境版本不同而导致的原本相同业务却存在差异的元数据。

（5）元数据一致性分析比对:与相似性类似,不再赘述。

（6）元数据核心度/关联度分析:可根据元数据的关联度、血缘关系等,判断数据是否是核心数据。在数据仓库中,核心关键数据可能会对诸多指标、业务产生较大的影响,需要提前识别管理。例如企业核心维度数据或主数据,如客户维度关联的指标与汇总计算层的表可能会很多,需要借助核心度计算方式进行有效的识别。

（7）元数据冷热度/鲜活度分析:当数据仓库中"无用表""僵尸表"泛滥时,会给企业的数据运营工作带来较大的成本,借助对元数据的访问与更新频率数据,可有效地判断识别哪些数据是热数据、哪些数据是"僵尸表",然后根据分析结果指导企业数据的持续运营与管控。

3）应用场景

元数据的每项分析能力都有巨大的应用场景。元数据核心度的分析和计算可帮助用户识别最关键的数据,实现数据的分类分级的管理;元数据冷热度分析可帮助用户更好地开展数据运营工作。

例如,在数据仓库建设中,需将原始数据完整集成到贴源层(Operational Data Store, ODS)中,在集团多级部署系统的情况下,常需要将多个相同的二级系统数据汇总进数据仓库中,此时如果某个系统数据的结构出现更改,则需较大的人力排查成本,而借助元数据的一致性分析,可有效比对多个系统间的数据结构是否一致,有助于改善数据同步、对账的核查工作成本。

5. 元数据服务

1）总体概述

元数据需要为其他系统或用户提供相关的查询、检索、分析、交换等服务,通常通过数据目录工具对外提供这种服务。

数据目录是一种敏捷高效的元数据服务工具。数据目录利用元数据,从技术、业务、管理等多种视角,对组织中所有数据资产创建目录清单,使用户能够快速查找和访问信息。

2）工具能力

通常,数据目录工具应具备如下能力:

（1）丰富的对象:数据目录中的对象,不局限于物理表、模型等数据资源,应从企业"用数"的需求出发,面向数据应用(包括 BI 报表、AI 应用、数据服务、数据标准、数据指标等)提供全面的数据资产服务能力。

(2)检索与定位:支持元数据的全文检索或问答式的智能搜索,方便用户快速查找、定位是否存在该元数据。例如,数据开发人员在开发某个指标时,可通过数据目录进行定位,判断该指标是否已创建。

(3)元数据画像:系统通过自动化采集与整合技术,对元数据信息进行全面访问与整理,形成数据的完整的档案信息,包括层级状况、业务特征、数据探查、管理信息、血缘情况、访问应用等。

(4)数据获取:通过提供数据服务或数据集服务,实现数据调用、数据下载等,方便用户快速获取到相关数据。此外可与数据沙箱工具结合,支持用户在线对获取后的数据进行加工、分析、数据探查,有助于形成企业"用数"的文化。

(5)协同互动:支持对元数据在线纠错、协同编辑、标签维护、信息评论等,形成互动协同的数据文化。企业多人共创,快速完善数据信息,提升数据质量。

(6)数据地图:利用元数据,从企业技术、业务、管理视角出发,自上而下地形成企业的数据全景地图,方便用户从全局了解企业数据资产的组成与动态,是企业级数据架构的一种重要展现形式。通常数据地图会提供企业数据架构视图,可从业务板块、业务域、主题域等角度查看数据分布。也可提供各元数据对象详情,包括数据的基本信息、关联对象、质量信息、安全状况、标准状况、血缘关系等。亦可集成元数据分析、检索、定位能力,包括血缘、影响、一致性、完整性、关联性等。

随着数据技术的发展,元数据管理平台的相关工具也不局限于以上内容,但元数据作为全息感知、智慧洞察的平台,是数据治理中不可缺少的重要工具。

3)应用场景

数据目录是企业数据共享的重要手段,在企业数据文化的建设过程中发挥着重要作用。它可面向业务人员提供全局的数据检索能力,解决以往数据找不到、用不了等问题,也可让业务人员更好地开展数据发现、数据分析等工作。借助良好的协作机制,可帮助 IT 人员更好地进行数据运维与管理,及时发现数据重复、数据冗余、数据不可用、评价过低、质量过差等问题,形成建立 IT 人员与业务人员的沟通的桥梁,更好地促进数据价值的释放。

3.2.2 数据标准管理工具

数据标准是企业管理内外部数据的统一规范,一般会包括基础数据标准与指标数据标准。数据标准管理工具能规范数据标准的全生命周期管理流程,推进数据标准在企业数据模型中的落地,持续推进数据标准化程度。标准是保障数据按照规范秩序生产、流转、加工、应用的指南,是一把管控数据的"秩序之尺"。

1. 基础数据标准管理工具

1)总体概述

基础数据标准用于约束数据属性所要遵循的规范。基础数据标准管理工具,应具备完整的标准全生命周期管理能力,方便企业数据标准化、业务化,可使标准更好地落地执行。

2)工具能力

通常来说,基础数据标准工具应具备如下能力:

(1)提供基础数据标准的定义能力,支持业务术语、枚举值标准、格式标准、维度标准、度量单位等。可实现灵活的数据标准的个性化扩展,满足不同企业的管理模式。

(2)具有完整的数据标准规划、定义、审核、发布、下线、归档的全生命周期管理流程。

(3)能够实现数据标准与元数据、数据模型的映射关联与应用。

(4)能够对数据标准执行情况进行落标检查,并可自动生成数据标准的落标评估报告,指导企业数据标准化工作的顺利推进。

随着人工智能、知识图谱等算法在数据治理场景中的应用,数据标准通常可以采用智能化手段加快标准的建设过程,如:

(1)基于元数据的标准融合生成,可将多个高度相似的元数据聚合形成统一标准。

(2)基于标准与元数据的双向自动关联或推荐。

3)应用场景

数据标准的定义与编制,以及标准映射关联工作,通常是一件工作量巨大、枯燥易出错的工作,由此导致国内的标准管理工作比较难以推进。基础数据标准定义工具,借助知识图谱和人工智能算法,根据元数据的特征,以及与其相似的元数据的标准关联情况,帮助客户快速实现标准与元数据的自动关联。例如:在 A 表中有"用户姓名"属性,B 表的"姓名"属性关联了数据标准"人员姓名",则系统可以根据社群关系发现算法,自动推理形成 A 表"用户姓名"与数据标准"人员姓名"的关联关系,由此可大大降低标准的维护与管理工作。

此外,在企业信息化建设的数据架构与数据模型设计环节,可根据数据模型的属性特征与业务特征,建模时自动发现实体属性需遵循的基础数据标准,由此可提升数据建模的规范性。在信息化建设初期即可发现并规避问题,降低 IT 建设成本,保持系统架构设计的一致性。

2. 指标数据标准管理工具

1)总体概述

指标数据标准通常用来定义和规范指标数据的管理、技术、业务相关信息,包括但不限于指标的业务含义、统计口径、指标维度、计算逻辑、敏感方向、指标类型(时点/存量)、权威系统、度量单位等信息。在企业实际运营中,指标是企业运行体征的仪表盘,需要有同一标准实现指标语义的一致、口径的统一,需对指标的权重、重要性进行识别和管理。因此,指标数据标准管理工作是企业数字化、精细化管理的重要支撑工具。

2)工具能力

指标数据标准管理工具需要具备如下能力:

(1)指标标准属性的自定义能力,以满足不同企业要求。

(2)指标标准的创建与导入、导出功能。

(3)指标标准与技术指标的映射关联。

（4）指标标准的落标检查功能，具有评估报告能力。

（5）完整的指标标准规划、定义、审核、发布、下线、归档等全生命周期管理流程。

3）应用场景

借助指标标准管理工具，可生成企业级的指标树，在对指标树进行评审发布后，用于统一企业数据统计的口径。例如：将销售合同额定义为"具有真实法律效力与买卖关系的合同，且已生效，并以实际签订日期为准进行统计的、刨除税率后的合同额"，当以销售合同额为基准进行统计时，可解决口径不一致的问题。

3.2.3 数据安全管理

随着《数据安全法》《个人信息保护法》《网络安全法》等相关法律的出台，数据安全已经成为越来越多企业迫切关注的内容。

《中华人民共和国数据安全法》第三条给出了数据安全的定义，指通过采取必要措施，确保数据处于有效保护和合法利用的状态，以及具备保障持续安全状态的能力。

对数据安全管理，从组织安全管理顶层体系、分类分级、防护策略，到权限控制与审计跟踪，形成全方位的防护能力。

1. 隐私数据发现

1）总体概述

隐私敏感数据散落在企业的各个角落，发现"暗数据"中的敏感信息是非常重要的工作，需借助技术手段进行探索、发现，及时保护数据隐私，建立整体的数据分级机制。隐私数据发现工具需具备完整的定义敏感级别、发现敏感数据等能力。

2）工具能力

隐私数据发现工具需具备如下能力：

（1）敏感等级定义：数据分级的核心在于定义数据的敏感等级。数据安全管理工具应支持敏感等级的自定义。通常情况下，企业数据的敏感等级会划分为 4～15 个等级，如机密、秘密、涉密、半公开、公开等。

（2）敏感数据发现：敏感数据的发现有以下几种方式。

① 通过正则表达式匹配扫描数据行，符合一定比例的即可视为敏感数据。

② 通过关键词匹配扫描数据行，拥有一定比例的数据包含关键词的即可视为敏感数据。

③ 通过关键词匹配字段的元数据信息，满足条件的即可视为敏感数据。

④ 借助人工智能算法，对样本数据进行训练与特征提取，形成模型后进行扫描。

（3）敏感数据分类：通常数据分类可定义形成如企业数据、个人数据、公共数据等类别，可根据敏感发现的规则进行组合，规则之间的组合形成数据实体的定义，符合多条件的数据可自动标记为某种特定的分类。

3）应用场景

随着企业信息化建设的不断深入，数据量积累得越来越多，如何自动化为系统中的数据打上安全级别的标记,以发现敏感数据并及时制定保护策略,是保证数据安全的重要基础前提。通常,IT技术人员会借助正则表达式、关键词等手段,将数据和元数据进行匹配,此方法仍然无法满足某些个性化需求。例如:企业中的"客户地址",采用正则表达式、关键词技术手段均不能满足该类型数据的检索需求,在此可使用自然语言处理技术,提取"地址"的数据特征,再经过分词、文本特征提取,结合BERT等算法,可较好地形成训练模型,基于该模型再进行数据扫描,从而找出系统中与其类似的数据。

2. 数据权限管理

1) 总体概述

数据权限管理工具,可实现对数据的管理、使用、访问的控制,实现用户权限的隔离,保护数据安全。

数据的权限可分为数据管理权、数据使用权/访问权、数据行级权限、数据列级权限。

(1) 数据管理权:确定数据的责任部门与所有者,由数据的管理人员负责对数据全生命周期进行管理。

(2) 数据使用权/访问权:确定数据的使用权限。对于结构化数据,数据的使用权又可细化为数据行级权限与数据列级权限。

(3) 数据行级权限:数据行的访问权限。比如对于营销绩效指标数据,华南区域的营销主管只能查看到该地区营销绩效指标,而集团总部的主管可以查看全国范围内的营销绩效指标。

(4) 数据列级权限:数据列的访问权限。比如对于营销绩效指标数据,华南区域的营销主管只能查看到销售额、平均单价等指标,而集团总部的主管可以查看到利润率等营销绩效指标。

2) 工具能力

数据权限管理工具应具备如下能力。

(1) 数据管理权限。

① 数据安全工具需在元数据注册时,对数据管理权限进行确定,以支撑未来的权限更替与转移。

② 需进一步支持权限的传递授权等模式。

③ 具备数据管理权限的人员,对该数据的元数据信息进行维护、管理,负责该数据的质量、安全,负责该数据的相关使用权限的申请与审批等。

(2) 数据使用权限。

① 对数据管理角色的人员设定与分配数据使用权。

② 支持数据行级权限的分配。

③ 支持数据列级权限的分配。

④ 支持数据多种权限策略的组合分配。

3) 应用场景

应用场景可见如下举例。例如:企业中某些部门只有部门经理可以查看其部门的数据；而另外一些部门所有人都可查看所属部门的数据，但不能查看其他部门的数据；企业高管可查看所有部门的数据。在此场景中，需结合数据权限管理工具，定义 3 套权限方案，并分配在不同的角色中，实现数据权限控制。

又如：由于有些数据（如销售额）是多个部门汇聚在一起的，因此需要使用数据行级权限控制。有些数据（如人员花名册），相关属性允许部门内部查看（如人员联系方式），有些属性只有部门高管才可以查看（如人员工资）。这就需要结合数据权限管理工具对数据行级、数据列级权限进行细化分配，实现数据的访问管理。

3. 数据脱敏加密

1）总体概述

数据脱敏是将某些敏感信息通过脱敏规则进行数据变形，对敏感隐私数据进行可靠保护。涉及客户安全数据或者某些商业性敏感数据，在不违反系统规则条件下，对真实数据进行改造并提供测试使用。数据安全管理工具通常需支持对数据的脱敏处理，技术上有两种策略，即静态数据脱敏、动态数据脱敏，如图 3-13 所示。

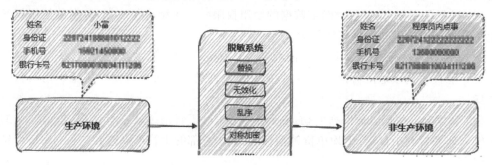

图 3-13　静态数据脱敏与动态数据脱敏示意图

静态数据脱敏（Static Data Masking，SDM）：适用于非生产环境下，即将数据抽取出生产环境脱敏后分发至测试、开发、培训、数据分析等场景。

动态数据脱敏（Dynamic Data Masking，DDM）：一般用在生产环境，访问敏感数据时进行实时脱敏，有时在不同环境下对于同一敏感数据的读取，需做不同级别的脱敏处理，例如针对不同角色、不同权限所执行的脱敏方案会有所不同。

2）工具能力

数据脱敏工具需具备动态数据脱敏与静态数据脱敏的能力，需支持丰富的算法，通常包括如下几种方式：

（1）掩码：通过对字段数据值进行截断、加密、隐藏等方式让敏感数据脱敏，使其不再具有利用价值。一般采用特殊字符（＊等）代替真值，这种隐藏敏感数据的方法简单，缺点是用户无法得知原数据的格式，如果想要获取完整信息，需要对用户授权后才能使用。

（2）替换：字母变为随机字母，数字变为随机数字，通过随机替换文字的方式改变敏感数据，该方案具备一定程度上保留原有数据的格式优点，但这种方法用户往往不易察觉。

（3）偏移：该方式通过随机移位改变数字数据，通过偏移取整手段，在保持数据安全性的同时,保证了范围的大致真实,在大数据分析场景中意义比较大。比如,将"2022-12-08 15:12:25"变为"2022-01-02 15:00:00"。

(4)截断:该方式将数字按照某个规则截断,较大程度保留了数据的原始精度,对实际的分析功能产生的影响降到最低。比如,将"2022-12-08 15:12:25"变为"2022-01-01 00:00:00";将"10002"变为"10000"。

(5)对称加密:这是一种特殊的可逆脱敏方法,通过加密密钥和算法对敏感数据进行加密,密文格式与原始数据在逻辑规则上一致,通过密钥解密可以恢复原始数据,但需注意密钥的安全。

(6)均值:该方案经常用于统计场景,针对数值型数据,可先计算均值,再使脱敏后的数值在均值附近随机分布,从而保持数据的总和不变。

3)应用场景

在金融与电信领域,广泛存在着诸如交易记录、通话记录、账户信息、手机号码等个人敏感信息,也存在着诸如征信、反欺诈等使用个人敏感信息的需求,同时还面临着严格的监管要求。在此情况下,可结合数据脱敏工具,针对不同级别人员使用不同脱敏规则,借助掩码、替换等脱敏算法,以动态数据脱敏严格限制各级人员可接触到的敏感信息,以静态数据脱敏将生产数据交付至测试、开发等使用环节。

4. 数据安全审计

随着信息安全与社会信息化程度的日益加剧,企业面临较为严重的数据安全问题,对企业平台中的数据安全状况进行全方位审计,是保障企业数据安全的重要手段。数据安全审计,主要包括的内容有:

(1)是否存在非法 IP 访问数据库?

(2)数据库中 Drop、Create、Alter 等高风险操作是否被有效监管?

(3)数据库中 Delete、Truncate、Insert、Update 等操作是否被有效监管?

(4)数据库中的查询记录是否存在耗时过长的问题?

(5)数据库中的查询记录是否存在越权访问的情况?

(6)是否存在短时间内大量密集地查询访问的情况?

针对如上场景,数据安全平台支持规则的配置、审计任务的运行。平台通过对数据库日志信息的自动化采集与解析,分析相关数据库的 SQL 执行情况。根据对日志的解析,自动生成相关的数据安全审计与态势分析报告,并根据规则强弱实时预警,且通知到相关责任人及时处理。

5. 数据水印控制

数据水印是确保数据内容质量和真实性的一种技术。通常将某些特定信息(如文件名、创建日期或作者)嵌入数据内容以验证它们的真实性和准确性。数据水印主要应用在如下场景:

(1)数据文件跨平台流通时的文件水印。

(2)核心关键数据预览时,防截图、防拍照。

文件水印是在文件生成(下载)时,将用户信息或指定的水印信息在文件的摘要信息中插入一段加密串,当文件在外流通被截获后,系统可根据加密串对文件的来源进行追溯。

截图水印用于在关键核心数据内容浏览过程中,系统通过在网页端添加暗水印实现一段不可见的水印,通常,暗水印的生成方式包括 RGB 分量值小量变动、离散傅里叶变换(Discrete Fourier Transform,DFT)、离散余弦变换(Discrete Cosine Transform,DCT)、离散小波变换(Discrete Wavelet Transform,DWT)等方式。截图在外流通被截获后,系统可通过解析工具对暗水印进行识别,追溯文件的来源。

3.2.4 数据质量管理工具

可信的数据是数据洞察、数据价值发挥的核心基础,而如何保障数据的可信、高质量,必须借助强大的数据质量管理工具,形成 PDCA 的质量循环,持续推进数据质量的改进与提升。

对于 OLTP 系统的数据质量,质量改进更多集中在业务端、数据源头的整改;对于 OLAP 系统的数据质量,质量改进更需建立事前预测、事中检测、事后处理的手段。数据质量需要借助质量稽查手段,及时发现问题并解决问题,全方位地保障数据的完整性、唯一性、准确性、一致性、规范性和及时性。

1. 数据质量检查

1)总体概述

数据质量检查需要建立事前、事中、事后的全面的检查能力。事前需对数据质量进行自动探查;事中需对数据质量进行检测;事后需对数据质量检查进行核查。因此,需支持数据质量的自动探查、检测、稽查等能力。此外,随着流式计算框架的快速成熟,5G、IoT 技术不断落地,流式数据质量监测的重要性也逐步凸显。

2)工具能力

(1)数据质量检查工具能对常见数据问题以及数据分布进行探查,方便数据管理人员快速判断、识别质量存在的问题。通常,数据质量检查工具会对如下内容进行初步探查:

① 数据的唯一值分布,探索分布平衡性。

② 数据的极差、标准差等情况,探索分布集中度。

③ 数据的缺失值情况。

④ 数据的重复值情况。

⑤ 数据的总体行数与变化波动等。

(2)质量监测工具,需支持灵活的规则配置,可包括如下规则:

① 完整性检查规则:判断字段是否存在空值或者空字符串。

② 唯一性检查规则:判断数据是否存在重复行、相似行。其中相似性的检查在主数据的检查中尤为重要。

③ 规范性检查规则:判断数据是否符合数据标准的相关约束与定义。

④ 一致性检查规则:主要包括几种模式,一是条件一致性,需要在数据符合某个条件

时，相关的数据存在一致性，比如当"投保日期"不为空的时候，那么"投保状态"就不能是"未投保"；二是计算一致性，需要多个字段数据之间存在某种计算上的相关性，如"总成本＝人力成本＋采购成本＋其他成本"；三是跨源一致性，比如业务系统的数据，需要与数据仓ODS 中的数据保持一致，需要对数据进行对账。

⑤ 准确性检查规则：判断数据是否存在异常值，是否与预测值或特征值存在较大的偏差。判断数据是否存在不合理的可能。

数据质量工具同时需要具备自定义规则模板的能力，借助规则引擎、SQL、Python 等能进行自定义代码的扩展，以满足复杂场景下的数据质量检查需求。

（3）质量监测工具，需支持流式数据的检查，流式数据的质量监测通常包括：

① 断流监测：监测数据流窗口期数据是否存在断点。

② 积压监测：监测数据流窗口期数据的水印时间和业务时间延迟情况。

③ 吞吐监测：监测数据流窗口期数据的行数的波动率。

④ 空值监测：监测数据流窗口期数据的空值占比情况。

⑤ 重流监测：监测数据流窗口期数据是否存在重复推送情况。

质量检查工具，需要支持多种执行模式，可将多种规则进行自由组合，定期调度执行，持续监督健康数据质量状况。

质量检查工具需支持直接对业务库的检查，支持自动抽取数据，或在内存中进行检查，以此降低对业务库的影响。

质量检查工具需与数据开发进行集成，在数据开发任务编排中，将质量作为重要节点加入编排，在数据开发作业执行过程中自动对当前批次数据进行质量检查。如果强规则检查未通过后，将会阻塞数据作业的继续进行，直到质量规则重新运行及上游节点清理完毕后再次进行流转。

3）应用场景

（1）业务系统数据质量校验场景。在线业务复杂多变、频繁变更时，每一次变更都会带来数据的变化，可通过定义业务系统中的核心关键数据，制定质量检查规则，在每次业务数据发生变动时，自动对数据进行检查，发现数据异常问题，及时通知相关业务人员整改处理。

（2）离线数据仓库数据质量校验场景。在离线数据校验场景下，通过表分区表达式匹配每天产出的表分区，数据质量规则关联该表数据的调度节点，当任务运行完成时便会触发质量规则校验，工具将会根据设置规则的强弱控制节点是否失败退出，从而避免脏数据的影响扩大，并通过配置第一时间接收报警信息。例如：在 ODS 数据同步后，可启动数据对账的能力，比较 ODS 与源端系统数据的条数、聚合值的一致与波动情况。在数据贴源层 ODS 向数据明细层（Data WareHouse Detail，DWD）同步后，可以根据增量的数据比较数据的准确性、一致性，以保障数据在各层级高质量的流动。

（3）流数据校验场景。在流式数据校验场景下，对实时数据流（如 Kafka、DataHub 等数据通道）的数据断流、数据延迟等场景进行监控，可通过 Flink SQL、维表 Join、多表 Join以及窗口函数等，监控流式数据是否出现断点，是否出现挤压等情况，控制流式数据的数据质量。

2. 数据质量整改

1) 总体概述

数据质量整改是数据质量管理工具的重要组成部分,在稽查发现数据质量问题后,通过对问题的根因分析、知识库建设、质量整改,通过工具提升数据质量。

其中,根因分析即对于数据质量问题产生的根本原因进行分析。引发的问题来源可能是系统设计问题、流程问题、人员因素、环境条件等。通常借助成熟的质量问题库,判断问题出现的环节与原因,并形成整改措施。根因分析通常采用鱼骨图进行定性的分析,如图 3-14 所示。

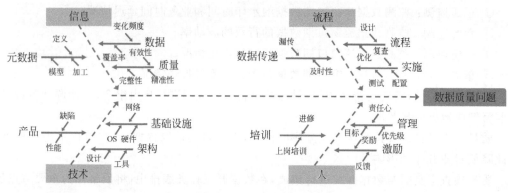

图 3-14 根因分析示例

可使用质量工具与数据血缘工具,寻找当前问题数据的上游,逐层、自动地探索上游问题的源头。

可建立质量问题库,将数据质量问题与解决方案库对应,快速复用历史经验,定位问题源头,积累企业级知识资产。

可结合 IT 手段,自动地生成数据质量的检查与分析报告,可按检查专项、数据域、月/日等不同维度形成数据质量的专项或分析报告,报告中的质量评价、问题原因、问题数据等自动生成,为下一步的质量整改的措施指明方向。

最后建立质量整改的全流程跟踪管理,保障每次质量检查结果的落地。

2) 工具能力

数据质量整改工具通常包括如下能力。

(1) 质量问题分析与知识库。

① 能够自动生成质量分析报告。

② 能够根据血缘关系,探索之前链路的质量问题。

③ 能够根据血缘关系,判断对下游链路的质量影响。

④ 能够建设知识库,记录和管理质量问题原因。

⑤ 能够根据知识库,判断质量问题产生的可能原因。

（2）质量整改过程管理。

数据质量改进需要具备较为完善的流程，可包括如下能力：

① 稽查结果评定，根据数据表的重要程度以及问题的影响程度，判断整改等级。

② 质量问题分发，生成脏数据清单与质量报告，形成整改通知单，限定整改时间，由数据所有者进行质量问题数据分发，发送至相关数据生产方进行整改。

③ 能够实现问题数据的智能修复与自动化整改。

④ 数据生产方接收整改通知单，也可对问题进行申诉，阐明原因。

⑤ 数据生产方使用数据清洗工具，或者借助 IT 系统功能对数据进行重新整改。

⑥ 数据所有者持续监控与跟进问题处理进度。

⑦ 数据生产方整改完毕后通知数据所有者，发出再次整改回顾与评估需求。

⑧ 评估结果通过，整改结束。对于特殊质量问题，形成知识库进行沉淀。

⑨ 数据所有者对质量改进过程、质量管理以及根本原因进行确认，持续优化质量管理流程。

3）应用场景

① 业务系统数据质量整改：通过质量工具发现问题数据，由数据所有者负责建立整改单，分析质量问题产生的根本原因，由业务人员主导，IT 人员配合，对脏数据清单中的问题数据进行清洗处理。具体可能包括数据重新录入、业务系统录入规则完善、脚本批量更新数据等。

② 数据仓库数据质量问题整改：在质量工具检查发起告警后，由数据所有者与数据开发人员判断对上/下游的影响程度，由 IT 人员主导分析数据质量产生的根本原因。如因上游业务系统造成数据质量问题，则清除当前批次数据，交付该数据域业务人员处理，进行数据重新运行。如由加工链路过程异常造成的数据质量问题，则清除数据，在调整数据开发的逻辑后重新发布，再次进行数据重新运行。

3.2.5 主数据管理工具

主数据作为数据当中的黄金基础数据，在打破系统数据孤岛、建立集成共享中心等方面具有重要作用。主数据在 OLTP 系统中是拉通各系统之间联系的重要桥梁，在 OLAP 系统中，它是业务实体数据的基础，是核心维度数据，其可帮助建立一致性维度、一致性事实、实体标签画像、图谱模型。

1. 主数据平台

主数据作为各业务系统的数据入口，需要有统一的主数据平台，借助主数据建模工具可满足：

① 复杂主数据模型的定义：主数据根据其数据特点可分为普通模型、分类模型、引用模型。不同的模型可定义其属性集合、属性标准、编码规则、技术约束、业务约束、数据录入表单、工作流、国际化配置、接口分发规则等。根据模型配置驱动程序，生成相应的数据页面、工作流程、接收/分发接口等。

② 主数据模型的版本管控：自动记录模型版本，实现版本的升级与扩展。

③ 全生命周期主数据管理流程：自动生成主数据的申请、变更、审批、审核、规范、销毁等全生命周期管理流程。

④ 自动化、多视图的数据接口：可根据各业务系统需要，自动生成相关数据接口，支持多种协议，支持异步、同步的接口调用，满足实时、离线主数据的接收与分发。

⑤ 自动化的主数据质量管理：根据模型配置，可自动生成主数据相关的质量稽查规则与检查任务。

⑥ 一键式的主数据清洗：根据模型配置与数据质量问题，通过配置清洗规则实现主数据的自动化清洗。

2. 主数据识别

在实际业务场景中需对各业务系统的主数据进行调研，梳理识别主数据以及各系统的角色。在此过程中，C-U 矩阵是一个重要的工具，如图 3-15 所示。

功能	数据库															
	客户	订货	产品	加工路线	材料表	成本	零件规格	原料库存	成品库存	职工	销售区域	财务	计划	设备负荷	材料供应	工作令
经营计划						U						U	C			
财务计划						U				U		U	U			
产品预测	U		U									U	U			
产品设计开发	U		C		U		C									
产品工艺			U		C		U	U								
库存控制								C	C						U	U
调度			U											U		C
生产能力计划				U										C	U	
材料需求			U		U										C	
作业流程				C										U	U	U
销售区域管理	C	U	U													
销售	U	U	U								C					
订货服务	U	C	U													
发运		U	U						U							
会计	U		U									U				
成本会计		U				C										
人员计划										C						
人员招聘考核										U						

图 3-15　利用 C-U 矩阵梳理识别主数据及各系统的角色

C(Create)角色确立了主数据的生产方，U(Use)角色确立了主数据的使用方，通过 C-U 矩阵的梳理，明确核心的业务实体，厘清系统间数据的集成关系，这是开展主数据建设的至关重要的一环。

随着人工智能、知识图谱技术的迅猛发展,可采用逆向工程的思路,通过对系统数据的扫描,识别各系统之间的关键数据,判读各系统之间相似的数据,借助相似度算法与社群发现算法,可进一步识别、推荐出系统关键的主数据,从而加快主数据的识别过程,减少咨询工作量,提高主数据识别的精准度。

3. 主数据融合

在主数据的实际操作中,可能存在跨系统的一物多码、一人多码等情况。将多系统数据实现多向融合是当前业界主要需要解决的问题。

(1) 横向融合:同一实体,ID 不同,对多个不同属性之间数据进行融合,构成新的主数据。例如,CRM 中的客户信息与订单管理系统中的客户信息,同一客户、属性存在交叉,需要进行 OneID 的融合。

(2) 纵向融合:同一实体,属性相同,对不同主数据对象之间进行融合,形成多个主数据。

主数据的融合,可将多个实体类的多个属性进行标记,参考 ID-Mapping 技术,借助图数据库将多个节点、多个属性形成关系图谱,基于图关系发现算法与相似性算法,识别相似实体,进而融合为一个主体。

主数据的融合在数据仓库建设或主数据平台建设中可发挥出重要作用。

3.2.6 数据建模与管理工具

1. 总体概述

Linux 的创始人 Torvalds 曾说"烂程序员关心的是代码,好程序员关心的是数据结构和它们之间的关系",这从侧面说明数据模型的重要性。只有制定数据的存储的格式、标准、规范,大数据才能得到高性能、低成本、高效率、高质量的使用。数据建模工具更像是提炼数据、存储数据,是打造具有价值的资产的必备的"模具"。

业界数据建模工具相对比较成熟,典型代表如下:

(1) **PowerDesigner**:是目前数据建模业界的领头羊。具有完整的集成模型,和面向包含 IT 为中心的、非 IT 为中心的差异化建模诉求。支持强大的元数据信息库和各种不同格式的输出。PowerDesigner 拥有一个优雅且人性化的界面,非常易懂的帮助文档,可快速帮助用户解决专业问题。

(2) **Erwin**:是业界领先的数据建模解决方案,能够为用户提供一个简单而优雅的界面,同时处理复杂的数据环境问题。Erwin 的解决方案提供敏捷模型,其元数据可放在普通的数据库中进行处理,以此保证数据的一致性和安全性。Erwin 支持高度自定义的数据类型、APIs,允许自动执行宏语言等等。Erwin 还建有一个非常活跃的用户讨论社区,使用户之间可以分享知识和各种经验。

(3) **Visio**:是微软公司的一款图形化建模工具,可帮助用户快速建立数据模型和流程图等。

(4) **MySQL Workbench**:是一款免费的数据库设计工具,支持 MySQL 数据库。

（5）**Navicat**：是一款图形化的数据库管理工具，支持多种数据库平台，可帮助用户进行数据库设计和管理。

2．功能说明

数据建模工具通常具有以下功能：

（1）**数据库设计**：可帮助用户设计数据库结构，包括数据表、字段、关系等。

（2）**数据建模**：可帮助用户建立数据模型，包括概念模型、逻辑模型和物理模型。数据建模工具也支持逆向工程，根据已有的物理表，产生逻辑模型、概念模型。

（3）**数据转换**：可将不同格式的数据转换成适合分析的格式，如将 Excel 表转换成数据库表。

（4）**数据验证**：可对数据进行验证，确保数据的完整性、准确性和一致性。

3．应用场景

数据建模工具广泛应用于各领域，包括金融、医疗、教育、物流等。以下是一些常见的应用场景：

（1）**数据库设计**：可帮助企业设计数据库结构，包括数据表、字段、关系等。

（2）**数据仓库建设**：可帮助企业建立数据仓库，将不同来源的数据整合在一起，为企业的决策提供支持。比如采用维度建模技术，结合数据建模工具，进行数据仓库建模。

（3）**业务流程优化**：可帮助企业优化业务流程，提高工作效率和准确性。

3.2.7　数据集成与开发工具

数据的加工、处理、提取，类似矿石需要在数据的"熔炉"中萃取提炼，才能百炼成钢，迸发出巨大的数据价值。而这样的现代化的"炼数成金"的平台，是一个系统性、体系化的现代数据工具栈，需具备数据迁移集成工具，实现数据的批量入炉；需有包括数据脚本开发的 ETL 工具，才能实现数据融合转换；需有作业的调度管理功能，才能实现任务的合理衔接安排、有序运行；需有服务开发工具、ESB 总线服务，才能将数据统一转换为服务，对数据进行包装、屏蔽底层差异；需有完整的开发管理流程工具，才能保障数据开发过程规范化。结合实际数据开发现状，综合多种工具进行流水线的组合，才能形成具有特色的数据工厂。

1．数据迁移工具

1）总体概述

在过去的十多年间，随着大数据时代的到来，数据量的急速膨胀，数据处理的模式也从 ETL 逐步向 ELT 转变。

ELT 和 ETL，只是 E 和 T 的顺序发生了变化，但是，在这个变化的背后，其实代表的是现代数据技术的变迁。之前，由于数据量不大，数据的计算可在程序中处理、清洗后，再落入目标库。但是当数据急速膨胀，在程序中已经不足以直接处理如此巨大的数据量。同时，随着存储和计算成本下降了数百万倍，带宽成本下降了数千倍。这导致了云的指数级增长和云数据仓库（如 Amazon Redshift 或 Google BigQuery）的到来，云数据仓库的特点是它们比传统数据仓库更具可扩展性，能够容纳海量的数据。不仅如此，云数据仓库还支持大规模并行处理(MPP),能够以惊人的速度和可扩展性协调海量工作负载,分布式平台本身具有较强的算力,能够满足海量数据的处理与计算,可将数据抽取(E),落库(L),再借助分布式大数据平台的算力进行数据的处理(T)。通过这样的 ETL 到 ELT 的变化,数据集成技术不再受到存储、计算和带宽的限制。这意味着组织可以在数据仓库中加载大量未转换的数据,而不必担心成本和限制。

在这样的背景下,数据迁移工具就可能会从 ETL 中独立出来,成为一种全新的工具,用于实现海量数据的集成和同步。

数据迁移工具,是通过离线或实时的技术,实现数据的快速入湖/入仓。目前非常多的大数据平台提供了较多的数据迁移工具,能够实现将数据从 MySQL/Oracle 迁移到 Hive 或者其他数据湖中,且保证数据同步迁移的实时、准确、一致。

2)工具能力

数据迁移工具通常需要具备如下特性:

(1)能够实现关系型数据的接入。

(2)能够实现按整库对数据进行迁移。

(3)能够支持文件数据的解析与接入。

(4)能够实现数据的增量同步。

(5)能够通过变化数据捕获(CDC 技术)实现数据的动态捕获。

(6)能够实现流式数据的同步。

(7)能够实现任务的调度与编排。

3)应用场景

(1)异构数据平台迁移:大数据平台的快速发展,数据仓库正在逐步向分布式、云端发展,在此背景下,经常需要将传统数据仓库(如 Oracle)的数据,整体迁移至大数据平台(如 Hive)。借助数据同步工具,可实现异构数据的整库迁移,将 Oracle 数据仓库 ODS 层的数据(或者指定的数据)迁移到 Hive 中。

(2)实时数据同步:在零售、电商的实时数据分析的场景中,经常需要实时统计计算当前网站的成交金额(Gross Merchandise Volume,GMV)。可以借助 CDC 数据同步工具,通过实时解析电商营销系统中的数据变化,实现数据的秒级更新与同步。

2. 数据开发

1)总体概述

数据开发的集成开发环境(Integrated Development Environment,IDE)是一种集成多种工具和功能,帮助数据开发人员进行数据处理和分析的软件。数据开发 IDE 可帮助开发人员在一个界面中完成多种任务,包括数据获取、数据转换、数据清洗、作业编排等。

广义上的数据开发 IDE 可能还会包括服务开发工具、数据可视化分析工具、报表工具、数据挖掘分析工具等,本节 IDE 的概念仅限于数据的开发工具。

2)工具能力

数据开发工具,应具备如下功能。

（1）支持数据的同步汇聚。

（2）提供在线 SQL 脚本的编辑、调试、测试工具，支持代码高亮、自动格式化、代码模板等功能。

（3）提供拖曳式的 ETL 工具，支持丰富的数据处理节点，包括但不限于数据输入、数据输出、数据表关联、数据追加、数据聚合、数据转置、行列转化、数据过滤、数值替换、缺失值处理、数据分箱、数据分组、类型转化、属性计算、格式转化、条件替换等常用的节点处理算子。

（4）提供 Shell、Python、R 等脚本语言的编辑、代码纠错、智能排版等。

（5）提供质量监测的脚本能力，实现数据开发过程中的数据质量监测与管理。

（6）提供实时数据的解析、接入与处理的节点。

（7）提供作业编排的工具，支持将多个任务进行编排，形成统一的作业。

（8）提供调度管理的工作，支持多种调度依赖模式的配置，满足复杂调度编排需求。

（9）开发、测试、生产环境分离，未发布的内容对生产环境不产生影响。

（10）计算资源多租户支持。

（11）支持补数据、任务启/停、任务处理、任务跟踪等能力。

（12）支持灰度发布。

（13）支持版本控制、代码审查。

（14）血缘任务的自动解析、并生成元数据。

（15）根据输入/输出表的血缘关系自动形成作业编排。

3）应用场景

数据运维（Data Operations，DataOps）是一种将开发运营（Development Operations）方法应用于数据集成与开发的方法论，旨在通过自动化、协作和监控来优化数据开发流程，提高数据质量和可靠性。DataOps 强调数据开发团队和业务团队之间的紧密协作，以快速交付高质量的数据产品。

而 Data IDE 是 DataOps 理念落地的必然选择，借助 Data IDE，可以帮助数据团队快速建立数据处理、转换和分析的原型，并在这些原型上进行快速迭代。可帮助团队快速响应业务需求，并快速交付高质量的数据产品。

通过 Data IDE 中的 ETL、代码生成器和自动化测试工具，以帮助实现数据同步管道的自动化。Data IDE 提供了团队协作的基础设施，例如版本控制、代码审查和协作笔记本等工具。这可帮助团队更好地协作，提高团队生产率，避免重复工作，并确保数据产品的一致性和准确性。

3. 数据服务工具

1）总体概述

数据服务工具是如何将数据资源快速封装、发布，或提供复杂的编排，支持用户或者应用程序能够灵活地获取、访问数据。

2）工具能力

通常情况下,数据服务工具需具备如下能力:

（1）能够快速基于模板封装数据或查询数据集,发布为数据服务。

（2）能够将其他服务通过代理模式,发布为数据服务。

（3）能够支持服务的复杂编排,实现复杂的业务逻辑处理。

（4）能够将 AI 模型发布为服务,实现 AI 应用的在线调用。

（5）能够支持多种灵活的安全权限认证模式,如 AK/SK、OAuth2.0、Basic 等多种模式。

（6）能够支持生成多种协议模式,包括 HTTPs、HTTP、SOAP 等。

（7）能够实现对服务设置熔断与限流的策略。

（8）能够实现服务调用文档的自动生成与说明。

（9）能够实现对服务调用情况的监控与分析。

（10）能够实现对服务异常日志的自动分析,服务异常状况的自动熔断、限流控制。

3）应用场景

数据服务可于应用程序、移动应用、IoT 应用、数据分析中使用。比如在银行的客户画像的场景中,通过对客户数据的加工处理生成多种丰富的标签(如客户偏好、客户信用等级、客户流失风险)与丰富的指标数据(如客户全生命周期价值)等,可借助数据服务工具,将客户标签与指标数据以 DataAPI 的形式提供给上游的客户画像分析应用,或营销策略平台应用。同时,通过 DataAPI 的使用,数据管理人员能够更清楚地了解到客户的关键指标、标签的应用的热度、异常情况、数据计算与传输速率等,能更加方便地对数据资产通过指标技术进行运营,及时调整和管理 DataAPI,保障数据资产的鲜活可用。

3.2.8 指标建模与管理工具

作为企业最重要的数据资产,数据指标能高效表达企业各类业务活动的绩效水平,能更好地指导企业经营运转、优化改进,代表了企业的发展方向。因此,建立企业统一的指标体系,是充分发挥指标的决策指引的重要工具。

目前在业界指标管理体系中,主要推荐的是阿里巴巴的 Onedata。在 Onedata 中比较详细地定义了原子指标、维度、时间周期、业务限定、派生指标、衍生指标等概念,理解这些概念是开展指标管理工作的基础。

从 OneData 的指标管理思路上来看,其实是以维度建模为基础,将指标在业务层面进行概念性的拆分,分解为原子指标、维度、时间周期、业务限定,再将这些概念落实在事实表、维度表的计算过程中。在技术层面上,保障了指标计算逻辑的清晰合理;在业务层面上,保障了指标的无歧义定义,并以此实现了技术与业务的统一,如图 3-16 所示。

（1）度量/原子指标:原子指标和度量含义相同,都是基于某一业务事件行为下的度量,是业务定义中不可再拆分的指标,具有明确业务的名词,如支付金额。在技术上,原子指标对应的是事实表中的一个统计字段的表达式,如 Sum(销售额)。

（2）维度:是度量的环境,用来反映业务的一类属性,这类属性的集合构成一个维度,

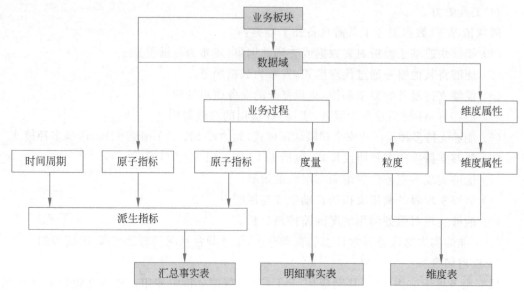

图 3-16　原子指标、维度、时间周期、业务限定等逻辑图

也可以称为实体对象。维度属于一个数据域,如地理维度包括国家、地区、省以及城市等级别的内容;时间维度包括年、季、月、周、日等级别的内容。在技术上,维度通常对应的是星形模型中的某个维度表,如产品维度表。

（3）时间周期:用来明确数据统计的时间范围或者时间点,如最近 30 天、自然周、截至当日等。在技术上,时间周期通常对应的是星形模型中的某个时间字段,并以此作为统计的维度和时间过滤条件。

（4）业务限定:是对业务的一种抽象划分。业务限定从属于某个业务域,如日志域的访问终端类型涵盖无线端、PC 端等修饰词。在技术上,业务限定一般是一种过滤条件。

（5）派生指标:派生指标＝一个原子指标＋多个业务限定（可选）＋时间周期＋维度。可以理解为对原子指标业务统计范围的圈定。如原子指标为支付金额,派生指标就为最近一天海外买家支付金额。原子指标、业务限定及修饰词都是直接归属于业务过程下,其中修饰词继承修饰类型的数据域。

（6）衍生指标:是在一个或多个派生指标的基础上,进行系列的运算（如四则运算、同比、环比、累计求和、占比等）形成的新指标。如当年产品销售额的波动率,是在"当年产品销售额"派生指标的基础上进行的环比计算形成的新指标。

对这些基本概念有初步了解后,从指标定义与管理、指标业务应用的角度,了解相关工具特点。

1. 指标开发管理工具

1）总体概述

企业的指标管理通常遇到如下几个现象亟待解决。

（1）指标标准不统一:从数据管理视角去看待指标管理,会发现可能存在如下问题。

① 同名不同义：企业不同的业务部门之间，同样的指标可能会存在不同的定义、计算方法或评估标准，导致同一指标的含义和价值在不同的场景下存在差异。例如，对于销售额的定义，一些部门可能只考虑实际销售额，而其他部门可能会计算退款、折扣等因素。

② 同名不同源：同名的指标，在不同系统中可能指标定义不同。例如，企业订单系统中的"月销售额"指标可能仅包括当月实际销售额，而电商系统中的"月销售额"指标可能包括实际销售额和退款。

③ 同义不同名：企业中可能存在指标名称不统一的问题，这可能会导致混淆和误解。例如，有些部门称某个指标为"客户满意度"，而其他部门称其为"用户满意度"。

④ 同义不同径：企业中可能存在同样的指标，但使用了不同的指标计算方法，这可能会导致指标数据的不一致性和不可比性。例如，有些部门可能按月计算销售额，而其他部门可能按季度计算销售额。

以上这些情况可能会导致：

① 数据不可比较：由于指标的标准不统一，不同部门、不同企业甚至同一企业不同部门之间的指标数据可能无法进行有效的比较和分析。

② 不利于决策：由于指标的标准不统一，企业在制定战略和决策时，难以从指标数据中获取有用的信息和见解，影响企业的决策效率和准确性。

③ 指标失去价值：由于指标的标准不统一，同一指标在不同场景下的意义和价值可能会发生变化，导致指标失去原有的价值和作用。

（2）指标庞杂不成体系：从业务视角去看待指标管理，可能存在如下问题。

① 虚荣指标当道：虚荣指标是那些反馈表面数据的指标，表面上效果看起来很好但却不具备实际价值，对业务指导不足。例如，假设一家企业的销售团队被要求每天提交销售报告，而销售团队的经理将提交的报告数量作为一个关键绩效指标。虽然这个指标可以量化，但实际上并没有反映销售团队的绩效，因为报告数量并不能反映销售团队的实际销售业绩，这个指标是虚荣指标。虚荣指标将会严重拖慢节奏和企业管理效率。好的指标，一定是可以衡量业务核心的。

② 无用指标泛滥：企业中的指标泛滥，对于同一业务目标，使用了几十个指标进行评价，存在大量的冗余、重叠，对实际业务指标支撑不足，反而加大了企业的管理成本。好的指标，如同一把利刃，能够直接戳破业务问题，定位业务问题。

③ 指标不成体系：一是指标多数存在缺乏层次结构（如缺少明确的指标树）、指标业务相关（如缺少对指标的业务逻辑与相关性的梳理），忽略了指标的内在联系，导致指标体系化程度不足。二是存在指标与业务关联容易被忽略，比如，忽略自身企业的成熟度阶段，照搬其他企业的指标体系，引发的水土不服、管理失衡等问题。好的指标，一定是体系化、内部高度关联自洽的。

（3）指标开发效率与可靠性不足：从技术开发视角去看待指标管理，发现可能存在如下问题。

① 指标溯源困难：由于指标建设与提取，相对来说比较随意灵活，日积月累之下，容易

变成了一个指标沼泽,有大量的指标不清楚取数逻辑、不清楚其血缘关系,业务系统的任何一个微小变更都有可能导致部分指标失效或者计算错误。这对指标的可靠性产生了巨大的影响。原则上,所有业务关键指标都应该出自统一的数据源。

② 指标开发效率低:当前,由于企业业务变化频繁,为快速响应业务需要,需进行指标开发。如果提取计算一个指标需耗费大量的时间,则会严重影响企业决策效率。

③ 数据集成问题:企业内部的数据可能存储在不同的系统中,需进行数据集成才能生成全面的指标。但是,数据集成的过程中可能会存在数据不一致、数据丢失等问题,需要通过技术手段,将多源异构的数据进行融合后,通过计算形成指标。

正是由于这些问题,引入指标开发与管理平台,在数据仓库的基础上,实现指标的统一规划、统一采集、统一计算、统一管理成为必然。

2)工具能力

基于如上概念与存在问题,指标管理工具需具备如下能力。

(1)能够支持指标分类、指标标准的定义与管理。通过指标的分类与标准,指导指标的开发,有效地避免指标定义模糊,在规划层面规避无用指标的泛滥。

(2)能够实现技术指标的定义与开发,并将指标的定义与开发过程有效衔接。基于OneData体系,实现对原子指标、维度、业务限定、时间周期、派生指标、衍生指标的定义,并通过平台实现指标的无代码生成,方便业务人员自行配置指标。其中原子指标、维度、业务限定、时间周期的组合唯一确定一个派生指标,指标不重名。通过指标的开发与管理机制的引入,解决指标同名不同义、同义不同名、同名不同源、同义不同径等问题。

(3)能够支持逆向指标建模,根据已有的指标体系与指标计算逻辑,反向推断出指标元数据与血缘关系。通过逆向解析的能力,有效兼容历史指标,有效解决指标历史溯源问题。

(4)能够集成汇聚多个业务口的数据,结合指标定义,生成指标开发所依赖的作业任务以及存储指标的汇总表,并能持续、自动化地更新指标数据。对于技术中出现的异常情况能够及时提醒,并通知相关的指标负责人。通过自动化指标开发工具,提高指标开发的效率。

(5)能够实现指标元数据信息、血缘关系的自动记录与更新,方便后续指标的可维护性。通过开发与治理一体化,提高了指标的可靠性与可用性。

3)应用场景

有些企业历年积累了大量的指标,但指标杂乱无章,计算关系不清晰。通过指标管理与开发工具的 3 步走策略,让企业指标管理走向正轨:

(1)借助工具的逆向建模能力,采集、解析历年报表中的指标计算逻辑,生成指标的血缘关系、依赖物理表。

(2)借助工具的指标管理能力,设定指标标准,结合采集解析结果,人工梳理完善业务信息,形成全新的指标体系。

(3)规划工具的指标开发能力,对后续全新的指标,统一数据源头、统一数据规划,自动生成指标的计算逻辑与任务,保障指标的正常运行与管理。

2．指标应用管理工具

1）总体概述

企业人员通常需要了解指标判断业务状态，需要掌握指标变化，及时作出反应，更需要去了解指标发生变化的根本原因。单纯的指标管理仅仅只能保障业务人员对指标的基本诉求，需要将指标与业务深度融合，才能更好地发挥指标的作用。

2）工具能力

指标应用管理工具，应具备如下能力。

（1）提供基于指标的预警机制：由于绝大多数的业务指标都会有时间周期，基于时间周期，可以建立指标的多种预警模式策略。

① 按阈值告警：比如企业利润率不能低于 3%；或者企业利润不能低于当年平均水平；或者企业利润不能低于去年同期水平。

② 按目标告警：比如企业营业额需要按年度目标分解到季度，低于季度目标完成率则触发告警。

③ 按事件告警：比如气温连续 7 天增长；企业利润率连续 3 个季度下滑。

通过预警模式策略的配置，生成多种指标的预警管理机制，在相关指标出现异常时，会第一时间将告警通知到相关的人。当某些关键指标发生较大变化时，通过系统的集成技术，可触发相关业务系统自动生成相关单据，形成分析、决策、行动的业务闭环。

（2）提供基于指标的洞察分析能力：指标是由一个或者多个维度汇总而来，且指标与其他业务有着较为密切的数据关系。借助人工智能的能力，纵向可按维度下钻，自动分析不同的维度成员的贡献度情况，预测是否存在较大偏差；横向可根据与之相关联指标的变动情况，分析判断关联指标与其相关性，分析相关联指标的维度贡献。通过逐层分析判断，寻找到影响该指标变动的根本原因。

（3）提供基于指标的智能问答的能力：通过指标的智能问答，打造全新的交互模式，降低以往取数、自助分析的门槛，业务用户可自主地进行指标的检索与问答，获取最新的指标展示，并能够自动分析指标是否触发预警，找到其根本原因。

（4）能够与其他 BI 工具、业务系统集成：可与其他 BI 工具或提供指标数据与业务元数据集成，降低 BI 开发成本。

3）应用场景

在企业数字化营销的场景中，可依靠指标的预警管理，对关键指标如"当年累计销量"，按年度目标分解后进行监控预警，如果当每月销量目标不能按计划完成时，系统则会自动通知已订阅指标的业务人员。业务人员可对指标进行根因分析，系统会自动从"当年累计销量""月销量"等指标综合分析，从产品、渠道、地域、客户等维度出发，寻找影响销量的核心维度的贡献度变化。

最终分析过程为：销量变化→月度销量降低→某地区的销量低于预期→某地区的某类客户的订单量明显下滑→某地区的某类客户的某类产品订购量出现明显下滑→某产品的地区价格增长 30% 以上。根据这样的结果，对相关客户和相关产品进行调研，组织开展客情维系、产品动态价格调整等策略。

3.2.9 标签开发与管理工具

1. 标签开发工具

1）总体概述

数据标签是某种特定的业务对象从多个维度组合形成的一种标记。数据标签也是一种数据分析技术,亦称之为分析对象的特征表达。

在早期的数据分析领域中,多数是围绕着维度、度量的统计分析,随着大数据时代的到来以及机器学习的蓬勃发展,可基于多种条件、规则、算法,产生业务对象的特征,而这些特征为数据赋予了特殊的业务含义,拓展了数据分析探索的空间。这种数据标签,像是一种印章的印记,能够带来的商业洞察比传统的多维度分析更为深刻。

关于数据标签的一些概念如下:

(1) 实体:实体是古希腊哲学家亚里士多德首创的一个重要哲学概念,也是后来西方哲学史上许多哲学家使用的重要哲学名词。其含义是指能够独立存在的、作为一切属性的基础和万物本源的东西。在数据标签的概念中,将实体视为能够代表业务活动,具有行为主体的独立对象,如客户。从数据管理的角度来说,实体基本上可用企业的业务数据进行表达。

(2) 属性:属性是实体的某一种性质,如客户类型、客户年龄、所属行业、所属地区。

(3) 行为:行为是实体产生的一种业务活动,在数据标签领域中,可理解为用户的点击、访问活动,或者购买、退货等行为。

(4) 事件:在数据标签领域中,可将事件理解为多个行为构成的行为序列。比如客户购买后又立即退货,可定义为一个"服务失败"的事件。

(5) 标签类目与标签项:标签类目即标签的分类,通常企业设定一、二级标签类目即可。标签项类似维度,用于衡量某个实体特征的名称,如"客户价值"。

(6) 标签实例:标签实例即通常意义上所说的标签,用于说明具体标签项的成员实例,如"客户价值"的标签实例可能会有"高价值客户""低价值客户"。

下面再来说明一下标签的分类。

(1) 按变化频率,标签可分为静态标签和动态标签。

以用户为例:

① 静态标签是指用户与生俱来的属性信息,或者是很少发生变化的信息,比如用户的姓名、性别、出生日期、学历、职业等,虽然有可能发生变化,但这个变化频率是相对比较低或者很少发生变化的。

② 动态标签是指经常发生变化的、非常不稳定的特征和行为,例如"一段时间内经常去的商场、购买的商品品类",这类标签的变化可能是按天,甚至是按小时计算的。

(2) 按评估指标,标签可分为定性标签和定量标签。

① 定性标签指不能直接量化而需通过其他途径实现量化的标签,其标签的值是用文字

描述的,例如"用户爱好的运动"为"跑步、游泳","用户的在职状态"为"未婚"等。

② 定量标签指可以准确的数量定义、精确衡量并能设定量化指标的标签,其标签的值是常用数值或数值范围描述的。定量标签并不能直观地说明用户的某种特性,但是可通过对大量用户的数值进行统计比较后,得到某些信息。例如"用户的年龄结构"为"20～25岁","单次购买平均金额"为"300元","购买的总金额"为"20万元"……

(3) 按生成方式,标签可分为属性标签、指标标签、行为标签、智能标签。

① 属性标签主要是指对用户基础特征的描述,比如姓名、性别、年龄、身高、体重。

② 指标标签是实体对应的统计指标标签,比如:用户忠诚度、用户购买力等标签就是根据用户的登录次数、在线时间、单位时间活跃次数、购买次数、单次购买金额、总购买金额等指标计算出来的。

③ 行为标签是根据实体的行为,比如客户采购行为、投诉行为等,基于规则对行为模式进行定义而形成的标签。

④ 智能标签是利用人工智能技术,基于机器学习算法,通过大量的数据计算,自动打出的标签。

标签并不是一成不变的,通过调度任务,标签在不断地更新。

(4) 标签衰减:随着时间的推移,描述用户的标签信息逐渐失去准确性的现象。

标签衰减是指在一段时间内,由于用户的兴趣、行为等因素发生了变化,原本用于描述用户的标签信息逐渐失去准确性的现象。具体来说,随着时间的推移,用户的兴趣爱好、需求、行为习惯等可能发生变化,使得之前使用的标签信息变得不再准确,需要进行更新或调整。

标签衰减是在实际应用中经常遇到的问题。在大规模用户画像和个性化推荐中,标签衰减会对推荐效果和用户满意度产生负面影响。为了解决这个问题,一些方法被提出来,比如基于时间衰减的权重更新算法、基于用户行为反馈的标签更新算法等。这些方法可根据用户的行为反馈、兴趣漂移等动态调整标签权重或更新标签,以提高用户画像和个性化推荐的精度和效果。

2) 工具能力

标签生成工具应具备如下特性:

(1) 支持实体的定义。

支持从主数据创建实体,支持使用 ID-Mapping,进行主数据的融合或业务数据的融合。所谓 ID-Mapping,就是对不同业务中(ID 不同)同一个对象进行打通,以便让产品和运营能够站在"上帝"的视角看用户,了解每个用户使用产品生命周期全过程。例如:用户从哪里来?什么时间,什么地点喜欢打开 App?喜欢做什么?喜欢谈论什么?最近需要什么……ID-Mapping 首先通过 ID-ID 两者关系得到,通过两两关系表,将多种关系关联起来(Super ID),这里的 ID 通常有身份证、手机号、邮箱账号、手机串号(IMEI)、通行证账号、交易账号等。在建立关系表时,有时两两关系并不是确定不变的,而是带有置信度的。比如,业务上一个手机号可以登录多个通行证账号;再比如,一个通行证账号可以登录不同交易账号的场景。以上情况因无法确保 ID-ID 是一对一的关系,因此在使用不同跨 ID 的画像时,就要明确使用场景。有些使用场景,对 ID 匹配精准的要求非常严格,比如,需要对用户总资产做统计并且显示在用户资金账户上。而有些场景则不需要完全匹配,比如内容推荐的场景。此外,ID-Mapping 还可用在反欺诈场景中,假设发现一个身份 ID 与其他很多账号有着"盘根错节,剪不断理还乱"的关系,很可能这是一个问题 ID。

(2)支持实体特征定义。

实体的行为、事件、属性、指标,都可作为实体的特征。1 个实体有 N 个特征,1 个或多个特征的组合将会形成 1 个标签。

① 行为:实体与实体间的行为。定义行为记录来源表,映射主实体与客实体、定义操作行为、定义操作时间。

② 事件:定义多个行为的组合与行为序列。

③ 属性:定义属性,比如年龄>20 定义为一个特征。

④ 指标:关联相关的实体/维度对应的数据指标。

(3)支持标签类目的数据。

实体下建设标签的类目体系,一般需 1~2 级。比如用户可设置人口属性包含性别、年龄等人的基本特征;资产情况包括车辆、房产、收入等资产特征;兴趣特征包括阅读资讯、运动健康等兴趣偏好;消费特征包括网上/线下消费类别品牌等特征;位置特征包括常驻城市、职住距离等特征;设备属性包括所使用终端等特性。

(4)支持标签项的自定义。

支持通过对行为事件及指标阈值模式的设置、属性的条件设置,还有手工标记标签,实现对实体标签的动态定义。通过无代码的定义,自动生成标签的计算规则、计算结果的存储表,以及作业任务。

(5)支持标签衰减的处理。

实际中,有很多标签可能会随着时间和行为发生持续的变化。比如对于"商品实体""热销商品"可能会随着实际时间的变化而波动,标签会存在衰减的可能。衡量和表达这样的衰减,可以采用牛顿冷却定律。

牛顿冷却定律可以概况为"物体的冷却速度,与其当前温度与室温之间的温差成正比",写成数学公式就是:

$$T'(t) = -a(T(t) - H)$$

其中,$T'(t)$ 是温度关于时间的函数,H 代表室温,$T(t) - H$ 就是当前温度与室温之间的温差,常数 $a(a>0)$ 表示室温与降温速率之间的比例关系,即

$$T = H + (T_0 - H)e^{-a(t-t_0)}$$

基于上述公式,对其进行积分,求解 $T(t)$ 函数,即温度和时间的关系函数,可以得到:

$$T = T_0 e^{-a(t-t_0)}$$

室温是一个冷却的极限,也是最终人们所期待的温度的值。所以,可以认为室温即为

0,即本次评分＝上次评分×exp(衰减率×间隔时间)。

牛顿冷却定律提供了一种指数衰减的思路,这种思路同样是可以应用到用户对标签兴趣的建模之上。

再回到最开始的问题,用户在一个时间段内一次浏览行为即是类目的一个 Score(分数),在某个时间周期内进行时间衰减,计算在时间周期内所有类目下的 Score,然后将相同类目的 Score 累加,对每个类目的 Score－sum 进行排序,根据业务需求,将 TopN 作为用户的 Label。

单次行为 Score 的计算：$Score = e^{(-at)}$

其中,a 为衰减系数,可设置为时间周期的倒数,这样时间周期末端的 Score 则为 $1/e$,t 为时间间隔,Score 随时间的衰弱曲线如图 3-17 所示。

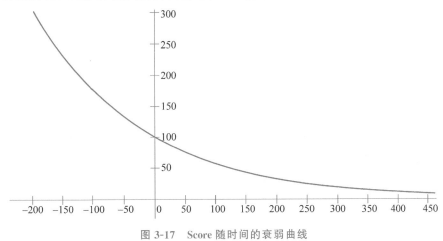

图 3-17　Score 随时间的衰弱曲线

平台支持线性衰减、牛顿衰减等配置,保障标签在推荐、排序的场景中的权重准确度。

3）应用场景

(1) 实体画像。

标签的类目体系和标签开发完成后,基本可以对实体(如客户、商品、设备等)自动生成相关的画像,可全方位 360 度查看实体的各类信息和标签。用于精准识别商业机会,判定风险问题,了解个体差异,制定改进策略。

(2) 实体圈选。

支持对实体对象按照标签进行圈选、定位,方便快速生成新的客群、新的产品群等。方便快速精准定位客群、商品等,更好地制定相应的管理策略。

(3) 群组分析。

根据群组的划分可对实体群体分群,比对群体之间的差异,分析差异的原因,进而支撑商业决策。

(4) 个性化推荐。

标签更多地应用在个性化推荐、精准营销、风险预警、综合评价等领域。

在推荐系统中,数据标签可以表示用户对某个产品的评价或兴趣程度,以此为基础为用户推荐相关产品。在广告投放中,数据标签可帮助广告主更精准地选择目标用户,提高广告投放的效果。其中,商品推荐是个性化推荐的重要应用场景之一,标签在这个场景中扮演着重要的角色。

在商品推荐的场景中,首先,通过收集和分析用户的历史行为数据,建立用户画像,包括用户的兴趣、偏好、行为等特征;其次,需要将商品的属性、类别、特征等信息进行标签化,形成商品标签库;然后可根据用户画像和历史行为数据,匹配商品标签库中与用户兴趣和需求相似的商品,推荐给用户,同时可根据用户的浏览、搜索、购买等行为,推荐相似或关联的商品,增强用户购买意愿和满意度;最后,通过对用户行为和推荐效果的分析,不断优化推荐算法,提升个性化推荐效果。

(5)基于标签的风险监控。

数据标签也可用于风险监控的场景,例如:

① 通过对客户、资产等目标对象进行标签化,识别出存在风险的对象,如欺诈、恶意攻击等行为,从而进行有效的监控和控制。

② 通过对风险对象进行标签化,计算风险评分和风险等级,评估风险水平,及时采取应对措施,降低风险损失。

③ 通过对风险对象的历史数据和标签信息进行分析,预测风险趋势,提前预警和预防风险,降低风险发生的概率和影响。

④ 通过对风险对象和标签信息的分析,优化风控策略,提高风控效率和准确性,降低风险成本和损失。

2. 标签管理工具

1)总体概述

随着标签应用的不断深入,企业也积累了大量的标签,如果缺少行之有效的管理方法,标签也极易陷入混乱。目前企业中的标签存在的问题有:

(1)数据质量不高:实践中,数据标签的质量往往不高,数据来源多样,数据可靠性不强,企业数据标签的质量直接影响到后续数据应用的准确性和效果。

(2)标签标准不一:如标签的定义不清、标签的命名不规范、标签的重复使用等。

(3)有效标签不足:随着标签的持续运行,势必会积累大量的标签,而标签的计算任务较大,资源占用较高,影响用户使用体验的同时,还会造成大量无效标签的资源浪费。

因此,需要对标签建立相对完善的管理机制,确保标签的可用、可信、可控。

2)工具能力

一个良好的标签管理工具,应具备如下能力:

(1)能够根据标签开发工具自动生成标签的血缘,方便清晰地判断标签与上下游数据的关系。

(2)能够根据标签的计算逻辑,自动检查标签相关对象的数据质量情况。

(3)能够根据标签的使用情况,分析判断标签的热度。

（4）能够根据标签的运行情况，自动判断标签的异常运行状态，判断其稳定性。

（5）能够计算资源消耗与使用情况，自动分析判断标签资源消耗与投资回报率（ROI）。

3.2.10　数据可视化与商业智能工具

1. 自助式数据分析工具

1）总体概述

自助式数据分析工具应该是分析软件，而不是图形展现软件。

数据可视化旨在借助于图形化手段，清晰有效地传达与沟通信息。数据可视化的终极目标是洞悉蕴含在数据中的现象和规律，包含多重含义，如发现、决策、解释、分析、探索和学习。简单地说，通过数据可视化表达增强完成某些任务的效率，快速洞察数据背后的规律。

但是，这并不就意味着数据可视化就一定因为要实现其功能用途而令人感到枯燥乏味，或者为了看上去绚丽多彩而显得极端复杂。为了有效地传达思想观念，美学形式与功能需要齐头并进，通过直观地传达关键数据的特征，实现对于稀疏而又复杂的数据集的深入洞察。

在传统的数据分析时代，数据可视化是典型的"IT 主导"的模式，由业务人员提出需求，IT 人员根据需求进行分解，进行数据报表的制作。但这样的模式往往会带来诸多的问题：

（1）业务需求响应慢，因工具碎片化或工具的复杂度较高，往往一个报表需要 1～2 个月才能完成，此时关键业务决策期已然错过。

（2）IT 建设成本高，以往的数据可视化报告，重度依赖底层数据模型，调整底层数据模型可能牵一发动全身，需投入大量人力梳理或调整，建设成本居高不下。

（3）报表利用效率低，以往的数据可视化报告主要以 IT 主导，缺少业务人员的深度参与，导致分析报表与实际需求脱节，业务理解不深。

（4）建设了上千张报表，哪些在使用？哪些已经无人访问？应用情况如何？基本无法判断，大量的 IT 资源浪费在了不必要的报表维护上。

从业务发展的角度来看，传统的以 IT 为主导的数据分析的模式，在灵活性、及时性等方面存在缺陷。随着大数据技术的逐步成熟，以高效、敏捷的"自助式数据分析工具"逐步涌现，并迅速成为行业主流。本节介绍的数据可视化分析工具，主要以自助式数据分析工具为主。

2）工具能力

从业务的发展需求来看，自助式数据分析工具，至少需要具备如下几个特性：

（1）一站式集成数据分析，能够实现从数据采集到最终分析、发布、分享等一站式的工作。

（2）无门槛的交互操作，能够让业务人员轻松上手，人人都是数据分析师。

（3）智能化增强分析，能够让业务人员快速洞察数据。

因此，数据可视化工具需要具备如下能力：

（1）丰富的数据源支持。

支持多种的数据源类型的接入，如关系型数据库、MPP 数据库、大数据引擎、时序数据库、内存数据库、接口数据、文本文件等，实现企业各类数据统一接入与管理。支持数据管理、数据权限配置，确保企业数据安全。

（2）轻量的自助式数据准备。

轻量级的自助数据准备功能，允许用户根据需求对数据进行处理，如此数据处理操作对业务系统中的原始数据不会产生任何影响。用户可根据需要，快速地浏览数据概况，了解数据分布情况，也可使用处理功能对数据进行关联、追加、合并、增加数据的属性列及调整列的类型，也可对数据进行分组、分段、过滤、替换值、去除空格等操作。自助式数据准备并不能代替所有的数据处理操作，它通过对原始数据调整帮助用户更好地开展下一步数据分析工作。

（3）所见即所得的设计。

通过完善的图形界面与简单的拖曳，即可完成多种操作，如复杂的数据计算、可视化图形的快速生成与配置、交互式的数据探索、分析报告的布局与设计，让没有数据分析专业背景的业务人员在拖曳单击之间，快速发现数据中蕴藏的价值，充分释放企业的数据分析活力。

（4）丰富的图形支持。

支持常规图形、高级图形、指标图形、报表工具、地图（GIS 地图、行政地图）、3D 图形、组件、行业图形，可自定义图形组件，满足大多数业务场景的图形表达。所有的图形组件内置丰富的配置参数与多种主题风格，满足各种自定义效果展现。同时，为了实现各类个性化效果，可通过脚本编码实现复杂的交互与展现效果。

（5）开箱即用的高级计算。

① 平台内置求和、平均值、最大/最小值、计数/唯一计数、标准差、方差等多种度量指标计算方式，提供多种函数，支持自定义构建计算指标，支持复杂的数据筛选、过滤、排序、排位等功能。

② 平台内置同比、环比、累计、占比、同期对比等多种二次计算模式，无须编制复杂的计算公式，降低了复杂数据分析的门槛。

③ 提供趋势线、条件预警、参考线、汇总、参数等功能，实现趋势拟合、异常告警、总体/个体分析、假设分析等方法，帮助用户更好地理解图表数据，迅速发现数据中存在的问题。

④ 提供跨颗粒度的数据指标计算，提供的详细级别（Levels of Detail，LOD）表达式能实现诸如多重聚合分析等场景，帮助用户进行更深刻的数据价值洞察。

⑤ 提供时序预测、聚类分析等快捷算法，让用户一键完成有效的预测分析、聚类分析。

（6）灵动的视觉交互。

提供丰富的视觉交互探索功能，让图表不再是静态的、一成不变的，通过提供钻取、联动、缩放、筛选、链接等交互操作，让图形活跃起来，实现用户与数据的直接对话，帮助用户洞悉数据细节中的规律。

图形支持圈选的交互动作，为用户提供数据自助式探查功能，让用户深入数据，发现数据中的关键信息，探索数据宝藏，获取数据价值，让自助式数据分析在企业中产生价值。

（7）多渠道访问。

支持多终端成果访问，可通过 PC、大屏、手机、PAD 等进行成果访问与查看。支持原生App（包括安卓与 IOS）、H5、微信小程序，支持与企业微信号进行集成。通过多种渠道的集成整合，给用户带来便捷的数据访问体验，以促进业务管理工作的顺利进行。

（8）中国式报表支持。

中国式报表其特点是报表内容烦琐、细节丰富、层级复杂、数据来源分散、时间跨度长、表数量庞大等。通常，一个企业的月度或季度报表会包含多个部门、多个维度的数据，如销售、采购、成本、财务、人力资源等。中国式报表具有鲜明的国内特色，虽然阅读体验有待商榷，但细节丰富仍然是诸多管理人员的首选。在这样的背景下，自助式数据分析工具应支持中国式报表制作。

和其他可视化图形一样，自由式报表仅需简单拖曳，就可以制作出各种炫酷、实用的报表，在快速响应业务需求的同时解放劳动力。

（9）增强分析能力。

增强分析（Augmented Analytics）是由 Gartner 提出并推广的概念，是一种利用人工智能和自动化技术增强数据分析能力的方法。它结合了机器学习、自然语言处理、数据挖掘等技术，帮助分析人员更快速、更准确地发现数据的规律和趋势，并进行深入的探索和解释。具体表现如下：

① 自动化数据分析：可帮助分析人员快速进行数据探索和分析，自动发现数据的规律和趋势，可节省分析人员的时间和精力，提高分析效率。可提供自动的数据解释能力，帮助业务用户进行数据探查，了解各项数据的分布、均值，探索数据的质量情况。

② 自动数据准备：可帮助分析人员快速准备数据，包括数据清洗、数据整合、数据转换等，从而减少数据准备的时间和复杂度，提高分析效率和准确性。

③ 智能数据查询：可通过自然语言查询等方式，帮助分析人员快速和准确地查询数据，从而提高分析效率和准确性。

④ 自然语言生成：可自动将分析结果转换为自然语言，从而使得分析结果更易于理解和传达。

⑤ 问答式根因分析：基于数据，结合用户的自然语言的输入，自动生成相应的数据图表。同时能够帮助用户在多轮的问答中，自动探索、分析潜藏在业务中存在的问题，分析其根本原因。

⑥ 自动决策建议：可根据分析结果，结合历史数据和机器学习算法，进行预测性分析，自动提供决策建议，帮助企业快速准确地做出决策。

3）应用场景

自助式数据分析依赖于企业良好的数据文化，以及业务人员较好的数据素养。当形成以数据说话的文化时，企业 IT 人员和业务人员可形成较为明显的分工界限，即 IT 人员负责准备公共的数据模型，负责公共、制式的报表分析制作；业务人员基于工具自助进行数据取数与探索式数据分析，此模式至少具备如下益处：

（1）业务人员可以自己上手，敏捷度高、业务响应快。

（2）建设成本低，由于自助式数据分析工具对数据模型的良好支持，无须过度复杂的模型支持。

（3）与业务融合度高,通过业务人员的深度参与与自助探索,分析的报表将充分满足业务需要。

2. 数据可视化与数字孪生平台

1）总体概述

与自助式数据分析平台不同,数据可视化平台会使用更加直观的手法(如地图、3D 模型)、更加酷炫的展现效果来呈现与解读数据。两者对比、不同之处如表 3-2 所示:

表 3-2　自助式数据分析平台与数据可视化平台的对比

对比项	自助式数据分析平台	数据可视化平台
面向用户	业务人员、数据分析师	IT 人员、用户界面(User Interface,UI)设计人员
产品定位	偏数据分析工具	无/低代码大屏快速开发工具
展现效果	饼图、柱状图表为主	3D 模型、GIS 展现为主
数据计算	内置大量聚合计算与表计算逻辑	弱,或者没有
视觉交互	钻取、联动、下钻等	丰富,3D 场景下交互较多
算法集成	内置高级算法如预测,回归	弱,或者没有
操作交互	简单,拖/拉拽、轻交互	拖/拉拽、操作有一定门槛
3D 场景	简单支持	非常丰富
最终输出	数据分析报告或者分析报表	分析大屏
实时分析	支持较弱、实时一般通过长连接实现	支持较好,秒级展现
发展方向	智能化、增强分析	数字孪生

"数字孪生"(Digital Twins)概念的萌芽最早可以追溯到 1969 年的美国航天"阿波罗"项目,NASA 制造了完全相同的两个空间飞行器,一个用于执行飞行任务;另一个留在地球上,被称为"孪生体",用于反映实际飞行器的状态。此时的孪生体还停留在仿真阶段。"孪生体"具备两个显著特征:孪生体与其所反映的实体在外表、内容、性质、性能等各方面完全相同;孪生体能够真实完全地反映另一实体的运行状况。

数字孪生技术具有如下特征:

（1）**虚实映射**。数字孪生技术要求在数字空间构建物理对象的数字化表示,现实世界中的物理对象和数字空间中的孪生体能够实现双向映射、数据连接和状态交互。

（2）**实时同步**。基于实时传感等多元数据的获取,孪生体可全面、精准、动态反映物理对象的状态变化,包括外观、性能、位置、异常等。

（3）**共生演进**。在理想状态下,数字孪生所实现的映射和同步状态应覆盖孪生对象从设计、生产、运营到报废的全生命周期,孪生体应随孪生对象生命周期进程而不断演进更新。

（4）**闭环优化**。建立孪生体的最终目的,是通过描述物理实体内在机理,基于分析与仿真对物理世界形成优化指令或策略,实现对物理实体决策优化功能的闭环。

2）工具能力

数据可视化与数字孪生工具,应具备如下能力:

（1）**3D 模型**。提供 3D 数据可视化组件,同时内置 3D 的渲染引擎与 3D 效果设计器,实现 3D 模型与数据的绑定、3D 模型的数据可视化展现,让用户无须编码,无须了解复杂的

3D 建模知识,通过简单配置即可实现基于 3D 模型的、酷炫的可视化效果。支持多模型的场景构建,同时提供 3D 脚本编码能力,极大地增强了 3D 场景个性化定制功能。

（2）**GIS 地图支持**。支持行政区域地图和 GIS 地图,GIS 地图包含标记地图和迁徙地图。行政地图支持将地理名称信息映射到地图上,通过行政区域展示业务指标数据分布情况。标记地图支持将经/纬度地理坐标数据点映射到地图上;迁徙地图支持展示基于经纬度地理坐标的数据流向。可供用户自助建立地图场景,定义数据点、流向颜色,支持炫酷的动态效果。通过地图组件科学管理和综合分析具有空间内涵的地理数据,为各行业提供规划、管理、研究、决策等方面的解决方案。

（3）**数字孪生**。支持 3D 场景的快速开发,能够通过采集监测指标的实时全景展示场景变化,能够通过 3D 模型内部反向控制外部场景实体设施,能够根据监测指标变化,结合机器学习算法动态预测、模拟未来走向。

3）**应用场景**

数字孪生技术可以应用于多个领域,如工业制造、物流运输、医疗健康等。以工业制造为例,通过建立数字孪生模型,企业可以实现对生产线和设备的监测和控制,快速发现生产线故障和异常,进行智能调整和优化,提高生产效率和产品质量。同时,数字孪生模型还可帮助企业进行产品设计和开发,预测产品性能和寿命,优化生产流程和成本结构,降低企业风险和经营成本。

3.2.11 数据科学平台

1. 总体概述

数据科学平台是一种软件工具或在线服务,旨在支持数据科学家、机器学习工程师和分析师等数据专业人士进行数据科学任务研究。这些平台通常包括数据收集、数据清洗、数据分析、数据建模、平台部署和系统监控等一系列工作,可帮助用户快速地实现从数据到洞察、从模型到应用的全流程。

纵观数据科学领域,其发展也经历了几个阶段:

（1）**工具时代（1990—2000 年）**:在数据挖掘的发展初期,出现了一些数据挖掘工具,例如 SPSS、SAS、MATLAB 等。这些工具主要用于数据预处理、建模和可视化等任务,但对大规模数据的处理和分布式计算缺乏支持。

（2）**大数据时代（2000—2010 年）**:随着大数据技术的发展,数据科学平台开始支持大规模数据的处理和分析,如 Hadoop、Spark 等,之后又出现了一些新的数据科学平台,如 RapidMiner、KNIME、Weka 等,这些平台提供了更加丰富的数据挖掘和机器学习算法,并支持数据流处理和自动化建模等功能。

（3）**云计算时代（2010 年至今）**:随着云计算技术的普及,越来越多的数据科学平台开始提供云服务。云计算平台提供了更加灵活和可扩展的计算资源,使得数据科学家可以更方便地执行数据科学任务。同时,数据科学平台也开始提供自动化和智能化的功能,例如自动建模、模型优化和部署等,以提高数据科学平台的工作效率和质量。

2．工具能力

下面主要面向结构化数据的数据科学平台为主,简要介绍其基本能力。

(1) 敏捷的建模过程。

通过为用户提供一个机器学习算法平台,支持用户在平台中构建复杂的分析流程,满足用户从大量数据(包括文本)中挖掘隐含的、先前未知的、有潜在价值的关系、模式和趋势,帮助用户实现科学决策,促进业务升级。整个流程设计基于拖拽式节点操作、连线式流程串接、指导式参数配置,用户可通过简单配置就能快速完成挖掘分析流程构建。平台内置数据处理、数据融合、特征工程、扩展编程等功能,让用户能够灵活运用多种处理手段对数据进行预处理,提升建模数据质量,同时丰富的算法库为用户建模提供了更多选择,通过自动推荐最优的算法和参数配置,结合“循环行”功能实现批量建模,快速挖掘数据隐藏价值。

(2) 丰富的算法库。

集成了大量的机器学习算法,支持聚类、分类、回归、关联规则、时间序列、综合评价、协同过滤、统计分析等多种类型算法,满足绝大多数的业务分析场景。支持分布式算法,可对海量数据进行快速挖掘分析。支持自然语言处理算法,实现对海量文本数据的处理与分析。支持深度学习算法及 Tensorflow 框架,为用户分析高维海量数据提供更加强大的算法引擎。支持多种集成学习算法,帮助用户提升算法模型的准确度和泛化能力。

(3) 自动学习支持。

内置自动择参、分类、回归、聚类、时间序列等多种自动学习功能,帮助用户自动选择最优算法和参数,一方面可降低用户对算法和参数选择的经验成本;另一方面极大地节省用户的建模时间成本。

(4) 一键式建模。

支持一键式建模功能,用户只需输入数据,即可自动完成数据准备、算法选择、参数选择及模型评估等工作。节省用户人工智能建模时间,提升建模效率。让用户的更多精力关注到业务中,将建模工作交给平台,从而进一步降低人工智能建模的门槛。

(5) 灵活的扩展能力。

支持用户编制 SQL\R\Python\Java\Scala\MATLAB\PySpark 脚本实现个性化的算法。允许用户通过 R\Python\Java\Scala\MATLAB\TensorFlow 基于平台规范封装自主算法,发布形成平台节点,方便用户灵活扩展平台算法节点功能,增强平台的业务适应能力,满足企业级用户的个性化需求。

(6) 人工智能运维(Artificial Intelligence for IT Operations,AIOps)全场景支持。

平台支持预言模型标记语言(Predictive Model Markup Language,PMML)的导入和导出功能,可以实现跨平台模型之间的迁移和融合,利于用户进行历史模型的迁移,实现用户在不同平台模型成果的快速共享,提升成果的复用性。支持灰度发布、红绿部署,支持模型的运行监控管理。

3．应用场景

在银行领域,客户流失率是相对比较重要的指标。需要借助数据挖掘与分析,预测识别客户流失概率,快速制定客户维系策略,以此减少客户流失率,提高客户的忠诚度和满意度,达到降低运营成本、提高银行业务效率的效果。通常这样的数据建模可能经历如下过程:

(1)可根据客户相关的数据,包括客户的基本信息、账户余额、交易历史、信用卡使用情况等,进行数据清洗、去重和转换等预处理操作。

(2)根据业务调研结果,结合数据,提取与客户流失相关的特征,包括客户的年龄、性别、收入、账户余额、贷款情况、信用评分等。

(3)根据特征选择适当的分类算法。流失预测属于是分类问题,可采用如逻辑回归、决策树、随机森林等算法,并使用训练数据对模型进行训练和调优。

(4)使用测试数据对模型进行评估和验证,选择最优模型并使用其进行客户流失预测。确定模型是否可行、可信。模型评估结果达到预期效果后,可进行模型的部署。

(5)模型运行后,根据模型的预测结果,银行可制定相应的措施挽留客户,例如提供优惠利率、增加信用额度、提供更好的客户服务等。

3.2.12 数据沙箱工具

1. 总体概述

数据沙箱是一种基于软件控制和网络访问技术构建的封闭的数据开发环境,由数据提供方向数据需求方提供,满足不同数据中心之间或不同单位之间低密级数据的共享场景,通过数据库安全、数据内容安全、基础设施安全全方位保障数据可入不可出,解决提供方无法将数据开放给需求方使用的问题,实现数据在合规合法的条件下安全开放共享。

2. 工具能力

通常情况下数据沙箱的主要能力如下:

(1)数据可入不可出:提供一个安全隔离的对数据集进行计算分析的环境,数据代码可入不可出。根据需求方申请,提供方导入申请的数据集,需求方在该安全隔离的环境下对数据集进行分析计算,但不可下载和导出数据集,只能拿到数据计算的结果。

(2)可信计算安全区:可信计算安全区通过网络访问控制组件,实现外部对可信计算安全区的访问控制,以及可信计算安全区对外的访问控制。

(3)差分隐私:在某些情况下数据可能存在较为敏感的字段,无法对需求方开放原始数据访问。而对数据表的敏感内容添加差分隐私扰动后,在防止需求方获得原始数据的同时,尽可能避免计算结果的偏离。

(4)密态数据库:数据沙箱一般需自带数据库,用于存储提供方的数据,在数据保密要求较高时还需提供密态数据库,可通过与数据安全组件进行联动,对数据进行相关配置,实现透明加密、静态数据脱敏和动态数据脱敏等,保障数据存储安全。

(5)操作审计:数据沙箱还需具备操作审计与溯源能力。当需求方在可信计算安全区内进行操作时,所有的操作、数据使用等都应被操作审计模块记录,并需支持数据操作可追溯、可审计。

(6)数据开发分析:当需求方进入数据沙箱后,数据沙箱应支持向需求方提供数据开发分析工具,包括但不仅限于 SQL 开发、编程式建模、可视化等,并可根据实际需求选择开发工具。

3. 应用场景

数据沙箱通常需要提供大数据计算与分析的能力,根据需求方申请,数据提供方导入申请的数据集,同时支持需求方导入自有数据,在隔离的数据沙箱内进行联合分析。支持通过网络访问控制、组件之间访问权限控制,实现外部对安全沙箱的访问控制,以及数据沙箱对外的访问控制。需求方在数据沙箱的所有操作、数据使用,都被操作审计模块记录,实现数据操作可追溯、可审计。

此外,数据沙箱为数据需求方的业务分析师提供一种数据分析探索的途径。数据分析师在不改变建模习惯、不降低建模效率的前提下方便地进行建模工作。在数据被保护的情况下实现对外的开放,数据所有权和使用权隔离。

3.2.13 数据要素流通平台

数据要素落地存在四大难题,即数据确权、价值评估、要素流通、交易安全。随着隐私计算、区块链技术的不断成熟,相关的产品与工具也正在逐步成型。本节主要针对数据登记平台、数据开放平台、公共数据授权运营平台、数据交易平台进行探索性介绍。

1. 数据登记平台

数据资产登记可以分为两个层面的登记,即资源性数据资产登记(也可称为数据要素登记)和经营性数据资产登记(也可称为数据产品登记)。

数据资产登记是指对数据要素、数据产品的事物及其物权进行登记的行为,指经登记者申请,数据资产登记机构依据法定的程序将有关申请人的数据资产的物权及其事项、流通交易记录记载于数据资产系统中,取得数据资产登记证书,并供他人查阅的行为。从这个概念中可以看出,数据资产登记的主体(登记者)是各类经济主体和其他组织(目前暂时不包含自然人),登记对象是登记者拥有和控制的、经过一定审核程序以后可以认定的资源性数据资产和经营性数据资产。

数据资产登记应具有如下 5 个特性:

(1) 数据资产登记是依据申请登记,应该是自愿登记,既属于形成性登记,也属于确认性登记,又属于事实性登记;

(2) 数据资产登记的申请人一般是数据资源物权的权利人或利益相关人,申请者可以是经济主体和其他组织机构(日后还可以是自然人);

(3) 登记机构依据法定的程序对申请进行受理,并经实质性审查,且赋予确权的功能和合规合法性认定;

(4) 数据资产登记的目的是向权利人以外的人公示数据资产的内容及其权利状态和其他事项;

(5) 数据资产登记必须遵循法定的程序,从申请、审核、核准到资产证书的发放,依次进行,以确保登记的真实性、合法性和确认效力。

数据资产登记及其管理是一项复杂的系统工程,涉及法律与制度、管理与技术诸多方面。要做好数据资产登记这项工程,需要通过法律或规章制度明确数据资产登记的概念,数据资产登记主体与登记对象、登记机构、登记内容、登记程序及登记的法律效力等内容,构建起科学的符合我国国情的数据资产登记制度体系。

数据资产登记的类别从数据资产的分类来看,其可以分为两个层面的登记,即资源性数据资产登记和经营性数据资产登记。如图 3-18、图 3-19 所示。为了便于理解,下面以数据要素登记和数据产品登记来代替资源性数据资产登记和经营性数据资产登记。

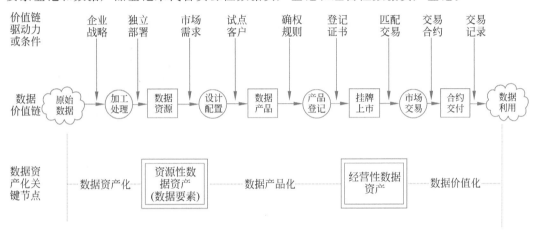

图 3-18　资源性数据资产登记(数据要素登记)过程

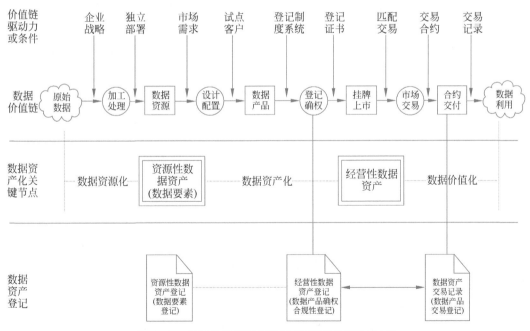

图 3-19　经营性数据资产登记(数据产品登记)过程

这两类登记均具有如上节提及的数据资产登记的 5 项特性,但是这两者在登记诸要素方面均有不同,如表 3-3 所示。

表 3-3 数据要素登记与数据产品登记的差异性

项　　目	数据要素登记	数据产品登记
登记目的	以事实记录、权属界定、资产评估、统计汇总为主	以权属界定、流通交易、监督管理为主。特别是作为流通交易过程的重要组成部分
登记对象	数据要素资源性资产,一般是静态资产,登记基本单位尚需界定,需要在实践中探索	经营性数据资产,伴随着数据产品的交易和流通而动态变化的资产。基本的登记单位是可流通的数据产品及其交易记录,易识别,易操作
登记机构	具有权威性的国家级机构,或各地专门从事数据资产登记的机构	具有权威性的国家级机构、各地数据交易机构,或各地专门从事数据资产登记的机构
登记载体	需要国家权威部门发布登记的内容和集中或一体化的登记系统	以满足登记目的为核心的登记内容,并可以由交易机构或登记机构独立设计
登记者	拥有数据要素资源的企业或机构。覆盖面广	数据产品的供方
登记者的好处	可以对数据资源事实、权属做认定,便于以后开发数据产品	参与市场流通交易,实现数据资产的变现,并为今后数据资本化提供基础

（1）数据要素登记。

所谓数据要素登记是指对数据要素的物权及其事项进行登记的行为,指经权利人申请,数据资产登记机构依据法定的程序将有关申请人的数据要素的物权事项记载于数据资产系统中,取得数据要素登记证书,并供他人查阅的行为。因此,数据要素登记的目的是为了数据要素“实物”的确权,证明登记者拥有该数据要素。

数据要素登记是依申请登记,不可能是强制性登记。数据要素登记的申请人一般是数据资源物权的权利人或利益相关机构,实际上所有的企业或政府机构均可以进行数据要素的申请登记。登记者的好处是为所拥有的数据资源确权的同时,可以基于数据要素的登记,邀请专业机构对该数据要素进行潜在价值的评估,即开展数据资产的评估,从而为企业是否进入数据产品（商品）流通交易市场提供战略决策的依据。政府有关部门可以基于数据要素的登记,统计汇总各类数据要素的“实物量”,从而为政府制定有关决策提供参考依据。

由于数据要素登记涉及的面广,权威性要求高,因此,登记机构应该是能代表国家的、具有权威性的登记机构,是基于全国集中统一的登记系统和登记制度完成。机构依据法定的程序对登记申请进行受理、审核。在规范性审核通过以后,登记机构经过一个法定程序完成赋予确权的功能并核准,最后签发数据要素登记证书,并公开证书,以确保登记的真实性和合法性。对规范性审核或确权审核未通过者,登记机构不予登记和确权。数据要素登记的基本流程如图 3-20 所示。

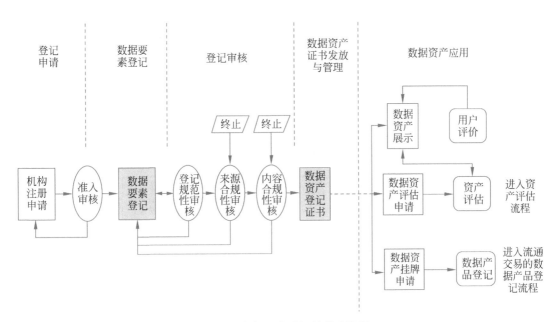

图 3-20　数据要素登记的基本流程

　　尽管数据要素登记对登记者和政府管理部门均有好处,但是相对来讲,这些好处对登记者而言可能不构成申请登记的动力,因此数据要素登记需要周密的制度安排。

　　(2)数据产品登记。

　　所谓数据产品登记是指在数据要素流通交易市场中对数据产品的物权及其交易行为进行登记的过程,经数据产品的供应商申请,数据产品登记机构依据规则将数据产品的物权事项予以审核记载及其交易记录记载于系统中,并供市场参与者查阅的行为。因此,从这个概念中可以看出,数据产品登记的登记者是各类数据产品的供方或者是授权运营方。登记对象是登记者拥有和控制的、经过加工处理以后可以作为可流通可交易的数据产品及其权属和交易记录。

　　数据产品登记及其权属的确认是数据产品进入市场交易的第一步,依数据产品供方申请登记,登记的最主要目的是为了市场流通交易。数据产品登记机构依据规则程序对申请进行受理、审核,并赋予确权的功能,核发数据产品登记证书。产品登记以后即市场挂牌,进入交易环节。随着市场交易活动的开展,数据产品登记机构将数据产品的历次交易记录记载于登记系统中,以确保数据产品登记的真实性和合法性,从而为该数据产品及其市场价值评估提供有效凭证,如图 3-21 所示。

　　总之,数据本身是机构业务运营的结果或投入特殊劳动而获得的资源。从数据非竞争性和计算性的特性来看,数据与软件的共性比较多。软件确权通过软件著作权登记完成,而软件市场化应用则通过软件产品登记完成。数据要素登记的目的在于确权,并为数据产品登记、数据要素市场化配置提供基础,可以从软件著作权登记的办法得到更多的启示;数据产品登记是数据要素进入市场流通的必要环节,可以从软件产品登记的办法中得到更多的启示。

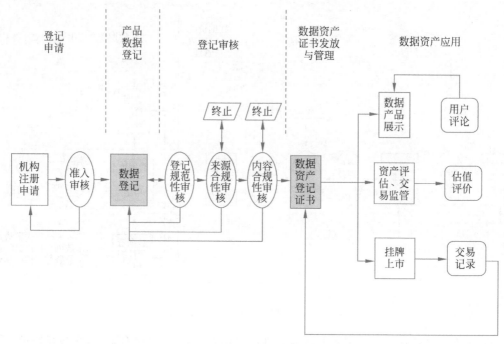

图 3-21　数据产品登记的大致流程

1）数据资产登记的功能

数据作为一类特殊的资产,尤其是作为新型生产要素,其登记是非常有必要的。数据资产登记的功能主要体现在权属界定、流通交易、监督管理、公开公示、统计汇总、政策依据等方面。具体体现在如下的几个方面。

（1）**数据资产权属确认的首要依据。** 数据的来源广泛,涉及的相关主体较为复杂,数据权属不明及错配会导致数据流通过程难以进行。而数据资产登记作为界定可流通数据产品的关键环节,"先登记后交易"已逐渐成为业界实践的共识。健全、唯一且不可篡改的数据资产登记机制,可以确保资源性数据资产、可流通数据产品的范围及相关利益方的权利义务关系得到确立,有助于推动数据要素的流通和价值释放。

（2）**确保数据安全流通的重要前提。** 数据资产登记为流通市场提供权威性的信息,并对每一个进入流通的数据产品赋予唯一的产品编码/标识,发放数据资产登记凭证,有助于保障数据产品流通的安全合规性。首先,数据资产登记规则会在确权的基础上为各种违法行为明确相应的民事、刑事、行政责任,而且基于公示的登记事实,相关利害关系人为调查利益受损信息所需要的成本降低;其次,不管是基于行政管理的需要,还是团体性公认的需要,数据资产登记都可以为已登记数据要素、数据产品赋予一定的公信力,可以降低或消除关于数据产品是否可控和安全的疑问,从而提高市场参与者的信任度;最后,电子化登记有助于不同系统中的数据内容交叉审核,避免出现有损国家安全、商业秘密、个人隐私的数据内容。

（3）支持数据要素市场统一监管。数据资产登记理论上要遵循统一登记依据、统一登记机构、统一登记载体（平台系统）、统一登记程序、统一审查规则、统一登记证书、统一登记效力的原则，以此加强对数据资产和流通过程的监督管理。通过管理数据要素登记证书、数据产品登记凭证与数据交易凭证，数据登记流程将贯穿于数据价值链的全流程，贯穿于产品生命周期的各主要环节，在此基础上未来或可打造更大范围内的互通互认。此外，基于交易记录中的登记留存，可以起到司法留证、数据溯源、鉴别非法转售的功能，有效防止数据滥用及数据侵权行为。总之，数据资产登记一方面有助于摸排既定范围内数据资产家底，同时辅助政府部门监管行为，实现一数一码，可登记、可统计、可普查；另一方面可以真实反映数据流通情况，保证数据资产流通的信息完整、全面、准确。

（4）满足市场对数据要素公开公示的要求。因数据产品的特殊性，数据流通交易成本一般是比较高的。数据要素登记通过具有权威性、公信力的登记证书和流通信息来向社会公开公示登记的数据资产的客观性和存在性。全国统一的数据要素登记体系可提高数据资产登记簿册或系统的信息含量及其信息的公信力，可通过减少数据要素市场的信息不对称让数据产品更有效地流通起来。登记制度的效率体现在实现了流通成本的降低，相关供/需方为了追求最大效益的实现，也必然追求流通过程的迅速高效地完成。

（5）满足政府对数据要素统计汇总的需求。企业和组织机构依据登记制度对其持有的数据要素申请登记，既能促使经过规范的登记程序以后确定为具有权属明晰的数据要素和数据产品，也能在经过一段时间的积累后支持政府对全国数据要素的信息进行汇总和统计，便于我国政府了解数据要素的体量和分布情况，从而为政府决策提供可靠的依据。

（6）为制定数据流通市场相关政策提供依据。数据要素的登记可以成为我国促进数据要素流通市场的培育和建设有关的政策提供可靠的依据。正如我国软件产品登记那样，依法登记后即可成为国家认证的软件产品，可享受国家税收减免等政策福利等。再如我国3C产品的强制性认证，需经国家指定的认证机构认证合格，取得相关证书并加施认证标志后，方能出厂、进口、销售和在经营服务场所使用。

2）登记与流通交易的关系

数据产品的登记是贯穿于数据流通交易的全过程中，从产品上市进入流通交易环节之前的确权合规性登记，到产品每次交易后交易事实的登记。可以说，数据产品登记的本质是对数据产品包括流通在内全生命周期的记录，是数据流通交易系统不可缺少的组成部分，是为了规范数据交易过程，确保数据安全流通、有序高效流通的重要保证。

在数据产品交易之前，数据要素登记与数据产品登记之间的关系是不确定的，既可以有关联，也可以彼此独立。当数据要素登记系统与数据产品登记系统相联通时，在登记者、数据来源等基本信息方面可以避免重复输入，此时可以比较方便地开展数据产品登记。如果某个数据产品有关的数据要素（资源）尚未登记，应该不影响该数据产品的登记；如果某个数据要素登记了，可以表示该数据要素可能会被设计成若干个数据产品进入交易市场；但也有可能该数据要素一直没有设计成数据产品进入交易市场。

从单个数据产品而言,数据产品登记是数据流通交易的必要的前置条件。从数据流通的整个市场体系而言,数据产品登记本身也是个市场,是数据流通市场体系的一个重要组成部分。数据产品登记市场与数据产品交易市场是数据流通市场的两个不同层面的市场。这两个层次的市场关系值得深入研究。

2. 数据开放平台

数据开放是指面向社会提供具备原始性、可机器读取、可供社会化再利用的数据集的服务,不限定数据使用的对象、访问量和用途(法律规定除外)。本书提到的数据开放,包括企业内部的数据开放以及面向社会提供的数据开放。

1)企业内部数据开放

对于企业内部而言,需要有数据统一的出口,方便业务用户获取数据。很多企业提出了数据超市的概念,旨在通过建设统一的数据资产目录,提供覆盖数据集、数据服务、数据标准、数据应用的全方位的数据平台,形成企业数据供应链终端。

用户可以在数据超市中检索、申请、获取相关的数据资产,解决以往找数难、用数难的问题。数据超市通常需要具备如下特性:

(1)数据、报表、应用、服务的统一归集。

(2)支持数据资产的全面检索。

(3)支持数据资产的详情查阅。

(4)支持数据资产的申请与获取。

(5)提供多种手段提供数据,且保障数据安全,包括但不限于文件下载、服务调用、隐私计算等。

(6)提供分析沙箱能力,支持在线调用人工智能或者 BI 工具进行分析。

(7)提供数据需求的发起与申请能力。

(8)支持服务的在线测试与调用。

借助完善的数据超市能力,有助于建立企业数据文化,提供高水平、高绩效的数据服务能力,让数据用起来。

2)流通领域数据开放

向社会的数据开放,我国主要以政府主导的公共数据为主,以平台形式向社会开放,致力于将"取之于民"的数据"用之于民",释放普惠价值。

当前,通过平台向社会开放数据是公共数据开放的主要方式,数据开放平台能够提供可机读格式的原始数据集,支持数据的利用主体根据数据开放资源目录,提出数据资源需求,通过数据下载、数据接口形式获取数据资源,可分为无条件开放与有条件开放两种方式。

(1)无条件开放:公众可自由进入公共服务机构开设的数据平台通过下载文件、接口调用等方式使用数据,并且可以自由利用、自由传播与分享。

(2)有条件开放:社会主体在政府公共数据网站上申请使用有条件开放的数据集,在满足数据使用条件前提下进行使用。

我国各地积极按照"便捷高效、安全可控"的原则,有序推进面向自然人、法人和非法人组织的公共数据开放,已在多个省市已建或在建城市大数据平台,在保障数据安全的前提下实现最大程度的开放,建立起低风险的健全开放体系。

3. 公共数据授权运营平台

为解决难以实现最大范围的公共数据开放、缺少收益反馈而难以得到快速发展等问题,公共数据授权运营应运而生。以授权为前提,以市场需求为导向,公共数据授权运营在保障国家秘密、国家安全、社会公共利益、商业秘密、个人隐私和数据安全的前提下,对与民生紧密相关、社会需求迫切、商业增值潜力显著的公共数据进行加工处理,开发形成公共数据产品并向社会提供服务,以实现数据要素的价值挖掘和流通,促进公共数据的开放和开发利用,实现数据价值的最大化。

1)运营标的

公共数据运营的内容不再是简单的原始数据,而主要是高价值、高需求、高敏感的,经过开发利用的数据产品和服务,不同于通过传统的数据开放方式进行普遍无差别开放。公共数据授权运营中,数据要素是以数据流、数据产品和数据服务三种形式的标的进行流通,如表 3-4 所示。

表 3-4 公共数据授权运营的标的形式

标的名称	基本介绍	流通形式	使 用 范 围
数据流	原始或加工后的数据本身,以文件、接口、平台等形式提供给被授权方,用于支撑其数据产品或服务的开发和运营	数据出售	具有较高价值和稀缺性的数据,如专利数据、商业秘密数据等
		数据租赁	具有较高更新频率和时效性的数据,如交通数据、气象数据等
		数据共享	具有较高公益性和社会价值的数据,如医疗数据、教育数据等
数据产品	基于数据流进行进一步的分析、挖掘、可视化等处理,形成具有一定功能或价值的数据集合,如报告、图表、指标、模型等	产品销售	具有较高附加值和差异化的数据产品,如市场分析报告、风险评估模型等
		产品订阅	具有较高更新频率和时效性的数据产品,如股票行情图表、消费趋势指标等
		产品赠送	具有较高公益性和社会价值的数据产品,如环境监测报告、公共服务指标等
数据服务	即基于数据流或数据产品,提供给用户的信息化服务,如查询、预测、推荐、评估等	服务收费	具有较高专业性和个性化的数据服务,如征信查询服务、个性化推荐服务等
		服务免费	具有较高普遍性和标准化的数据服务,如天气预报服务、公交查询服务等
		服务置换	具有较高互动性和互补性的数据服务,如广告投放服务、用户反馈服务等

2)运营模式

公共数据授权运营模式当前尚未统一、各有异同,围绕授权范围,公共数据授权运营模式可分为"整体运营""专区运营""三权分置"三类方式,如表 3-5 所示。

表 3-5　公共数据授权运营的三类方式

主要方式	方式介绍	授权范围	代表地区	典型做法
整体运营	由地方人民政府或大数据主管部门整体授权具备条件的国有公司运营本级公共数据,有利于加强对公共数据授予运营的统筹和管理	整体授权	成都、上海、贵州等地区	通过新组建数据集团或选定当地国有公司作为被授权的唯一运营单位,代表政府开展公共数据的市场化运营、安全保障等工作, • 政府部门作为数据提供者享有数据持有权,通过国企搭建的公共数据管理平台授权给运营国企 • 运营国企作为数据服务提供方享有数据加工权和运营权,挖掘数据价值,形成数据服务或产品 • 数据服务使用者根据需要采购相应数据服务
专区运营	由地方人民政府或大数据主管部门分领域、分区域授权具备条件的市场主体运营部分公共数据,有利于激发各行各业市场主体的积极性	分领域、分区域授权	北京市	提出公共数据专区分为领域类、区域类及综合基础类三种类型,北京金融控股集团获得市政府授权运营金融公共数据专区
			以浙江省为代表的部分省级单位	由本级公共数据主管部门发布重点领域开展公共数据授权运营的公告,明确申报条件,授权运营申请单位提交申请,并对省、市、县授权运营单位数量进行一定限制
三权分置	充分参考"数据二十条"提出的数据资源持有权、数据加工使用权、数据产品经营权等分置的产权运行机制,对公共数据授权运营角色进行拆分,有利于培育数据市场生态,同时增强了数据加工和数据运营的解耦性	基于三权进行授权运营范围划分	长沙市	• 市数据资源局代表数据资源持有权,通过遴选授权程序,选定数据加工主体和数据运营主体 • 数据加工主体负责根据数据运营场景需求开展数据加工服务并支撑数据运营 • 数据运营主体负责构建运营场景、获取政务数据资源并向数据使用方提供数据服务

　　此外,公共数据授权运营模式,在实践中,还推出数据交易、首席数据官、数据资产凭证、数据经纪人等流通方式释放公共数据价值,激活数据要素市场活力,具体情况如表 3-6 所示。

表 3-6　公共数据授权运营的其他流通方式

流通方式	方式介绍
数据交易	• 市场化的方式,按照一定的价格和协议,将数据流或数据产品出售或租赁给需求方,实现数据要素的有偿转移 • 通过线上或线下的平台进行撮合、交易和结算,也可以通过双方直接协商达成
首席数据官	• 通过数字化能力过硬的人才队伍,深化公共数据要素配置,支撑业务融合、技术融合、数据融合,实现跨系统、跨部门、跨业务的协同管理和服务,加速公共数据资源共享开放,形成整体联动、高效协同、安全可控的数据治理强大合力,推进数据要素有序流通,激发数据要素潜力,释放数据要素红利

续表

流 通 方 式	方 式 介 绍
数据经纪人	• 通过专业化的机构或个人,为数据供需双方提供中介服务,如信息发布、咨询评估、协议撰写、风险控制等,帮助双方完成数据交易或合作 • 数据经纪人可以收取一定比例的佣金或服务费作为收入
数据资产凭证	• 通过将数据流或数据产品与金融工具相结合,发行具有法律效力的证券或债券等凭证,代表对应的数据资产的所有权或收益权 • 数据资产凭证可以在金融市场上进行流通和交易,实现数据要素的资本化

3)流通机制

当前公共数据授权运营模式实现的主要流程包括数据申请与审批、数据授权、协议签订、数据开发与利用等:

(1)**数据申请与审批**:数据运营单位向公共数据管理部门提交数据申请单,数据管理部门进行审批、确认、风险评估工作,制定数据提供内容、方式。

(2)**数据授权**:通过审批后,进行授权,并将相关授权过程、文件进行登记备案。

(3)**签订协议**:由政府委托公共数据主管部门与授权运营单位签订运营协议,并在协议中明确授权运营范围、授权运营期限、授权方式等,如涉及公共数据有偿使用,还应明确有偿使用的收费标准、获取收益或补偿方式、违约责任等。

(4)**开发利用**:基于公共数据不出域的原则,以仿真数据、模型开发等方式加工成数据产品,对外提供服务。

4. 数据交易平台

我国在数据交易模式发展过程中,围绕原始数据、数据产品、数据服务三种数据交易标的,深入探索直接交易模式、数据交易机构模式、经纪人市场模式、数据信托模式、数据银行模式、数据拍卖模式等交易模式,具体情况如表 3-7 所示。

表 3-7 常见的几种数据交易模式

交 易 模 式	定 义
直接交易模式	交易双方不依赖公开的数据交易所(平台)或中介机构,直接进行协商和交流,自主选择数据类型、数据量和交易条件,它提供了更大的灵活性和自由度,使数据所有方和数据需求方能够更自由地确定交易条款、价格和交付方式
数据交易机构模式	以数据交易机构作为第三方平台,为数据交易的双方提供标准化的数据交易服务。数据交易机构是数据交易的核心基础设施,为数据产品的公开展示和安全交易提供环境,具备了较高的交易透明度、可追溯性、便利性和规范性,极大程度增加了交易的可信度和保障,减少信息不对称的风险
经纪人市场模式	以中间商身份为数据交易双方或多方提供撮合服务,通过公共数据、购买或获得使用许可、与其他公司协议、自行收集、社交媒体等多种合法依规渠道收集原始信息和衍生信息,经过清洗汇集、分类整合、分析运营,将数据资源、数据产品或数据服务出售、许可、转让或共享给与消费者没有直接关系的数据需求方,提供数据或数据服务的过程

续表

交 易 模 式	定 义
数据信托模式	一种数据管理和交易模式,旨在促进数据的开放和共享。在数据信托模式中,数据所有方将其数据交给一个独立的机构,该机构负责管理和保护数据,并根据数据所有方的指示进行数据的使用和共享。核心是建立数据所有方和数据使用方之间的信任关系,提供数据管理和保护、数据许可和授权、数据交易和结算、数据监管和合规等功能
数据银行模式	一种基于银行模式的数据管理和运营模式,其通过建立一个综合服务系统,将各种数据资产集中且有效的管理,并提供数据的增值和流通服务。主要功能包括数据收集和存储、数据管理和加工以及数据共享和交易。通过各种渠道和方式,数据银行收集各类数据,并提供安全的存储环境,确保数据的完整性和可用性。数据银行对存储的数据进行管理和加工,包括数据清洗、整合、分析等操作,提供更有价值的数据服务
数据拍卖模式	一种将数据作为商品进行交易的方式。在数据拍卖中,数据所有方或数据提供方将其数据进行竞拍,而潜在的买家可以出价竞购这些数据

1）交易标的

当前数据交易模式主要包括数据资源、数据产品、数据服务三种数据交易标的,如表 3-8 所示。

表 3-8　数据交易模式中的交易标的

交易标的	标 的 介 绍	标 的 特 征
数据资源	经过初步加工、处理或分析后的数据进行买卖或共享交换,可以涉及各种类型的数据,包括文本、图像、音频、视频等	• 高度原始性:数据资源是从数据源头获取后,经过初步的数据处理和数据治理,但未进行进一步的加工和分析。这使得数据资源在某些情况下具有最高的真实性和准确性 • 价值可挖掘性:数据资源虽然尚未经过加工,但在其中可能蕴藏着潜在的价值。某些数据可能对市场趋势、消费者行为、科学研究等方面具有重要意义 存在隐私和合规性风险:数据资源可能包含个人或敏感信息,因此在交易过程中需要考虑隐私和合规性问题,遵守相关法规和规定 • 数据质量差:尽管数据资源具有高度的原始性,但也可能包含错误、噪声或不完整的部分
数据产品	通过对原始数据进行统计分析、模型建立、数据挖掘等,具有更高层次的信息和洞察力,可涉及各种领域,如金融衍生品、市场预测、科学研究等	• 附加价值较高:通过对原始数据进行深入分析和处理,从中提取出更有意义的信息和洞察。这种附加价值使得衍生数据在某些情况下更具有实际应用价值 • 数据可解读性高:可能是原始数据的更高级表达,能够更好地揭示数据背后的趋势、关联性和模式。这有助于更好地理解数据的含义 • 更易支撑决策行为:由于衍生数据一般能够包含更深入的信息,能为决策提供更多的信息支持 • 数据权属厘清难度较大:由于数据产品是基于原始数据的分析和加工产物,因此可能涉及知识产权问题 • 数据质量不稳定:生成数据产品的过程中可能引入误差或不确定性

续表

交易标的	标 的 介 绍	标 的 特 征
数据服务	以服务形式向他人或组织提供数据支撑实体。数据服务可以涵盖从数据采集、清洗、分析等多层面的能力供给	• 可高度定制化：数据服务交易通常是根据客户的具体需求进行定制的。不同客户可能需要不同类型的数据处理和分析，因此服务提供商可根据客户要求提供个性化的服务 • 服务商专业知识能力要求高：数据服务提供商通常要求具备专业领域的知识和技能，能够对数据进行有效的处理和分析 • 技术要求较高：数据服务可能需要一定的技术设备和工具支持，例如数据分析软件、可视化工具等 • 服务交付形式灵活：数据服务可通过平台、应用程序、报告等方式交付给数据需求用户

2）直接交易模式

现阶段我国数据交易以场外点对点交易模式为主，但不同主体间数据标准不同、数据交易规则不透明，数据流通仍存在障碍。

该模式交易双方不依赖公开的数据交易机构或中介机构，以点对点的形式，交易双方自行商定数据产品或服务的类型、购买期限、使用方式和转让条件等内容，并签订数据交易合同。一般分为直接交易模式和授权转移模式。能够提供更大的灵活性和自由度，使数据资源方和数据需求方能够更自由地确定交易条款、价格和交付方式。然而，数据场外点对点交易也存在一些挑战和风险，由于缺乏统一的交易规则和监管机制，数据场外点对点交易的交易过程和结果缺乏透明度和可追溯性，交易的风险管理和合规性、交易的安全性和可靠性都是不稳定要素，直接交易模式的优缺点如表 3-9 所示。

表 3-9 直接交易模式的优缺点分析

交易模式	分 类	优 点	缺 点
直接交易模式	直接交易模式：供需双方直接对交易数据的种类、数量、价格、结算方式、交易纠纷处理等内容进行协商，并自行达成交易的一种数据直销交易模式 授权转移模式：数据供方中的数据控制者将数据产生者的授权数据转移给数据需求方，该模式主要针对受保护数据进行交易	• 交易易于达成：省去中介机构和数据市场的环节，数据需求更明确，交易内容、类型和方式灵活性更强，便于达成交易 • 直接交易成本低廉：交易双方可以直接协商价格，不存在第三方服务商，有利于降低交易成本 • 隐私和机密性较高：场外交易通常更具有机密性，因为交易不会被公开披露	• 数据交易不透明，不利于市场监管：缺乏中介机构和数据市场的监管机制，数据交易的标的、过程和结果可能缺乏透明度，难以进行有效的市场监管，数据主体的权益保护可能存在困难，容易形成非法收集、买卖、使用个人信息等违法数据交易产业 • 间接成本较高：会产生供需双方寻找、匹配、身份核验等市场成本以及标准互通、定制建模等个性化开发成本 • 数据质量难以控制：交易双方对评估数据价值的准确性和数据质量的可靠性缺乏第三方或监管机构的中立性评估，数据的质量难以进行有效的监控和控制

3）数据交易机构模式

自 2015 年国家发展大数据战略时，数据交易场所如雨后春笋般纷纷成立或筹备，旨在撮合数据供需双方交易达成,但营运状况欠佳;2019 年 10 月,党的十九届四中全会首次公开提出数据是一种生产要素后,北京、上海等新一代大数据交易机构先后成立,目前活跃的交易机构约有 20 余家;"数据二十条"也提出要"统筹构建规范高效的数据交易场所",构建包括国家级、区域级和行业级在内的多层次数据交易市场体系,确定了数据交易所这一交易模式的核心地位,数据交易所的具体发展阶段如表 3-10 所示。

表 3-10　数据交易所发展阶段

发展阶段	阶段特征	代表事件
数据交易所 1.0 模式:数据撮合阶段	数据交易机构处于"谁收集数据谁使用",数据确权问题无法解决,且没有找到盈利模式	2014 年,在贵阳、武汉、安徽等地成立的国内第一批数据交易中心
数据交易所 2.0 模式:数据生态阶段	该阶段构建的数据联盟,能够为数据供/需方提供公共技术服务,且由政府投资监管,无须考虑盈亏问题	北京、上海成立的数据交易所,依托数据交易中心构建数据交易生态圈

(1) 交易机构性质视角:数据交易所 1.0 下的交易机构多为产业公司或数据相关公司参股或主导建立;数据交易所 2.0 下的交易机构多为政府部门主导建立,股权结构中资部分占绝大部分,如北京、上海、深圳等地建立的数据交易所均为"政府主导型"平台。

(2) 业务模式视角:数据交易所 1.0 多为撮合性平台,数据确权、数据定价、数据质量、数据安全等问题未得到解决;数据交易所 2.0 转变为综合性服务平台,定位准服务类公共服务机构,坚持"所商分离的原则",以提供数据提供方和需求方之间交易的通道和端到端服务为首任,平台自身不参与数据交易业务,而是更加关注平台的监管职责,并提供包括数据登记和确权、隐私计算、合规审核、纠纷调解、资产评估、数据保险等一系列服务,确保交易过程的合规性与安全性。

(3) 交易标的视角:数据交易所 1.0 的交易标的多为原始数据或经过适度加工的数据产品,数据产品标准化不足,主要满足点对点交易的需求;数据交易所 2.0 则提供了更加多样的数据交易标的,数据范围覆盖公共数据、企业数据和个人数据,数据产品类型覆盖 API、数据包、数据报告、数据应用等,并逐渐扩展了数字资产、算力、数据评估服务等更加多样化的产品类型。

(4) 生态范围视角:数据交易所 1.0 主要开展撮合业务,本身提供业务有限,因此生态伙伴较少、会员体系也不完善;数据交易所 2.0 则更加注重发展不同类型、不同行业、不同规模的合作伙伴,主流数据交易机构的生态伙伴数量有上百家,部分交易机构甚至有上千家。生态伙伴类型包括数据提供方、数据需求方、数据商,以及开展算法模型、法律资讯、数据经纪、资产评估、数据保险、数据证券化等数据要素相关业务的第三方专业服务机构。

4) 经纪人市场模式

随着互联网、电子商务、人工智能等技术的发展,线上贸易积累了海量消费者行为数据,为消费者定位、行为分析和企业精准营销提供了肥沃的土壤,市场对挖掘数据价值的强烈需求催生了"数据经纪人"。数据经纪人是促进数据交易市场形成的关键环节,它构建了数据交易的"供给方—数据经纪人—消费者"的流通利用交易链。美国较早出现了"数据经纪商"

这一主体,广泛收集市场中的数据,并在进一步加工后提供给政府或企业,随之出现了一些数据安全风险和担忧,促成美国几个州出台了数据经纪人相关的法案。

2022年8月,广东省广州市海珠区为全国首批"数据经纪人"授牌,涉及电力、电子商务和金融等行业,2023年,"海珠试点"已形成"全国首个数据经纪人撮合交易定价器""经纪人分类分级资质管理体系""全国首个数据经纪人微平台"等重要成果,为国内数据经纪人模式探索出有别于美国数据经纪人模式的"数据经纪人运行模式"。中美两国数据经纪人运行模式的对比如表3-11所示。

表3-11　中美两国数据经纪人运行模式的对比

区别项目	中国数据经纪人运行模式	美国数据经纪人运行模式
产生环境	战略规划、法律制度先行	交易市场催生
市场定位	侧重于数据交易所的配套机构	相对独立
数据重点	不限定消费者数据	以消费者相关的个人数据和企业数据为主
职能职责	场景挖掘、权益保障、价值释放、业务撮合	数据收集、汇总分析、许可出售共享
监督认证	登记注册制度,对自然人和法人两种形式的数据经纪人设置明确的准入和考核办法	没有统一的特定许可制度,主要通过赋予个人数据知情权和决定权,以提高数据经纪业的行业透明度、确保交易安全性的方式进行监管

5) 数据信托模式

2016年11月,中航信托发行了首单基于数据资产的信托产品,通过搭建数据信托产品回应企业的客观需求和问题。不同于英国数据信托实践试点,我国建构数据信托体系初期实践是以数据资产化视角将数据资产作为信托标的,信托财产的独立性要求受托人实现对信托财产的支配,由于数据的无形性、倍增性等特征,以数据为信托财产未根本消除数据信托理论模式与传统信托之间存在的理论张力。英美中三国数据信托模式的对比如表3-12所示。

表3-12　英美中三国数据信托模式的对比

对比项	英国数据信托模式	美国数据信托模式	中国数据信托模式
模式	构建的信托结构是个人数据权利人将数据作为信托财产委托给具有独立资格的第三方独立机构进行管理,由第三方独立机构对数据控制者的数据处理行为进行监督	个人数据权利人将个人数据直接委托给数据控制者进行管理,数据控制者即个人数据的收集者和利用者,数据控制者对个人数据负有信托法上的"信义义务",必须"像自己的财产一样"施以诚信、勤勉、高效、谨慎的管理	数据信托的结构是数据控制者收集和整理数据,数据控制者享有数据财产权利,并将其数据财产作为信托标的委托给信托公司进行管理、使用和处分。信托公司可委托第三方独立机构对数据进行分析并形成可交易的数据产品。信托公司以自己的名义交易数据产品取得信托利益。数据控制者根据信托合同约定分享信托收益
结构	三方主体模式	两方主体模式	两方主体模式
参与方	数据权利人、数据控制者、第三方独立机构(受托人)	数据权利人、数据控制者(受托人)	数据控制者、第三方独立机构(受托人)

续表

对 比 项	英国数据信托模式	美国数据信托模式	中国数据信托模式
管理者	第三方独立机构(受托人)	数据控制者(受托人)	第三方独立机构(受托人)
标的	个人数据	个人数据	数据资产
信托信义义务	无	有	有

2021年2月24日,《麻省理工科技评论》发布了2021年"全球十大突破性技术"榜单,数据信托位列其中。概念提出后,国内外基于数据信托开展了对数据治理和数据价值实现的探索和实践。2021年8月29日,"数据资产信托合作计划"在京发布,工信部、中国电子信息行业联合会、北京市大数据中心、清华经管学院相关专家出席会议,共同见证数据要素市场法治化元年中国版"数据信托"方案启动。该计划的目的是推动数据资产信托创新机制的研究、实践与推广,重点破解数据资产确权、数据主体权益保障、数据流通合规等共性问题,促进数据要素市场的有序高速发展。关于数据信托模式的优缺点分析如表3-13所示。

表 3-13　数据信托模式的优缺点分析

流通模式	优　势	缺点及挑战
数据信托模式	• 信任关系建立:数据信托通过独立的机构管理数据,建立数据所有者和数据使用者之间的信任关系,促进数据的流通和共享 • 数据合规性:数据信托可监管数据的使用,确保数据的使用符合相关法规和政策,帮助数据使用者遵守数据保护和隐私保护的规定 • 数据交易的便利性:数据信托作为数据交易的中介,可简化数据交易的流程,提高数据交易的效率和透明度	• 法律和监管的不完善:目前对于数据信托的法律和监管还不完善,缺乏明确的法律框架和监管机制,这可能影响数据信托的发展和实施 • 数据安全和隐私保护的风险:尽管数据信托致力于保护数据的安全和隐私,但仍存在数据泄露和滥用的风险 • 数据所有者权益的平衡:在数据信托模式中,需要平衡数据所有者的权益和数据使用者的需求,确保数据的合理使用和共享,同时保护数据所有者的权益

通过开展数据信托,能够最大程度地挖掘数据的社会和经济价值,避免因数据流通而带来的风险和损害。

3.3　数据资产管理应用场景

1. 数据底座建设场景

近年来,数据中台、数据底座的建设已成为很多企业数字化转型的不二之选。从建设形式来看主要包括自顶向下、自下而上两种建设模式:

(1)以某业务域的数据应用建设为出发点,自顶向下,逐层分解,形成数据底座+数据应用的整体框架。

(2)以数据底座的建设为出发点,自下而上,搭建数据底座,根据应用需求不断扩展完善底座。

无论哪种形式,数据底座是企业必备的数据基础设施,数据应用是数据底座价值释放的窗口,二者密不可分,在进行数字化转型的规划时,需要秉持以"横向规划、纵向切入、试点运行、迭代推进"的原则,持续搭建具有生命力的、可生长的数据底座。

(1)横向规划:以企业数字化转型为宏观视角开展顶层设计,整体梳理企业的业务架构(L1~L2级),进而规划数据架构,明确横向业务链中业务域与数据主题域,指导后续数据应用建设开展。

(2)纵向切入:以总体数字化转型的发展战略为牵引,以企业业务架构为指导,重点结合现状中集中度较高、信息化基础较好、业务需求急迫的业务域纵向切入,开展相应的数据集成、数据治理、数据建模、数据开发等相关工作。

(3)试点运行:以数据应用的意愿强烈、积极性高的单位进行试点推广,开展数据应用的推广工作,在取得积极成果后,逐步推广、复制扩大成果。

(4)迭代推进:其他各关键环节的数据赋能,按照总体规划,持续迭代开展相关的建设、试点、推广,促进企业数据赋能业务的进程不断拓展。

1）总体思路

基于基本原则,快速开展调研,并开展如下事项:

(1)组织架构规划。

搭建数据管理组织,设定数据治理委员会(决策层)、数据治理办公室(管理层)、数据治理工作小组(执行层)。建立组织级数据治理决策、沟通、考核机制,推动落实数据治理工作,建立培训和推广机制,营造数据治理文化。

(2)企业架构梳理。

从宏观层面梳理企业总体的业务架构,此阶段仅需要识别出总体的业务板块与业务领域,无须细化到具体的业务对象与业务过程。识别与企业战略密切相关的业务领域。

从宏观层面梳理企业应用系统建设情况,梳理应用系统与业务领域的关系,以及应用系统之间的业务关系。

从宏观层面梳理企业数据架构建设情况,梳理数据主题域,实现与业务架构基本对应即可。

(3)数字化转型路线图规划。

从数字化转型角度规划企业的发展路线(例如1~3年),确定每个阶段的发展重点、阶段性的关键成功要素、工作举措与业务活动等。

(4)选择业务域纵向切入。

形成总体的发展思路后,选择业务领域纵向切入,并开展具体的数据应用与数据底座的建设工作。纵向切入过程总体可分为6个环节:

① 数据架构规划:根据数据应用需求,分解其所需要的指标体系(建立指标标准),根据企业总线矩阵,识别指标所依赖的数据模型实体、属性和模型对应的基础数据标准。

② 数据采集汇聚:根据梳理的数据模型、采集频率、数据标准等需求,通过实时或离线的采集方式,进行数据的汇集与同步。将数据汇聚到ODS层进行统一管理,把同类业务对象的数据统一合并,形成数据仓库(Data Warehouse,DW)中的表。

③ 基础数据治理：针对汇总后的数据，以数据模型为基础，建立元数据信息，开展入湖数据的质量核查与安全管控。保障数据的一致、可用、可信。

④ 数据模型开发：在对数据模型设计完成后，需要使用 DAM 开发工具，进行数据建模、数据开发、指标开发、标签开发、服务开发等，并同步开展数据治理相关工作。

⑤ 数据应用开发：基于数据模型，开展数据可视化，AI（人工智能）建模的应用的开发、测试与发布。

⑥ 持续迭代与完善：根据业务变化，结合灵活的工具，持续增加和扩展新的数据应用。

2）建设步骤

（1）数据架构规划。

数据架构总体包括业务域、数据模型、数据分布、数据标准，在高层级的架构设计与规划中，重点需要完成一、二级业务域的设计，数据模型（概念模块与企业总线矩阵）的规划与设计，数据分布、层级、链路的梳理。通过详细的业务调研、系统调研、数据调研，对企业数据管理成熟度进行评估后，形成高阶规划，包括：

① 业务领域规划：企业重点治理的业务领域与业务模型、数据应用场景与模型，以及其建设路线。

② 业务实体规划：根据不同业务域，梳理相应的业务实体。业务实体包括对应的数据模型，以及数据模型对应的表结构、字段属性。

③ 企业总线矩阵规划：根据应用需求，通过当前业务域划分核心主数据情况，建立企业总线矩阵。这是由主数据和业务主题构成的二维矩阵，根据矩阵的划分有助于识别核心维度，判断分析指标的设计，指导下一步的数据建模与指标建模工作的开展。在具体的设计过程中，需要结合实体的属性进一步细化指标的相关维度，其示例如表 3-14 所示。

表 3-14　主数据和业务主题构成的二维矩阵示例

主题\实体	供应商	客户	组织	物资	仓库	财务科目	标的
采购\计划			√	√			
采购\询价	√		√	√			
采购\招标	√		√	√			√
采购\中标	√		√	√			√
采购\合同	√		√				
采购\执行	√		√				
物流\发货			√	√	√		
物流\在途			√	√			
物流\到货			√	√			
物流\异常			√	√			
仓储\入库			√		√		
仓储\出库		√	√		√		
仓储\库存			√	√	√		
仓储\退库	√		√	√	√		

主题\实体	供应商	客户	组织	物资	仓库	财务科目	标的
仓储\返库			√	√	√		
仓储\报废			√	√	√		
仓储\报修			√	√	√		
销售\合同		√	√	√			
销售\订单		√	√	√			
销售\退单		√	√	√			
收付款\应收		√	√			√	
收付款\应付	√		√			√	
收付款\已收		√	√			√	
收付款\已付	√		√			√	

④ **命名标准规划**：提前设计不同数据表的命名规范，避免后期开发过程中的混乱问题。如：

- ODS 命名规范为 ODS_[组织单位]_[来源业务系统简写]_[源表名]；
- DWD 命名规范为 DWD_[业务域]_[业务过程]_[对象]；
- ……

⑤ **数据仓库层级规划**：数据仓库层级根据实际需要进行规划，通常所说的数据仓库（Data Warehouse，DW）是企业级的，能为整个企业各个部门的运行提供决策支持手段。数据集市（Data Market，DM）是微型的数据仓库，一般只为某个局部范围内的管理人员服务，也称为部门级数据仓库。在数据仓库层级规划中，通常 4～8 层，其中 4 层的分层包括：

数据贴源（Operational Data Store，ODS，也称操作型数据存储）层：用来储存原始数据。

数据仓库明细（Data Warehouse detail，DWD）层：存放的是一致的、准确的、干净的数据，即对源系统数据进行清洗后的数据。

数据仓库汇总（Data Warehouse Summary，DWS）层：存放的是汇总数据。一般是某个主题的某个维度的汇总数据，用于提供后续的业务查询，OLAP 分析，数据分发等。

数据集市层：主要是提供给数据产品和数据分析使用的数据，既根据需求抽取的数据。

在许多场景，又对相关层级进行了细分，例如：将数据仓库（DW）主体又细分为数据贴源（ODS）层、基础数据（DWB）层、维度（DIM）层、数据仓库明细（DWD）层、数据仓库汇总（DWS）层、数据仓库主题（DWT）层、应用数据（ADS）层、标签数据（TDM）层等，生成了更多层级，如表 3-15 示例所示。

表 3-15　数据仓库规划各层级示例

层　级	介　　　绍
ODS 层	数据贴源层：用于存储各系统报送的原始数据，保证数据原貌，方便数据问题跟进与追溯。建议使用 Hive 存储

层　　级	介　　　绍
DWB 层	基础数据(Data Warehouse Base,DWB)层:用于将各系统、同类数据进行合并,方便基于该基础数据进行进一步的数据处理。数据全部来自 ODS 层。建议使用 Hive 存储
DIM 层	维度(Dimension,DIM)层:用于存储公共维度数据,保证数据的一致性与分析的一致性。数据来自 ODS 层。建议使用 Hive 存储
DWD 层	数据仓库明细层:基于对 DWB 层的数据进行维度建模,形成新的数据模型,便于后续下一步的汇总统计与分析。数据来自 DWB 层和 DIM 层。使用 Hive 存储
DWS 层	数据仓库汇总层:基于 DWD 层的数据进行统计计算,形成公共的指标模型,便于指标的高速计算与统计,降低查询耗时。数据来自 DWD 层和 DIM 层。建议使用 Hive 存储
DWT 层	数据仓库主题(Data Warehouse Topic,DWT)层:以分析的主题对象为建模驱动,基于应用和产品的指标需求,构建主题对象的全量宽表,既按照维度来决定分析者的角度
ADS 层	应用数据(Application Data Store,ADS)层:按需生成个性化的专题查询数据集,满足个性化分析的需要。数据来自 DWS 层、DIM 层、DWD 层。建议使用 MySQL+Redis 存储
TDM 层	标签数据(Tag Data Model,TDM)层:基于 DIM 层和 DWD 层、DWS 层的指标数据和明细数据生成的标签记录,支撑上层的风险监控、客户画像等类应用。建议使用 ClickHouse 存储

⑥ 数据敏感等级规划:根据数据安全的要求,设定企业的数据敏感等级。

而数据资产管理工具,将在数据规划环节发挥如下作用:

- 提供数据编目工具,建立从业务板块、业务域、业务过程,形成企业级数据资源目录。
- 提供数据仓库规划工具,形成企业数据仓库层级、数据仓库开发流程。
- 提供元数据采集工具,方便用户快速地收集、整理目前目标系统的元数据信息。
- 提供数据安全工具,定义数据敏感等级与检查规则。为数据安全敏感等级设定奠定基础。
- 提供数据质量检查工具,快速实现对目标数据的质量分析与探查,了解全局的数据质量问题。

(2) 数据资产盘点。

① 数据资产汇聚:提供数据采集与同步的机制,通过平台提供的数据同步与开发工具,进行数据同步。

② 数据资产盘点:组织开展关键业务系统的数据资产盘点,从业务系统到业务流程、业务功能、业务数据模型、数据表、字段等信息,全方位整理业务系统中的数据资源。

③ 基础数据标准设计:基础数据标准是针对业务开展过程中直接产生的数据标准化规范的重点,主要以属性的规范、约束为核心。根据梳理的实体的属性(数据项),进一步整理提取,形成数据项的标准(即基础数据标准)。通常数据项的标准包括内容如表 3-16 所示。

表 3-16　数据项的标准包括内容示例

数据项标准	具体说明	举　　　例
名称	统一的标准名称	年龄
编码	数据标准的统一编码	STD0001

续表

数据项标准	具体说明	举　例
英文名称	英文名称	Sales
类型	分为数值、字符、日期	数值
长度	允许的最大长度	不限
精度	精度	小数点后 2 位
数据格式	需要遵循的数据格式	0.00
枚举值	如果是字符，对应的码值	如年龄等级、001、青年
值域	如果是数值，允许数值范围	0～99999999
允许为空	是否允许为空	不允许
计量单位	如果是数值，其对应的单位	如年龄：岁
安全等级	定义数据涉密级别	涉密

④ 指标数据标准设计：指标数据标准是为满足内/外部分析、监管需求而对基础类数据加工产生的标准化规范，包括指标的含义、统计口径、统计维度等。指标数据标准是后续加工指标的重要输入与依据，是保障指标语义一致、数据可信可用的关键，如表 3-17 所示。

表 3-17　指标数据标准内容示例

指标数据标准	具体说明	举　例
名称	统一的指标名称	利润率
编码	统一的指标编码	IDX_SALES_001
英文名称	指标的英文名称	Total of profit
计算公式	描述指标的计算公式	利润率＝利润/营业收入
业务定义	描述指标的具体的业务含义	利润率：用来表达企业的盈利水平，此处的利润率为毛利润率，不考虑企业的管理费用
统计维度	可以使用哪些维度进行分析	产品、部门
统计口径	使用了那些过滤条件	仅统计主营业务收入产生的利润
统计周期	可以按照那些周期进行统计	日、月、年、近三年等
更新频率	指标数据多久更新一次	每日
指标类型	时点型、存量型	时点：2 月利润率 存量：年度总体累计利润率
敏感方向	说明指标数值，是正向度量业务水平，还是反向度量业务水平	比如销售额越大越好

而数据资产管理工具，将在该环节发挥如下作用：

① **数据资产同步工具**：实现业务系统数据到数据资产平台的同步。

② **数据资源目录盘点**：借助元数据采集、管理、数据目录，实现对数据资源的盘点。

③ **逻辑模型设计**：可通过在线设计逻辑模型、外部导入逻辑模型文件，或者逆向工程，完成企业级数据建模工作。其中，逻辑建模环节，可以采用 3-NF 范式建模，也可以采取维度建模，也可以进行混合模式的建模。

④ **数据标准**：通过提供数据逻辑模型与数据标准的映射，实现对数据模型的标准化

管理。

⑤ 指标体系设计：建立业务指标标准，梳理形成业务指标分析体系。

（3）数据资产治理。

① 逻辑模型设计：根据业务系统所涉及的数据模型，进一步细化其属性、约束、标准。

② 元数据管理：包括业务元数据维护和血缘管理与维护。

- 业务元数据维护：元数据进行添加标签（所属部门、责任人和业务域），添加表格和字段中文名称，重要字段添加字段描述以及编辑血缘关系，便于对元数据的理解和管理。
- 血缘管理与维护：数据同步后会自动建立数据血缘关系，表明数据从源系统到ODS的数据映射关系。对于异常关系，需要进行调整以确保血缘的准确性。

③ 数据标准管理：导入数据标准，并与元数据绑定和关联。

④ 数据质量管理：对接入的数据进行质量检查，并定期地进行数据质量检查，保障每次入库的数据的质量满足要求。一般会从以下的几个方面进行质量的检查：

- 完整性：是否存在字段缺失、数值为空的问题。
- 规范性：是否遵循数据标准定义的要求，如是否遵循格式，是否遵循枚举值等。
- 唯一性：是否存在空数据。
- 一致性：数据之间的逻辑是否吻合。
- 条件一致：例如招标状态为已中标，则开标日期不能为空。
- 数据对账：源系统数据与数据底座中的数据，聚合值和数据行数一致。
- 计算逻辑一致：例如，库存数量＝当前库存＋入库数量－出库数量。
- 准确性：是否存在异常数据（如是否有过大的数据）。
- 及时性：数据的日期是否及时进入平台。

⑤ 数据安全管理：对平台内的数据进行数据安全的处理，重点从数据权限、数据隐私保护角度进行控制。

- 敏感数据发现：设置敏感发现规则、扫描敏感数据。
- 数据脱敏设置：根据敏感发现结果，对敏感数据进行保护。
- 数据权限控制：设置数据的管理权限、访问权限，细化行列级权限。

在各类数据资产的开发过程中，数据治理工具也需要同步发挥重要作用：

① 元数据采集工具：实现对数据中台的元数据以及血缘数据的自动感知与推送。所有的数据同步、数据开发、数据建模所产生的模型、表、指标、服务、报表、AI模型的相关信息，以及其血缘关系，将会自动同步映射在数据目录中。

② 数据标准工具：应定义数据中台的不同层级的物理表命名规范，以及其规范遵从度的检查（如前后缀检查、表名称业务合规性检查），应定义常用的术语、属性标准、枚举值标准、维度标准等，为数据中台模型建设提供标准规范与建设依据。同时提供数据标准落地检查工具，实现中台各类模型的数据的标准遵从度的检查。

③ 数据模型管理工具：实现对数据中台中模型的管理，形成流程化的模型创建、模型

变更流程。同时,配备模型变更影响分析、一致性比对、版本管理与回溯等模型管理的能力,定义数据模型从创建、加工、使用、下线、销毁或归档的全生命周期的业务流程,从工具与流程上保障企业数据模型的可控、可跟踪。

④ **数据质量稽查工具**:实现对数据中台源头数据、加工过程数据的全方位数据质量监测与预警,通过数据对账等规则,对任务上下游数据的质量在数据开发任务执行时将会进行实时地监控预警。当数据质量问题发生时会及时阻塞相关任务的继续执行,避免质量问题蔓延,同时会通过各类方式及时通知相关人员。

⑤ **数据隐私保护工具**:实现对数据中台的数据的敏感识别,对加工后的数据的动态、静态脱敏的保护管理。当数据中台对外提供数据服务时,隐私保护工具可根据用户密级或者权限,实现对用户数据的全方位管理。

⑥ **元数据管理工具**:数据地图(数据云图)、数据目录等功能的提供,将在数据中台建设中,提供全方位的数据视图、数据分布、血缘链路,能够了解元数据的变更、比对,发现系统中的异常的元数据,从宏观层面持续观测数据资产建设的数据状况。

(4) 数据模型开发。

① **ODS 层数据建模与开发**:将模型设计后,关联标准、进行模型发布,生成数据库模式定义语言(Data Definition Language,DDL)语句,自动在数据底座的 ODS 层创建相关的物理表和模型。

② **DWD 层数据建模与开发**:结合维度建模方法论,构建 DWD 数据和事务性数据。将模型设计后,关联标准、进行模型发布,生成 DDL 语句,自动在数据底座的 DWD 层创建相关的物理表和模型。

③ **DWS 层指标建模与开发**:以业务指标(指标标准)为指引,进行 DWS 层的数据开发工作。总体上,采用指标建模模块的思路进行指标的配置化开发。

④ **TDM 层标签建模与开发**:建设实体,抽取数据,并建立标签的处理逻辑,生成具体的数据标签。

而数据资产管理工具,将在该环节发挥如下作用:

① **数据开发工具集**:包括数据建模工具,将逻辑模型进行物化形成物理模型,并进行数据同步、数据 ETL 加工、脚本开发、调度任务等。

② **数据离线、实时同步工具**:实现对源头数据的采集与接入。或者也可采取虚拟入湖的模式,无须引入实际数据内容也可进行建模。

③ **数据处理脚本工具**:可以用来开发 DIM\DW\DM 层的数据,配合数据建模工具与数据开发脚本,实现数据的加工处理。

④ **数据调度工具**:用于实现对开发任务的周期定义、定时执行,同时,复杂的调度编排工具还能实现多链路、多依赖、多周期作业的调度。

⑤ **指标开发工具**:结合指标开发需求,对数据指标的业务含义、语义计算逻辑、指标标准等进行定义,可自动生成指标的计算逻辑与计算任务。

⑥ **图谱开发工具**:以数据架构中的业务实体作为指导,以主数据、维度数据作为模型

输入,定义实体模型,并通过对多实体的事实表的反向解析,自动生成实体的关系图谱。为下一步图谱关系的探查定义多种查询、计算的模式与应用。

⑦ 标签开发工具:针对实体相关的事实、行为、属性、指标,定义实体的属性标签、行为标签、事件标签、指标标签、算法标签等。形成多层级的标签类目,为后续的实体的圈选、群组分析、实体画像等奠定基础。

⑧ 服务开发工具:针对数据、指标、图模型、标签,形成 DataAPI,实现数据服务的快速封装与定义。

⑨ 报表开发:使用 BI 或报表工具,以业务需求、分析目标为导向,形成定制化的报表、BI 看板、大屏应用、移动看板等,方便业务人员快速形成报表。

⑩ 机器学习建模:使用数据科学平台,针对中台提供的数据、指标、标签等,进行数据应用的开发,形成精准营销、预测性维修、库存预测、供应链优化等相关 AI 模型,并发布为人工智能应用服务,供前端业务系统调用或业务人员使用。

(5)数据应用开发。

① **BI 应用开发建设过程如下:**

- 需求调研:调研各个业务模块的相关负责人以及明确可视化项目的目标和范围,包括需要展示的指标内容及不同管理人员所关注的不同内容、展示方式等,确保整个项目可以针对性地展开。
- 设计方案:根据项目目标,设计可视化展示方案,包括展示内容和方式。具体的效果需要 UI 的参与。
- 数据收集与处理:收集相关数据和信息,包括数据来源、质量和可靠性等,确保可视化结果可靠和准确。以及对数据进行处理和分析,包括清理、排序、筛选等,确保数据的合理性和有效性。
- 可视化展现设计:根据数据处理结果,进行可视化设计,包括样式、颜色、标签等,确保可视化信息的清晰度和易读性。
- 实施部署:部署到相应的展示平台或设备上。
- 监测改进:持续监测和改进可视化结果,根据用户反馈和数据情况,进行必要的优化和调整,确保项目的长期稳定和有效性。

② 人工智能应用开发建设过程如下:

- 业务理解:从业务角度理解项目目标和要求,并把这些理解的知识转换成数据挖掘问题的定义和实现目标的最初规划。
- 数据理解:从数据收集开始后的一系列活动,这些活动的目的是熟悉数据、甄别数据质量问题、发现对数据的真知灼见,或者探索出令人感兴趣的数据子集并形成对隐藏信息的假设。该阶段重点任务是确定建模所需用的数据、探索建模需要的目标变量。
- 数据准备:从最初原始数据到构建最终建模数据的全部活动。数据准备很可能被执行多次并且不以任何既定的秩序进行。包括为建模工作准备数据的选择、转换、清洗、构造、整合及格式化等多种数据预处理工作。该阶段重点任务是准备数据分析所依赖的数据集（宽表）。

- 数据建模：选择和使用各种建模技术，并对其参数进行调优。一般地，相同数据挖掘问题类型会有几种技术手段。某些技术对于数据形式有特殊规定，通常需要重新返回到数据准备阶段。该阶段重点任务是选择合适的技术、算法进行建模。可选择的算法包括聚类、分类、回归、关联、时序、评价、推荐等。
- 模型评估：在此阶段，需要从技术层面判断模型效果，从业务层面判断模型在实际商业环境当中的实用性。重点通过评估指标（如召回率等）判断模型是否满足最初的商业目标。
- 模型部署：将其发现的结果以及过程组织成可读文本，或将模型进行工程封装满足业务系统使用需求。重点是通过平台将模型发布为 API 后进行模型部署。

数据资产管理工具，将在该环节发挥如下作用：①提供数据可视化工具，结合已有的数据指标与标签，快速支撑 BI 大屏类应用的快速开发。②提供数据科学平台，结合已有的数据指标与标签，快速训练相应的数据模型并部署运行。

（6）持续迭代运营。

数据应用的建设是持续、长期的过程。在各应用建设过程中，需要持续开展对全域、各层级的数据进行规范、标准的控制，有序开展数据运营工作：

① 建设数据资源目录（数据超市）。

通过提供统一的数据出口平台，让业务用户可以在线检索、获取、分析、协同、共享、评价数据资产。

② 元数据管理。

- 建立完善覆盖全数据底座的全域数据目录与数据地图。
- 基于元数据的变化检测，及时发现系统中的变更。
- 及时管控系统中出现的变更，评估分析变更带来的影响。
- 及时监控各类数据资产的活跃度，及时调整运营策略。
- 识别系统当中核心对象与关键数据，加强其监控并管理级别。
- 基于元数据的一致性、关联性分析，及时清理、整改异常元数据。
- 保障各类数据应用健康、平稳地运行。

③ 质量管理。

- 建立质量的专题质量稽查与评价机制。
- 建立质量检测机制，覆盖数据入湖、模型开发、指标开发等全过程。
- 形成常见问题分析库，持续推进问题整改效率。
- 形成质量问题整改与追责的例行机制，持续推进数据质量的提升。

④ 数据安全。

- 建立数据安全分类分级机制。
- 建立数据隐私发现机制。

- 建立数据隐私保护机制。
- 建立完整的数据访问、控制权限。

⑤ 数据开发。

- 建立模型设计的流程管控机制,实现线上模型设计、评审、发布。
- 建立指标开发的流程管控机制,实现指标配置化开发、评审、发布。
- 建立标签开发的流程管控机制,实现标签的有序管理与发布。
- 建立数据入湖的流程管控机制,实现数据的准确、可靠入湖。
- 建立数据的变更处理机制,灵活高效、可靠地应对。

⑥ 作业运维。

- 监控平台资源状况。及时发现资源短缺、内存告警等状况。
- 监控作业运行情况。及时发现异常任务,避免数据整体被污染。
- 定期分析作业逻辑。处理作业编排中的异常,避免数据链路混乱。

⑦ 数据需求管理。

建立数据需求的管理、变更等流程。当出现新业务需求时,需要进行全面的需求分析与评估,如当前数据域新增加应用需求,需遵循上述建设过程的步骤,并以数据架构为基础,以数据复用为原则,以"高内聚、低耦合"设计思路为导向,高效满足数据需求。当业务需求出现如下情况时进行变更管理:

- 应用需求变更:BI 展现或 AI 应用发生需求变更,判断是否会造成底层依赖数据的变更,如果不涉及,借助 AI 和 BI 工具即可快速完成调整。
- 标签/指标需求变更:当 DWS 层指标数据发生变更或新增时,需结合指标需求对指标进行重新定义,并重新调整指标计算逻辑与计算任务,同时,以元数据的血缘影响分析为支持,评估指标变更对相关报表变更的影响并及时调整。
- 数据模型变更:当 DWD 或者 DIM 层的数据模型需要新增或发生变更时(可能是模型关系、属性、标准发生变化),可结合数据开发工具与建模工具对内容进行调整,同时,结合血缘分析工具,评估相关变更带来的影响并及时调整。
- 源元数据变更:当源头数据新接入单位,或接入新的数据模型,或需要对现有的源头数据进行模型调整时,可结合数据开发工具与建模工具对 ODS 的数据进行调整。同时,结合血缘分析工具,评估相关变更带来的影响并及时调整。
- 其他变更:结合实际业务紧迫状况综合评估影响,经专家评估会审后处理,并根据变更内容持续完善变更的处理策略。

2. 企业数据中台的治理与运营

随着企业对信息化投入的增加,很多企业已逐步形成了众多的数据应用,与此同时数据任务如雨后春笋般进入野蛮生长期。"先建后治"已成为一种普遍现象,积累的数据难以发挥出数据价值,后期的数据治理会带来巨大的资源消耗、成本增加。具体表现如下:

(1) 数据湖引入了大量的数据,鱼龙混杂使组织深陷数据沼泽,带来不必要的资源浪费。

(2) 数据湖内的数据错误,可信程度较低。

（3）数据湖内的数据杂乱,可用程度较低。

（4）数据湖内的关键数据没识别、无保障,随时有泄露风险。

（5）数据湖内运行着成百上千的任务,数据管理变成了仅管理任务,顾此失彼。

（6）数据湖内数据无架构,业务关联性弱、高度耦合。

（7）数据湖内没有主数据或权威数据连接,里面数据仍是一片片新的孤岛。

（8）堆积如山的报表或看板,业务用户使用率低。

（9）关键的数据应用以及源端业务数据升级,导致应用崩溃。

（10）新的数据应用需求响应慢、效率低,错失最佳决策期。

野蛮地生长之后,数据资产成为了新的数据债务。在这一片哀鸿遍野的背后,是数据治理缺失所带来的问题,也导致国内关于数据资产、数据中台、数字化转型唱衰之声绵绵不绝。如何解决建设之后面临的局面,如何真正保障数据建设成果长效运行,是越来越多的企业都在深入思考的问题。

不少专家认为,数据的治理与数据建设同等重要,二者相辅相成。需通过完善的数据治理体系和运营平台,保障数据价值的持续释放。下面是数据中台治理过程中的一些实践,仅供参考。

1）数据资产盘点

企业数据资产,从广义角度来看,包括数据集、数据服务、数据应用。其中,数据应用可理解为数据资产的一种高级形态。因此,企业的数据资产盘点,不仅需要盘点业务系统、库表,还需要对已发布的数据资产进行盘点。

（1）借助元数据采集工具实现库表字段的自动化采集,数据增量更新,及时掌握库表的变化。

（2）借助数据开发任务的采集工具,自动采集已有的开发任务,解析开发任务中的血缘关系。

（3）借助指标的采集工具,分析 BI 或者已有系统中的指标,建立指标数据的元数据模型与血缘关系。

（4）借助 BI 元数据采集工具,解析 BI 中的指标和数据关系,解析 BI 中的血缘关系与元数据图谱。

（5）借助 AI 元数据采集工具,解析 AI 模型中的数据、模型的关系,形成 AI 的血缘关系与元数据图谱。

（6）在完成对各关键对象（元模型）进行采集后,由数据所有者对数据进行认领、认责,划分数据业务域和主题域,完善具体数据的业务信息。

（7）借助采集工具的持续更新能力,动态监控元数据的变更情况,及时对元数据的变更进行分析与处理。

（8）建立全域的数据血缘链路,形成表到 BI 视图、AI 模型、数据指标、数据库表、原始业务系统的全域的链路,发挥元数据的血缘分析的能力。

（9）形成统一的数据目录,形成技术视角、业务视角、管理视角视图,供其他用户使用。

（10）借助前期的数据咨询的成果，建立统一的数据架构，包括数据的业务域、主题域模型，分析数据仓库的层级，建立相关的基础数据标准与指标数据标准，以此对元数据进行规范、引导，形成统一、可信、可控的数据目录。

2）数据资产调整

有了完整的数据资产目录，可基本了解数据资产的现状，下一步需对已有的数据资产进行调整。在实战中，通常需解决如下的问题：

（1）数据模型混乱的问题：在早期数据仓库中，由于缺少统一的开发标准，对模型的设计相对较为随意，导致模型无设计，耦合性较高，模型之间的跨层引用与循环调用现象比较严重。

（2）缺少数据统一的命名规范，也会造成数据仓库中表命名混乱。

（3）任务庞杂混乱，编排不利于维护管理等问题。

（4）指标开发较为随意，指标较多、指标标准缺失，导致资产不可用。

因此，需要结合现状，综合考虑数据模型的重新开发与调整。此时，仍需坚持以应用为导向，对数据仓库的模型进行改造，相关做法如下：

（1）对于 DM 层数据，按照需求向后梳理，将暂时不用的物理表和任务进行处理。在此可借助元数据管理工具，梳理不活跃或无血缘关系的孤儿表，将这些物理表进行下架处理。

（2）对于 ODS 层的数据，进一步梳理业务需求和数据流向关系，调整数据链路，增加必要的增量标识符。此时可借助数据同步工具，重新建立表的数据同步任务。

（3）对于 DW 层的数据，需根据实际业务的复杂度，判断 DW 层的数据是采取优化还是重建。

① 对于优化模式，需要借助元数据工具，对现有数据进行盘点，对血缘关系解析后，整理相关策略。重点需对现有存在循环依赖、跨层引用的模型进行局部优化，对一些物理表进行适当的合并或拆分，此时需借助 ETL 工具或数据开发工具进行优化。

② 对于重建模式，可基于 ODS 层的数据，重新设计 ER 模型、维度模型。结合集市中的数据指标，反向推导公共指标和数据模型。此处可使用数据资产管理平台的指标开发工具、标签开发工具、模型设计工具，加快重建的效率，保证系统平稳切换。

（4）无论是重建还是优化，都需要关注 DW 层的物理表的双轨运行、数据分布不均衡、任务调度合并或重新编排等问题。数据仓库的优化与改进是一项复杂的系统工程，相当于对现有的数据系统进行一次手术，因此，需要做好充分的调研与论证，制定备份恢复等机制。更需关注未来数据模型的可扩展性，以适应数据需求的不断变化。

（5）报表与 AI 模型，需要结合其活跃度进行适当调整，以降低不必要的资源消耗。此时可借用数据资产的元数据的采集与管理对现有的数据进行调整。

3）数据资产管理

数据资产目录建立与治理调整之后，需对数据资产建立完善的管理机制，形成 DataOps 的敏捷流程，充分保障数据资产可信、可用。

（1）建立较为严格的数据需求管理机制，基于业务用户产生的需求，需要经过需求的分析、分发、设计后,转入正式的模型设计与数据开发工作。在需求分析阶段,可判断数据是否需要进行重新建模,现有数据指标是否可进行复用。在需求分发阶段,可将数据开发任务分发至不同的数据所有者组织开发处理。总之,可借助数据资产平台的需求管理、项目管理等能力,形成任务管理与研发工作在线化、一体化,保障数据需求的快速科学落地。

（2）建立严格的模型设计与管理工作,基于同一数据标准进行模型创建,并具有较为完备的模型管理功能,以此保障数据模型建设的科学性、合理性、扩展性。此时可借助数据资产管理平台的数据模型管理,进行模型的在线设计、协同设计、统一评审与发布,以及模型一致性检查、数据落标检查等工作。

（3）建立完善的数据入湖制度,建立入湖元数据登记与质量稽查机制,以及入湖数据与源头数据的质量对账能力。此时可使用数据资产管理平台的对账功能、数据质量检测功能,在数据同步与开发过程中进行全面的监测与预警。同时建立数据质量整改的闭环机制。

（4）建立完善的数据开发规范,形成数据标准规范、数据命名规范、数据任务编排规划、数据基础调用开发规范、代码编写规范等,以此保障数据开发的可靠性、可维护性。

（5）根据数据目录分配数据权限（包括行列级、管理与使用权限等）,确定数据安全的控制策略、隐私保护策略等。

（6）报表的开发、AI 模型的开发,亦需建立相应的开发流程,引入必要的方法论,以此保障通用的、基础性的报表与 AI 模型的可用性。

4）数据资产使用

数据资产从形态来说,可分为数据集和数据产品。业务人员的需求可通过数据集需求管理、设计、开发于一体的 DataOps 机制得到有效保障,但对于数据的应用,数据技术（Data Technology,DT）人员的投入是永远无法满足业务人员诉求的,因此,需在企业适当引导"自助式数据分析"的能力,来满足业务人员的个性化应用需求。DT 人员提供基础的数据模型与通用的数据模型,业务人员在此基础上借助工具自助进行数据的探索分析。只有形成了"通用服务＋自助服务"的综合模式,才能更好地将数据资产价值发挥出来。

可借用数据资产管理的数据超市能力,结合数据分析沙箱、自助取数、BI 工具、指标分析等工具,让业务人员在超市中检索、获取数据,在工具中探索数据规律。

综上,无论采用何种数据资产管理工具,对已建成的数据中台都需进行全方位的盘、改、管、用,才能盘活数据中台,巩固已有数据基础设施,充分发挥其价值。

3.4　小结

本章介绍了数据资产"采、存、建、管、用"的相关技术,并且从产品工具角度,简要介绍了数据资产的建设、治理、分析的工具平台的基本逻辑、工具能力与应用场景。

数据技术蓬勃发展,相关概念、技术层出不穷,未来数据资产的市场潜力无限。编者认为,数据资产的技术、工具总体上向智能化、一体化、全域化、安全流通的方向发展。所谓智能化,即基于人工智能、知识图谱等技术的应用,全面提高数据治理的智能化、自动化水平

（如增强数据治理）；全面提高数据开发过程的自动化水平（如自动化数据准备、智能数据编排）；全面提高增强数据分析的能力。所谓一体化，即数据开发与数据治理自动关联形成闭环，在开发过程中自动进行数据治理，在数据治理过程中自动发现、修正数据资产的开发问题。所谓全域化，一是数据治理的范畴全域覆盖，不局限于数据湖仓内的治理，更多会向工业互联、业务前台应用等蔓延，数据类型也从结构化数据逐步向半结构化数据、非结构化数据覆盖。所谓安全流通，是数据交换和共享、交易、流通将逐步成为新常态，数据来源更加丰富，数据产品的流通更加安全可靠，企业、政府、个人的数据隐私将在便捷和安全之间取得更好的平衡。

　　无论技术、产品工具如何发展，究其根本，使用工具的核心目的都是为了更好地释放数据价值，促进数据经济发展与数字化转型进程。唯工具论不可取，只有那些将数据资产真正契合战略发展，并适当释放出数据价值的组织，才能在这个数据的时代里熠熠生辉。

第 4 章

数据资产管理实践
——路径与案例

目前,数据资产管理理论框架日趋成熟,越来越多的企业通过开展数据资产管理工作,推动企业数字化转型。但与此同时,多数企业仍停留在数据资源管理的初期阶段,依然面临着数据管理内驱力不足、数据管理与业务发展存在割裂、数据资产难以持续运营等问题。

为指导企业解决以上问题,本章总结了数据资产管理活动职能的实践要点,从实施方法选择、实施步骤、应用案例等角度介绍数据治理的战略规划、组织架构、制度体系、平台工具、长效机制等保障措施,以期助力企业系统化地开展数据资产管理工作,提升数据资产化效率,创新数据资产化模式,引导企业充分融入数据要素市场的发展,加速数据资产价值释放。

4.1 实施方法的选择

数据资产管理难点较多,而其基础工作是数据治理。但很多企业无法下定决心开展数据治理工作。由于数据治理的实施有很多种方式,方法的选择就成为成功的关键。

根据驱动因素的不同,主要有 8 种方法,分别是顶层设计法、技术推动法、应用牵引法、标准先行法、监管驱动法、质量管控法、利益驱动法和场景驱动法,如图 4-1 所示。

图 4-1 数据治理 8 种方法

4.1.1 顶层设计法

顶层设计法即先做一个数据治理顶层设计的规划,然后按照规划执行。顶层设计、战略咨询都会根据战略目标拆解形成关键绩效指标(Key Performance Indicator,KPI);然后设立对应的支撑项目,并根据优先级别进行排序;最后形成一个执行的路径。什么时间,做什么内容都规划清晰,之后按图索骥,其路线逻辑如图 4-2 所示。

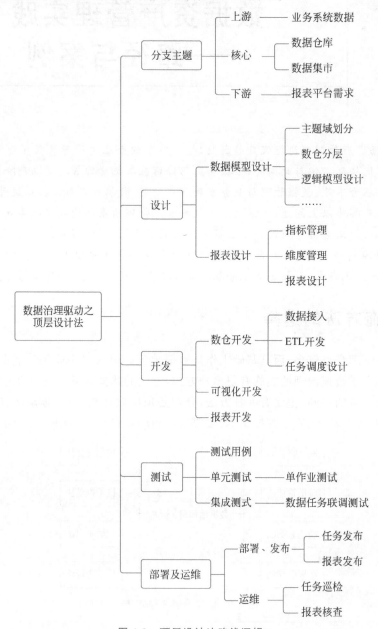

图 4-2 顶层设计法路线逻辑

此方法的优点明显,先有面,再有线,逐渐落实;其缺点是成本高,见效慢,对组织要求也高。在一些政府单位和极少数大型企业使用此方法获得了数据治理的成功。

1. 顶层设计遇到的挑战

企业在发展过程中积累了大量的客商、物料、设备、项目等经验和数据,利用这些数据发掘有价值的信息,已成为企业普遍关心的问题。随着数据共享以及决策的需求增加,数据使用范围的扩大,在使用过程中发现了大量数据问题。

(1) 定义缺失。缺少关键业务元素定义,导致对同一字段的理解偏差。例如什么是"一个客户",不同业务部门有不同理解:有些应用将组织机构号作为对公客户的"身份证",一个组织机构号代表一个客户;另一些应用对客户号的分配较为随意,允许一个组织机构号下存在多个客户号。

(2) 信息缺失或不准确。系统数据表中已经设计了相关字段,但在使用过程中,许多记录没有收集该字段信息,或出现信息不准确、信息重复登记等情况。例如,数据缺失情况通常以员工、客商信息最严重。

(3) 系统间数据不一致。为满足各自系统内部逻辑、提高访问效率、减少数据传输,相同信息可能在不同系统进行冗余存放。但冗余存放的数据如果不进行同步或及时的数据维护,则会导致冗余数据的不一致,例如普遍存在的某系统组织机构代码与人力资源系统组织机构数据不一致的问题。

(4) 数据生命周期问题。企业中的关键数据,如物料、客户、产品信息等,都需由若干日期字段记录其生命周期,例如创建/启动日期、冻结/修改日期、最后变更日期等,但是在业务系统中往往存在修改了记录状态,却未同步更新相关日期的情况。此外,还有违反合理数据生命周期的做法,就是直接物理删除记录。

(5) 代码不一致问题。代码不统一问题,即不同应用之间相同用途的代码编码不一致。还有未代码化问题,常见情况是用文字存储,而非将信息代码化,很多时候会发现信息存储得不少,但不利于分析使用;意外代码问题,即实际数据中出现了未定义的代码值。

(6) 缺少统一管理责任主体。没有明确各项主数据在企业的分级管理模式与对应的管理责任主体,成员企业各自为政,自行维护,数据管理职责缺失,这导致各类主数据存在多个系统中管理、数据重复维护等情况。

(7) 缺少统一权威数据管理平台。缺少统一的数据标准化管理平台,各类主数据分散在不同的信息系统中自行管理,数据流向不清晰,无法固化数据标准,且信息获取时效性得不到保障。

看似表面的数据问题其实会对业务带来严重的影响,如数据不真实、不准确、不透明、不共享等,增加了企业经营风险、增加了管理难度和复杂度,跨组织信息共享程度低、资源难以整合等。如何更好地管理和控制数据,做好数据标准化和服务体系建设,成为各企业迫在眉睫的任务。所以制定数据治理顶层设计是数据治理的关键任务之一。

2. 数据治理顶层设计法的主要内容

数据治理涉及业务梳理、标准制定、数据监控、数据集成等工作,复杂度高、探索性强,在数据治理过程中出现偏离或失误的概率较大,如不能及时纠正,则其影响将难以估计,这也往往导致数据治理成效不佳甚至彻底失败。因此在做数据治理时就要采用系统的方法做好数据治理顶层设计工作。数据治理顶层设计法主要包括数据治理战略制定、数据治理体系、数据治理战略实施三个方面。

1）数据治理战略制定

数据治理战略制定是建立数据的生产者、使用者及数据与支撑系统之间的相互关联关系，建立企业全景数据视图，统领协调各个层面的数据管理工作，提高数据管理规范和效率，确保企业内部各层级人员能够得到及时、准确的数据服务和支持。

2）数据治理体系

数据治理体系涵盖数据资产目录、主数据管理、元数据管理、数据质量管理、数据标准管理、数据安全管理、数据全生命周期管理等内容。数据治理体系可分为两个方面，一是数据治理核心领域，二是数据治理保障机制，如图 4-3 所示。

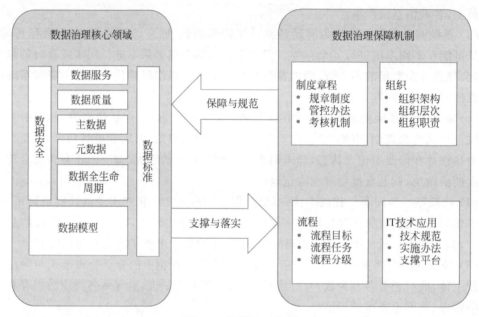

图 4-3 数据治理体系

（1）数据治理核心领域

为了有效管理信息资源，需构建数据治理体系。数据治理体系除了包含保障机制外，还包括数据架构（数据模型）、数据标准、数据全生命周期、元数据管理、主数据管理、数据质量管理、数据安全、数据服务，这些内容既有机结合，又相互支撑。

① 数据模型。数据模型是数据构架中重要一部分，包括概念数据模型和逻辑数据模型，是数据治理的关键。最优的数据模型应该具有非冗余、稳定、一致、易用等特征。逻辑数据模型能涵盖整个企业的业务范围，能清晰地记录跟踪企业重要数据元素及其变动，并利用它们之间各种可能的限制条件和关系表达重要的业务规则。

② 数据标准。数据治理对标准的需求可以划分为两类，即基础性标准和应用性标准。前者主要用于在不同系统间形成信息的一致理解和统一的坐标参照系统，是信息汇集、交换

以及应用的基础,包括数据分类与编码、数据字典、数字地图标准;后者是为平台功能发挥作用提供一定的标准规范,以保证信息的高效汇集和交换,包括元数据标准、数据交换技术规范、数据传输协议、数据质量标准等。

③ **数据全生命周期**。数据全生命周期管理主要包括数据查询、申请、校验、审批、配码、变更、分发、停用归档等数据的全生命周期管理,确定每条数据全生命周期状态及其与业务系统的关系。

④ **元数据管理**。元数据是数据的说明书,有了完善的元数据,数据使用者才能了解组织都有什么数据,它们分布在哪里,数据的业务含义是什么,数据口径及颗粒度是怎样的,若想使用应该向谁提出和如何获取。要达到这样的目标,需要做好元数据采集、存储、变更控制和版本管理。在此基础上,实现数据血缘分析、关系分析、影响分析等元数据的高级应用,通过可视化的方式展现数据上下游关系图,快速定位问题字段,可帮助组织降低数据问题定位的难度。

⑤ **主数据管理**。从各部门的多个业务系统中整合最核心的、最需要共享的数据,集中进行数据的管理,并且以服务的方式把统一的、完整的、准确的、具有权威性的主数据传送给企业内需要使用这些数据的操作型应用系统和分析型应用系统。因此对于主数据管理要考虑运用主数据管理系统实现,主数据管理系统的建设,要从建设初期就考虑整体的平台框架和技术实现。

⑥ **数据质量管理**。包含对数据的绝对质量管理、过程质量管理。绝对质量即数据的真实性、完备性、自治性,是数据本身应具有的属性。过程质量即使用质量、存储质量和传输质量,数据的使用质量是指数据被正确地使用,再正确的数据如果被错误地使用,就不可能得出正确的结论;数据的存贮质量指数据被安全地存储在适当的介质上;数据的传输质量是指数据在传输过程中的效率和正确性。

⑦ **数据安全**。由于企业的重要且敏感信息大部分集中在应用系统中,所以数据安全至关重要。如何保障数据不被泄露和非法访问,是非常关键的问题。数据安全管理主要解决数据在保存、使用和交换过程中的安全问题。体现在数据使用的安全性、数据隐私问题、访问权限统一管理、审计和责任追究、制度及流程建立、应用系统权限的访问控制。

⑧ **数据服务**。针对内部积累多年的数据,研究如何能够充分利用这些数据,分析行业业务流程优化业务流程。数据使用的方式通常包括对数据的深度加工和分析;包括通过各种报表、工具分析运营层面的问题;还包括通过数据挖掘等工具对数据进行深度加工,从而更好地为管理者服务。通过建立统一的数据服务平台来满足针对跨部门、跨系统的数据应用。通过统一的数据服务平台来统一数据源,变多源为单源,加快数据流转速度,提升数据服务的效率。

(2)数据治理保障机制

① 制度体系。

制度体系主要包括章程、管控办法和考核机制。数据治理章程类似于企业的管理条例。章程应阐明数据治理的主要目标、相关工作人员、职责、决策权力和度量标准。管控办法是基于规章制度与工具的结合,可落地操作的办法。考核是保障制度落实的根本,建立明确的考核制度,建立相应的针对数据治理方面的考核办法,并与个人绩效相关联,数据质量考核示例如图 4-4 所示。

一级指标	二级指标	考核标准	频度	权重	备注
数据质量问题	发生数据质量问题的个数	考核对象:数据负责人 考核标准: 1. 发现一例数据质量问题扣1分; 2. 以此类推,直至本项指标权重扣完为止;	月	35	扣分项
	影响范围	考核对象:数据负责人 考核标准: 1. 数据质量问题影响30%以下(含30%)信息系统,扣5分; 2. 数据质量问题影响30%~70%(含70%)信息系统,扣15分; 3. 数据质量问题影响70%以上信息系统,扣25分; 4. 按月统计,以单词数据质量问题影响范围最大的数据为准;	月	25	扣分项
	严重程度	考核对象:数据负责人 考核标准:以造成的经济损失为考虑依据,依企业情况自定义	月		扣分项
	数据质量	考核对象:数据负责人			

图 4-4　数据质量考核示例

② 数据治理组织。

数据治理组织包括组织架构、组织层次和组织职责,其架构如图 4-5 所示。

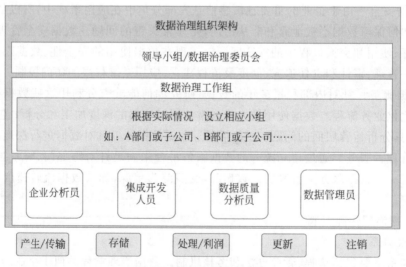

图 4-5　数据治理组织架构

有效的组织机构是项目成功的保证,为了达到项目预期目标,在项目开始之前对组织机构及其责任分工做出规划是非常必要的。

领导小组/数据治理委员会由企业的高层领导者组成。委员会定义数据治理愿景和目标,组织内跨业务部门和 IT 部门进行协调,设置数据治理计划的总体方向,在发生策略分歧时进行协调。

数据治理工作组是执行数据治理计划的组织,其由数据治理委员会中的领导担任,负责监督数据管理员的工作。

每个业务部门有至少一位业务分析员,信息部门设置数据质量分析员、数据管理员、集成开发人员。各工作人员负责本部门数据的质量,履行职责,解决具体的问题。

根据数据管理工作的实际需要,在业务管理部门、技术管理部门和业务应用部门确定各类人员的职责。

③ 流程管理。

流程管理包括流程目标、流程任务、流程分级,根据数据治理内容,建立相应流程且遵循本企业数据治理的规则制度。实际操作中可结合所使用的数据治理工具,建立符合各自需求的管理流程。

④ IT 技术应用。

建立符合企业的数据管理系统平台,确保实现对各类数据的集中管理。同时满足各类数据管理的功能性和非功能性需求。数据管理平台包括数据标准管理、主数据管理、数据模型管理、资源目录管理、业务字典管理、编码管理、数据汇集分发管理、数据资源版本管理、数据质量管理、数据审批流程、数据安全管理和数据监控分析等。通过数据平台提高数据的质量(准确性、完整性),保证数据的安全(保密性、完整性、可用性),实现数据管理的自动化、流程化、体系化,实现基础数据的权威性、唯一性、准确性。典型的数据管理平台,其功能示例如图 4-6 所示。

3)数据治理战略实施

数据治理的实施,应规划项目里程碑,具备可控性,并对阶段性工作做出评估、总结经验、及时调整并对下一步工作做好准备,示例如图 4-7 所示。为确保项目实施的成功,应使用成熟的实施方法论。

3. 数据治理顶层设计建议

1)领导高度重视

明确数据治理顶层设计不仅仅是企业领导(一把手)工程,更是各级领导重点工程,各级领导应对数据治理顶层设计项目高度重视,确保项目能够顺利推行;需定期召开工作会议,及时了解项目进展状况,并按实施阶段参与项目审查、评估;需抽调业务骨干与管理负责人加入数据治理顶层设计项目组。

2)业务全面配合

业务管理部门应积极配合项目实施,不应将数据治理项目单纯认为是 IT 技术的实现,而应是一次业务管理的革新;业务管理部门与信息部门共同组成项目组,业务管理部门人

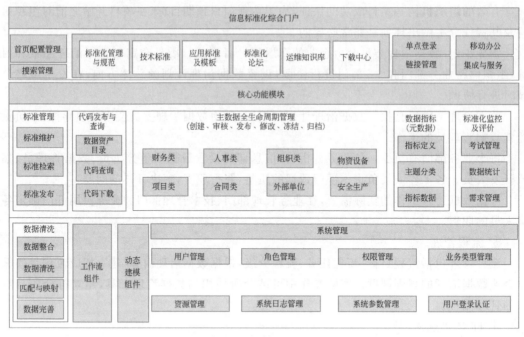

图 4-6　数据管理平台

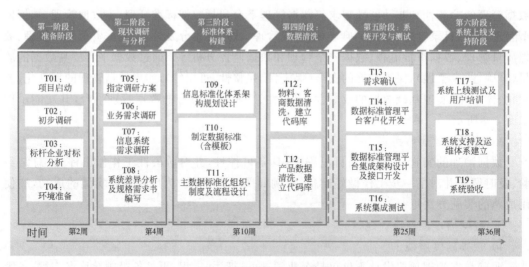

图 4-7　数据治理实施步骤

员从未来业务开展与部门运营管理角度提出建议,协助实施团队开展业务需求分析,业务部门深度参与到详细的数据治理流程梳理与优化工作中,使优化后的流程满足业务管理部门的业务执行要求。

3）加强规范管理

对于数据治理体系应做到"统一领导、职责清晰、制度规范、流程优化";企业数据治理工作,应严格遵照统一制定的数据治理规划开展;在制度建设与流程优化方面,由总部统一制定管理制度与流程规范,下级企业贯彻执行,总部对执行情况定期进行考核。

4.1.2 技术推动法

因为数据治理项目大多是在信息部门立项和实施的。既然是技术部门的事,当然由技术部门推动。技术驱动的思路应针对数据问题,从技术层面进行解决。建设逻辑包括项目立项、需求调研、概要设计、详细设计、系统开发、系统集成、系统测试、项目部署、上线验收等。

数据治理的目标是把数据管起来、保证数据质量并把数据用起来,这些目标离不开各种技术的支持,这些技术包括元数据自动采集和关联,数据质量的探查和提升,数据使用的自助服务和智能应用等。

1. 管起来:自动化采集与存储技术

要实现大数据治理的资产管理,需要做足三个方面工作:

(1)采集:从各种工具中,把多种类型的元数据采集进来。

(2)存储:采集元数据之后需要相应的存储策略对元数据进行存储,需尽量在不改变存储架构的情况下扩展元数据存储类型。

(3)应用:在采集和存储完成后,对已经存储的元数据进行管理和应用。

针对数据资产的存储,模型规范管理为元数据管理提供了基础,通过模型规范管理可实现统一、稳定的元数据存储,统一的标准和规范能很好地解决通用性和扩展性问题。

传统数据资产管理采用CWM规范进行数据存储设计,该规范提供了一个描述相关元数据的基础框架,并为各元数据之间的通信和共享提供了一套可行的标准。但是,随着元数据管理范围的不断扩大,CWM规范已不能满足通用的元数据管理需求,针对微服务、业务等也需要一套规范支撑,扩展后的数据规范体系如图4-8所示。

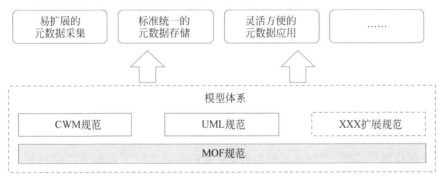

图4-8 扩展后的数据规范体系

元数据管理另一个核心问题是解决各类元数据的采集,由于元数据类型多种多样,而且在不断增加,所以,如何以最小代价快速管理新类型元数据的能力,是元数据管理的核心。而采用可插拔的适配器方式实现元数据的采集是一个很好的选择。其中,数据采集适配器应支持各类数据源的采集,当有一个新的数据源需要接入时,只需按照规范快速开发一套针对性的适配器,就能实现新类型元数据的纳入管理。

与人工相比,技术的最突出特点是速度快和精度高。因此,如何通过技术手段精确地获取数据资产是关键,特别是元数据关系,一般都存在于模型设计工具、ETL 工具中,甚至开发的 SQL 脚本中,因此需通过工具组件解析(接口、数据库)、SQL 语法解析等手段完成元数据关系的获取和建立,如图 4-9 所示。准确解析后的关系,还需要通过直观的关系图展现出来。

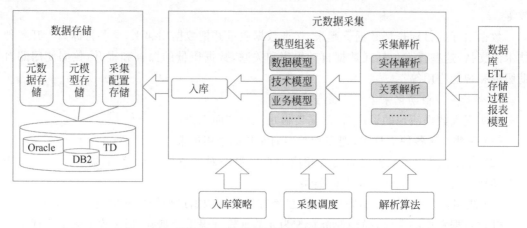

图 4-9　元数据采集的多种技术手段

2. 有保障:数据质量探查和提升技术

通过大数据治理提升数据质量的过程中,涉及很多工作和技术环节,包括:通过合理的技术找出数据问题并定位问题数据;从各个维度监控数据问题,并最快捷地反馈给对应责任人;实现问题发现、认责、处理、归档等数据问题的闭环管理。中间主要涉及以下两个方面:

首先,要想及时全面地找到问题数据,不仅要关注关键点,还要有合适的方法。数据最容易出现质量问题之处是数据集成(流动)点,例如:性别在单系统中,有 1、0、男、女各种表示,当系统集成时就会有问题。解决数据质量的关键,需在集成点检查数据质量。另外,针对大数据量的数据质量检查,既要保证实时性,又要保证不影响业务系统的正常运行,因此在对大数据量检查时,要采用抽样方式进行检查。

其次,数据问题发现后,还要直观地将数据问题展现出来并及时通知相关人员。因此大数据治理平台应提供实时、全面的数据监控,实现多维度实时的数据资产信息展示,如从作业、模型、物理资源等各方面进行全面的数据资产盘点;对数据及时性、问题数据量等数据的健康环境方面进行全面的预警。

3. 用起来:自助化数据服务构建技术

大数据治理的最终目标是为最终用户提供数据,这需要快速找到数据,并快速建立数据交换的通道。

知识图谱是一种易用、直观的数据应用方式。知识图谱的构建可从以下步骤考虑：

（1）基于企业元数据信息，通过自然语言处理、机器学习、模式识别等算法，以及业务规则过滤等方式，实现知识的提取。

（2）以本体形式表示和存储知识，自动构建数据资产的知识图谱。

（3）通过知识图谱关系，利用智能搜索、关联查询等手段，为最终用户提供更加精确的数据。

基于元数据的自助数据服务开发，可简单快速地建立数据通道。通过自助化的数据生产线，可使数据使用方减少对开发人员的依赖，能将 80% 以上的数据需求通过使用方自己整合开发，最终获取数据、使用数据。提供所需数据的自助查询能力、自动生成数据服务、及时获得数据通道、保证数据稳定安全是自助化大数据生产线的四个关键点。

4. 如何选：适用的大数据治理工具

大数据治理的落地离不开工具的支撑。大数据治理工具一般分为两类：一类是单个工具，另一类是集成平台，各适用于不同的阶段、场景和客户。其中，单个工具有元数据、数据质量、主数据管理工具等；集成平台有数据资产管理、数据治理平台、自助数据服务平台等。下面重点介绍元数据管理工具和自助数据服务平台。

（1）**元数据管理工具**。

元数据是大数据治理的核心，元数据管理工具应支持企业级数据资产管理，并且从技术上支持各类数据采集与数据的直观展现，从应用上支持不同类型用户的实际应用场景，一个合格的元数据管理工具，需要具备以下几项基本能力：

① 元数据要有全面的数据管理能力。无论是传统数据还是大数据，无论是工具还是模板等，都应该在元数据的管理范畴。企业中要想统一管理所有信息资产，需从技术上提供各种自动化能力，实现对资产信息的自动获取，包括自动数据信息采集、自动服务信息采集与自动业务信息采集等，这要求企业使用的数据管理工具支持一系列的采集器，并且多采用直连的方式采集相关信息。

② 尽管元数据只是一个基础的管理工具，也需具备良好的交互界面和便捷的使用方式。一个优秀的元数据管理工具，能让用户在一个界面全面了解到元数据信息，通过图像从更多维度、更直观地了解企业数据全貌和数据关系是很重要的。除此之外，通过 H5 等流行的展现技术实现各浏览器的兼容，支持界面的移植也是元数据管理工具必不可少的能力。

③ 元数据管理工具不仅仅是一个工具，还需要关注各类用户的使用诉求，与具体用户的使用场景相结合。业务人员可通过元数据管理工具管理的业务需求，能方便与技术人员沟通，便于需求的技术落地；开发人员通过元数据管理工具能管控系统的开发上线、提升开发规范性，自动生成上线脚本，降低开发工作难度和出错概率；运维人员通过元数据管理工具能让日常巡检、版本维护等变得简单可控，辅助日常问题分析查找，简化日常运维。

（2）**自助化数据服务平台**。

大数据治理最终目标不仅仅是为了管理数据，而是为用户提供一套数据服务的生产线，让用户能通过这条生产线自助地找到数据、获得数据，并规范化地使用数据，因此自助化数据服务平台是大数据治理必不可少的工具。

作为大数据治理的落地工具,自助化数据服务平台不仅要为开发者提供一套完整的数据生产线,也需给运维者提供易用的监控界面。同时,全局的数据资产监控能力和数据问题跟踪能力同样重要,通过全局的数据资产监控,使客户方便地了解到企业数据共享交换的全貌,了解系统间的数据关系,清楚数据供需方数据的使用情况;通过数据问题跟踪,实现数据问题的智能定位,减少运维工作难度。

4.1.3　应用牵引法

各行各业数据应用的场景有很多,可反向牵引各链路开展数据治理工作,各行业典型的应用场景如下:

1. 医疗大数据:高效就医

除了较早前就开始利用大数据的互联网公司,医疗行业是让大数据分析最先发扬光大的行业之一。医疗行业拥有大量的病例、病理报告、治愈方案、药物报告等,如果这些数据可被整理和应用将会极大地帮助医生和病人。面对数目及种类众多的病菌、病毒,以及肿瘤细胞,都处于不断地进化的过程中,在发现诊断疾病时,确诊和治疗方案的确定是最困难的。

在未来,借助于大数据平台可收集不同病例和治疗方案,通过病人的基本特征,可建立针对疾病特点的数据库。如果未来基因技术发展成熟,可根据病人的基因序列特点进行分类,建立医疗行业的病人分类数据库。在医生诊治时可参考病人的疾病特征、化验报告和检测报告,借助疾病数据库快速帮助病人确诊,定位疾病。在制定治疗方案时,医生可依据病人的基因特点,调取相似基因、年龄、人种、身体情况相同的有效治疗方案,制定出适合病人的治疗方案,帮助更多人及时治疗。同时这些数据也有利于医药行业开发出更加有效的药物和医疗器械。

医疗行业的数据应用一直在进行,但是数据没有打通,都是孤岛数据,没有办法进行大规模应用。未来需要将这些数据集中收集,纳入统一的大数据平台,为人类健康造福。政府和医疗行业是推动这一趋势的重要动力。

2. 生物大数据:优化基因

自人类基因组计划完成以来,以美国为代表,世界主要发达国家纷纷启动了生命科学基础研究计划,如国际千人基因组计划、DNA百科全书计划、英国十万人基因组计划等。这些计划引领生物数据呈爆炸式增长,目前每年全球产生的生物数据总量已达EB级,生命科学领域正在爆发一次数据革命,生命科学某种程度上已经成为大数据科学。

今天的准妈妈们,除了要准备尿布、奶瓶和婴儿装,她们还会把基因测试列入计划单。基因测试能让未来的父母对于未出生的婴儿的健康有更多的了解。对基因携带者筛查和胚胎植入前诊断等技术,使一个家庭孕育小孩的过程产生了巨大改变。

当下,生物大数据技术主要是指大数据技术在基因分析上的应用,通过大数据平台,人类可将自身和生物体基因分析的结果进行记录和存储。大数据技术将会加速基因技术的研究,快速帮助科学家进行模型的建立和基因组合模拟计算。基因技术是人类未来战胜疾病的重要武器,借助于大数据技术的应用,人类将会加快自身基因和其他生物的基因的研究进程。未来利用生物基因技术改良农作物;利用基因技术培养人类器官;利用基因技术消灭害虫都将会实现。

3. 金融大数据:理财利器

大数据在金融行业应用范围较广,典型的案例有花旗银行利用 IBM 沃森电脑为财富管理客户推荐产品;美国银行利用客户单击数据集为客户提供特色服务,如有竞争的信用额度;招商银行利用客户刷卡、存取款、电子银行转账、微信评论等行为数据进行分析,每周给客户发送针对性广告信息,里面有顾客可能感兴趣的产品和优惠信息。

可见,大数据在金融行业的应用可总结为以下五个方面:

(1)精准营销:依据客户消费习惯、地理位置、消费时间进行推荐。

(2)风险管控:依据客户消费和现金流提供信用评级或融资支持,利用客户社交行为记录实施信用卡反欺诈。

(3)决策支持:利用决策树技术进行抵押贷款管理,利用数据分析报告实施产业信贷风险控制。

(4)效率提升:利用金融行业全局数据了解业务运营薄弱点,利用大数据技术加快内部数据处理速度。

(5)产品设计:利用大数据计算技术为财富客户推荐产品,利用客户行为数据设计满足客户需求的金融产品。

4. 零售大数据:精准营销

零售行业大数据应用有两个层面:一个层面是零售行业可以了解客户消费喜好和趋势,进行商品的精准营销,降低营销成本;另一个层面是依据客户购买的产品,为客户提供可能购买的其他产品,扩大销售额。此外,零售行业可通过大数据掌握未来消费趋势,利于热销商品的进货管理和过季商品的处理。零售行业的数据对于产品生产厂家亦是非常宝贵的,其将有助于资源的有效利用,降低产能过剩,厂商依据零售商的信息按实际需求进行生产,减少不必要的生产浪费。

未来考验零售企业的不再只是零供关系的好坏,而是要看挖掘消费者需求,以及高效整合供应链满足其需求的能力,因此信息科学技术水平的高低成为获得竞争优势的关键要素。不论是国际零售巨头,还是本土零售品牌,要想顶住日渐微薄的利润率带来的压力,就必须思考如何拥抱新科技,并为顾客们带来更好的消费体验。

5. 电商大数据:营销法宝

电商是最早利用大数据进行精准营销的行业,除了精准营销,电商还可依据客户消费习惯提前为客户备货,并利用便利店作为货物中转点,在客户下单 15 分钟内将货物送上门,提高客户体验。菜鸟网络宣称 24 小时完成在中国境内的送货;京东宣称未来将在 15 分钟完成送货上门,都是基于客户消费习惯的大数据分析和预测的结果。

电商可以利用其交易数据和现金流数据,为其生态圈内的商户提供基于现金流的小额贷款,电商业也可以将此数据提供给银行,与银行合作为中小企业提供信贷支持。由于电商的数据较为集中,数据量足够大,数据种类较多,因此未来电商数据应用将会有更多的想象空间,包括预测流行趋势、消费趋势、地域消费特点、客户消费习惯、各种消费行为的相关度、消费热点、影响消费的重要因素等。依托大数据分析,电商的消费报告将有利于品牌公司产品设计;生产企业的库存管理和计划生产;物流企业的资源配置;生产资料提供方产能安排等,有利于精细化社会化大生产,有利于精细化社会的出现。

6. 农牧大数据:量化经营

大数据在农业的应用主要是指依据未来商业需求的预测进行农牧产品生产,降低菜贱伤农的概率。同时大数据的分析将会更精确预测未来的天气气候,帮助农牧民做好自然灾害的预防工作。大数据同时也会帮助农民依据消费者的消费习惯决定增加哪些品种的种植,减少哪些品种农作物的生产,提高单位种植面积的产值,同时有助于快速销售农产品,完成资金回流;牧民可以通过大数据分析安排放牧范围,有效利用牧场;渔民可以利用大数据安排休渔期、定位捕鱼范围等。

由于农产品不易保存,因此合理种植和养殖十分重要。过去出现的猪肉过剩、卷心菜过剩、香蕉过剩的原因就是农牧业没有规划好。借助于大数据提供的消费趋势报告和消费习惯报告,政府将为农牧业生产提供合理引导,建议依据需求进行生产,避免产能过剩,造成不必要的资源和财富浪费。农业关乎到国计民生,科学的规划将有助于社会整体效率提升。大数据技术可以帮助政府实现农业的精细化管理,实现科学决策。

7. 交通大数据:畅通出行

交通作为人类行为的重要组成和重要条件之一,对于大数据的感知也是最急迫的。近年来,我国的智能交通已实现了快速发展,许多技术手段都达到了国际领先水平。但是,问题和困境也非常突出,从各个城市的发展状况来看,智能交通的潜在价值还没有得到有效挖掘:对交通信息的感知和收集有限;对存在于各个管理系统中的海量的数据无法共享运用、有效分析;对交通态势的研判预测乏力;对公众的交通信息服务很难满足需求。这虽然有各地在建设理念、投入上的差异,但是整体上智能交通的现状是效率不高,智能化程度不够,使得很多先进技术设备发挥不了应有的作用,也造成了大量投入上的资金浪费。

目前,交通的大数据应用主要体现在两方面:一方面可以利用大数据传感器数据了解车辆通行密度,合理进行道路规划包括单行线路规划;另一方面可以利用大数据实现即时信号灯调度,提高已有线路运行能力。科学地安排信号灯是一个复杂的系统工程,必须利用大数据计算平台才能计算出一个较为合理的方案。科学的信号灯安排将会提高30%左右已有道路的通行能力。在美国,政府依据某一路段的交通事故信息来增设信号灯,降低了50%以上的交通事故率。机场的航班起降依靠大数据将会提高航班管理的效率,航空公司利用大数据可以提高上座率,降低运行成本。铁路利用大数据可以有效安排客运和货运列车,提高效率、降低成本。

8. 教育大数据:因材施教

随着技术的发展,信息技术已在教育领域有了越来越广泛的应用。考试、课堂、师生互动、校园设备使用、家校关系……只要技术达到的地方,各个环节都被数据包裹。

在课堂上,数据不仅可以帮助改善教学,在重大教育决策制定和教育改革方面,大数据更有用武之地。大数据还可帮助家长和教师甄别出孩子的学习差距和有效的学习方法。在国内,大数据在教育领域就已有了非常多的应用,譬如像慕课、在线课程、翻转课堂等,其中就应用了大量的大数据工具。

毫无疑问,在不远的将来,无论是针对教育管理部门,还是校长、教师,以及学生和家长,都可以得到针对不同应用的个性化分析报告。通过大数据的分析来优化教育机制,也可做出更科学的决策,这将带来潜在的教育革命。不久的将来个性化学习终端,将会更多地融入学习资源云平台,根据每个学生的不同兴趣爱好和特长,推送相关领域的前沿技术、资讯、资源乃至未来职业发展方向等,并贯穿每个人终身学习的全过程。

9. 体育大数据:夺冠精灵

大数据对于体育的改变可以说是方方面面,从运动员本身来讲,可穿戴设备收集的数据可以让自己更了解身体状况。媒体评论员通过大数据提供的数据更好地解说比赛,分析比赛。数据已经通过大数据分析转化成了洞察力,为体育竞技中的胜利增加筹码,也为身处世界各地的体育爱好者随时随地观赏比赛提供了个性化的体验。

尽管鲜有职业网球选手愿意公开承认自己利用大数据制定比赛策划和战术,但几乎每一个球员都会在比赛前后使用大数据服务。有教练表示:"在球场上,比赛的输赢取决于比赛策略和战术,以及赛场上连续对打期间的快速反应和决策,但这些细节转瞬即逝,所以数据分析成为一场比赛最关键的部分。对于那些拥护并利用大数据进行决策的选手而言,他们毋庸置疑地将赢得足够竞争优势。"

10. 环保大数据:预警助手

气象对社会的影响涉及方方面面。传统上依赖气象的主要是农业、林业和水运等行业部门,而如今,气象俨然成为了二十一世纪社会发展的资源,并支持定制化服务满足各行各业用户需要。借助于大数据技术,天气预报的准确性和时效性将会大大提高,预报的及时性将会大大提升,同时对于重大自然灾害,例如龙卷风,通过大数据计算平台,人们将会更加精确地了解其运动轨迹和危害的等级,有利于帮助人们提高应对自然灾害的能力。天气预报的准确度的提升和预测周期的延长将会有利于农业生产的安排。

每年秋冬季,我国多个城市爆发雾霾天气,空气污染严重。随着PM2.5对于人体健康的危害日益被公众熟知,人们对于"雾霾假"的呼声也越来越高。有人调侃,重度污染天走在上班路上就是一台"人肉吸尘器"。

由此看来,依靠大数据分析城市空气污染的形成及对策,任重道远。一是数据的来源。高耗能企业的生产规模、排放量这些数据是否层层上报,准确统计?掌握此数据的部门是否能向社会公开;二是要冲破数据挖掘分析应用的技术壁垒,当然前提就是数据公开。

在美国NOAA(国家海洋暨大气总署)其实早就在使用大数据业务。每天通过卫星、船只、飞机、浮标、传感器等收集超过35亿份观察数据,收集完毕后,NOAA会汇总大气数据、海洋数据以及地质数据,进行直接测定,绘制出复杂的高保真预测模型,将其提供给NWS(国家气象局)做出气象预报的参考数据。目前,NOAA每年新增的管理的数据量就高达

30PB（1PB＝1024TB）。由 NWS 生成的最终分析结果，就呈现在日常的天气预报和预警报告上。

11. 食品大数据：舌尖安全

民以食为天，食品安全问题一直是国家的重点关注问题，关系着人们的身体健康和国家安全。近几年，毒胶囊、镉大米、瘦肉精、洋奶粉等食品安全事件不断考验着消费者的承受力，让消费者对食品安全产生了担忧。

近几年外国旅游者减少了到中国旅游，进口食品大幅度增加，这其中一个主要原因就是食品安全问题。随着科学技术和生活水平的不断提高，食品添加剂及食品品种越来越多，传统手段难以满足当前复杂的食品监管需求，从不断出现的食品安全问题来看，食品监管成了食品安全的棘手问题。此刻，通过大数据管理将海量数据聚合在一起，将离散的数据需求聚合能形成数据长尾，从而满足传统手段难以实现的需求。在数据驱动下，采集人们在互联网上提供的举报信息，国家可以掌握部分乡村和城市的死角信息，挖出不法加工点，提高执法透明度，降低执法成本。国家可以参考医院提供的就诊信息，分析出涉及食品安全的信息，及时进行监督检查，第一时间进行处理，降低已有不安全食品的危害。参考个体在互联网的搜索信息，掌握流行疾病在某些区域和季节的爆发趋势，及时进行干预，降低其流行危害。政府可以提供不安全食品厂商信息，不安全食品信息，帮助人们提高食品安全意识。

当然，有专业人士认为食品安全涉及从田头到餐桌的每一个环节，需要覆盖全过程的动态监测才能保障食品安全。以稻米生产为例，产地、品种、土壤、水质、病虫害发生、农药种类与数量、化肥、收获、储藏、加工、运输、销售等环节，无一不影响稻米的安全状况，通过收集、分析各环节的数据，可以预测某产地将收获的稻谷或生产的稻米是否存在安全隐患。

大数据不仅能带来商业价值，亦能产生社会价值。随着信息技术的发展，食品监管也面临着众多的各种类型的海量数据，如何从中提取有效数据成为关键所在。可见，大数据管理是一项巨大挑战，一方面要及时提取数据以满足食品安全监管需求；另一方面需在数据的潜在价值与个人隐私之间进行平衡。相信大数据管理在食品监管方面的应用，可以为食品安全撑起一把有力的保护伞。

12. 政务大数据：调控利器

政府利用大数据技术可以了解各地区的经济发展情况，各产业发展情况，消费支出和产品销售情况。依据数据分析结果，科学地制定宏观政策，平衡各产业发展，避免产能过剩，有效利用自然资源和社会资源，提高社会生产效率。大数据还可帮助政府进行监控自然资源的管理，无论是国土资源、水资源、矿产资源、能源等，大数据通过各种传感器提高其管理的精准度。同时大数据技术也能帮助政府进行支出管理，透明合理的财政支出将有利于提高公信力和监督财政支出。

大数据及大数据技术带给政府的不仅仅是效率提升、科学决策、精细管理，更重要的是数据治国、科学管理的意识改变，未来大数据将会从各个方面帮助政府实施高效和精细化管理。政府运作效率的提升、决策的科学客观、财政支出合理透明都将大大提升国家整体实力，成为国家竞争优势。大数据带给国家和社会的益处将会具有极大的想象空间。

13. 舆情大数据：侦探名家

国家正在将大数据技术用于舆情监控，其收集到的数据除了了解民众诉求，降低群体事件之外，还可以用于犯罪管理。大量的社会行为正逐步走向互联网，人们更愿意借助于互联网平台表达想法和宣泄情绪。社交媒体和朋友圈正成为追踪人们社会行为的平台，正能量的东西有，负能量的东西也不少。一些好心人通过微博帮助别人寻找走失的亲人或提供可能被拐卖人口的信息，这些都是社会群体互助的例子。国家可以利用社交媒体分享的图片和交流信息，来收集个体情绪信息，预防个体犯罪行为和反社会行为。警方可以通过微博信息抓获违法分子。

大数据技术的发展带来企业经营决策模式的转变，驱动着行业变革，衍生出新的商机和发展契机。驾驭大数据的能力已被证实为领军企业的核心竞争力，这种能力能够帮助企业打破数据边界，绘制企业运营全景视图，做出最优的商业决策和发展战略。其实，不论是哪个行业的大数据分析和应用场景，可以看到一个典型的特点还是无法离开以人为中心所产生的各种用户行为数据，用户业务活动和交易记录，用户社交数据，这些核心数据的相关性再加上可感知设备的智能数据采集就构成一个完整的大数据生态环境。

4.1.4　标准先行法

为什么有那么多的数据质量问题？很简单，没有标准。有了标准，执行、监测和控制就有了依据，数据质量才有保障。

1. 数据标准的重要作用

如果要做好数据治理工作，一定要对数据标准有一个清晰的认知，在数据标准的指导下，才能更好地进行企业数据治理工作。数据标准是保障数据的内外部使用和交换的一致性及准确性的规范性约束。数据标准管理可规范数据标准的制定和实施等一系列活动，是数据资产管理的核心活动之一，对于企业提升数据质量、厘清数据构成、打通数据孤岛、加快数据流通、释放数据价值有着至关重要的作用。

2. 数据标准的三种分类

数据标准一般从技术、业务、管理三个维度进行分类。

（1）技术维度。主要分为结构化数据和非结构化数据两种。结构化的数据标准主要是针对结构化的数据制定的标准，一般包括数据类型、长度、定义、值域、数据格式等；非结构化数据标准是针对非结构化的数据制定的标准，一般包括文件名称、文件大小、格式、分辨率等。

（2）业务维度。数据标准一般包含业务的定义、标准的名称、标准的分类、标准的业务含义，还有业务的规则等等。

（3）管理维度。一般包括数据定义者、数据管理者等。数据标准的管理者是谁，新增人员是谁，修改人员是谁，谁来使用等等。

数据标准的制定一般遵循资料收集→访谈调研→分析评估→标准制定→意见征集→标准发布→标准执行→标准迭代更新八个步骤。

根据企业自身情况,收集并梳理数据现状,厘清业务开展过程中业务流、单据流以及数据流,明确数据资产分布,数据的质量情况、数据集成情况、数据管理情况等问题;了解已有各类数据的业务含义、数据口径、适用场景、数据来源、数据关系等信息。

企业应依据业务调研和信息系统调研结果,分析、诊断、归纳数据标准现状和问题。业务调研主要是对业务管理办法、业务流程、业务规划的研究和梳理,以了解数据在业务方面的作用和存在的问题;信息系统调研主要采用对各系统数据库字典、数据规范的现状调查,厘清实际生产中数据的定义方式和对业务流程、业务协同的作用和影响。

根据数据调研结果,对企业整体的数据情况做分析评估,在对企业现有业务和数据现状进行分析的基础上,定义企业自身的数据标准体系框架和分类。

在资料收集、访谈调研和分析评估的基础上根据企业实际数据需求开展数据标准的编制和制定工作,确定所需数据项,根据所需数据项提供数据属性信息,包括但不限于数据项的名称、编码、类型、长度、业务含义、数据来源、质量规则、安全级别、域值范围等。同时参照国际、国家或行业标准对这些数据项进行标准化定义。如没有参考标准,则根据企业情况制定相应的企业级数据标准。

标准制定完之后,形成的标准文件需要下发到各个业务单位去收集意见,再根据意见的反馈情况,对标准进行修订。

在完成意见分析和标准修订后,需进行数据标准的发布。数据标准一经发布,各部门、各系统应按数据标准要求执行,如果需要对发布后的数据标准进行修改,需要走正式的数据标准变更流程。

数据标准执行是指把企业已经发布的数据标准应用于信息建设,消除数据不一致的过程。数据标准落地执行过程中应加强对业务人员的数据标准培训、宣贯工作,帮助业务人员更好地理解系统中数据的业务含义,同时也涉及信息系统的建设和改造。在数据标准执行过程中要把已定义的数据标准与业务系统、应用和服务进行映射,标明数据标准和现状的关系以及可能影响到的应用。对于企业新建的系统应当直接应用定义好的数据标准,对于旧系统应对一般建议建立相应的数据映射关系,进行数据转换,逐步进行数据标准的落地。

为了保证标准的长期有效性,对于企业内部已发布的数据标准,在不同的阶段都需要随之进行针对性的维护与迭代更新。在迭代更新过程中,首先需要完成需求收集、需求评审、变更评审、发布等多项工作,并对所有的修订进行版本管理,以使数据标准"有迹可循",便于数据标准体系和框架维护的一致性;其次,应制定数据标准维护更新路线图,遵循数据标准管理工作的组织结构与策略流程,各部门共同配合实现数据标准的维护与迭代更新工作。

4.1.5　监管驱动法

监管驱动法,就是在借势,借上级政策要求的势,借国家标准的势,用大势推动原本推不动的部门,疏通原本阻力大的流程。

1. 监管驱动项目的特点

在强监管驱动下,监管驱动的数据治理项目具有如下几个特点:一是问题导向,数据治理需求的来源为数据问题,数据问题由监管检查和自查自纠产出,由于监管检查的时间、频度、标准的不确定性,导致数据治理项目需求的范围和交付时间具有不确定性;二是快速交付,为了能够尽快使用合格数据,监管数据治理需求通常要求立查立改,交付时效性要求很高;三是数据复杂,监管报送数据通常为跨系统整合数据,数据整合规则复杂,且存在历史业务数据问题、过渡账务、打包账务、交易对手追溯流程复杂等数据加工难点,需反复进行数据治理需求的研制和验证,需求验证迭代次数较多。

2. 监管驱动项目的研发模式

针对监管驱动的数据治理项目的特点,敏捷研发模式具有天然的适配优势。首先,敏捷研发模式包含多个迭代过程,能够有效满足监管数据问题确认和数据治理需求研制对于需求版本迭代次数的要求;其次,敏捷研发模式支持需求分批交付,在监管数据治理需求零散交付的场景下,能够实现先进先出的需求队列交付模式;再次,敏捷研发模式将需求条目化并行实施,能有效提升数据治理需求的快速交付能力。

3. 监管驱动项目的项目管理

为实现监管驱动的数据治理需求的快速响应和持续交付,作者提供一套敏捷研发模式项目管理流程,如图 4-10 所示。

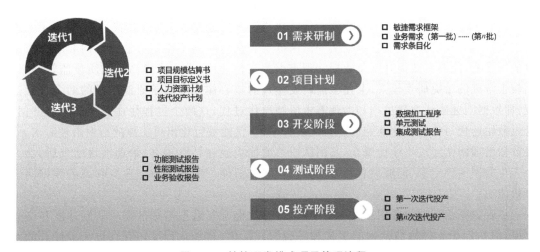

图 4-10　敏捷研发模式项目管理流程

需求框架。 在数据治理需求不能全部确定或者治理需求不够细化的情况下,产品经理如果能够根据优先级,确定项目周期内数据治理范围和重点数据治理内容,经过开发团队充分评审后,可以先提交敏捷项目需求框架和首批项目需求,作为项目规模估算的依据。

规模估算。 依据需求框架,进行工作量评估,确定项目复杂度和项目规模,并据此配置人力资源计划,制定项目时间计划和目标定义书。

需求研制阶段。 监管检查或自查自纠提出数据问题后,首先由产品经理完成数据问题条目化,每一条问题在数据治理需求研制过程中,均会经历两个迭代过程,每条需求的用户故事由此开始。

第一个迭代过程是数据问题的确认过程,由总部业务主管部门牵头,分支机构相关业务人员、数据加工团队和源头系统团队两方技术人员,组建数据治理团队,经过多轮次的问题数据提取、数据血缘追溯、源头数据提取、业务系统举证、小组沟通讨论后,最终确定数据问题产生原因。

第二个迭代过程是治理需求的研制过程,根据上一个迭代过程确定的数据问题产生原因,由总部业务主管部门综合各方意见,提出数据治理需求,经过数据治理团队反复的需求准入、需求评审、数据测算、数据验证、需求完善后,完成需求准出并纳入需求队列。当完成多条需求迭代研制后,按照成熟一批交付一批的思路,产品经理将需求打包提起交付流程,经开发团队评审通过后完成需求交付。

开发测试阶段。进入开发阶段后,用户故事继续按照需求条目并行开展,为了减少逐条需求测试准入的管理成本,可将测试前移,一是测试人员前移至需求研制迭代阶段,加入需求评审小组和数据治理敏捷团队,使其充分了解数据治理需求的起因、制定过程,进一步减少后期沟通成本;二是在每条需求完成单元测试和集成测试后即交付测试人员进行功能测试,交付业务人员进行业务测试,符合投产要求后再分批提交测试准入,进行回归测试,并按照迭代投产计划进行测试准出。

投产阶段。按照项目迭代投产计划,每两周或一个月进行一次迭代投产。

相较于瀑布研发模式,上述数据治理敏捷研发模式通过多个敏捷迭代过程,实现了治理需求条目的并行实施,在监管数据治理需求范围和交付时间不确定且监管部门要求立查立改的场景下,能够有效提升紧急数据治理需求的交付速度,进一步提高数据质量监管评级。相较于常规的敏捷研发模式,上述敏捷研发模式的核心体现在需求研制阶段的两个迭代过程,即数据问题确认迭代过程和治理需求研制迭代过程,这两个过程往往需要跨越多部门,经过数轮迭代讨论验证才能完成。在此过程中,不仅能够孵化出可实施的数据治理需求,而且数据治理团队经过不断地磨合,其团队成熟度能力也在持续提升,治理项目结束后,会产生多位数据治理专家,能够拥有跨系统数据问题分析能力和某个特定业务领域的数据问题分析能力。

尽管数据治理项目采用敏捷研发模式后,有效提升了数据治理的需求研制速度和交付速度,但是用于支撑敏捷治理的工具和平台的自动化、智能化程度还存在进一步提升的空间,下一步的工作重点是:搭建企业级数据治理平台,进一步提升数据治理自动化水平;在强化数据安全合规管控的前提下,进一步加快测试数据交付速度;建立数据治理智能仓库,进一步提升数据治理智能化水平。

4.1.6 质量管控法

数据质量管控需有一整套方法论支撑。数据质量管控包含正确定义数据标准,并采用正确的技术、投入合理的资源来管理数据质量。数据质量管控策略和技术可作用于数据质量管控的事前、事中、事后三个阶段。数据质量管控应坚持"以预控为核心,以满足业务需求为目标"作为工作的根本出发点,加强数据质量管控的事前预防、事中控制、事后补救的各种措施,以实现企业数据质量的持续提升。

1. 事前预防

事前预防即防患于未然,是数据质量管控的上上之策。数据质量管控的事前预防可以从组织建设、标准规范、制度流程三个方面入手。

1)加强组织建设

企业需要建立一种文化,以让更多的人认识到数据质量的重要性,这离不开组织机制的保障。建立数据质量管控的组织体系,明确角色职责并为每个角色配置适当技能的人员,以及加强对相关人员的培训和培养,这是保证数据质量的有效方式。

(1)组织角色设置。企业在实施数据质量管控时,应考虑在数据治理整体的组织框架下设置相关的数据质量管控角色,并确定他们在数据质量管控中的职责分工。常见的组织角色包括数据治理委员会、数据分析师、数据管理员三种。

(2)加强人员培训。数据不准确的主要原因是人为因素,加强对相关人员的培训,提升人员的数据质量意识,能够有效减少数据质量问题的发生。数据质量管控培训是一个双赢的过程。针对员工,通过培训不仅能够认识到数据质量对业务和管理的重要性,还能学习到数据管理理论、技术、工具等知识和技能;针对企业,通过培训可以使数据标准得到宣贯,提升员工的数据思维和对数据的认识水平,建立起企业的数据文化,以支撑企业数据治理的长治久安。

2)落实数据标准

数据标准的有效执行和落地是数据质量管控的必要条件。数据标准包括数据模型标准、主数据和参考数据标准、指标数据标准等。

(1)数据模型标准。数据模型标准对数据模型中的业务定义、业务规则、数据关系、数据质量规则等进行统一定义,以及通过元数据管理工具对这些标准和规则进行统一管理。在数据质量管控过程中,可将这些标准映射到业务流程中,并将数据标准作为数据质量评估的依据,实现数据质量的稽查核验,使得数据的质量校验有据可依、有法可循。

(2)主数据和参考数据标准。包含主数据和参考数据的分类标准、编码标准、模型标准,是主数据和参考数据在各部门、各业务系统之间进行共享的保障。如果主数据和参考数据标准无法有效执行,就会严重影响主数据的质量,带来主数据的不一致、不完整、不唯一等问题,进而影响业务协同和决策支持。

(3)指标数据标准。指标数据标准主要涵盖业务属性、技术属性、管理属性三个方面。指标数据标准统一了分析指标的统计口径、统计维度、计算方法,不仅是各业务部门共识的基础,也是数据仓库、BI项目的主要建设内容,为数据仓库的数据质量稽查提供了依据。

3)制度流程保障

制度流程保障包括数据质量管控流程、数据质量管控制度。

图 4-11　数据质量持续优化

（1）数据质量管控流程。数据质量管控是一个闭环管理流程，包括业务需求定义、数据质量测量、根本原因分析、实施改进方案、控制数据质量，如图 4-11 所示。

① 业务需求定义：企业不会为了治理数据而治理数据，背后都是为了实现业务和管理的目标，而数据质量管控的目的就是更好地实现业务的期望。首先，将企业的业务目标对应到数据质量管控策略和计划中；其次，让业务人员深度参与甚至主导数据质量管控，作为数据主要用户的业务部门可以更好地定义数据质量参数；最后，将业务问题定义清楚，才能分析出数据数量问题的根本原因，进而制定出更合理的解决方案。

② 数据质量测量：数据质量测量是围绕业务需求设计数据评估维度和指标，利用数据质量管控工具完成对相关数据源的数据质量情况的评估，并根据测量结果归类数据问题、分析引起数据问题的原因。首先，数据质量测量以数据质量问题对业务的影响分析为指导，清晰定义出待测量数据的范围和优先级等重要参数。其次，采用自上而下和自下而上相结合的策略识别数据中的异常问题。自上而下的方法是以业务目标为出发点，对待测量的数据源进行评估和衡量；自下而上的方法是基于数据概要分析，识别数据源问题并将其映射到对业务目标的潜在影响上。最后，形成数据治理评估报告，通过该报告清楚列出数据质量的测量结果。

③ 根本原因分析：产生数据质量问题的原因有很多，但是有些原因仅是表象，并不是根本原因。要做好数据质量管控，应抓住影响数据质量的关键因素，设置质量管理点或质量控制点，从数据的源头抓起，从根本上解决数据质量问题。

④ 实施改进方案：没有一种通用的方案保证企业每个业务每类数据的准确性和完整性。企业需要结合产生数据问题的根本原因以及数据对业务的影响程度，来定义数据质量规则和数据质量指标，形成一个符合企业业务需求的、独一无二的数据质量改进方案，并立即付诸行动。

⑤ 控制数据质量：数据质量控制是在企业的数据环境中设置一道数据质量"防火墙"，以预防不良数据的产生。数据质量"防火墙"就是根据数据问题的根因分析和问题处理策略，在发生数据问题的入口，设置数据问题测量和监控程序，在数据环境的源头或者上游进行的数据问题防治，从而避免不良数据向下游传播并污染后续的存储，进而影响业务。

（2）数据质量管控制度。数据质量管控制度设置考核 KPI，通过专项考核计分的方式对企业各业务域、各部门的数据质量管控情况进行评估。以数据质量的评估结果为依据，将问题数据归结到相应的分类，并按所在分类的权值进行量化。总结发生数据质量问题的规律，利用数据质量管控工具定期对数据质量进行监控和测量，及时发现存在的数据质量问题，并督促落实改正。数据质量管控制度的作用在于约束各方加强数据质量意识，督促各方在日常工作中重视数据质量，在发现问题时能够追根溯源、主动解决。

2. 事中控制

数据质量管控的事中控制是指在数据的维护和使用过程中监控和管理数据质量。通过建立数据质量的流程化控制体系,对数据的创建、变更、采集、清洗、转换、装载、分析等各个环节的数据质量进行控制。

1) 加强数据源头的控制

了解数据的来源对于企业的数据质量至关重要,从数据的源头控制好数据质量,让数据"规范化输入、标准化输出"是解决企业数据质量问题的关键所在。企业可以考虑从以下几个方面做好源头数据质量的管理,如图 4-12 所示。

图 4-12　从源头控制数据质量的方法

(1) 维护好数据字典。数据字典是记录标准数据、确保数据质量的重要工具。数据会随着时间累积,如果数据积累在电子表格等非正式数据系统中,那么这些宝贵的数据就可能会存在一定的风险,例如可能会随着关键员工的离职而丢失。通过建立企业级数据字典对企业的关键数据进行有效标识,并清晰、准确地对每个数据元素进行定义,可以消除不同部门、不同人员对数据可能的误解,并让企业在 IT 项目上节省大量时间和成本。

(2) 自动化数据输入。数据质量差的一个根本原因是人为因素,手动输入数据很难避免数据错误。因此,企业应该考虑自动化输入数据,以减少人为错误。一个方案,只要系统可以自动执行某些操作就值得实施,例如,根据关键字自动匹配客户信息并自动带入表单。

(3) 自动化数据校验。可以通过预设的数据质量规则对输入的数据进行自动化校验,对于不符合质量规则的数据进行提醒或拒绝保存。数据质量校验规则包括但不限于以下几类:①数据类型正确性,数字、整数、文本、日期、参照、附件等;②数据去重校验,完全重复的数据项、疑似重复的数据项等;③数据域值范围,最大值、最小值、可接受的值、不可接受的值;④数据分类规则,用来确定数据属于某个分类的规则,确保正确归类;⑤单位是否正确,确保使用正确的计量单位。

(4) 人工干预审核。数据质量审核是从源头上控制数据质量的重要手段,采用流程驱动的数据管理模式,控制数据的新增和变更,每个操作都需要人工进行审核,只有审核通过数据才能生效。例如供应商主数据发生新增或变更,就可采用人工审核的方式控制数据质量。

2) 加强流转过程的控制

数据质量问题不只发生在源头,如果以最终用户为终点,那么数据采集、存储、传输、处理、分析中的每一个环节都有可能出现数据质量问题。所以,要对数据全生命周期中的各个过程都做好数据质量的全面预防。数据流转过程的质量控制策略如下。

（1）数据采集。在数据采集阶段，可采用以下质量控制策略：①明确数据采集需求并形成确认单；②数据采集过程和模型的标准化；③数据源提供准确、及时、完整的数据；④将数据的新增和更改以消息的方式及时广播到其他应用程序；⑤确保数据采集的详细程度或颗粒度满足业务的需要；⑥定义采集数据的每个数据元的可接受值域范围；⑦确保数据采集工具、采集方法、采集流程已通过验证。

（2）数据存储。在数据存储阶段，可采用以下质量控制策略：①选择适当的数据库系统，设计合理的数据表；②将数据以适当的颗粒度进行存储；③建立适当的数据保留时间表；④建立适当的数据所有权和查询权限；⑤明确访问和查询数据的准则和方法。

（3）数据传输。在数据传输阶段，可采用以下质量控制策略：①明确数据传输边界或数据传输限制；②保证数据传输的及时性、完整性、安全性；③保证数据传输过程的可靠性，确保传输过程数据不会被篡改；④明确数据传输技术和工具对数据质量的影响。

（4）数据处理。在数据处理阶段，可采用以下质量控制策略：①合理处理数据，确保数据处理符合业务目标；②重复值的处理；③缺失值的处理；④异常值的处理；⑤不一致数据的处理。

（5）数据分析。确保数据分析的算法、公式和分析系统有效且准确：①确保要分析的数据完整且有效；②在可重现的情况下分析数据；③基于适当的颗粒度分析数据；④显示适当的数据比较和关系；⑤事中控制的相关策略。

3. 事后补救

是不是做好了事前预防和事中控制就不会再有数据质量问题发生了？答案显然是否定的。事实上，不论采取了多少预防措施、进行了多么严格的过程控制，数据问题总是还有"漏网之鱼"。一般情况，只要是人为干预的过程，总会存在数据质量问题，即使抛开人为因素，数据质量问题也无法避免。为了尽可能减少数据质量问题，减轻数据质量问题对业务的影响，需要及时发现它并采取相应的补救措施。

1）定期质量监控

定期质量监控也叫定期数据测量，是对某些非关键性数据和不适合持续测量的数据定期重新评估，为数据所处状态符合预期提供一定程度的保证。定期监控数据的状况，为数据在某种程度上符合预期提供保障，发现数据质量问题及数据质量问题的变化，从而制定有效的改进措施。对于数据质量，需要定期对企业数据治理进行全面"体检"，找到问题的"病因"，以实现数据质量的持续提升。

2）数据问题补救

尽管数据质量控制可以在很大程度上起到控制和预防不良数据发生的作用，但事实上，再严格的质量控制也无法做到100%的数据问题防治，甚至过于严格的数据质量控制还会引起其他数据问题。因此，企业需要不时地进行主动的数据清理和补救措施，以纠正现有的数据问题。

（1）清理重复数据。对经数据质量检查出的重复数据进行人工或自动处理，处理的方法有删除或合并。例如：对于两条完全相同的重复记录，删除其中一条；如果重复的记录不完全相同，则将两条记录合并为一条，或者只保留相对完整、准确的那条。

（2）清理派生数据。派生数据是由其他数据派生出来的数据，例如"利润率"就是在"利润"的基础上计算得出的，它就是派生数据。而一般情况下，存储派生出的数据是多余的，不仅会增加存储和维护成本，而且会增大数据出错的风险。如果由于某种原因，利润率的计算方式发生了变化，那么必须重新计算该值，这就会增加发生错误的机会。因此，需要对派生数据进行清理，可以存储其相关算法和公式而不是结果。

（3）缺失值处理。处理缺失值的策略是对缺失值进行插补修复，有两种方式，即人工插补和自动插补。对于"小数据"的数据缺失值，一般采用人工插补的方式，例如主数据的完整性治理。而对于"大数据"的数据缺失值问题，一般采用自动插补的方式进行修复。自动插补主要有三种方式：①利用上下文插值修复；②采用平均值、最大值或最小值修复；③采用默认值修复。当然，最为有效的方法是采用相近或相似数值进行插补，例如利用机器学习算法找到相似值进行插补修复。

（4）异常值处理。异常值处理的核心是找到异常值。异常值的检测方法有很多，大多要用到以下机器学习技术，即基于统计的异常检测、基于距离的异常检测、基于密度的异常检测、基于聚类的异常检测等。

3）持续改进优化

数据质量管控是个持续的良性循环，不断进行测量、分析、探查和改进可全面改善企业的信息质量。通过对数据质量管控策略的不断优化和改进，从对于数据问题甚至紧急的数据故障只能被动做出反应，过渡到主动预防和控制数据缺陷的发生。经过数据质量测量、数据问题根因分析以及数据质量问题修复，可回头评估数据模型设计是否合理，是否还有优化和提升的空间，数据的新增、变更、采集、存储、传输、处理、分析各个过程是否规范，预置的质量规则和阈值是否合理。如果模型和流程存在不合理的地方或可优化的空间，那么就实施这些优化。事后补救始终不是数据质量管控的最理想方式，建议坚持以预防为主的原则开展数据质量管控，并通过持续的数据质量测量和探查，不断发现问题，改进方法，提升质量。

数据质量影响的不仅是信息化建设的成败，更是影响企业业务协同、管理创新、决策支持的核心要素。对于数据质量的管理，坚持"垃圾进，垃圾出"的总体思想，坚持"事前预防、事中控制、事后补救"的数据质量管控策略，持续提升企业数据质量水平。尽管可能没有一种真正的万无一失的方法来防止所有数据质量问题，但是使数据质量成为企业数据环境"DNA"的一部分将在很大程度上能够获得业务用户和领导的信任。

4.1.7　利益驱动法

虽说数据治理最终是靠文化，但起步的时候，还是要多诉诸利益。下面给出了基于利益驱动解决数据治理问题的几个方法。

1. 数据治理如何加钱加人

数据治理加钱加人的做法。

理性做法：与财务部和人力资源部说明数据治理的重要意义和价值，然后提出数据治理人员和预算的需求。

利益做法：跟决策者汇报企业数据治理的举措，获得其支持，同时提出人员和资金的需求，记录决策者的承诺，然后将证据转给财务部和人力资源部。

2. 部门壁垒如何打破

打破部门壁垒的做法。

理性做法：在跟 A 部门谈提升数据资产效率之时，引用国家、政府、集团、领导的政策为说服点，但 A 部门可能岿然不动，由于 A 部门有自己的苦衷，比如部门的管理要求、技术挑战等，尽管如此，已经尽力提供数据了。

利益做法：去 A 部门开会，给 A 部门带些"礼包"，包括提供给 A 部门需要的其他领域的全部数据，承诺可对 A 部门数据开放产生的安全问题负责，然后双方共同到决策者处"表态"。

3. 数据安全如何平衡

平衡数据安全的做法。

理性做法：要求数据安全部门充分考虑安全和灵活的平衡，不要因噎废食，多考虑用数字化手段解决数据安全开放的效率问题。

利益做法：对组织提建议，要求安全部门的 KPI 不仅要有安全指标，还要有数据开放的效率指标，例如数据直接开放的比例、数据开放的时长等，这些指标的权重不低于 50％等等。

4. 治理工作如何重视

如何重视治理工作？

理性做法：成立企业级数据治理组织，发布数据治理标准和规范，打造联合项目团队，推进重点改革项目，一把手带头。

利益做法：数据治理具体要求写进各部门的职责，各部门设立数据责任人和数据专员，每月各部门参加企业数据治理推进会并汇报工作。

5. 治理工作怎样推进

推进治理工作的做法。

理性做法：自上向下召开宣贯会，向各部门安排数据盘点工作，要求大家必须高度重视，并在规定时间之前保质保量完成盘点。

利益做法：制定数据盘点的方法，提供盘点模板，明确盘点优先级，进行盘点培训，做好盘点的审核和反馈，安排专员提供服务支持。

6. 主数据应该由谁负责

由谁负责主数据的做法。

理性做法：基于成本最低原则，哪个部门主数据多，或者是主数据源头，责任就归这个部门。

利益做法：由获益最多者负责主数据，如果无法区分，则由企业数据管理部门负责。如果都不愿意提供自己领域的主数据，则由损失最大的部门负责。

7. 治理价值如何体现

体现治理价值的做法。

理性做法：数据采集周期缩短 $X\%$，数据开放流程环节从 Y 缩短到 Z，端到端开放周期缩短 $E\%$，数据治理不直接产生业务价值，体现的是蜜蜂效应。

利益做法：数据 A 的新增直接带来的商机量，数据 B 的量级提升使客群规模提升倍数，数据 C 的使用使以前无法做的应用得以实现，等等。

8. 数据治理如何提升感知

提升数据治理感知的做法。

理性做法：自底向上，工匠精神，埋头苦干，相信酒香不怕巷子深。

利益做法：把数据治理当成产品去运营，通过各类多媒体渠道，在多种场合展示应用效果。

9. 跨域支撑惰性如何打破

打破跨域支撑惰性的做法。

理性做法：强调创新业务的价值和协作沟通的重要性，建立跨部门项目推进团队。

利益做法：引入第三方数据团队（比如企业数据治理团队），打破领域数据的垄断支撑，触发领域的损失厌恶。

10. 领域数据中台如何处理

处理领域数据中台的做法。

理性做法：数据中台只有一个，专业领域不能保留自己的数据中台，只有这样才能保证数据的一致性和集约化。

利益做法：专业领域数据中台只要遵循规范，可作为企业数据中台的一部分存在，双方逻辑虽然分开，但可互相赋权，对外呈现一套数据目录，和而不同。

4.1.8　场景驱动法

数据治理是一个复杂的工程性工作，每一部分内容范围很大，涉及大量资源投入，如果要全面铺开做数据治理项目，资源无法保障。所以，数据治理项目要直击实际问题，以应用场景为驱动，选择必要的治理内容，有侧重、有步骤地推行数据治理项目。这里以运维指标体系建设过程中的数据治理内容为例进行介绍。

运维体系的建设主要是基于运维研发效能、数据治理项目自助服务、运维平台扩展性的痛点提出的解决方案。希望通过建立运维指标体系，能不断沉淀可复用、可共享、可组装的数据指标，并基于标准化的指标建立自助式、低代码的数据应用工具，最终达到提升数据治理项目研发需求的交付速度，提升端到端的研发效能。而在指标研发过程中，很容易出现同一个指标重复建模、开发，这样不仅会导致工作量成倍增加，指标沟通成本过高，还带来一致性问题，需要引入数据治理的元数据、主数据、标准的内容。

1. 示例项目定位

以终为始，分析数据治理项目的应用场景，创造运维价值，具体举措主要包括加强业务连续性保障、提升软件交付效率、辅助提升客户体验、提高 IT 服务质量。

1）加强业务连续性保障方面

（1）以"连接网络＋数据驱动"为目标，重塑"监管控析"运维平台化的能力，全面提升业务连续保障能力。

（2）通过主动的运行数据监控，分析系统应用平台的潜在风险，反向推进应用架构的健壮性提升。

2）提升软件交付效率方面

（1）利用运行数据运营分析，实现线上系统快速交付。借助运营实时分析看板，辅助业务决策。

（2）建立系统退出机制，通过数据驱动释放 IT 资源。

3）辅助提升客户体验方面

（1）增加客户行为数据的收集与分析，为产品设计的决策提供辅助数据。

（2）加强业务系统的性能管理，优化系统响应效率，提升客户体验。

（3）模拟客户操作行为，提前发现并解决潜在问题。

4）提高 IT 服务质量方面

（1）建立 IT 服务质量的评价模型，以数据驱动 IT 运营效能提升。

（2）建立统一的 IT 服务目录，开放面向性能、运营、客户体验等方向的数据分析能力。

① 监控数据：监控事件报警数据，含监控性能及 KPI 指标两类数据。该类数据具备实时、代理、海量、时序的特点。

② 日志数据：机器运行日志、系统日志、应用日志。该类数据具备海量、实时、非结构化、格式不统一、业务相关的特点。

③ 性能数据：网络性能管理（Network Performance Management，NPM）、应用性能管理（Application Performance Management，APM）、业务性能管理（Business Performance Management，BPM），或应用主动上报的性能数据。该类数据具备海量、实时、贴近业务与用户体验、链路关联、格式不统一的特点。

④ 配置数据：围绕配置管理数据库（Configuration Management Database，CMDB）的框架配置（CodeIgniter，CI）、关系、架构数据。该类数据 CMDB 方案较成熟，关系与架构数据复杂，但自发现能力差。

⑤ 流程数据：围绕 IT 服务管理（IT Service Management，ITSM），以及其他运维场景工具（如监管控析、安全、汇编指令等）记录的数据。该类数据关键流程基于 ITSM、实时性不够、大量琐碎工作来源于各类工具。

⑥ 应用运行数据：记录在业务系统数据库中的系统运行数据。该类数据与系统相关，贴近业务与用户体验，依赖研发支持、格式不统一。

这种基于特定场景的数据分析应用，在构建数据治理项目体系时主要包括"技术平台＋应用场景"两个部分，其中技术平台指支撑运维海量数据的"采、存、算、管、用"的技术架构，算法也属于技术平台的一部分；应用场景指数据的"用"，包括面向人使用的可视化、低代码/

服务化的开发工具,面向系统使用的数据服务 API、感知或决策类的可视化、驱动自动化。鉴于数据治理项目有着来源多、标准化、实时、海量、非结构化、格式不统一等特点,仅从"技术平台+应用场景"两个角度看数据治理项目平台,很容易将数据治理相关项目建成一个个数据孤岛,无法发挥数据价值。需在"技术平台+应用场景"基础上加上"数据治理项目",三者关系相辅相成,缺少技术平台则失去基础;缺少应用场景则失去价值;缺少数据治理项目则不具备扩展性。

基于"技术平台+应用场景+数据治理"三个部件构成的数据治理项目体系的关系可参考图 4-13 的架构。左下是针对技术平台提供的"采、存、算、管、用"的技术解决方案,右上是针对数据应用场景,右边是数据治理项目。

数据治理项目要借鉴传统大数据领域数据治理的成熟方法,结合运维领域特点打造数据治理项目方法,以获得高质、完整、互联的数据,构建持续优化型

图 4-13 数据治理项目体系三个部件

的数据生命周期管理,使数据治理项目便捷、好用,以完善运维数字化工作空间。

2. 示例项目内容

运维体系数据治理项目主要包括元数据、主数据、数据标准、数据质量、数据模型、数据安全、数据生命周期的内容,还包括运维指标数据。

1)元数据管理

在运维体系数据治理项目的应用中,通常对不同数据采用不同的技术方案,比如日志放在全文搜索引擎 ES,监控 KPI 指标数据与工具选型有关,这种源端数据分散的现状导致数据治理项目指标的分析口径不清晰,出现数据问题很难追溯。元数据这种对于数据的描述、来源、口径等管理,有助于管理动态、分散在各处的数据,形成数据服务目录体系,类似于图书馆图书的检索信息、数字地图中一个道路的位置信息,运维领域源端的日志解析规则、监控报警字段描述、监控 KPI 时序数据描述等,也属于运维元数据。

2)主数据管理

运维主数据包括:

① 与机器相关的:环控、机房、网络、服务器、存储等。

② 与软件相关的:系统软件、数据库、中间件、应用系统、域名系统(Domain Name System,DNS)等。

③ 与关系相关的:部署架构、逻辑架构、调用链路、上下游关系等。

④ 与人相关的:运维操作人员、网站可靠性工程师(Site Reliability Engineer,SRE)、运维开发人员、流程经理等;开发工程师、产品经理、测试工程师等;业务人员、客服人员、客户等。

⑤ 与流程相关的:与信息技术基础架构库(Information Technology Infrastructure Library,ITIL)相关的变更、事件、问题、配置等,以及团队内协同规程等。

⑥ 与规则相关的:监控策略、性能管理、容量管理等。

3）数据标准管理

在运维领域数据标准包括：

① 组织架构：确定运维元数据、主数据、交易数据涉及的管理决策、数据业主、运营、质量、消费等团队或岗位角色，以及所涉及的责权利。

② 标准制度：围绕源端数据制定分类、格式、编码等规范，制定日志、报警、性能指标。

4）数据质量管理

针对数据从计划、获取、存储、共享、维护、应用、消亡生命周期的每个阶段里可能引发的数据质量问题，进行识别、度量、监控、预警等管理活动，并通过改善和提高组织的管理水平提升数据质量。相比其他数据，数据治理项目有如下特点：海量的非结构化数据、秒级的实时数据、源端数据标准化程度低、应用场景对实时性要求高、资源投入低、缺乏经验指导。因此，数据治理项目质量管理，应该聚焦在有限资源的背景下，围绕实时、在线、准确、完整、有效、规范等关键点推进。

5）数据模型管理

基于对业务数据的理解和数据分析的需要，将各类数据进行整合和关联，使得数据可最终以可视化的方式呈现，让使用者能快速地、高效地获取到数据中有价值的信息，从而做出准确有效的决策。在模型管理方面，一是要借鉴传统业务指标数据模型设计方法，毕竟大数据的数据模型已在实时的反欺诈、非实时的海量数据分析等领域成熟运用多年；二是要结合数据治理项目消费场景实时、准确等特征，利用流式计算方式区分源端原始数据、旁路后的加工数据、根据规则生成的指标数据等方式，设计运维实时数据模型。

6）数据安全管理

实现数据安全策略和流程的制定，数据安全管理需遵循国家、行业的安全政策法规，例如网络安全法、等级保护、个人隐私安全等。另外，数据治理将依赖数据来源、内容、用途进行分类，因此，数据安全管理还要求对数据内容敏感程度、影响等进行分级分类。数据治理项目都是生产数据，这要从技术、管理两个角度对环境、研发、测试、运营、消费进行全流程的安全管理。

7）数据生命周期管理

与软件开发生命周期（Software Development Life Cycle，SDLC）管理类似，数据也有生命周期，通常是指数据产生、采集、存储、整合、分析、消费、归档、销毁等过程的数据管理。数据价值决定着数据全生命周期过程的管理方式，数据价值可能会随着时间的变化而递减，影响着采集粒度、时效性、存储方式、分析应用、场景消费等。运维的数据生命周期管理举例如下：以存储方式为例，在运维过程中为了保障系统稳定性，提升系统性能，会对关系型数据进行分库设计，对日志数据进行在线、近线、离线的数据存储设计。针对生命周期各个阶段的特点采取不同的管理方法和控制手段，能从数据中挖掘出更多有效的数据价值。

8）数据指标管理

① 元数据定义运维指标。举例说明：针对特定业务的实时运行看板是日常比较常见的数据治理项目研发需求，这类看板通常涉及多个系统的数据开发，理论上前期开发的数据

指标可为后面的需求提供基础,但由于数据指标的处理逻辑写在代码上,指标定义不清导致实际的复用性很低。数据治理项目指标的元数据描述的指标是什么,如何生成?统计口径是什么?数据相关方是谁?可以说元数据定义了运维指标,维度可划分为基本信息、统计信息、口径信息、管理信息。

- 基本信息:比如定义指标分类(硬件指标,软件性能,业务运营、交易等),指标编号(唯一识别编号),指标属性信息(中文名称、英文名称、指标描述)等。
- 统计信息:指标维度(按机房、机架、主机、系统、渠道、功能号、相关干系人或部门等),统计周期(采集、计算、消费使用的周期),数据格式(数据类型、长度要求)等。
- 口径信息:指标类型(基础指标、组合指标),数据来源(统一日志系统、集中监控系统、统一监控事件工具等),数据产生方式(手填报、系统加工等),数据加工口径等。
- 管理信息:数据业主、数据供应方、维护时间与人员等。

② 主数据管理指标维度。有些指标是从多个不同维度去统计分析交易量的,比如系统、站点、终端类型、终端版本、功能号、机构等,这些维度在互联网相关的其他运营、性能指标中同样也会用到。上述的维度信息在指标体系中尤其重要,具有稳定、可共享、权威、连接性等特征,适合作为运维主数据管理。在运维领域中,CMDB 配置是运维"监管控析"运维平台体系要实现互联互通的核心数据,在众多运维场景中都将被共享使用。传统 CMDB 已经实现了操作系统、主机、计算资源、存储资源、网络、机房等信息的配置管理,应用 CMDB 则从主机进一步向主机上的应用系统、模块、软件、上下游关系、终端、应用配置、环境配置等扩展。通过 CMDB 持续建设将各维度的配置数据、关系数据、架构数据都由 CMDB 统一管理,CMDB 具备演进为主数据库的条件。

③ 数据标准规范指标源数据。运维指标的生产流程通常包括采集原始数据,根据模型规则引擎加工数据,写入指标流水、指标消费应用。其中"根据模型规则引擎加工数据"是一个工作量大、琐碎的步骤,要减少加工步骤的返工,保证数据加工过程稳定,并生成正确的指标流水数据,需要确保采集的原始数据的类型、长度、周期等信息可靠。另外,运维指标数据来源于数据监控、日志、性能、配置、流程、应用运行 6 类数据,每一类数据的源端很多。以监控体系为例,监控包括了多个层次,多个监控工具共同运作,需要规范各个监控工具生成的性能 KPI 指标、报警数据的标准化。所以,利用数据治理中的数据标准的制定,有助于规范数据平台建设时对数据的统一理解,规范指标源数据的标准化,减少数据出错,增强数据定义与使用的一致性,降低沟通成本。

以"数据治理项目更好用,用得更好"持续提升数据治理项目的成效。前面提到,数据治理项目的最终目标是让数据治理项目更好用,用得更好,前者与数据质量相关,后者与数据应用场景有关。可以以量化与具象化两种方式评价,量化即线上指标化,比如 CMDB 数据异常次数、CMDB 接口调用次数、交易指标消费次数、具体系统的平均软件发布时间等指标化数据;具象化则是从数据价值交付链路中断情况、用户体验等角度评价。在组织与机制上,要建立配套的数据治理项目的运营角色,主动从数据质量与数据应用场景中挖掘流程机制、技术能力、工具平台、场景消费等环节的不足,制定优化措施,跟进措施的执行落地,形成

"数据洞察、辅助决策、跟踪执行"的闭环,持续提升数据治理项目的成效。

3. 示例项目阶段

数据治理是一个长期过程,在数据治理项目体系建设过程中要有一个持续演进的数据治理项目步骤。以下整理为三个阶段,即摸家底、建标准、促消费。

1) 摸家底

摸家底即落地数据资产。在企业数字化转型下的大背景,围绕"增强业务连续性保障、提升软件交付效率、提高 IT 服务质量、辅助提升客户体验"四个方向,构思要实现什么运维数字化场景。再基于场景,梳理数据治理项目分析涉及监控、日志、性能、配置、流程、应用运行 6 类数据存储在哪里,工具或平台架构、数据结构,数据实时性、完整性、正确性、标准化程度等方案。同时,建立统一的数据"采、存、算、管、用"的基本能力,能够实时整合,加工运维源端数据,形成运维元数据资产管理能力,具备基于已有数据资产快速交付多维度数据视图的需求的能力。

2) 建标准

提供一站式的管控能力。结合第一阶段的成果,建立数据管控的组织、流程、机制、标准、安全体系能力;建立一站式的数据治理项目平台,从数据治理项目应用场景角度梳理企业数据质量问题;建立数据运营职能岗位、制定数据标准及配套的流程。基于数据治理项目目标准,推动数据治理项目模块的建设,比如:以运维指标体系场景驱动落地数据资产管理系统,以 CMDB 配置数据为基础实施主数据库。

3) 促消费

以数据消费反向提升数据治理能力。首先,提供自助式服务能力,以用户为中心,加强数据治理项目运营效能,为用户提供直接获取数据的能力,直接为用户提供价值,向用户提供数据服务化能力,使用户能够自助地获取和使用数据。其次,提高人机协同应用能力,将数据沉淀为知识,形成运维知识图谱,结合 IT 运维分析(IT Operations Analytics,ITOA)、DataOps、AIOps 等理念,将机器优势与运维专家经验相结合,形成数据洞察/预测、决策/自动化、执行/任务的闭环。利用丰富的数据消费场景,反向发现数据质量问题,持续加强数据治理水平。

4.2　数据资产管理实施路径

上节讨论的是以各类驱动为导向的数据治理活动,通过归纳总结,一个完整的数据资产管理活动的实施步骤一般是"建立组织架构→应用需求梳理→数据盘点梳理→引进平台技术→汇聚多源数据治理数据→数据应用→数据运营"等。数据资产管理以数据价值为导向,分布在数据能力构建的多个环节。本节将主要围绕数据资产管理,总体归纳实施步骤、主要工具平台的功能。当然,数据成熟度不同的组织开展数据资产管理的具体步骤和实施内容要根据自身情况制定。

4.2.1　统筹规划

统筹规划阶段,即制定数据资产管理战略规划,明确数据资产管理目标,建立数据资产管理组织和制度,盘点数据资产,制定数据资产标准规范等,该阶段成果是后续工作的基础。

第一步是建立组织责任体系,根据自身情况,制定数据资产管理制度规范。需要建立一套独立完整的关于数据资产管理的组织机构,明确各级角色和职责,确定兼职专职人员,保障数据资产管理的各项管理办法、工作流程的实施,推进工作的有序开展,并逐步打造管理及技术的专业人才团队。该步骤的主要交付物包括:《数据资产管理规划》《数据资产管理认责机制》《数据资产管理工作指引》《数据资产管理考核评价办法》。

第二步是结合业务盘点数据资产,评估当前数据管理能力。对基础数据的盘点是开展数据资产管理工作的前提之一,需要分析企业战略及业务现状,结合当前大数据现状及未来发展,盘点企业内外部数据现状,确立数据资产管理的目标,并逐渐实施需求调研、盘点资产、采集汇聚等专题任务。与此同时,了解企业数据来源、数据采集手段和硬件设备情况,以定位自身数据资产管理能力,规划未来数据资产管理成熟度提升方案。该步骤的主要交付物包括:《数据资产盘点清单》《数据资产管理现状评估》。

第三步是制定数据资产相关的标准规范。在企业组织架构、制度体系和数据资产盘点的基础上,结合国际标准和行业标准,围绕数据资产全生命周期管理,制定相关的数据规范体系,包括元数据标准、核心业务指标数据标准、业务系统数据模型标准、主数据标准、关键业务稽核规则等,使得数据管理人员在工作中有明确的规则可依。同时,建立参考数据和主数据标准、元数据标准(比如元模型标准)、公共代码标准、编码标准等基础类数据标准,以及基础指标标准、计算指标标准等指标类数据标准。企业应逐步推动相关数据规范和标准的工作建设,使数据有效汇聚和应用,切实保障数据资产管理的流畅实现。该步骤的主要交付物是《数据资产标准管理办法》。

4.2.2　管理实施

如果说统筹规划阶段重点还在于对数据资产的定义、规划、梳理,那么管理实施阶段就是对统筹规划成果的落地实施。

首先,在搭建数据资产管理平台、完成数据汇聚工作的基础上,根据企业自身存量数据基础和增量数据预估,建设或采购必要的数据资产管理平台或引入第三方工具以支撑管理工作,切实建立起企业数据资产管理能力。

其次,要建立安全管理体系,防范数据安全隐患,履行数据安全管理职能。

再次,还需要制定和管理主数据,以明确企业核心业务实体的数据,如客户、合作伙伴、员工、产品、物料单、账户等,从而自动、准确、及时地分发和分析整个企业中的数据,并对数据进行验证。

在管理实施阶段里,需要从数据资产管理的相关业务、技术部门日常工作流程入手,切实建立起企业数据资产管控能力,包括从业务角度梳理企业数据质量规则,检测数据标准实施情况,保证数据标准规范在企业信息系统生产环境中真正得到执行。针对关键性数据资产管理工作,可以借助管理工具,建立数据资产的管理流程,保证相关事情都有专人负责。

同时,企业应加强数据资产服务和应用的创新,可以围绕降低数据使用难度、扩大数据覆盖范围、增加数据供给能力等几个方面开展。通过数据可视化、搜索式分析、数据产品化等降低数据使用难度;通过数据"平民化"(如打造数据应用商店)扩大数据覆盖范围,让一线业务人员接触到更多的数据,让数据分布更加均衡;通过数据消费者、数据生产者之间灵活的角色转变,增加数据的供给能力(如形成数据众筹众享模式)。

管理实施阶段的工作目标主要是为企业打造核心的管理数据资产的能力,同时为企业内数据资产管理部门形成数据管理的工作环境,概括起来,就是企业数据资产可管理、可落地。本阶段主要交付物包括:《数据资产管理办法》《数据资产管理实施细则》(包括数据标准管理、数据质量管理、元数据管理、主数据管理、数据安全管理、数据应用管理等)。

4.2.3　稽核检查

稽核检查阶段是保障数据资产管理实施阶段涉及各管理职能有效落地执行的重要一环。这个阶段包括检查数据资产全生命周期中的各项具体任务。该阶段需要抓好四个"常态化"。

一是数据标准管理的检查的常态化。数据标准管理是企业数据资产管理的基础性工作,通过数据标准管理的实施,企业可实现对大数据平台全网数据的统一运营管理。数据标准管理的检查主要从标准制定和标准执行两个方面检查。标准制定的检查主要围绕同国家标准、行业标准的一致性,同时参考与本地标准、数据模型的结合性,包括数据命名规范、数据类别等;标准执行的检查主要围绕标准的落地情况,包括数据标准的创建和更改流程的便捷性、数据标准使用的广泛性、数据标准与主数据的动态一致性等。

二是数据质量稽核的常态化。应对数据质量问题,首先要提升数据质量意识,数据质量意识包括能够将数据质量问题与其可能产生的业务影响联系起来,同时也包括"数据质量问题不能仅仅依靠技术手段解决"的理念。尽可能从数据源头提升数据质量。其次,建立一套良性循环、动态更新的数据质量管理流程,制定符合业务目标的数据质量稽核规则,明确在数据全生命周期管理各环节的数据质量提升关键点,持续评估和监督数据质量与数据质量服务水平,不断调整更新数据质量管理程序,推动数据向优质资产的转变,逐步释放数据资产价值,为企业带来经济效益。

三是灵活配置数据存储策略的常态化。数据生命周期管理,其目标是完全支持企业业务目标和服务水平的需求,根据数据对企业的价值进行分类分级,形成数据资产目录,然后制定相应的策略,确定最优服务水平和最低成本,将数据转移到相应的存储介质上,争取以最低的成本提供适当级别的保护、复制和恢复。借助数据生命周期管理,企业不但能够在整个数据生命周期内充分发挥数据的潜力,还可以按照业务要求快速对突发事件做出反应。

四是数据资产安全检查的常态化。在大数据时代,数据资产更容易遇到泄露、篡改、窃取、毁损、未授权访问、非法使用、修改、删除等问题。2022年,工业和信息化部印发《工业和信息化领域数据安全管理办法(试行)》,要求企业应通过建立对数据资产及相关信息系统进行保护的体系,合规采集数据、应用数据,依法保护客户隐私,提高数据安全意识,定期进行数据资产安全检查,保证数据的完整性、保密性、可用性。

本阶段主要交付物包括《数据资产管理稽核办法》《数据资产管理问题管理办法》。

4.2.4 资产运营

通过前三个阶段,企业已经能够建立基本的数据资产管理能力,在此基础上,还需要具备以实现业务价值为导向,以用户为中心,为企业内外部不同层面用户提供数据价值的能力。资产运营阶段是数据资产管理实现价值的最终阶段,该阶段包括开展数据资产价值评估、数据资产内部共享和运营流通等。

数据资产价值评估能够以合理的方式管理内部数据和提供对外服务。在大数据时代,数据运营企业关于数据价值的实现是体现在数据分析、数据交易层面。数据资产作为一种无形资产,其公允价值的计量应当考虑市场参与者通过最佳使用资产或将其出售给最佳使用该项资产的其他市场参与者而创造经济利益的能力。只有对数据资产价值进行合理的评估,才能以更合理的方式管理内部数据和提供数据对外服务。

数据资产内部共享和运营流通需要加强管理运营手段和方式方法,促进数据资产对内支撑业务应用,对外形成数据服务能力,打造数据资产综合运营能力。数据资产内部共享主要是消除企业内数据孤岛,通过相关管理制度和标准体系的建设与推动,构建企业内数据共享平台,打通各部门各系统的数据,使更多的数据可以成为资产,应用于数据分析,全面动态促进数据价值的释放。数据资产运营流通主要是实现数据资产价值的社会化,需要从数据安全管理及合规性、数据资产成本及价值创造、组织结构优化、数据质量提升等方面进行规划并不断迭代,持续优化数据资产管理能力。

本阶段主要交付物包括《数据资产价值评估方法》《数据资产成本管理方法》《数据资产共享流通管理办法》。

4.3 数据资产管理应用案例

4.3.1 制造业的数据资产

1. 案例背景

经济全球化、信息网络化的今天,互联网、大数据、人工智能、云计算等新兴技术的大量产生,外部市场环境竞争加剧,各行业都将信息化建设作为优化和提升企业竞争力的关键手段。信息化技术的发展始终围绕能力、应用和成本三大目标服务于企业,众多企业期望通过信息化建设优化企业架构、企业运营和管理模式,促进高效生产、管理创新及体制创新,提高相关决策的效率和质量,最终提升企业经济效益与核心竞争力。

多年来,JF科技相继建设了诸多信息化系统,基本上做到了各专项业务通过专业信息化系统进行支撑,但信息化建设在提供业务支撑的同时更需要提高业务运行效率,这就需要在各个系统之间实现信息的顺畅流转来保证业务的高效联动。而这些系统的"重业务支撑,

轻数据管理"建设特点,为实现业务的高效联动带来了层层障碍,主要问题包括:

(1)各信息化系统建设的先后次序不同、支撑目标不同,系统内相同数据对象的结构不统一,数据共享、数据重复录入等问题频出,形成了多个"数据孤岛";

(2)缺少统一的数据管理组织、制度、流程、标准,导致数据质量低、数据冗余,管理上出现了库存积压、资金损耗等现象;

(3)系统间的集成呈网状的复杂结构,随着后续系统的不断投入,集成工作将不断增加,工作场景愈加复杂,导致管理者无法有效了解系统间集成服务的整体运行情况,使风险变得不可预知。

因此,不论从社会大环境中众多企业对数据运营发展的大趋势,还是从 JF 科技自身信息化发展需求,都必须开展数据资产管理平台建设项目。

2. 建设目标

通过管理标准化、数据规范化、业务流程化、IT 支撑化,建设高质量的数据标准化体系,提高数据质量和数据可用性;通过专业的数据资产管理平台将标准数据集中分发至各业务系统,解决"数据孤岛"问题,实现信息在系统间的快捷流通和及时共享;通过"数据运营"提升 JF 科技信息化水平和对业务高效协同的支撑能力,为顶层的宏观决策以及经营状况综合分析提供基础。

3. 实施内容

JF 科技数据资产平台的建设是提升数据质量,打通更多应用系统,从而拓展关键数据,最终通过管理制度和管理平台共同完成静态数据管理的宽度和深度,形成数据资产。项目主要建设内容如图 4-14 所示。

数据域	小类	集团*4	新能*4	国际*3	环保*3	慧能*5	同创*3	科创*4	单元*2	中心*1	备注
物料*7	原材料	√*	*	*	-	*	-	*	-		标准制定、数据清洗
	工具、吊具、工装	√*	*	*	-	*	-	-	-		
	工艺辅材耗材	√*	*	*	-	*	-	-	-		
	机械件	√*	*	*	-	*	-	-	-		
	标准件	√*	*	*	-	*	-	-	-		
	液压及流体零部件	√*	*	*	-	*	-	-	-		
	电气件	√*	*	*	-	*	-	-	-		
	其他生产性物料	√*	*	*	-	*	-	-	-		
	非生产性物料	√*	*	*	-	*	-	-	-		
产品*2	整机产品-在售	√*									研发IPD
	其他产品	-	-	-	-	*	-	*	-	*	标准制定、数据清洗
项目*8	整机项目	√*	*	*	-	*	-	-	-		
	其他项目	-	*	*	-	*	-	*	-		标准制定、数据清洗
客商*8	供应商	√*	√*	√*	√*	√*	√*	√*	√*		持续治理
	客户	√*	√*	√*	√*	√*	√*	√*	√*		
银行*8	银行主数据	√	√	√	√	√	√	√	√		持续治理
人资*8	组织	√	√	√	√	√	√	√	√		
	岗位	√	√	√	√	√	√	√	√		提升质量、优化标准
	员工	√	√	√	√	√	√	√	√		
设备*2	设备	-	-	-	-	*	-	-	-		非重点任务指标
财务*1	会计科目									*	

说明:"*代表2022年要实施的,-的代表暂不实施的,√是已经完成的,√*代表开展了部分工作2022年继续做的"

图 4-14　JF 科技数据资产管理平台项目主要建设内容

1）数据治理体系建设

为实现数据标准化管理的长效提升,项目规划了JF科技标准化数据治理体系的管理与运行机制,通过系统化立法、管控机制建立及整体运行架构设计,保证数据标准的持续优化、数据质量的持续提升。通过项目建设,改变现有静态数据管理现状,实现管控清晰、标准统一、质量可信、顺畅流通的数据管理和应用模式,提升JF科技的数据管理和应用能力。

2）数据标准梳理

数据标准是数据质量提升的关键。数据标准管理体现在数据标准的制定、审核、执行、反馈和争议协调等各个工作环节中。数据标准的制定需参考行业监管和标准机构制定的数据标准,也需参考各部门内部使用的特定数据的定义,对数据标准的梳理及规划过程,也是对数据治理建设的过程。

3）数据管理平台建设

为提升JF科技数据标准化管理质量,细化数据标准管理颗粒度,完成数据的创建标准、落实流程、清洗数据、权威认证、统一分发。项目建设的静态数据类型包含物料主数据、客户主数据、供应商主数据、人员主数据、组织机构主数据、银行主数据、项目主数据和产品主数据。通过以上几类静态数据标准的落地,全面提升JF科技数据标准化管理水平。

4. 实施效果

项目完成了JF科技数据的人资域、财务域、物料域、客商域、项目域、产品域和参考数据域等相关的主数据标准化、管理体系和数据质量优化的建设工作。下面以物料为例,描述一下建设成果。

1）数据标准

建设之初,物料准入管理较为粗放,物料数据平均每月增长三千多项,且多为重复性物料,物料数据总量持续走高,管理物料的成本随之增加。例如,以新增维护一条标准件(配套及紧固件)物料基本信息为例,JF科技产品研发物料维护,每条耗时长需56小时(约7个工作日),而非JF科技产品研发物料维护,每条耗时长24小时(约3个工作日)。维护两种类型物料用时平均后,每条耗时约5个工作日。如果维护人员人均月薪2万元,每月按20个工作日计算,那么平均维护一条数据人工成本约5000元。由此计算,JF科技一个月仅数据维护的人工成本就1500万元。

在数据治理项目中,组织各业务单元三十余名专家,展开多轮集中办公研讨,最终确定上千个物料分类,从大类、中类、小类三级分类实现了对物料的精细化管理,对不同的数据分类制定不同的数据填写模板,最大程度满足用户的需求。在数据准入管理方面,平台方面做了唯一性校验,从管理角度对完整性进行严格要求,从而减少了数据的重复。

(1) 全集团在统一的分类体系下快速定位查询物料;

(2) 支撑精准采购分析,便于识别潜在的大规模采购,实现集采议价,降本增效;

(3) 支撑库存管理优化,准确分析库存,制定物料需求计划,平衡利库,减少冗余库存;

(4) 实现精细化分类模板;

（5）结构化物料属性字段、规范物料信息填写，保证物料数据质量；

（6）统一物料描述标准，保障"一物一码"，避免"一物多码""一码多物"造成的重复采购、呆滞库存；

（7）系统集成中增加了物料数据唯一性校验机制，保障数据"一物一码"；

（8）保障系统间数据内容、数据状态一致性，降低数据出错率，减少运维成本。

2）数据清洗

针对物料的数据展开清洗将会牵一发而动全身，清洗过程中也势必会影响部分业务的运转，对于物料数量庞大、数据问题多的 JF 科技来说，更是如此。截至 2022 年 10 月，共有物料 23 万余条，其中，物料短描述重复的接近 5 万，物料描述中带有"呆滞编码"字样的物料接近 4 万条，同时存在大量"一物多码"及"一码多物"的情况。在开展数据清洗过程中，采用正向清洗和反向清洗相结合的方式，首先，非机组物料按照"三年未发生交易"为准则识别物料清单，进行清洗；其次，机组物料按照"非在研/在产机型物料"为准则识别物料清单进行清洗；之后，考虑库存、未交货完结、未开票完结等多种业务情况，若存在业务情况不清晰，则持续跟踪业务直至完结。通过两批次数据清洗，共完成 17 万条物料数据禁用，待正向清洗数据 6 万多条，之后按照集团分类展开正向清洗，从制定清洗方案至清洗工作结束，全程耗时 2 个月，于当年年底完成了所有物料清洗工作。

3）数据回流

清洗完成后还需要将"干净的"数据回流至各个业务系统，此次回流涉及 8 个业务单元 20 多个应用系统，数据回流既涉及线上系统中合同、单据等内容的修改，也涉及线下研发端的图纸模型、供应链端的库存库位等影响的调整。整个数据回流采用"全面清洗，分批回流"的政策推行。

4）价值展现

物料数据标准化业务价值，如图 4-15 所示。

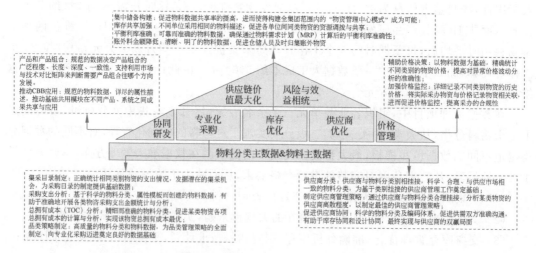

图 4-15　物料数据标准化业务价值

（1）协同研发。①产品和产品组合：规范的数据决定产品组合的广泛程度、长度、深度、一致性，支持利用市场与技术对比矩阵判断需要产品组合向哪个方向发展；②推动共用基础模块（Common Building Block，CBB）应用：规范的物料数据，详尽的属性描述，推动共用基础模块在不同产品、系统之同成果共享与应用。

（2）专业化采购。①集采目录制定：正确统计相同类别物资的支出情况，发掘潜在的集采机会，为采购目录的制定提供基础数据；②采购支出分析：基于科学的物料分类与属性模板而创建的物料数据，有助于准确地开展各类物资采购与支出金额统计及分析；③总拥有成本（Total Ownership Cost，TOC）分析：精细而准确的物料分类，促进某类物资各项总拥有成本的计算与分析，实现该物资总拥有成本最优；④品类策略制定：高质量的物料分类和物料数据，为品类管理策略的全面制定、向专业化采购迈进，奠定了良好的数据基础。

（3）**库存优化**。①集中储备构建：促进物料数据共享率的提高，进而使得构建全集团范围内的"物资管理中心模式"成为可能；②库存共享加强：不同单位采用相同的物料描述，促进各单位间同类物资的资源调拨与共享；③平衡利库准确：可靠而准确的物料数据，确保通过物料需求计划计算后的平衡利库准确性；④账外物料金额降低：清晰、明了的物料数据，促进仓储人员及时归集账外物资。

（4）**供应商优化**。①供应商分类：供应商与物料分类别相挂接，合理地为与供应市场相一致的物料分类，为基于类别挂接的供应商管理工作奠定基础；②制定供应商管理策略：通过供应商与物料分类合理挂接，分析某类物资的供应商离散程度，以制定最佳的供应商管理策略；③促进供应商协同：科学的物料分类及编码体系，促进供需双方准确沟通，有助于库存协同和设计协同，最终实现与供应商的双赢局面。

（5）价格管理。①辅助价格决策：以物料数据为基础，精确统计不同类别的物资价格，提高对异常价格波动分析的准确性；②加强价格监控：详细记录不同类别物资的历史价格，将实际采办物资与价格记录物资相关联，进而促进价格监控，提高采办的合规性。

4.3.2 金融业的数据资产

1. 案例背景

随着我国利率市场化的基本完成，某商业银行的业务逐步向信贷业务和金融服务方向发展。新机遇的到来往往伴随着新的挑战。由于信贷规模的不断增大，某商业银行面临的信贷风险也日益严峻。

2. 建设目标

利用大数据分析技术进行信贷风险管理，为商业银行开展金融数据分析、有效防范金融风险提出可行的思路和相关举措。

（1）建设数据资产管理平台、收集和采集各类数据，开展数据资源的盘点与集中管理，利用采集到的相关数据开展信贷风险评估，实现信贷风险预警。

（2）构建技术先进、算力充裕、安全稳定、敏捷高效的数据资产管理平台，以干净、准确、便捷的数据供给助力全行实现数字化经营，平台具备数据标准管理、数据模型管理、数据指标管理、数据质量管理、数据安全管理、数据服务管理、数据挖掘与分析管理等功能。

（3）通过采集企业财务数据、运营数据、销售、人力资源、生产资料使用数据等，综合评估企业的运营情况，构建企业信贷风险模型，开展信贷风险评估活动。

3. 实施内容

（1）广泛长期地采集原始数据。商业银行始终注重对客户资料的收集。同时，该银行还建立了相关监管部门的数据采集渠道，并联合其他银行形成信息互通机制。只有收集到足够广泛和长期的数据，加深大数据分析技术在信贷领域的应用，数据分析效果才能更大限度地得到实现。

（2）紧密追踪企业经营状况。任何一家企业在经营过程中都存在各种风险，但由于风险隐藏在各种错综复杂的企业经营数据中，不易被观察。本案例中的商业银行建立了对企业经营状况定期排查的制度。此制度能够对企业日常金融数据进行全方位的分析和解读，获取企业实时经营动态。商业银行能够提前把握贷款企业存在的风险，并及时制定策略，做到积极监管、有效应对。

（3）建立有效的风险预警系统。对于商业银行来说，风险预警系统的存在可避免诸多损失的发生。首先，建立企业承贷能力分析体系，控制企业贷款规模，进而减少银行信贷的风险；其次，对企业相关会计指标进行汇总和分析，判断企业是否具有足够的偿贷能力；再次，分析企业的经营管理现状，并有根据地对其未来发展形势做出有效预测；最后，综合企业各方面表现，对其进行授信等级的评定，并作为后期风险管理的依据。

（4）建立严格的风险管理制度。大数据分析技术是风险管理人员手中的一个好用且高效的工具。通过大数据分析，发现潜在的信贷风险后，需要提高警惕，紧跟企业经营状况，落实风险管理。重视日常的信贷风险管理，严格把握流程中的每一步操作，才能将大数据的作用发挥到极致。

（5）监控客户的经营活动。本案例中的商业银行在数据系统运行期间，避免了一次重大信贷风险事件的发生。究其原因，是其对贷款企业进行了后续、长期的跟踪与调查，从而及时发现险情，制定应对策略。建立了全流程的信贷业务跟踪系统，可随时分析信贷风险与企业评估结果，当风险发生前，商业银行可果断采取措施，确定回收贷款的时机，取消与该企业有关的业务往来，从而保全资产，化解信贷风险。

4. 实施效果

（1）打通资金信贷双方的信息交流渠道。信贷风险产生原因之一即是信息不对称。金融数据资产管理系统可建立起银行与客户之间信息交流的桥梁，可使商业银行把握信贷风险的控制权。完善信贷风险规避体系，通过信息交流平台对客户信贷业务的相关情况进行有效监督，从根源上减少信贷风险的发生概率。

（2）金融产业供给侧结构性改革的必然要求。随着供给侧结构性改革的不断深入，提升金融机构的信贷风险管控能力成为必然要求。商业银行信贷风险事件频发，不仅不利于商业银行整体能力的提升，还危害整个金融市场的健康发展。因此，提高商业银行信贷风险管控能力，既能提升效益又符合当前形势的要求。

（3）提高对个人信贷的关注。相较企业以及其他机构来说，个人信贷业务的详细信息通常难以获取，因此会导致商业银行在个人信贷业务的审批与监管过程中无法做出准确判断。金融数据资产管理系统可实现对个人信贷的更多关注，对商业银行的整体风险管理具有重要意义。大数据的出现打破了传统信贷风险管理模式，为信贷风险的防控与破解提供了新的思路，但是，要意识到其应用过程中仍然存在一些问题。首先，金融行业的大数据分析与应用模型不够成熟，仍处于研究阶段。这要求商业银行要以客观和理性的态度，面对大数据分析技术使用过程中出现的信贷风险。其次，要充分认识到"科学技术是把双刃剑"。金融信息所涵盖的范围极广，这些信息的获取是否合法、是否侵犯了投资者的信息隐私权，仍然需要一个定论。

金融数据资产管理系统的应用为我国商业银行信贷风险管理的发展增添了薪火。但是，从现实角度来讲，数据资产管理不应该是一根救命稻草。商业银行在开展信贷业务的过程中，仍然存在很多问题，这些不是依靠数据资产管理的协助就可以完美解决的。商业银行在日常工作过程中，应遵守一系列规定，对实际操作严格要求，并且注重对信贷风险管理创新的研究与投入，从而助力商业银行实现进一步创收与后续的良性发展。

4.3.3　零售业的数据资产

1. 案例背景

近年来，WL美味积极"拥抱"数字化，通过引进智能化车间管理系统，借助数字技术加强安全生产，提高效率、降低成本。为了实现对供应链储运业务运作的全方位支持，推动业务运作更加准确、高效、稳定和智能，对订单、信息、资源和存货等进行实时管理，WL美味上线了智能仓储项目。该项目打通了上下游数据链，优化作业流程，使仓储、运输、承运信息实时共享，实现管理"零死角"。

2020年，WL美味启动数字化转型战略，率先开启数据管理组织建设、打造标准规范、开展数据清洗、打造数据服务，贯通企业上下游全链路。

2. 建设目标

（1）建立数据管理体系，包括数据管理组织、制度、流程、分类、编码、模型、标准等内容。

（2）梳理各类主数据的维护流程以及填报规则，通过简化流程，提高数据新增、变更以及停用的工作效率，满足业务需求，提升用户体验。

（3）全方位、持续性解决数据质量。

（4）实现数据在各业务系统间的高效、准确地流动，消除数据孤岛，实现数据集成。

（5）通过培训，实现数据治理能力高效转移。

3. 实施内容

1）数据资产管理体系建设

（1）建设符合WL美味食品实际情况和未来发展要求的数据资产管理体系；

（2）建设数据资产管理体系角色及职责；

（3）编制数据资产管理办法及维护细则。

2）主数据标准体系建设

（1）制定每类主数据的标准，包括分类标准、编码标准、属性标准、审批流程等；

（2）建立统一的主数据资源库；

（3）建立统一的主数据共享规范。

3）数据资产管理系统建设

（1）搭建数据资产管理系统；

（2）落地主数据标准体系建设内容；

（3）实现各类主数据的全生命周期管理和数据集成共享。

4）数据范围

数据范围为物料、客户、供应商、行政区划、银行信息。

5）集成范围

集成企业资源计划管理系统（SAP ERP）、龙天下经销商管理系统、仓库管理系统（WMS）、设备资产管理系统（EAM）。

4．实施效果

通过项目的建设，获得较大的收益，如图 4-16 所示。

效益分析：物料主数据维护效率

1．MDM上线前（OA流程，物料主数据责任部门不明确，主数据维护时间3~5天；线下表格填写属性，数据质量无系统管控，）

2．MDM上线后（明确物料各个信息的归属部门，优化流程，系统校验，使主数据维护时间控制在1个工作日内）

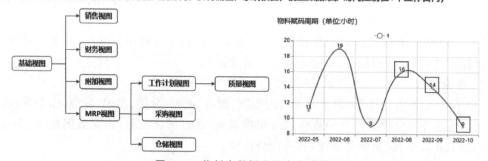

图 4-16　物料主数据建设产生的收益

（1）规范主数据管理。将物料、客户、供应商等类主数据和行政区划、银行参考数据等进行规范管理。

（2）提高数据质量。将数据质量综合问题率控制在 5％ 以内。

（3）提升数据维护效率。物料申请由之前的 5 天缩短到 1 天。

（4）实现数据共享。数据统一分发给业务系统，成功率在 99.9％ 以上。

（5）提升数据治理能力。不依赖数据供应商，WL 美味主数据标准组在项目实施、运维、推广的自主完成率达到 80％ 以上。

4.3.4 地产业的数据资产

1. 案例背景

对于某地产业在数据方面存在的问题包括：编码不统一、数据来源不一致、各类主数据标准定义不规范、数据交换不及时、各个业务部门存在数据孤岛。在业务方面,业务协同难度大,业务数据统计分析耗时长、成本高且数据分析后的结果存在不准确的情况。某地产业准备通过数据资产盘点,识别出制约上下游信息打通的关键信息,选择主数据率先开展数据治理工作,打通上下游信息系统,实现数据的跨部门跨业务的流转。

2. 建设目标

建立统一的数据源,提供集中、全面、准确及时的主数据,使主数据可跨部门跨系统流转,使核心数据得以管理,确保数据可信赖、可统计、可分析、可监控,最终实现可管理。

根据项目目标梳理出重点工作项,包括制定数据标准并制定管理流程,拉通上下游数据,确保数据的及时准确,对历史数据及新增数据进行数据治理;构建数据治理组织体系、数据标准体系、数据安全体系、管理流程体系等任务。依赖系统的数据管理建设,巩固前期信息化建设成果。

3. 实施内容

项目的整体进程分三步执行。第一步,对企业的数据进行划范围、理标准、定方案,使数据达到可联通的程度。第二步,首先构建主数据的管理体系,包括管理制度、管理办法、管理流程等内容;之后对历史数据进行清洗,按初步制定的标准、规则及接口方案进行执行;最终,对数据进行治理,达到数据可信、可用。第三步,广泛推广,持续优化。贯彻落实方案、标准、管理制度等,对各类主数据进行推广,进入系统平稳运维期后,对数据进行定期巡检及处理,并持续优化。

项目数据建设过程中,项目组经过与业务部门、IT部门沟通,针对各类数据问题分析,共识别规划出6大业务域17类主数据,其中6大业务域分别是人资域、财务域、客商域、项目域、基础域、资源域;17类主数据分别是实体组织、管理组织、人员、财务单位账号、银行档案、核算主体、业务科目、客商档案、小业主客户、项目、楼栋、房间、车场车位、业态、行政区划、广告位、设备设施。

在整个体系的系统建设中,规划出需要集成的系统共有16个,其中有10个系统已完成数据联通,2个系统进行方案上的沟通,4个仍处于规划建设中,如图4-17所示。

在源头系统中,规划了10类的源头系统,分别是OA系统、HR系统、共享系统、成本系统、ERP系统、费控系统、IDM系统、四格系统、票易通系统、电子签章系统。且已完成10个已建设系统的联通,目前接口的成功率均达到95%以上,经过数据治理后,数据对齐率达到了80%以上,基本满足了团队组建、成本核算、财务核算、收付款等各个业务应用系统的需要。

4. 实施效果

通过对项目域数据治理的建设基本上覆盖了项目管理全生命周期的数据识别及管理。统一了项目域的数据源头,规范了数据录入、数据关联关系创建或更新管理分工及管理流程

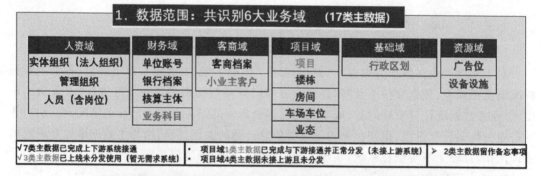

图 4-17 项目建设范围

的制定。最终在主数据系统进行数据校验并进行数据分发,持续提升数据质量,形成"可量化、可控制、价值化、可比较"的数据看板,如图 4-18 所示。

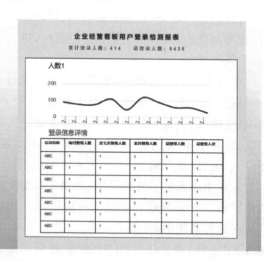

图 4-18 企业经营看板成果

4.3.5 文化领域的数据资产

1. 案例背景

2021 年,ZY 股份信息化建设已经进入深水区,先后开展各类信息系统建设以及主数据治理 30 余套,各类数据集成 200 种以上,拥有大量的数字资产。如何利用大数据等技术挖掘影视剧数据的价值,如何通过数据分析为影视剧生产经营提供数据参考,成为 ZY 股份决策者思考的问题。在此背景下,通过数据资产管理,实现公司数字化运营成了本项目建设的重要内容。

2. 建设目标

通过对海量数据的分析和挖掘,获取观众对某部影视剧的具体评分,分析该部影视剧营销业绩等客观数据。这些数据对于边拍边播的电视剧极为重要,它可能影响剧目下一步的演员主次、剧情走向、拍摄手法、后期制作及宣传手段等。此外,对于电影或其他无法边拍边播的电视剧,通过分析以往类型相似剧目的数据,可帮助决策者更好地决策,进而影响收视率和票房成绩。因此,在影视产业的发展过程中,大数据分析正发挥着越来越关键的作用。

3. 实施内容

(1) 剧本优化。剧本创作是一个创意性的工作,基于数据分析的剧本优化会给创作自由带来框架思路,但无数有关剧作方法的理论却以大量例证颠覆着这一想法,写剧本要遵循一定的框架,例如,应该以一定的篇幅开头,控制中段和结尾的写作节奏,甚至剧中激烈的情节点要有相对明确的位置参考,绝非是天马行空的游走。基于这样的理论前设,将大数据应用于剧本创作,可让其创作方向更加明确,也可实现剧本内容(如情节、桥段等)评估,有效把握观众对题材的兴趣度,避免创作出现太多违背观众意愿的个人化思路,从而实现商业意义上的剧本优化。剧情设置完全是通过大数据算法,分析观众之前在网站上的各种观看数据而确定的。这些数据包括观众在剧情的何处暂停,哪部分剧情会被反复回放,哪些情节是观众不感兴趣而直接快进的,还有评论区的讨论和搜索请求等。通过收集和分析这些数据,剧情决策者要了解观众的剧情喜好,从而依据这些分析结果对剧情进行优化,使电视剧获得更高的收视率。同理,各大视频网站利用大数据这一工具,可实现更加人性化的视频推荐功能。

(2) 演员选择。虽然时下的国产青春电影屡遭诟病,但它们所创造的高票房成绩却是无可争议的。简单地通过微博平台,就能体会到时下青春明星们强大的社会影响力。比如在对观影人群所做的数据分析中,超过 46% 的观众是 12~18 岁的女生。这一数据足以证明,抛开剧情、上档时间等因素,演员号召力所贡献的电影票房也是不容小觑的。除了在剧本优化方面利用大数据,把数据分析的方法应用于演员选择也是一大应用。

(3) 营销策略。通过对社交媒体上的海量用户所产生的信息进行大数据分析,可得到某一地域观众的年龄、性别、职业等各种维度的信息。依据这些信息,制片方可向不同地域或不同观众群提供个性化的宣传策略,将宣传信息最大限度地辐射至目标观众,而不再是千篇一律的"首发视频"。

(4) 票房预测。传统方法论关注的是整体特征,试图挖掘某种现象出现的原因,并依此做出调整改进。大数据方法论则更关注个体特征,其优势在于预测未来。根据两种分析比较,预测票房数据。

4. 实施效果

经过收集影响票房的信息和数据,经过模型的训练,以线性回归模型和决策树回归模型为算法,得出票房的预测信息,示例如图 4-19 所示。

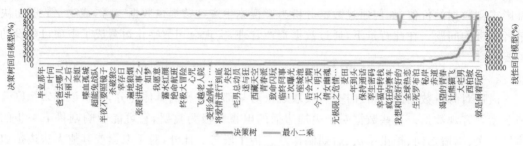

图 4-19　影视剧票房的预测看板

4.3.6　智慧城市的数据空间

1. 案例背景

SZ 工业园区在国家级高新区排名居 JS 省第一位。经过多年的建设与发展,园区的信息化建设已经覆盖政务信息化、社会信息化、公众信息化、企业信息化等领域,信息化工作管理机制日臻完善,信息化总体水平位居国内开发区前列。

2. 建设目标

建设目标是打通政府部门以及政企之间的关联业务。集成来自于工商管理、税务、户籍、社会保障等不同部门的服务,以及外部的开放平台服务,如在线支付、地理位置服务等,以统一的服务平台提供企业公众服务。

通过平台,将服务和数据进行集成、整合与共享,打通政府部门以及企业之间的关联业务。形成园区内的政企服务数字空间平台,以园区法人库为核心,以管委会网站为统一服务门户,不断汇聚和优化各类政府服务和企业应用,建立园区政府和企业协作的网上工作模式。

3. 实施内容

SZ 工业园区智慧城市政企服务数字空间平台,包括数据交换平台、服务集成平台以及平台的支撑运行环境。数据交换平台包含政务信息资源交换平台和企业信息共享平台,前者负责实时抽取和更新政府部门政务数据,后者能够汇聚企业信息资源;服务集成平台采集来自于工商管理、税务、户籍、社会保障等不同部门的数据,采集外部的开放平台数据,如在线支付、地理位置服务等,以统一的服务平台提供企业服务;平台的支撑运行环境可为政企空间平台提供弹性计算资源、负载均衡和容量规划等方面的基础设施,对平台服务和应用运行环境的支持,形成精准量化的智慧城市运维管理体系,帮助提升平台的可用性和资源利用率。项目建设内容如图 4-20 所示。

4. 实施效果

(1) 在应用层面,平台集成了个税、社保、公积金、地税、人才申报等多个与企业办事相关的系统的服务。企业、政府和第三方软件厂商可利用政企数字空间平台提供的服务接口开发专属于行业、企业或政府部门的智慧化应用,并将应用的入口部署在门户的租户空间

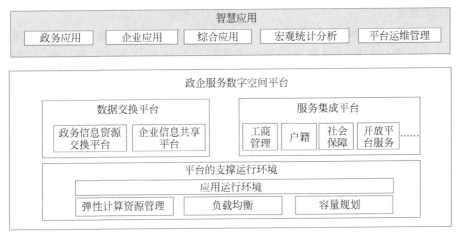

图 4-20　SZ 工业园区智慧城市政企服务数字空间建设内容

中。企业、政府部门作为政企空间平台的用户,可通过服务的编排和交互,实现企业应用的无缝接入,实现一站式、自动化的业务流程,并利用平台提供的多终端接入和推送接口,实现动态实时的流程通知、业务提醒和告警等。

（2）在数据层面,政府、企业的信息通过数据交换平台可在不同角色的租户之间共享。例如,政府部门可利用企业汇聚在政企空间平台中的数据对企业进行监管和宏观统计分析;平台在处理企业办事请求的过程中,可从政务信息资源交换平台中获取相应的信息,自动完成企业业务信息的审核;企业在办理不同政府业务时,可利用数据交换平台在不同服务和应用之间共享企业信息。另外,数据交换平台中还集成了如空间地理信息库等公共的信息资源,支持基于平台的智慧化应用,获取更丰富、多维度的感知。

（3）在系统运维层面,政企服务数字空间平台对业务层面的访问信息和底层系统的日志、资源使用和运行情况进行全面监控,为平台的运维管理人员提供综合分析的工具。运维管理人员可从业务视角和资源视角查看系统中基础设施资源（如虚拟机、存储等）的运行情况,并按相应的维度进行远程运维操作;同时,运维管理人员还能通过移动终端获取异常提醒和告警,及时调整资源的分配。另外,平台还提供了业务与系统层面监控数据的关联分析,帮助运维管理人员建立平台资源容量规划,并提供量化依据。

（4）在安全方面,由于政企空间平台中汇聚了来自企业、政府部门的大量数据和服务,它们所属于不同的用户,所以,平台建设充分考虑了数据和服务的安全,对数据进行多租户隔离,对服务进行访问控制。同时,为便于用户访问并支持跨域的业务流程,平台提供了单点登录和联合身份验证,简化用户操作,并利用经过验证的用户身份确保用户操作的不可抵赖性。

（5）在标准规范方面,政企空间平台集成、整合了大量来自不同政府部门、企业的数据,对于某些部门,需要动态实时地对数据进行抽取,因此平台的标准规范对项目建设极为重要。为了进行总体规划,统一应用系统对资源共享系统的理解、规范接口的开发、增强系统间互操作能力,园区在平台建设的过程中形成了产品技术、行业标准、平台技术和平台管理四类共 31 个规范。

（6）在质量管理方面，政企空间平台提供了应用测试运行的仿真环境和应用审核机制，以避免应用调试和测试过程影响平台其他用户的使用。通过仿真环境，应用系统可以进行服务的编排测试，并能快速将编排的服务切换至生产环境。所有应用在接入政企空间平台之前，首先要通过一系列审核，包括对服务调用、数据访问的限制要求的审核等。

4.3.7 军工研究所的数据治理

1. 项目背景

某军工研究所是机电类科研生产一体化研究机构，具有多品种、小批量、离散性、军工保密等特点，在数据管理系统和研制管理体系的控制下，设计、工艺、制造、试验、售后服务等环节都产生了大量的数据。在信息化建设过程中，为减少信息孤岛、数据集成与共享不可逾越，不同系统间的数据正确性、一致性变得尤为重要。

研究所在发展过程中积累了大量的项目、客户、物料、设备、产品等数据，随着数据共享以及决策需求的增加，数据使用范围不断扩大，在使用过程中发现了大量数据问题：

（1）数据顶层规划缺失，治理过程缺乏整体性、系统性。

（2）缺乏统一的数据标准和规范，导致数据定义缺失，数据不完整、不准确等质量问题频发。

（3）代码不一致问题严重。研究所内各类编码普遍存在一物多码、多物一码、编码规则不科学等现象。

（4）缺少统一管理责任主体。没有明确各项数据在研究所内的分级管理模式与相应的管理责任主体，缺乏组织、制度及流程保障。

（5）缺少统一权威数据管理平台，相关各类主数据分散在不同的信息系统中自行管理，数据流向不清晰，系统间数据不一致。

（6）数据手工传递现象严重，数据流转缺乏相应的信息系统支撑。

（7）缺乏对历史数据有效挖掘和分析，数据价值转化率低。

（8）数据治理人才缺失，数据运维人员专业性不足。

看似表面的数据问题其实会对业务带来严重的影响，数据不真实、不准确、不透明、不共享，增加研究所经营风险、管理难度和复杂度，跨组织信息共享程度低、资源难以整合。如何更好地管理和控制数据，做好数据治理体系建设，成为所内迫在眉睫的任务。

2. 建设目标

主数据作为描述单位核心业务实体的数据，是单位核心业务对象、交易业务的执行主体，是各业务应用和各系统之间进行信息交互的基础。研究所针对本单位现状，对物料清单（Bill of Materials，BOM）、工艺、物料（包括成品、半成品、零部件、材料、外购件、辅料、劳保用品）、人员、组织、项目、客户、供应商等主数据信息进行标准化体系建设及治理，实现数据从规划、获取、存储、共享、维护、应用到报废的数据全生命周期管理，实现研究所内主数据统一入口、统一管理、统一发布和统一应用,保证数据的唯一性、一致性和完整性,从而打通设计端到制造端的数据通道。

3. 实施路径

建设过程中,在主数据管理的基础上,对核心物料数据进一步赋予专业属性,形成了标准件参数库、电子元器件设计库和工程材料参数库。以电子元器件设计库为例,其基本属性与主数据系统一致,额外添加专业数据属性(如原理图符号等)形成专业设计库,既保证基础属性的一致性、准确性,又能够支持设计人员直接设计选用。

主数据管理是复杂的系统工程,需要周密的论证,体系化的运作、精准的决策、适宜的方式、科学的方法、清晰的路线,才能达到预期目标,整体策划如图 4-21 所示。

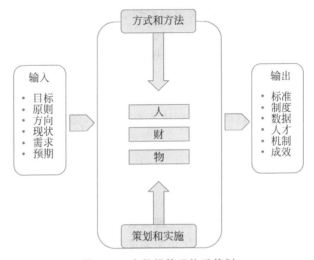

图 4-21　主数据管理体系策划

(1) 在数据规划阶段,进行主数据标准化规划,建制度、定标准、设组织、理流程,结合研究所的战略及业务现状,设定主数据管理目标;

(2) 在数据获取、储存和共享阶段,对历史数据进行数据清洗及标准贯标,通过主数据管理平台的建设,支撑标准、制度、规范、流程、数据等管理落地,实现主数据采集、存储、管理与共享;

(3) 在数据维护阶段,为确保数据能够持续正常工作,进行数据更新、变更、标准化、验证、核实等工作,提高或增强数据质量,定期进行数据质量评估;

(4) 在数据应用阶段,理解主数据整合需求,厘清数据血缘关系,识别主数据权威数据源,定义和维护数据整合架构,控制数据共享访问的数据流向,在全局范围内保证数据质量及其一致性;

(5) 在数据报废阶段,当数据因时效性等原因需要报废时,对数据进行停用操作。实际操作中,不能物理删除此数据或记录,只能变更数据状态,保证数据的可追溯性。

4. 应用效果

通过数据治理管控体系建设,取得了良好应用效果,主要表现为:

（1）体系架构方面，构建了研究所信息标准化体系框架，形成了《研究所信息化标准体系》。

（2）应用标准方面，规范了管理信息化、工程信息化主数据业务模板、数据模型标准等。

（3）信息代码方面，建立了信息代码体系表，统一编制了物料类等数据约 220 万条。

（4）数据指标方面，对研究所数据指标进行了整体规划，定义了 118 项一级数据指标，保证了业务含义定义和概念的一致性、应用规则的一致性。

（5）技术标准方面，制定了系统集成标准、系统开发框架和功能规范等。

（6）制度规范方面，制定了《信息标准代码管理办法》，保证信息代码的统一管理和统一应用。

（7）管理平台方面，搭建了主数据及编码管理平台，实现主数据从建模、申请、审核、发布和集成共享的全过程管控。

（8）人才团队方面，打造了一支专业的数据治理团队，培养了数名数据治理人才。

主数据管理实践，实现了产品结构 BOM、工艺、物品（成品、半成品、零部件、材料、外购件、辅料、劳保用品）、人员、组织、客户、供应商等数据按标准化体系建设及应用，提升了数据质量，统一了数据标准，规范了数据入口，明确了数据流向，促进了数据集成共享，有效支撑了军工研究所的建设。

4.3.8 某有色金属集团的数据治理

1. 项目背景

某有色金属集团近十年的信息化建设实现覆盖了生产、供应链、安全、管理、市场等各个领域，取得了一定的成绩，随着矿业信息化正向高度集成、综合应用、自动控制、预测预报、智能决策等方向发展，现有矿业信息化缺少内部统一的数据标准，大量数据分散在各业务系统中，数据标准没有规范和结构化，不利于集团整体数据价值提升及运营指标分析，已经不能满足集团未来发展的需求。

长期以来，集团缺少专门从事数据治理建设方面的管理机构，导致物料、客户及供应商等基础数据未能在整个集团内得到统一、规范和有效的管理。集团主要的信息系统（如 ERP 系统）普遍存在"一物多码"和描述不统一等现象，给整个集团经营数据分析造成了障碍，严重影响了统计分析、财务核算、报表合并的准确性，制约了各信息系统之间的互联互通。具体问题包括：

（1）组织主数据面临问题。组织数据分布于各个信息系统，且编码不一致、名称不规范、数出多门、口径不一。相互之间无法形成逻辑推理和空间、时间上的衔接关系，严重影响领导对经营活动的正确判断和科学决策。

（2）客户、供应商主数据面临问题。现有系统中的客户供应商数据约为 1.55 万条，其中存在重复的数据，数据中的某些关键字段值存在空值或错误等现象。

（3）物料主数据面临的问题。物料种类复杂，涉及面广。物料数据量庞大，现有 ERP 系统中的数据总量达到 10 万多条，无效数据众多，分类交叉重叠、无层级，数据量爆炸式增长。①物料种类复杂,涉及面广,包括黑色金属、有色金属、医药、化工、食品等多个行业,物料分类及标准建立工作难度大。②物料数据量庞大,无效数据(重复数据、不完整数据等)数量巨大,需要对数据进行科学的分析及清洗。③物料主数据中存在分类交叉重叠、无法层级化,无法控制数量快速增长等问题。

(4)人员主数据面临的问题。大量人员离职后未注销,对在职、离职、退休等的统计数据不准确,相应的管理决策存在失误。

基于以上需求,某有色金属集团数据治理势在必行。

2. 建设目标

(1)构建集中的主数据标准化体系。构建统一的主数据标准和唯一的主数据管理平台,打破信息孤岛,对已有系统进行数据横向集成、数据纵向贯通,实现对集团主数据的集中化管理(清洗、整合、发布),将唯一、完整、标准的主数据分发给各信息系统。

(2)集中数据访问提高数据质量。构建通用的、方便的、集中处理的数据集成服务,实现一致性的数据视图,降低数据交互访问的复杂性。通过数据集成服务,以灵活、可持续的方式支持任何面向业务的规则集合,保证数据的唯一和规范,降低数据的集成和共享成本。应用数据标准模型和多重关联校验规则,对前端数据输入源头实现可靠的控制,有效降低人为因素所产生的数据问题,提高数据应用质量。

(3)提升数据资产管理成熟度。基于标准的数据管理模型,实现主数据的统一定义、统一规则、统一发布等事务的集中处理。通过数据的审计,保证数据变化经过严格的审批。通过数据管理的持续优化和改进,提升数据资产管理成熟度。

(4)支持精确决策减少信息集成成本。通过主数据管理保证信息来源的唯一性和正确性,为数据仓库系统的决策分析提供准确的数据源,避免因为基础数据的多样导致信息核对、汇总、统计的失误和错误。数据标准的应用提高沟通的有效性,节约异构系统之间的交互成本,提升信息化的高端收益水平。

3. 建设内容

主数据是实现该集团智慧运营系统的重要的基础前提。缺少内部统一的数据标准,大量数据分散在各业务系统中,数据标准没有进行统一规范和结构化,不利于整体数据价值提升及运营指标分析。

在充分理解集团信息化发展规划的基础上,根据集团数据管理现状、业务系统存在的数据问题,进行主数据范围确认,设立主数据管理组织,设计主数据运营管理模式,建立实用、简洁有效的主数据管理流程与制度,建立主数据标准,完善主数据管理。最终建成与经营战略、经营分析统一的主数据管理系统,实现对集团智慧运营系统数据层面的支撑。

主数据系统把企业的主数据进行整合,并以集成服务的方式把统一的、完整的、准确的主数据分发给需要使用的系统;最终实现集中的主数据管理、可靠的主数据质量、全面的主数据服务和高效的主数据利用,系统技术架构如图 4-22 所示。

为满足集团公司管控模式要求和信息化建设对数据的应用要求进行规划和实施,其实施过程包括以下过程。

图 4-22　系统技术架构

（1）树标准。根据"业务＋IT"的需要，在满足信息化系统需求的基础上，充分考虑集团信息化建设的扩充支撑性，制定主数据分类标准、模板标准以及属性标准。

（2）建体系。依据集团公司实际情况和发展要求，进行了主数据管理组织架构、职责分工以及管理流程的构建，形成了《主数据管理办法》，为实现主数据的标准化管理与应用提供保障。

（3）搭平台。设计物料、客商、组织、人员等共用一个主数据管理平台，按照集团主数据标准和设备主数据管理流程，进行系统内配置，实现系统自动编码，线上全生命周期管理和流程管控，强化主动质量校验，实现数据及时分发。

（4）清数据。针对集团存储在各业务系统或电子台账中的设备数据，依据制定的设备主数据标准进行梳理、清洗、完善，构建高质量的企业标准数据库。

4. 应用效果

建立适用集团主数据管理平台，完成主数据标准化、集中化、同源化、流程化、规范化管理，提升数据质量，提高数据流转效率，促进业务转化。

（1）建立主数据标准及代码库。①建立通用基础类（国家、行政区划、度量）、物料、供应商、客户、员工、组织机构、财务会计科目、银行代码主数据标准。②建立包括通用基础类标准代码 3797 条、物料分类代码 889 条、物料描述代码 91726 条、供应商代码 14533 条、客户代码 3351 条、员工代码 8434 条、组织代码 116 条、部门代码 1425 条。

（2）建立主数据管理体系。①建立集团数据管理组织工作机构。明确组织的负责人、成员、下设办公室等；明确职责分工，各部门对主数据的规划、管理、安全、保密等工作职责。②梳理并制定 8 个主数据标准维护流程，如主数据新增流程、主数据维护流程、主数据发布共享流程等。

4.4　小结

数据资产管理难点较多，同时数据治理的实施有很多种方法，方法的选择是成功的关键，需要根据组织的行业特点、选择合适的实施方法，明确的实践步骤。

本章总结了数据资产管理活动职能的核心理念与实践要点，从实施方法的选择、实施的步骤等几个角度介绍数据治理的战略规划、组织架构、制度体系、平台工具、长效机制等，并介绍制造业、金融业、零售业、地产业、科教文化等领域数据资产管理的案例，以期助力企业系统化开展数据资产管理工作，提升数据资源化效率。

第5章

数据资产管理未来
——发展与展望

进入新时代的中国,正处于推进治理现代化和以新一代信息技术为代表的科技革命交汇期,数字经济高速发展,对组织的服务与治理提出了新的挑战。数字技术高速发展引发的产业革命,为各国经济社会的发展带来了"突围"的机遇。用数据智能赋能治理现代化,这是新一代信息技术给世界各国带来的新机遇。

5.1 数据资产管理技术发展趋势

随着数据管理对象越发复杂,数据处理技术越发成熟,数据应用范围越发广泛,数据资产管理在数据处理架构、组织职能、管理手段等方面逐渐呈现了一些新的特点和据由记录业务逐渐转变为智能决策,成为了各类组织持续发展的核心引擎。未来,数据资产管理将朝着统一化、专业化、敏捷化的方向发展,提高数据资产管理效率,主动赋能业务,推动数据资产安全有序流通,持续运营数据资产,充分发挥数据资产的经济价值和社会价值。

5.1.1 数据管理理念从被动响应转化为主动赋能

随着各类组织数字化转型的不断深入推进,数据资产管理占组织日常经营管理的比重日渐增加,传统以需求定制开发为主要模式的被动服务形式,已难以满足组织数据服务响应诉求,组织势必逐步在各业务条线设置数据管理岗位,定期采集数据使用方诉求,构建数据资产管理需求清单,解决数据资产管理难点,跟踪数据应用效果,加深数据人员对业务的理解和认识,主动赋能业务发展。

此外,随着数据素养和数字技能的不断提升,数据使用者培养了主动消费的意识和能力,以数据资产目录为载体、以自助式数据服务为手段、以全流程安全防护为保障的数据主动消费和管控模式正在形成,在提升数据服务水平的同时,进一步提升数据应用的广度和深度。

5.1.2 组织形态由兼职向专业化和复合型升级

当前主流管理制度体系中,数据管理职能由 IT 部门负责,业务部门配合 IT 部门执行数据管理并提出需求。随着数据分析与业务融合越来越深入,业务部门将成为数据应用的主角,在数据资产管理中扮演越来越重要的角色。据 Gartner 预测,未来50%的全球性组织将聘用首席数据官(CDO),在数据高度监管的银行金融或医疗健康领域,此类人才需求量更大。这些人员将全面负责实施和监督各级严格的数据治理和质量监管政策。

区别于信息化阶段作为 IT 部门的从属部门,数据资产管理组织与职能已逐步独立化。对于政府,由专门的政府机构承担,在业务部门设立数据管理兼职岗位,CDO 制度也出现在了深圳、浙江等地的规划中。深圳市印发的《深圳市首席数据官制度试点实施方案》提出在市政府和有条件的区、部门试点首席数据官制度,明确职责范围,健全评价机制,创新数据共享开放和开发利用模式,提高数据治理和数据运营能力覆盖决策、管理、设计、维护的数据资产管理专业组织形态已逐步显现。对于企业,广东、上海等地发布相关政策推动企业设置 CDO。广东省工业和信息化厅于 2022 年出台了《广东省企业首席数据官建设指南》,鼓励在企业决策层设置 CDO 角色,以制度形式赋予 CDO 对企业重大事务的知情权、参与权和决策权,统筹负责企业数据资产管理工作,加强企业数据文化建设,提升企业员工数据资产意识,建立正确的企业数据价值观。

数据资产管理组织将形成以 CDO 或 CIO 主导、业务部门与 IT 部门协同参与的模式。Gartner 2021 年报告显示,75%的公司将 CDO 视为与 IT、HR 和财务同样关键的职务。此外,在业务部门与 IT 部门也设置了专职或兼职数据管理员,以推动数据资产管理有效开展。

5.1.3　管理方式由分散向敏捷协同一体化转变

传统的数据资产管理建设往往由多个分散的管理活动和各自独立的解决方案组成,造成数据资产管理各个环节之间(包括开发与管理、管理与运营)的脱节,使得数据从生产端到消费端的开发效率降低。例如,在开发阶段应遵循的数据标准规范,在管理阶段需要依赖专业数据管理角色和过程监控才可能实现。同时,由于多数企业忽视了数据运营,使数据资产消费端不能向数据资产生产端反馈有效的用户体验。

DataOps 倡导协同式、敏捷式的数据资产管理,通过建立数据管道,明确数据资产管理的流转过程及环节,采用技术推动数据资产管理自动化,提高所有数据资产管理相关人员的数据访问和获取效率,缩短数据项目的周期,并持续改进数据质量,降低管理成本,加速数据价值释放。例如,通过标准设计、模型设计指导数据开发,前置化数据质量管理,并建立服务等级协议(Service Level Agreement,SLA)开展数据资产运维,实现开发与管理的协同;数据资产管理成果通过被业务分析人员、数据科学家等角色自助使用,支撑业务运营,同时,运营结果反向指导数据资产管理工作,实现管理与运营的协同。

5.1.4　技术架构升级为面向云的数据编织

随着数据技术组件日益丰富,数据分布日趋分散,Gartner 认为数据编织(Data Fabric)已成为支持组装式数据分析及其各种组件的基础架构,通过在大数据技术设计上复用数据集成方式,Data Fabric 可缩短 30%的集成设计时间、30%的部署时间和 70%的维护时间。

Data Fabric 是一种新型、动态的数据架构设计理念,是综合利用元数据、机器学习和知识图谱等技术,打造一个更加自动化、面向业务、兼容异构的企业数据供应体系,以支撑更加统一、协同、智能的数据访问,有分析师称之为将"恰当"的数据在"恰当"的时间提供给"恰当"的人。

目前,IBM、Informatica 和 Talend 等公司均推出了针对 Data Fabric 的解决方案。以 IBM 公司为例,其于 2021 年 7 月发布的 Cloud Pak for Data 4.0 的软件组合增加了智能化的 Data Fabric 功能,其中 AutoSQL(结构化查询语言)可以通过 AI 进行数据的自动访问、整合和管理,使分布式查询的速度提升 8 倍,同时节约 50% 的成本。

5.1.5　管理手段向自动化和智能化转变

随着数据复杂性持续增加,依靠"手工人力"的数据资产管理手段将逐步被"自动智能"的"专业工具"取代,覆盖数据资源化、数据资产化的多个活动职能,在不影响数据资产管理效果的同时,极大地降低了数据资产管理成本。

具体来说,是指利用 AI、机器语言(ML)、机器人流程自动化(RPA)、语义分析和可视化等技术,自动识别或匹配数据规则(包括数据标准规则、数据质量规则、数据安全规则等),自动执行数据规则校验,或是自动发现数据之间的关联关系,并以可视化的方式展现。此外,可利用虚拟现实技术(VR)、增强现实技术(AR)等,帮助数据使用者探索数据和挖掘数据,提升数据应用的趣味性,降低数据使用门槛,扩大数据使用对象范围。

5.1.6　运营模式由单体向多元化转变

运营数据是持续创造数据价值的有效方式,多元化的数据生态通过引入多维度数据、多类参与方、多种产品形态,进一步拓展数据应用场景和数据合作方式,为数据运营提供了良好的环境。

充分借力行业数据资源优势,创新数据生态多种模式。能源行业以广东电网能源投资为例,通过成为首批"数据经纪人试点单位",积极参与数据要素生态体系,打造电力大数据品牌,实现电力数据资产合规、高效流通,获取电力数据资产价值收益。对于银行业而言,"开放银行"是数据生态的典型代表,"开放银行"的本质是一种平台化商业模式,以 API 作为技术手段,实现银行数据与第三方服务商的共享,从而为金融生态中的客户、第三方开发者、金融科技企业以及其他合作伙伴提供服务,并最终为消费者创造出新价值。随着开放银行的生态体系不断完善,银行将丰富与合作伙伴共建共享方式,充分运用数据智能,实时感知用户需求并精准匹配,有利于提供全方位、综合化、泛金融服务。

5.1.7　数据安全兼顾合规与发展

首先,数据安全与数据资产合理利用并不冲突。两者之间存在着互相促进的关系。数据安全是合理利用的前提条件,合理利用是数据安全保护的最终目的。只有做好数据安全保护,才能让数据所有者愿意授权组织或其他主体对数据的使用权利,进一步推动数据资产流通。通用数据保护条例(General Data Protection Regulation,GDPR)倡导平衡"数据权利保护"与"数据自由流通"的理念,在赋予数据主体权利的同时,强调个人数据的自由流通不得因为在个人数据处理过程中保护自然人权利而被限制或禁止。

其次,应从数据安全管理和数据资产流通两方面同步寻找平衡点。在数据安全管理侧,通过建立数据安全管理机制,制定数据安全分类分级标准和使用技术规范,提升数据安全治理能力;在数据资产流通侧,将数据安全合规、个人信息保护等要求作为基本"红线",将其潜在风险作为成本指标,在不触碰"红线"的前提下,进行数据资产流通的收益分析,探索数据安全与数据资产流通的均衡方案。

5.1.8　数据要素向生态汇聚发展

大力发展数据资产评估、登记结算、交易撮合、争议仲裁等市场运营体系,培育一批数据交易服务商,为市场参与者提供专业化、体系化服务,已成为当前数据要素市场培育过程中的重要环节,在此过程中,数据要素生态汇聚体系的建立,有助于加速数据要素化的形成。

由于产业园区具有资源集聚、创新活跃、信息化基础好等特征,各类产业园区在要素集聚、成果孵化、人才培养等方面发挥重要作用,已经成为地方政府加快产业结构优化、重塑经济发展动能的重要载体。数据要素市场化配置及生态汇聚以"平台+园区"模式进行发展和推广,有利于进一步强化数据要素对政府治理的支撑作用,促进产业范式从基于地理空间集中向基于虚拟平台集聚转变,构建"平台驱动—数字化运作—网络协同"的产业演进路径。该模式将加快数据流通、交换、共享等平台解决方案的落地应用、功能拓展和价值提升,引导数据要素向先进生产力集聚。

部分园区建立了以数据要素招商为特色的生态汇聚模式,一方面,是有别于传统的大数据分析技术手段进行的数据处理和展现,通过基于公共数据、产业数据、平台数据等的数据汇聚、数据治理等数据要素化处理流程,围绕医疗健康、交通出行、气象服务、城市服务、智慧农业等数据量丰富、社会经济价值显著的重点领域,建立基于数据要素的招商平台和生态系统,以开放的数据要素为核心,针对区域内产业发展规划招商引资,建设体系完备的数据生态,推动产业数字化;另一方面,围绕数据要素市场化培育各相关产业生态谱图分析,基于数据要素市场化配置的需求,实施"补链""强链""延链"行动,提升产业生态汇聚能力。

5.2　数据资产管理重点实践方向

当前,数据资产管理呈现蓬勃发展的态势,为数据要素市场的发展提供强劲动力,为数字经济发展奠定良好基础。在国家规划的大力推动下,在行业政策的有效指导下,期待数据资产管理稳步前进,促进数据资产价值进一步释放。

5.2.1　明确责权利标准,有效推进管理

数据资产管理最重要的成功要素之一就是重视组织管理的作用,将责权利清晰化,逐步建立健全包括管理型人才和技术型人才的适应数据发展的人才结构,减少工作推进阻碍。

并注重数据标准化环节以保障信息体系不发生混乱,确保数据规范一致性。数据标准是数据资产管理的基础,是对数据资产进行准确定义的过程。对于一个拥有大量数据资产的企业,或者是要实现数据资产交易的企业而言,构建数据标准是一件必须要做的事情。

标准化是解决数据的关联能力,保障信息的交互、流动及系统可访问,提高数据活化能力。保障信息体系不发生混乱,确保数据规范一致性,避免数据混乱、冲突、多样、一数多源。数据资产管理的核心目的是有效综合运营数据以服务企业,让数据成为利润中心的一部分,这离不开管理,更离不开技术。

5.2.2　合理引进技术,提升治理能力

人工智能、物联网、新一代移动通信、智能制造、空天一体化网络、量子计算、机器学习、深度学习、图像处理、自然语言处理、4K 高清、知识图谱、类脑计算、区块链、虚拟现实、增强现实等前沿技术正在大数据的推动下蓬勃发展。然而,在实现数据资产管理的过程中,应根据自身实际情况,避免盲从,合理引进创新技术以提高数据挖掘准确性和挖掘效率,节省人力成本。信息时代万物数化,企业拥有数据的规模、活性以及收集、运用数据的能力,决定其核心竞争力。掌控数据,就可以支配市场,意味着巨大的投资回报,数据是企业的核心资产。

数据在实现价值的过程中需要充分依托技术,但更离不开结合自身业务与应用,合理规划。大数据和云计算的建立与开放至关重要,可以帮助企业梳理数据内容,高效检索展示,最终给企业带来一定的经济收益和社会效应。但其应用的成功与否还是要取决于企业自身商业模式的建立,以数据融合技术为战略资产的商业模式,可以决定企业未来。

5.2.3　着眼业务应用,释放数据价值

数据资产化进程给各类企业带来重生、颠覆和创新,企业应重点关注、顺势而为,建立起符合自身业务和数据特点的数据资产化体系和能力,数据资产管理人员不能只限于数据资产管理工作,还应紧密联系业务,只有明确了前端业务需求,才能做到数据资产管理过程中的有的放矢,张弛有度。数据的价值体现在决策精准、敏锐洞察,数据资产管理能够使管理具备流程化、规范化,结合业务应用的数据资产管理不仅使数据保值增值,也将会给企业带来更加巨大的经济效益和社会效益。

5.2.4　加强数据合规,注重风险管控

在数据资产管理的过程中,综合考虑困难及挑战,并全面管控风险,要基于行业模型、行业标准等积累完整、准确的内外部数据以保证数据合规性,进而规避风险。数据资产管理是一项持之以恒的工作,不可能一蹴而就,需要一个循序渐进的过程,即分阶段进行。要做好充分的长期作战准备,就一定要加强数据合规操作,避免安全漏洞,及时做风险防控。

5.2.5　持续迭代完善，形成良性闭环

一步到位建立一套完美的数据资产管理体系是很困难的。主要原因是业务需求会随着市场环境不断变化，技术手段也在不断革新，因此数据资产管理体系不是一劳永逸、一蹴而就的，需要建立一个小步迭代的数据资产管理循环模式。在管理制度层面，需要制定有利于业务人员、技术人员积极为数据资产管理体系循环迭代完善建言献策的方法和制度，进而促使数据资产管理体系在实践中日趋成熟；在技术平台方面，要借鉴 DevOps 的理念，促进开发、技术运营和质量保障部门之间的沟通、协作与整合，确保数据资产管理系统平台持续、健康地为数据资产管理体系服务。

5.2.6　技术管理驱动，交易安全有序

一是从技术层面来看，数据要素市场与新技术的融合发展逐渐深入，数据产品和促进数据要素流通交易的技术不断丰富。目前，国内外各类主体不断加大在差分隐私、安全多方计算、联邦学习等多种数据安全与隐私保护技术的研发和落地应用，为数据交易、流通中的安全保护提供了持续的技术支撑，并不断破解在实践中产生的具体问题，诸如为了避免"数据孤岛"演变为"计算孤岛"，部分主体正在研发异构互联互通容器技术，解决使用不同隐私计算平台的数据提供方和数据应用方之间的协作问题。未来，各类主体还将不断加大数据流通技术研发力度，加强敏感数据识别、数据脱敏技术、数据泄露防护技术等方面的突破，为实现跨平台环境下数据安全合规应用，提升移动多方、分布式计算中的非公开数据保护能力，防范隐私敏感数据泄露提供更为安全、可靠的流通技术支持。

二是从管理层面来看，更多政策措施和管理手段将不断完善，进一步保障数据要素市场安全发展。欧盟早在 2018 年 5 月就推出《通用数据保护条例》，注重"数据权利保护"与"数据自由流通"之间的平衡。我国已通过民法典、网络安全法、电子商务法、数据安全法等构成了具有中国特色的数据领域法律体系，为解决数据安全、数据确权等提供了重要遵循准则。与此同时，在数据安全管理的实践进程中仍有许多问题有待解决，还比较缺乏更具针对性、更细化的政策法规，引导、监督和管理数据处理、流通、交易等活动。未来，更多配套政策的出台和更加精准地分级分类监管将成为趋势。

5.2.7　多源数据融合，应用逐步拓展

一是多源数据的融合将更加紧密。单一来源的数据体量有限，数据维度单薄，仅仅包含局部信息，通常价值较为有限。随着数据处理技术的快速进步和算力的快速提升，使海量、多维数据的挖掘和分析成为可能。未来，对高质量多源融合数据的需求将不断上升，多行业、多领域的数据融合及跨部门、跨层级的数据流动，将促进更多高质量数据的形成，更好发挥数据要素的价值。

二是数据要素将为更多行业创造价值。随着国务院、国家相关部委及省市级数据要素市场促进政策的出台和实施，数据要素的开发利用已经深入渗透到我国经济社会发展的各

个方面。在大数据、人工智能等新一代信息技术飞速发展和市场需求快速增长的双重驱动下,基于数据要素的新产业、新业态和新模式将不断涌现。在工业、医疗、金融、公共治理等领域,数据的赋能、赋值、赋智作用日益凸显;在公共服务领域,数据要素在疫情监测分析、病毒溯源、防控救治、资源调配、复工复产等方面发挥了重要支撑作用。未来,数据要素的应用场景还将不断拓展,与农业、贸易、通信、能源等更多传统行业深入融合发展。

三是数据要素应用将更加多样。目前我国对数据要素的应用仍然以描述性、预测性为主,在智能分析、决策指导、方案优化等方面的应用仍处于起步阶段。未来,随着数据理论技术的不断成熟、数据流通制度的不断完善、数据融合程度的不断提升,以及人工智能、大数据、5G 等新一代信息技术的加速助力,数据要素的应用种类将逐渐丰富、深入和智能,数据要素对经济的贡献度将会越来越高。

5.2.8　创新要素规范,加速交易进程

一是政策引领下,数据要素市场发展不断趋于规范化。在中央政策的指导下,各级政府将根据自身特点,积极探索出台相关政策,推动数据要素市场发展。在国家层面,2021 年 1月,中共中央办公厅、国务院办公厅印发的《建设高标准市场体系行动方案》提出,要"建立数据资源产权、交易流通、跨境传输和安全等基础制度和标准规范";同年 12 月,国务院办公厅印发《要素市场化配置综合改革试点总体方案》,也要求"完善公共数据开放共享机制"等。在地方层面,深圳、上海、重庆等地先后发布数据条例,将数据要素市场作为重点;广东、广西分别发布了数据要素市场改革的方案;北京在相关政策中也提出"鼓励互联网、金融、通信、能源、交通、城市运行服务等领域数据管理基础较好的企业,探索将数据资产纳入资产管理体系";深圳市开展数据要素统计核算试点,推动数据走向资源化、资产化。在政策加持和各方努力下,数据要素市场基础制度体系将更加完善,公共数据运营模式、数据要素交易模式将更加成熟,数据要素市场化配置将更加高效,数据要素市场化改革将不断取得新成果。

二是实践引领下,数据交易模式创新将进入迭代爆发期。传统的数据交易所主要提供对接平台,但在实际运行中尚不足以满足市场需求。德国通过打造"数据空间"构建行业内安全可信的数据交换途径,排除企业对数据交换不安全性的种种担忧,引领行业数字化转型,实现各行各业数据的互联互通,形成相对完整的数据流通共享生态,已经得到包括中国、日本、美国在内的 20 多个国家及 118 家企业和机构的支持。日本从自身国情出发,创新"数据银行"交易模式,银行在与个人签订契约之后,通过个人数据商店(Personal Data Store,PDS)对个人数据进行管理,在获得个人明确授意的前提下,将数据作为资产提供给数据交易市场进行开发和利用,最大化地释放个人数据价值,提升数据交易流通市场活力。我国在数据交易方面的模式探索也将不断加速,未来数据交易所除提供供需对接服务外,更重要的是建立覆盖技术、规则、机制等方面的全流程数据流通信任机制,以及提供数据及数据衍生品交易的综合服务,通过"数据可用不可见,用途可控可计量"的新型交易范式,推动交易流通服务体系和服务模式的创新。

5.3 数据资产管理助力数字经济发展

数字经济涵盖的范围可从三个层面来看。数字经济的内核部分是信息和通信技术;狭义的数字经济主要包括对数据和信息技术的应用所带来的新型商业模式,如电商等平台经济、应用服务、共享经济等;广义的数字经济几乎涉及所有的经济活动,如传统行业和商业模式的数字化转型。数字经济已成为影响中国经济未来十年发展的重要性因素,其作用机理和逻辑主要体现在影响经济发展格局、重塑全球竞争力和国际贸易态势、促进在金融周期下半场进行调整和重构经济指标体系等方面。

5.3.1 数字经济影响经济发展格局

经济发展指一个国家或者地区按人口的实际平均福利增长过程,它不仅是财富和经济体的"量"的增加和扩张,还意味着其在"质"的方面的变化,即经济结构与社会结构的创新、社会生活质量和投入产出效益的提高。

数据资产可通过平台整合、流程优化、经营升级、产融结合、业态创新等应用模式影响经济发展。广义的数字经济影响了传统行业的效率和结构。例如,大数据应用和平台经济降低了信息不对称性,产品和服务的价格透明易于优质企业脱颖而出,提升了行业集中度。狭义的数字经济作用体现得更为明显和直接。相较于土地、劳动力等生产要素,数据资产使用的排他性小。一方面,非竞争性带来的规模经济对边际成本的降低可以至零,使得跨产品补贴甚至免费服务成为可能。固定成本重要性下降,可变成本重要性上升,灵活性增加有利于中小企业发展,如云服务引发企业 IT 成本投入的变革。另一方面,非竞争性同时带来了供给侧和需求侧的规模经济,商业模式从传统的单边市场服务模式演变为网络化经济生态模式,市场的体量和规模发生了前所未有的变化。

因此,在中国进入人口老龄化和金融周期下半场调整期等宏观经济的背景下,数字经济将会对由此带来的经济增长下行压力和对经济结构的影响具有一定的对冲作用,亦会影响国家的宏观政策制定、社会资源和机构及个人资产配置等。

我国是全球最大的发展中国家,习近平总书记在庆祝改革开放 40 周年大会上的讲话中明确指出,"必须坚持以发展为第一要务,不断增强我国综合国力"。国家大数据战略和数据规则体系的构建要符合这一最基本的国情。例如,在通过立法等国家战略加快推进数据资产相关的权益确权时,不仅需要考虑保护好个人权益,也需要对企业付出成本后进行的个人数据合法化的收集、存储和利用的权利予以认可,以便在有关数据资产的合约监管、风险管理、交易与定价等领域设计出符合中国数字经济发展的机制,并不断推进数据产业和数字经济发展。又如,我国正处于实体经济转型升级、提质增效的重要关口,推动制造业等实体经济行业高质量发展、重塑实体经济的核心竞争力、打造新时代发展的新动能,是大数据等新兴技术与实体经济进行融合发展的重大历史使命。应从工作推动的实施者(政府、企业和服务商三大利益相关方)及工作推进的重点方向(规划、治理、人才培养、技术应用等),进一步释放数字经济在推动企业创新转型、完善系统管理、促进融合发展等方面所应具备的价值和作用。

5.3.2　数字经济重塑全球竞争态势

目前,中国和美国是全球两个最大的数字经济体,中国在数字经济竞争中超越了欧洲和日本。例如,以上市公司市值衡量,截至 2019 年年底,全球前 7 大科技平台均来自美国和中国。又如,2018 年,中国的电子商务市场规模突破 6000 亿美元,美国突破 5000 亿美元,而排名第三至第五的英国、日本、德国均未突破 1000 亿美元。

同时,IT 技术创新的先发优势使得我国开始出口数据等无形资产。近年来,一批在国内普及的 App 同时荣登印度等国家的应用商店最受欢迎 App 排名的头部位置;中国数字经济平台基于本土优势,通过跨境电商或直接引入的方式,将商业模式复制到其他具有类似市场特征和发展潜力的国家。

数字经济与数字贸易是全球经济发展的大趋势,我国需要在未来全球经济发展中发挥更重要的作用。因此,国家层面的数据资产管理体系构建需要有相应的跨境数据流动规则,支持合理、安全的跨境数据流动。通过构建合理的数据跨境流动规则体系,巩固和维护我国在数据资源和互联网发展方面的优势,维护基于商业目的的正常和合理的跨境数据流动,支撑“一带一路”国家级顶层合作倡议的实施和大型企业“走出去”理念的实践,支持中国与境外机构和企业的技术、产业、商务合作,以及我国公司在境外建立分支机构和开展业务涉及的大量数据转移和交换,坚决抵制可能损害我国国家安全、经济安全和个人隐私的跨境数据流动。

5.3.3　数字经济促进金融周期下半场调整

数据资产等无形资产存在沉没成本,间接融资、信贷抵押品等不利于风险控制的因素,仍需逐步探索并完善。而技术创新伴随高风险、高回报,数字经济天生与直接融资关联在一起,适合权益投资。例如,国内不少狭义数字经济领域内的“独角兽”企业,在创业和发展过程中不乏风险投资的支持,在很大程度上得益于国际(尤其是美国)的风险投资模式。如果中美贸易摩擦扩张,影响到投资领域,中国发展直接融资的急迫性就更大。就间接融资而言,数字经济将促进普惠金融发展,降低信贷对房地产作为抵押品的依赖,有利于降低金融的顺周期性和减少房地产的金融属性。这些均有助于促进金融周期下半场调整和去杠杆。

从促进我国发展面向直接及间接融资的角度,金融数据标准的建立,数据资产评估体系的完善,有助于金融机构开展高科技创投、无形资产抵押、知识产权估值等业务,引导市场化资金资源涌向科技领域,不但面向短期收益率更高的资本运作,或以商业模式创新为对象、以“数轮投资后上市”为路径的财务投资,更要关注新兴技术驱动实体经济价值链的重塑,平衡金融创新和金融风险控制,支持实体经济企业的技术升级、数字化转型。

5.4 小结

　　将数据纳入参与分配的生产要素,是国家大数据战略的重大动向和创新,将对数字经济发展和数字化转型起导向作用,指引各行业和领域更加重视数据要素,影响作为劳动力和产权人双重角色的个人生活和发展,创新数据资产产业生态,推动社会与经济进步。同时,将数据资产列入财务报表、数据资产评估、数据交易、投资转让、融资贷款等经济行为及其相关准则的探索和规范,将推动数据的资产性在生产要素层面、资产价值层面、资产评估层面和审计层面的进一步确立,推动数据确权等相关立法,使数据资产化日臻完善。

参 考 文 献

[1]   美国 DAMA 国际. DAMA 数据管理知识体系指南[M]. DAMA 中国分会翻译组,译. 2 版. 北京:机械工业出版社,2020.

[2]   SOARES S. 大数据治理[M]. 匡斌,译. 北京:清华大学出版社,2015.

[3]   华为公司数据管理部. 华为数据之道[M]. 北京:机械工业出版社,2020.

[4]   汤潇. 数学经济:影响未来的新技术、新模式、新产业[M]. 北京:人民邮电出版社,2019.

[5]   王汉生. 数据资产论[M]. 北京:中国人民大学出版社,2019.

[6]   康旗,吴钢,陈文静,等. 大数据资产化[M]. 北京:人民邮电出版社,2016.

[7]   余莉,刘闯,韩筱璞. 商务数据分析[M]. 北京:清华大学出版社,2016.

[8]   高伟. 数据资产管理:盘活大数据时代的隐形财富[M]. 北京:机械工业出版社,2016.

[9]   赵刚. 数据要素. 全球经济社会发展的新动力[M]. 北京:人民邮电出版社,2022.

[10]   刘隽良,王月兵,王中天,等. 数据安全实践指南[M]. 北京:机械工业出版社,2022.

[11]   梅宏. 数据治理之论[M]. 北京:中国人民大学出版社,2020.

[12]   祝守宇,蔡春久. 数据治理:工业企业数字化转型之道[M]. 北京:电子工业出版社,2020.

[13]   张平文,邱泽奇. 数据要素五论:信息、权属、价值、安全、交易[M]. 北京:北京大学出版社,2022.

[14]   何俊,刘燕,邓飞. 数据要素概念及案例分析[M]. 北京:科学出版社,2022.

[15]   上海数据交易所有限公司,普华永道中国. 数据要素视角下的数据资产化研究报告 2022[EB/OL]. 先导研报,[2022-11-26]. [2023-09-24]. https://www. xdyanbao. com/doc/okzhpciy95?bd_vid= 11022026177842349929.

[16]   全国信标委大数据标准工作组. 数据要素流通标准化白皮书(2022 版)[EB/OL]. 先导研报,[2022-11-26]. [2023-09-24]. https://www. doc88. com/p-18061552112079. html.

[17]   之江实验室,浙江大学. 数据产品交易标准化白皮书(2022 年)[EB/OL]. 先导研报,[2022-11-20]. [2023-09-23]. https://www. xdyanbao. com/doc/nx0fz0ajya?bd_vid=9795105349612545800.

[18]   北京大学光华管理学院,苏州工业园区管理委员会. 中国数据要素市场发展报告(2021—2022)[EB/OL]. 先导研报,[2022-11-28]. [2023-09-22]. https://www. xdyanbao. com/doc/eqzsf8nedj?bd_vid=9520901068755493935.

[19]   上海数据交易所有限公司. 全国统一数据资产登记体系建设白皮书(2022 年)[EB/OL]. 三个皮匠报告,[2022-11-29]. [2023-08-15]. https://www. sgpjbg. com/baogao/107791. html.

[20]   中国信息通信研究院政策与经济研究所,中国网络空间研究院信息化研究所. 数据治理研究报告:数据要素权益配置路径(2022 年)[EB/OL]. 搜狐,[2022-09-17]. [2023-07-20]. http://news. sohu. com/a/585745751_120884466.

[21]   杭州国际数字交易联盟. 数据资产价值实现研究报告(2023 年)[EB/OL]. AIoT 库,[2023-03-10]. [2023-07-02]. https://www. iotku. com/News/7964020661205073925. html.

[22]   CCSA TC601 大数据技术标准推进委员会. 数据资产管理实践白皮书(6.0 版)[EB/OL]. 个人图书馆,[2023-01-28]. [2023-06-18]. http://www. 360doc. com/content/23/0128/16/61825250_1065234712. shtml.

[23]   中国国家标准化管理委员会. GB/T 36073—2018 数据管理能力成熟度评估模型[S]. 中华人民共和国国家市场监督管理总局,2018.

[24]   毕继东,韩君慧,郑烨. GDPR 视域下数据安全与管理研究[J]. 金融科技时代,2023(4):17-22.

［25］ 马英.大数据时代的数据资产保护［J］.数据通信,2021(4)：37-41.

［26］ 陈兴跃,刘晓滔.数字时代的数据资产安全管理［J］.互联网经济,2017(7)：28-33.

［27］ 宋璟,邸丽清,杨光.新时代下数据安全风险评估工作的思考［J］.网域前沿,2021(9)：62-65.

［28］ 叶雅珍,朱扬勇.数据资产［M］.北京：人民邮电出版社,2021.

［29］ 朱扬勇.大数据资源［M］.上海：上海科学技术出版社,2018.

［30］ 国家市场监督管理总局,全国信息技术标准化技术委员会. GB/T 40685—2021 信息技术服务 数据资产管理要求［S］.北京：中国标准出版社,2021.

［31］ 国家市场监督管理总局,全国信息技术标准化技术委员会. GB/T 34960.5—2018 信息技术服务 治理第5部分：数据治理规范［S］.北京：中国标准出版社,2018.

［32］ 杨涛.数据要素：领导干部公开课［M］.北京：人民日报出版社,2020.

［33］ 李纪珍,钟宏,赵永新.数据要素领导干部读本［M］.北京：国家行政管理出版社,2021.

［34］ 王兆君,王钺,曹朝辉.主数据驱动的数据治理 原理、技术、与实践［M］.北京：清华大学出版社,2019.

［35］ 刘隽良,王月兵,等.数据安全实践指南［M］.北京：机械工业出版社,2022.

［36］ 罗珉.管理学范式理论研究［M］.成都：四川人民出版社,2003.

［37］ 焦叔斌,杨文士.管理学原理［M］.北京：中国人民大学出版社,2014.

［38］ 丁波涛.政府数据治理面临的挑战与对策：以上海为例的研究［J］.情报理论与实践,2019,42(5)：41-45.

［39］ 安小米,白献阳,洪学海.政府大数据治理体系构成要素研究：基于贵州省的案例分析［J］.电子商务,2019(2)：7-21.

［40］ 马亮.大数据治理：地方政府准备好了吗?［J］.电子政务,2017(1)：77-86.

［41］ 覃雄派,陈跃国,杜小勇.数据科学概论［M］.北京：中国人民大学出版社,2018.

［42］ 安米,郭明军,魏玮,等.大数据治理体系：核心概念、动议及其实现路径分析［J］.情报资料工作,2018(1)：5-11.

［43］ 梅宏.大数据治理体系建设现状及思考［R］.2018 中国计算机大会报告,2018.10.(3)：16-25.

［44］ 杜小勇,卢卫,张峰.大数据管理系统的历史、现状与未来［J］.软件学报,2019,30(1)：130-144.

［45］ 李文杰.面向大数据集成的实体识别关键技术研究［J］.沈阳：东北大学,2014.

［46］ 庄传志,靳小龙,朱伟建,等.基于深度学习的关系抽取研究综述［J］.中文信息学报,2019(12)：1-18.

［47］ 龙军,章成源.数据仓库与数据挖掘［M］.长沙：中南大学出版社,2018.

［48］ KIMMIG A, MEMORY A, MILLER R J, et al. A Collective, Probabilistic Approach to Schema Mapping［C］//In proc,of ICDE 2017：921-932.

［49］ 郝爽,李国良,冯建华,等.结构化数据清洗技术综述［J］.清华大学学报（自然科学版）,2018,058（012）：1037-1050.

［50］ 赵江华,穆舒婷,王学志,等.科学数据众包处理研究［J］.计算机研究与发展,2017,54(2)：284-294.

［51］ 孙晓飞.提于核相似性和低秩近似的缺失值填充算法研究［J］.天津：天津大学,2018.

［52］ 王珊,萨师煊.数据库系统概论［M］.5 版.北京：高等教育出版社,2014.

［53］ VARIAN H R. Big Data：New Tricks for Econometrics［J］. Journal of Economic Perspectives,2014,28(2)：3-28.

［54］ 维克托·迈尔-舍恩伯格,肯尼思·库克耶.大数据时代：生活、工作与思维的大变革［M］.盛杨燕,周涛,译.杭州：浙江人民出版社,2012.

［55］ 赵国俊.我国信息资源开发利用基本法律制度初探［J］.情报资料工作,2009(3)：6-10.